重庆市高水平高职学校和专业群建设系列教材

工程力学

主　编　程小龙　朱　强　苏林鹏
副主编　陈大胜　陈　亮　邓　刚　樊利容　张守平

中国水利水电出版社
www.waterpub.com.cn
·北京·

内 容 提 要

本书是重庆市高水平高职学校和专业群建设系列教材，根据高职高专课程标准要求、职业教学规律、工程建设需要编写而成。本书对理论力学、材料力学、结构力学进行调整重组和全面优化，知识架构符合认知规律，理论体系点多线长面广。

本书共14章，内容包括绪论、理论力学基础知识、平面力系、材料力学基础知识、平面图形几何性质、轴向拉压、平面弯曲、扭转、组合变形、压杆稳定、结构力学基础知识、静定结构内力计算、静定结构位移计算、超静定结构内力计算、影响线和包络图等，全书各章节之后均附有思考题和练习题。

本书可作为高职院校水利类、土建类、交通类等专业领域的通用教材，也可作为相关行业学者及专业工程技术人员的参考书籍。

图书在版编目（CIP）数据

工程力学 / 程小龙，朱强，苏林鹏主编. -- 北京 : 中国水利水电出版社，2024.2
ISBN 978-7-5226-1948-4

Ⅰ. ①工… Ⅱ. ①程… ②朱… ③苏… Ⅲ. ①工程力学－高等职业教育－教材 Ⅳ. ①TB12

中国国家版本馆CIP数据核字(2023)第228444号

书　　名	重庆市高水平高职学校和专业群建设系列教材 **工程力学** GONGCHENG LIXUE
作　　者	主　编　程小龙　朱　强　苏林鹏 副主编　陈大胜　陈　亮　邓　刚　樊利容　张守平
出版发行	中国水利水电出版社 （北京市海淀区玉渊潭南路1号D座　100038） 网址：www.waterpub.com.cn E-mail：sales@mwr.gov.cn 电话：(010) 68545888（营销中心）
经　　售	北京科水图书销售有限公司 电话：(010) 68545874、63202643 全国各地新华书店和相关出版物销售网点
排　　版	中国水利水电出版社微机排版中心
印　　刷	北京印匠彩色印刷有限公司
规　　格	184mm×260mm　16开本　18印张　438千字
版　　次	2024年2月第1版　2024年2月第1次印刷
印　　数	0001—3000册
定　　价	**59.50**元

前言

教材是知识传播的主要载体，是教育教学的根本依据，是事物发展规律的高度表征，是民族进步结晶的重要体现。教材建设是学科发展聚焦的重要内容，是提高教学质量的重要保证。新形态教材是职业院校高素质人才培养体系建设的重要组成部分，也是高职教育数字化教学资源转型升级的核心任务目标。

为了深入贯彻党的二十大精神和教育方针，认真落实《国家职业教育改革实施方案》《“十四五”职业教育规划教材建设实施方案》《关于推动现代职业教育高质量发展的意见》《关于深化现代职业教育体系建设改革的意见》等有关部署，紧跟新时代职业教育改革步伐，适应新形势行业领域发展需求，与时俱进的教材革新刻不容缓。本书通过对行业的长期调研、深入探究，基于编者多年教学实践的成果积累和经验沉淀，结合数字化的教学资源编制而成。全书紧扣技能人才培养标准，坚持立德树人根本任务，注重基础理论知识的应用和学生综合素质的培养，反映了职业教育课程体系改革创新的成果。

本书主编为程小龙、朱强、苏林鹏，副主编为张守平、陈亮、邓刚、樊利容、陈大胜，参编为李海强、邓晓、宁聪、武鹉、任德福。其中程小龙（重庆水利电力职业技术学院）负责第 1 章和第 7 章、朱强（长江工程职业技术学院）负责第 2 章、苏林鹏（重庆市渝西水利电力勘测设计院有限公司）负责第 11 章、张守平（重庆水利电力职业技术学院）负责第 3 章、陈亮（西南水利水运工程科学研究院）负责第 6 章、邓刚（重庆市渝西水利电力勘测设计院有限公司）负责第 9 章、樊利容（重庆永川城市发展集团有限公司）负责第 12 章、陈大胜（重庆市正源水务工程质量检测技术有限责任公司）负责第 13 章、李海强（重庆荣炜旭工程建设有限公司）负责第 14 章、邓晓（重庆水利电力职业技术学院）负责第 8 章、宁聪（重庆水利电力职业技术学院）负责第 4 章、武鹉（重庆水利电力职业技术学院）负责第 5 章、任德福（重庆水利电力职业技术学院）负责第 10 章。

本书主审由张绪进教授（重庆交通大学）担任，在编写过程中提出了许多中肯的意见，给予了大力支持和帮助，对提高书稿质量起到了重要作用，谨此，表示衷心的感谢。

由于编者水平有限，书中难免存在不少疏漏之处，恳请读者批评指正。

编者

2023 年 8 月

“行水云课”数字教材使用说明

“行水云课”水利职业教育服务平台是中国水利水电出版社立足水电、整合行业优质资源全力打造的“内容”+“平台”的一体化数字教学产品。平台包含高等教育、职业教育、职工教育、专题培训、行水讲堂五大版块，旨在提供一套与传统教学紧密衔接、可扩展、智能化的学习教育解决方案。

本套教材是整合传统纸质教材内容和富媒体数字资源的新型教材，它将大量图片、音频、视频、3D动画等教学素材与纸质教材内容相结合，用以辅助教学。读者可通过扫描纸质教材二维码查看与纸质内容相对应的知识点多媒体资源，完整数字教材及其配套数字资源可通过移动终端App、“行水云课”微信公众号或中国水利水电出版社“行水云课”平台查看。

课件

数 字 资 源 索 引

续表

所在章节	资　源　名　称	资源类型	页码
7.1	圆轴的内力	视频	122
7.2	圆轴的应力和强度	视频	125
7.3	圆轴的变形和刚度	视频	130
8.2	斜弯曲	视频	137
8.3	偏心拉压	视频	139
9.1	压杆稳定的概念	视频	144
9.2	压杆的临界荷载	视频	146
9.3	压杆的临界应力	视频	148
9.4	压杆的稳定计算	视频	150
9.5	提高压杆稳定的措施	视频	159
10.1	平面体系的结构计算简图	视频	164
10.2	平面体系的几何组成分析	视频	167
11.1	多跨静定梁	视频	175
11.2	三铰拱	视频	178
11.3	刚架	视频	182
11.4	桁架	视频	184
11.5	组合结构	视频	189
12.3.1	静定结构在荷载作用时的位移计算	视频	196
13.1	力法	视频	209
13.2	位移法	视频	220
13.3	力矩分配法	视频	232
14	影响线和包络图	视频	248

目 录

绪　论

0.1　工程力学的基本概述

0.1.1　工程力学的学科性质

力学原是物理学的一个重要分支，是人类认识自然现象的不断深入和凝练总结的理论规律。但随着社会的不断进步和技术的持续革新，力学逐渐得到了广泛的应用，并从物理学中分离出来，形成一门相对独立的技术科学。工程力学是力学和工程结合的产物，所阐明的规律具有普遍性，并与数学在科学发展中相互成长，因此，工程力学也是一门理论性较强且与工程实践联系极为紧密的基础科学。工程力学广泛应用于土木、建筑、水利、交通、机械、材料、航空航天、生物医学、港航船舶、装备制造等工程领域，在工程结构的设计、研究、创新等方面发挥着轴心作用且占据着重要地位。

0.1.2　工程力学的研究对象

在工程领域中有很多建筑物，它们在正常使用过程中都受到各种外力的作用，其中承受并传递外力而起骨架作用的部分称为结构，组成结构的单个部分称为构件，工程力学的研究对象就是工程领域中的这些结构或构件。建筑中的楼板、次梁、主梁、柱子、基础、地基等，大桥中的拱梁、桥梁、桥墩等，工业厂房中的支架、刚架、桁架等，像这类杆系结构或构件都可以简化为线作为研究对象。另外，这些构件在正常工作时都要受到来自相邻构件和其他物体的外力作用，这些外力在力学领域中通常被称为荷载。

在实际工程中，结构根据构件的空间几何形态，大致可分为杆件结构、板壳结构、实体结构三大类。杆件结构是指空间一个方向尺度远大于其他两个方向尺度的物体。板壳结构是指空间一个方向尺度远小于其他两个方向尺度的物体，其中，壳体结构是指空间一个方向尺度远小于其他两个方向的尺度且这两个方向至少有一个方向的曲率不为零的物体。实体结构是指空间三个方向尺度接近的物体。构件的类型如图0.1所示。

0.1.3　工程力学的研究内容

根据工科专业规划要求，本书主要涉及的力学内容有理论力学、材料力学、结构

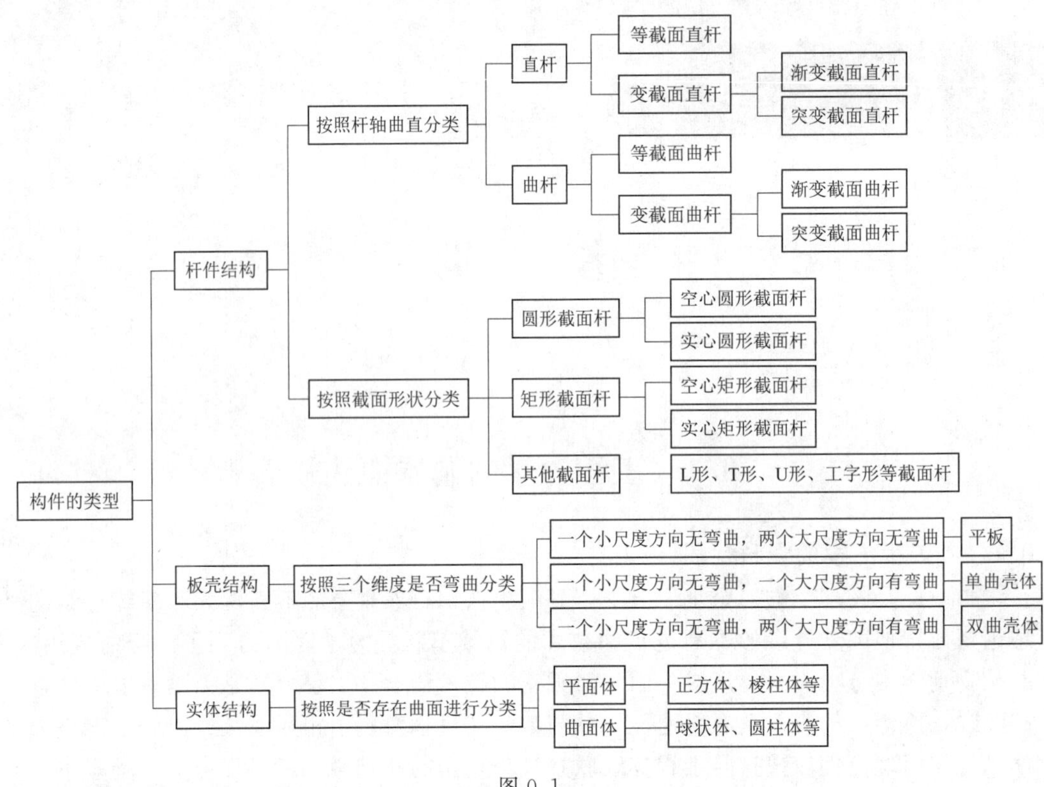

图 0.1

力学。理论力学研究的是结构或构件在外部荷载工况下所有的外部受力情况；材料力学研究的是简单结构或构件在外部受力工况下内部的受力和变形情况；结构力学研究的是复杂结构或构件在外部受力工况下内部的受力和变形情况。因三大力学知识层次具有由外及内、由浅入深、由简至繁的逻辑关系，故总体也称为工程力学。

理论力学主要是应用平衡原理研究结构或构件在荷载作用下外部的承力情况。所谓的平衡原理就是物体在相对于地球保持静止或匀速运动时所满足的基本规律。但因本书主要聚焦工程领域，这里的平衡通常指的是静止状态。由于理论力学是围绕外力问题展开的研究，因此，理论力学研究的对象是刚体。所谓刚体应分两个层面定义，理论上在外力作用下不会发生任何变形的物体或实际上在外力作用下发生的微小变形不会对物体平衡问题产生影响可以忽略不计的物体，都称为刚体。在自然界中，任何物体在力的作用下都会发生不同程度的变形。一般情况下，工程实际中的物体变形都非常微小，也就是说物体的变形量远远小于自身原始尺寸的变形，这样的现象称为小变形。物体的变形对平衡问题的研究影响较小，可以忽略不计，这样的物体称为刚体。另外，二维的刚体称为刚片。物体的变形相对过大对平衡问题的研究影响较大，变形不可忽略，这样的变形体称为变形固体。无论变形固体在受力后变形情况如何，只要能够保持自身的稳定状态，那么联合作用于固体上的荷载必然满足某个平衡条件。这里需特别说明，平衡是研究物体受力问题的先决条件和理论基础。

材料力学主要是应用变形特征研究结构或构件在荷载作用下内部的传力情况，然后由内力计算应力和应变，进而分析结构或构件在设定材料物理属性基础上关于强度、刚度及稳定性的承载能力问题。所谓强度就是指结构或构件抵抗破坏的能力，在正常工作条件下结构或构件不能发生突然断裂或产生过大塑性变形而失效。所谓刚度就是指结构或构件抵抗变形的能力，在正常工作条件下结构或构件不能产生过大弹性变形而失效。所谓稳定性就是指结构或构件保持原有平衡状态的能力，在正常工作条件下结构或构件不能因自身几何形态的变化而失效，这里的失效指的是结构或构件丧失设计所规定的承载能力的现象。由于材料力学是围绕内力问题展开的研究，因此，材料力学研究的对象是变形固体。所谓的变形固体就是现实中在外力作用下发生的微小变形对物体平衡问题产生影响不可以忽略的固体。由于现实中的固体并非完全均质，其内部物质排列杂乱无序，在探索固体变形特征时，需要对固体进行理想假设，也就要求固体必须是由连续均匀且各个方向具有相同力学特性的物质排列组成的理想固体。因此，可以总结变形固体的假定条件是各向同性、连续均匀、微小变形。

结构力学主要是应用平衡原理和变形特征研究复杂结构或构件在荷载作用下内部的传力情况和结构的变形情况，以及超静定结构在荷载作用下内部传力情况。由于结构力学是围绕内力和变形问题展开的研究，也可以说是材料力学的延伸部分，因此，结构力学研究的对象也是变形固体。变形固体在外力的作用下会产生两种变形，一种是当外力卸除后变形随之消失而恢复原状的变形，称为弹性变形；另一种是外力卸除后变形不能全部消失而无法恢复原状的变形，这样所残留的变形称为塑性变形。一般情况下，物体在受力后既有弹性变形又有塑性变形。对于工程中常用的材料来说，当外力不超过一定范围时，通常可认为物体处于弹性范围内且只产生弹性变形，这样的变形固体称为理想弹性体或完全弹性体。

0.1.4 工程力学的研究方法

在工程力学研究之路上，随着社会的科学技术发展和人类的创新意识提升，归纳总结出了现代工程力学的研究方法，主要有理论解析法、实验研究法及数值计算法三大类。

（1）理论解析法。

工程力学研究的大多数是结构或构件，其形状、大小、组成各异，在分析研究中，首先是根据问题的性质，借助实验进行观察，抓住主要矛盾，略去次要因素，合理简化抽象为便于计算的力学模型，研究对象在设定或特定工况下的平衡规律，采用数学方法对其进行解析计算和逻辑推理，最后通过工程实践和科学实验对方法或结论进行验证，进而形成严谨而完备的理论体系。这种解决工程力学问题的方法称为理论解析方法，该方法是整个工程力学方法的基础。

（2）实验研究法。

在工程力学的研究中，实验是研究非常规性对象的重要途径，在特定复杂结构的研究中占据着相当重要的地位。实验不仅提供了理论分析所需要的资料和简化计算中假设的依据，而且也是验证理论体系正确性的主要手段。实验还可用以解决现有理论尚不能解决的困难问题，而成为独立解决复杂工程问题的有力工具。这种方法是借助于加载设备及测量仪器，直接通过对构件或结构加载、激振与测量，获得关于实际工程结构或试验模型的较真实的力学分析结果。这种解决工程力学问题的方法称为实验研究法。

(3) 数值计算法。

随着计算机技术的迅速发展，数值计算法在工程力学领域中得到了日益广泛的应用。现产生了以有限元技术为核心的力学计算方法，并开发了一批功能强大的有限元计算软件，例如 nastran、ANSYS、abaqus 等通用软件，已基本上能解决工程界的各种复杂的工程力学问题。有限元软件的开发和普及，不仅可实现精确的模拟，计算复杂的工程结构，而且还实现了结构设计的优化。但需指出的是，考虑到数值计算法过于理想，需要与理论解析法和实验研究法结合起来相互验证、相互促进，才能整体提升力学研究方法的效率。

荷载的类型

0.2 工程力学的荷载类型

前面提到，结构或构件在正常工作时都会受到不同程度和不同类型的外部作用，这种外部作用称为荷载。例如，楼板上的人体、家具、家电等荷载，大坝上的水压力、土压力、风压力等荷载。除外部荷载以外，还有来自结构不均匀沉降、构件预应力设置、温度变化、磁场变化等其他因素影响所致的结构或构件内部受力差异，从广义来说，这些因素也可以称为荷载。在对结构或构件进行研究之前，必须计算出结构所承受的荷载大小。荷载估计过大，设计的结构会过于笨重且浪费资源，荷载估计过小，设计的结构会不够安全且影响使用，因此，精确结构荷载的大小是设计工作的重要前提。荷载的类型如图 0.2 所示。

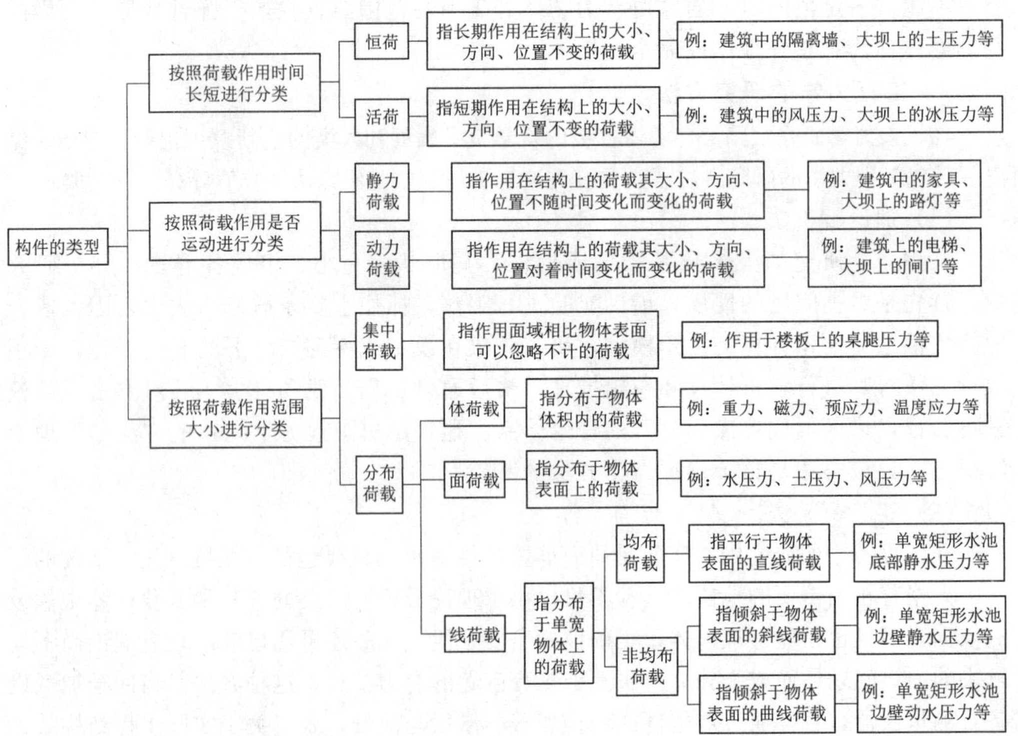

图 0.2

第1章

理论力学基础知识

理论力学主要研究处于静止状态的质点、物体和物体系统在外力作用时的平衡规律。本章主要介绍静力学中的基本知识，包括力和力系、静力学基本公理、力的分解与合成、力矩和力偶矩、约束和约束反力、物体的受力分析等相关基础知识。这些内容不仅是工程力学的基础，而且也为其他力学课程的学习提供有益帮助。

1.1 力和力系

力及力系

1.1.1 力的概念

力是物体间的相互机械作用。力是力学中最基本的概念之一，是人们在长期的日常生活和生产劳动中，通过大量的感知再进行科学归纳、抽象概括逐渐形成并建立的理念。

力的相互作用方式是多种多样的。两物体相互接触时，可以产生相互间的拉、推、压等作用力，如水压力、土压力、摩擦力等；两物体没有接触时，也有可能产生相互间的吸引力和排斥力，如重力和磁力。在本书中，并不深究力的来源和性质，只注重研究其作用效果。

力作用在物体上会产生两种效果：一是使物体的运动状态发生改变，称为运动效应或外效应，也可以说力的作用改变了物体速度的大小和方向；二是使物体的形状发生改变，称为变形效应或内效应，也可以说力的作用改变了物体本身的大小和形状。实际上，物体的变形是物体内各部分运动状态发生变化的结果，其变形量很小很难观察，需要用仪器测定。

力作用于物体的方式不同，其效果也不同。实践证明，力对物体的作用效果取决于三个要素：力的大小、方向和作用点。力的大小常用的度量单位是牛（N）或千牛（kN）。力的方向包含两层含义：方向和指向。例如，物体所受重力，方向是铅垂方向，其指向是向下朝向地心。力的作用点是指力在物体上作用的位置。

力是矢量，它既有大小又有方向，且服从矢量运算的平行四边形法则。一个集中力，在平面上可以用一条带有箭头的线段表示，线段的起点或终点表示力的作用点，线段的长度按一定比例表示力的大小，线段的箭头表示力的方向。力的三要素如图1.1所示。图中线段 AB 的起点 A 表示力的作用点；线段的长度表示力的大小，其力

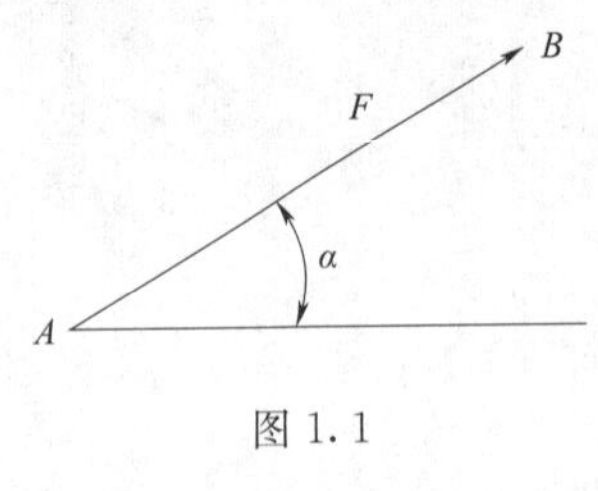

图 1.1

的大小为 F；线段与水平线的夹角 α 表示力的方向。

一般来说，力的作用点是力的作用位置的抽象和简化。实际上力的作用位置不是一个点，而是一定的范围。但是，当力的作用范围较小时，对所研究对象的平衡问题影响不大，可近似看作是一个点，这种力称为集中力；当力的作用范围过大时，对所研究对象问题影响较大时，可近似看作是一个面，这种力称为分布力。

1.1.2 力系的概念

力系是指作用于同一研究对象上的多个力的总称。力系有各种不同的类型，力系简化的结果和平衡规律也不相同。根据力系中各力作用线在空间的分布情况，将力系分为平面力系和空间力系两大类。按照力系中各力的作用线相交和平行的情况，力系又可分为汇交力系、平行力系和任意力系。若平面力系中各力作用线汇交于一点，则称为平面汇交力系；平面力系中各力作用线相互平行，则称为平面平行力系；平面力系中各力作用线既不平行，又不全汇交于一点，则称为平面任意力系。对于空间力系进一步的分类可依此类推。由于平面力系可视为空间力系的特殊情况，平面汇交力系和平面平行力系又可视为任意力系的特殊情况，所以，平面任意力系是力系的最复杂和最普遍的形式，也是本书最主要的研究对象。

若作用于物体上的一个力系用另一个力系来代替，而不改变物体的运动效应，则称这两个力系互为等效力系。注意，这里的“等效”指的是物体的运动效应。一个力系可以用一个简单的力来代替，称为力系的合成；一个力可以用一个复杂的力系来代替，称为力的分解。因此，作用在物体上的力系很复杂，需要对力系进行简化，研究其平衡规律，才能有效合理地解决问题。

1.1.3 平衡的概念

所谓平衡，是指物体相对于惯性参考系保持静止或做匀速直线运动。在工程问题中，平衡通常是指物体相对地球静止，就是视地球为惯性参考系，将物体固连在地球上，这时作用于物体上的力系称为静止平衡力系。实际上，物体的平衡总是暂时的、相对的，绝对的平衡是不存在的。研究物体的平衡问题，就是研究物体在各种力系作用下的平衡条件，并应用这些平衡条件解决工程技术问题。为了便于寻求各种力系对于物体作用的总效应和力系的平衡条件，需要将力系进行简化，使其变换为另一个与其作用效应相同的简单力系，这种等效简化力系的方法称为力系的简化。所以，在静力学中主要研究三个问题：物体的受力分析；力系的简化；力系的平衡条件及其应用。

静力学基本公理

1.2 静力学基本公理

公理是人们在生活和生产活动中长期积累起来的经验总结，然后经过实践反复检验，最终证明是符合客观实际的普遍规律。静力学公理是对力的基本性质的概括和总结，是静力学全部理论的基础，是解决力系的平衡问题和物体的受力分析的关键。

1.2.1 作用力与反作用力公理

两物体之间相互作用的一对力，称为作用力和反作用力，它们总是大小相等、方向相反、沿同一直线，分别作用在这两个物体上。

这个公理概括了物体相互作用的关系。也就是说两个物体相互作用必定同时产生作用力和反作用力，分别等效作用于两个物体，而且是同时存在也会同时消失。无论是静止的还是运动的物体，该公理都普遍适用。如图 1.2 所示，自重为 G_1 的物体Ⅰ放在自重为 G_2 的物体Ⅱ的上面，物体Ⅱ放在大地的上面。由此可见，物体Ⅰ对物体Ⅱ会产生压力作用 G_1，物体Ⅱ会对物体Ⅰ产生反作用力 G_1'，物体Ⅱ会对大地产生压力作用 G_1+G_2，大地会对物体Ⅱ产生反作用力 $G_1'+G_2'$。

1.2.2 二力平衡公理

作用于刚体上的两个力，要使刚体处于平衡的必要和充分条件是这两个力大小相等、方向相反且作用在同一直线上。如图 1.3 所示。

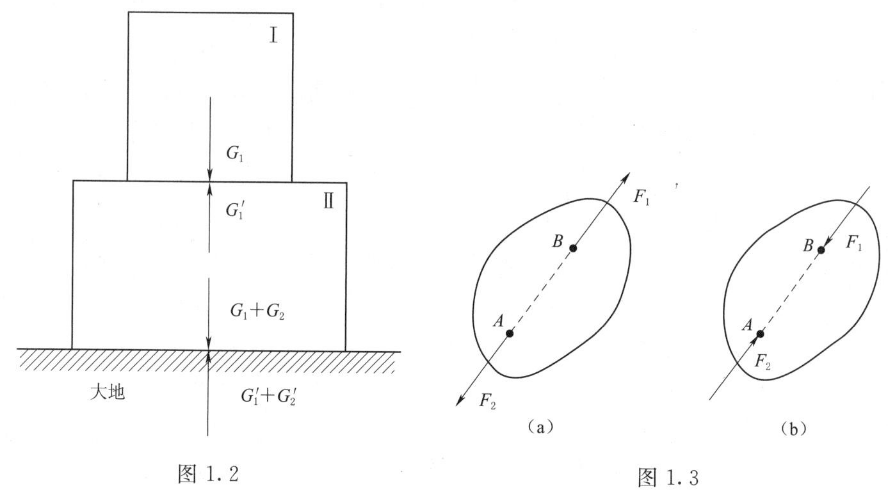

图 1.2　　图 1.3

工程中经常会见遇到只有两个力作用下处于平衡的构件，这类构件称为二力构件或二力杆。如图 1.4（a）所示，若不计杆 AB 和 AC 的重量，当支架 A 点悬挂重物平衡时，杆 AB 和 AC 只有端部受力，如图 1.4（b）和图 1.4（c）所示，每根杆符合二力平衡公理。由此可见，二力杆的受力特点就是作用于结构中一个杆件两端的力必沿这两个力作用点的连线。

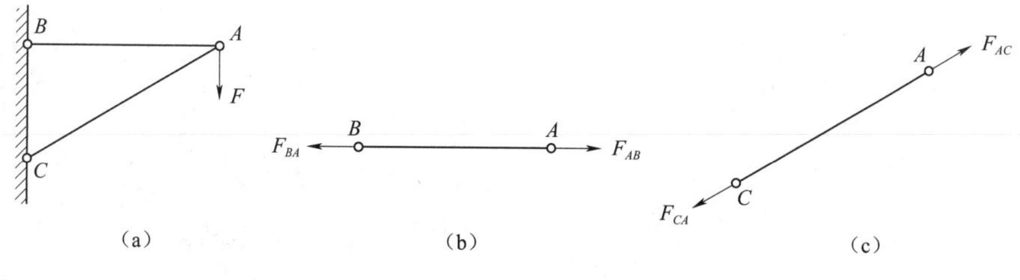

图 1.4

这个公理概括了作用于刚体上的最简单的力系平衡时，所必须满足的条件。但对于变形体而言，该公理就不是充分条件。例如，在拔河比赛中用的柔软绳索，当它受到两个等值、反向、共线的拉力作用时可以保持平衡，但它受到两个等值反向共线的压力作用时，绳索不能保持平衡。所以，二力平衡公理只适用于刚体。

1.2.3 力的平行四边形公理

作用于物体上同一点的两个力可以合成一个力，合力也作用于该点，其大小和方向由以这两个力为边构成的平行四边形的对角线确定，这就是力的平行四边形法则。如图 1.5（a）所示，图中各力关系可表示为

$$F=F_1+F_2$$

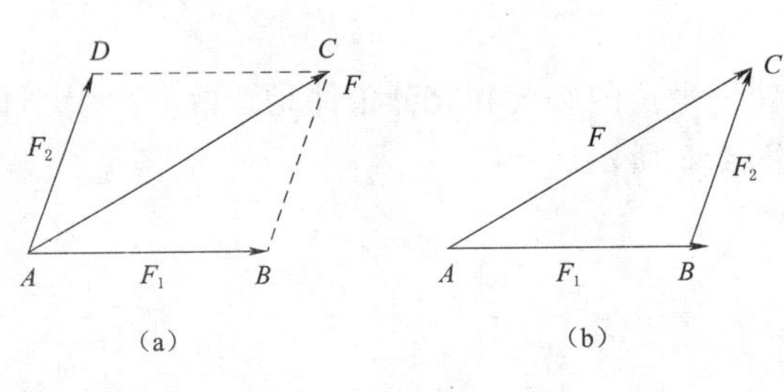

图 1.5

为了方便起见，在用矢量加法求合力时，可以不画出完整的平行四边形。如图 1.5（b）所示，从 A 点作一个与力 F_1 大小相等、方向相同的矢量 AB，过 B 点作一个与力 F_2 大小相等、方向相同的矢量 BC，连接 A 和 C 两点，则矢量 AC 即表示力 F_1、F_2 的合力 F。这种合力的方法，称为力的三角形法则。

这个公理又称平行四边形法则，它是力系合成与力的分解的理论基础。利用平行四边形法则，也可以把作用在物体上的一个力分解为相交的两个分力，分力与合力作用于同一点。由于用同一条对角线可以作出无穷多个不同的平行四边形，所以如不附加其他条件，一个力分解为相交的两个分力可以有无穷多个。在实际工程中，通常遇到的是把一个力分解为方向已知的两个分力，特别有实际意义的是分解为方向已知且互相垂直的两个分力，这种分解称为力的正交分解，所得的两个分力称为正交分力。

1.2.4 加减平衡力系公理

在作用于刚体上的任意力系上，加上或减去任意平衡力系，并不会改变原力系对刚体的作用效应，这就是加减平衡力系公理。

这个公理对于研究力系的简化很重要，它只适用于刚体，而不适用于变形体。对于变形体，虽然不改变整体物体的运动状态，但会影响物体的变形。

推论：力的可传性原理。

作用于刚体上某点的力可以沿着它的作用线移动到刚体上的任意位置，并不改变该力对刚体的作用效果。

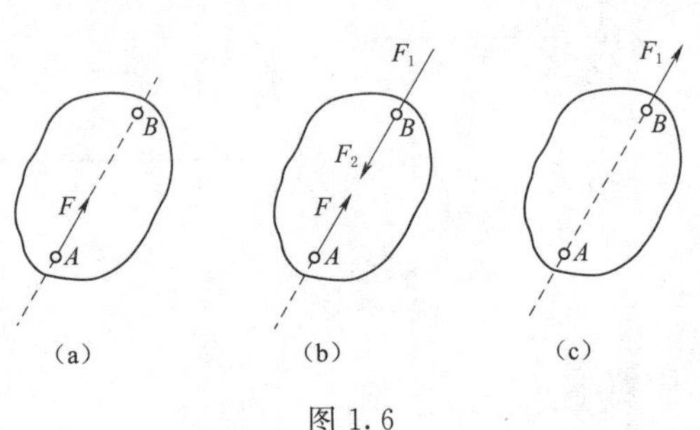

图 1.6

证明：如图 1.6（a）所示，在刚体上的点 A 作用力 F，根据加减平衡力系公理，可在力的作用线上任一点 B 处施加两个相互平衡的力 F_1 和 F_2，如图 1.6（b）所示，使 $F=F_1=-F_2$，不改

变刚体的运动效应。力 F 和 F_2 满足二力平衡条件组成平衡力系，根据加减平衡力系公理，又可以把这两个力减去，这样刚体上就只有 F_1 作用。这就相当于把原来的作用在 A 点的力 F 沿着力的作用方向移动到 B 点。

由力的可传性可知，对于刚体来说，力的作用效应与力的作用点在其作用线上的位置无关。因此，作用于刚体上力的三要素是力的大小、方向和作用线，作用于刚体上的力矢量可以沿着其作用线移动。虽然可传性不改变力对物体的外效应，但是会改变力对物体的内效应。所以，力的可传性只适用于刚体而不适用于变形体。

1.3 力的分解与合成

力的分解与合成

1.3.1 力的分解

力的分解如同力的投影，力的投影适用于平面直角坐标系，也可适用于空间坐标系，但在空间坐标系计算投影时，也通常需转化为平面坐标系再进行投影，本节重点介绍平面直角坐标系的投影。

设在平面直角坐标系 xoy 内，力 F 作用于 A 点，如图 1.7 所示，从力 F 的两端 A 和 B 分别向 x、y 轴作垂线，得到线段 ab 和 $a'b'$，其中 ab 为力 F 在 x 轴上的投影，以 X 表示；$a'b'$为力 F 在 y 轴上的投影，以 Y 表示。并且规定：当力的始端到末端投影的方向与坐标轴的正向相同时，投影为正；反之为负。图 1.7（a）中的 X、Y 均为正值，图 1.7（b）中的 X、Y 均为负值。所以，力在坐标轴上的投影是代数量。

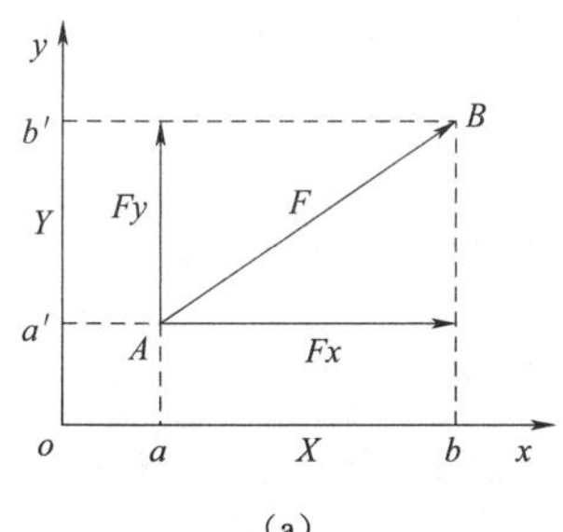

(a)

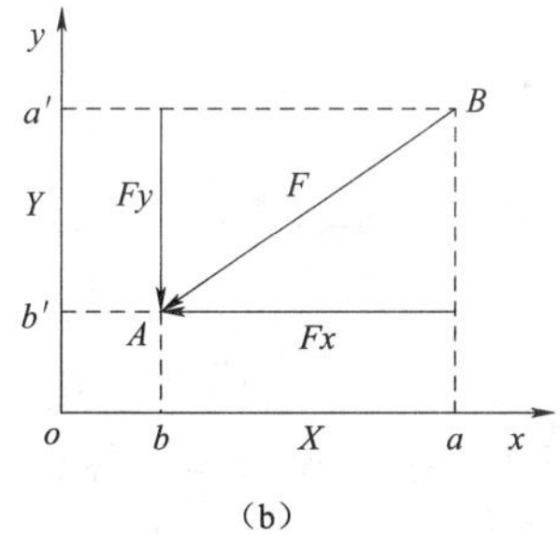

(b)

图 1.7

力的投影的大小可以用三角函数关系计算，设力 F 与 x 轴的正向夹角为 α，对于图 1.7（a）的情况为

$$\begin{cases} X = F\cos\alpha \\ Y = F\sin\alpha \end{cases}$$

对于图 1.7（b）的情况为

$$\begin{cases} X = -F\cos\alpha \\ Y = -F\sin\alpha \end{cases}$$

若将力 F 沿 x、y 坐标轴分解，所得分力 Fx、Fy，其值与力 F 在同轴的投影值 X、Y 相等，但必须注意：力的投影与力的分力是两个不同的概念。力的投影是代数

量，而力的分力是矢量，不仅有大小又有方向。只有在直角坐标系中，投影的绝对值与分力的大小相等，而在非直角坐标系中，力的投影的绝对值一般并不等于力沿坐标轴分力的大小。

【例 1.1】 如图 1.8 所示，在平面直角坐标系中，已知 $F_1=10\text{kN}$、$F_2=15\text{kN}$，试求两力在 x 和 y 坐标轴上的投影。

解： 由题意可知：

F_1 在 x 轴和 y 轴的投影值分别为：$X_1=F_1\cos30°=8.66\text{kN}$；$Y_1=F_1\sin30°=4.99\text{kN}$。

F_2 在 x 轴和 y 轴的投影值分别为：$X_2=-F_2\cos45°=-10.61\text{kN}$；$Y_2=F_2\sin45°=10.61\text{kN}$。

1.3.2 力的合成

合力投影定理建立了合力的投影与分力的投影之间的关系。如图 1.9 所示，平面汇交力系由 F_1、F_2、F_3、F_4 组成力的多边形，F 为合力。

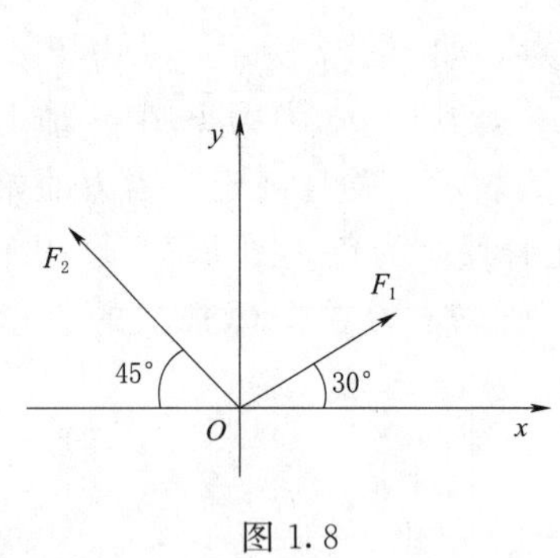

图 1.8

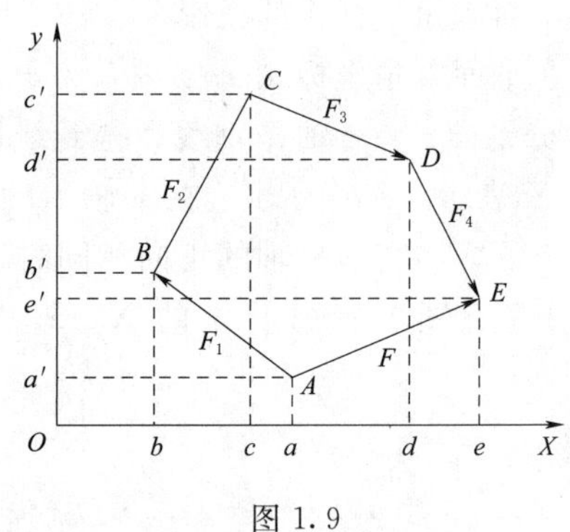

图 1.9

将力多边形中各力矢投影到 x 轴和 y 轴上，由图可知

$$ae=ab+bc+cd+de$$

$$a'e'=a'b'+b'c'+c'd'+d'e'$$

即合力在任一轴上的投影等于各分力在同一轴上的投影的代数和，该结论可以推广到任意多个力的情形，称为合力投影定理。合力 F 用数学表达式可表示为

$$X=X_1+X_2+\cdots+X_n=\sum X_i$$

$$Y=Y_1+Y_2+\cdots+Y_n=\sum Y_i$$

该定理是汇交力系合成的理论基础。

【例 1.2】 如图 1.10（a）所示，固定在墙上的吊环上受到同一平面内的三根绳索的拉力，各力汇交于 O 点。试求吊环所受的合力及方向。

解： 由题意可知。

（1）以汇交点 O 点为原点，水平向右为 x 轴，垂直向上为 y 轴建立坐标系，如图 1.10（b）所示。

（2）计算各力在 x 轴和 y 轴的投影代数和。

$$Rx=\sum X=F_2\cos30°+F_3\cos45°=158\text{kN}$$

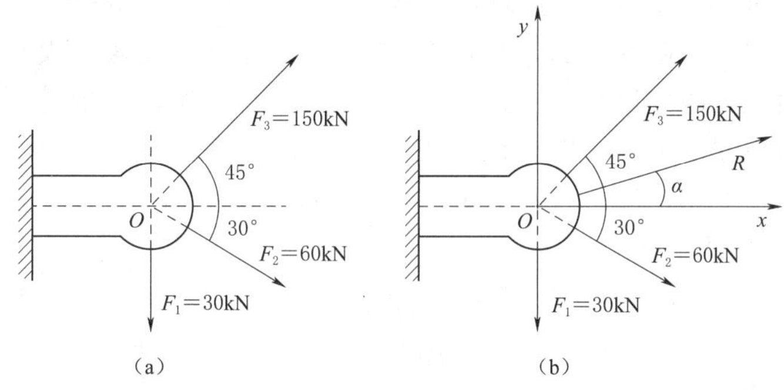

图 1.10

$$Ry = \sum Y = -F_1 - F_2\sin30° + F_3\sin45° = 158\text{kN}$$

（3）计算合力及其方向

$$R = \sqrt{R_x^2 + R_y^2} = \sqrt{158^2 + 46.1^2} = 164.6(\text{kN})$$

$$\tan\alpha = \frac{|R_y|}{|R_x|} = \frac{46.1}{158} = 0.292$$

$$\alpha = \arctan0.292 = 16.27°$$

因为 Rx 和 Ry 都是正值，故合力和方向都在第一象限，合力的作用点在坐标原点。

1.4 力矩和力偶矩

力矩和力偶矩

1.4.1 力矩

力作用于物体上，其作用效应有两种情况：一是力的作用线通过物体的质心，将使物体在力的方向上移动；二是力的作用线不通过物体的质心，物体将在力的作用下，既发生移动又发生转动。本节将研究力对刚体的转动作用，由此引入力对点之矩的概念。

1.4.1.1 力矩的概念

力对点之矩是衡量力使物体绕某点转动效应的物理量，是力学中最基本的概念之一。在实际生活中，用扳手拧螺母就是一个典型的力矩效应。如图 1.11 所示。

由图可知，力使螺母绕 O 点转动的效应取决于两个因素：作用力 F 的大小和力的作用线到 O 点的距离。O 点称为矩心，矩心 O 到力 F 作用线的垂直距离 d 称为力臂。力使螺母绕 O 点转动的效应可以用一个代数量 $Mo(F)$ 表示，表达式

$$Mo(F) = \pm Fd$$

这就是平面问题中的力对点之矩。力矩的大小等于力的大小与力臂的乘积，力矩的度量单位是 N·m 或 kN·m，其正负号规定是：力使刚体绕矩心

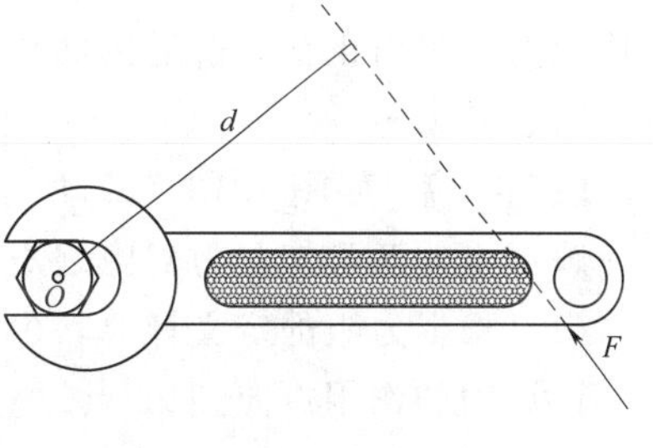

图 1.11

逆时针方向转动时，力矩为正；反之，力矩为负。

在空间问题中，力使物体绕一点的转动效应不仅取决于力矩的大小和转向，还取决于力矩作用面（力的作用方向与矩心共有的平面）。所以，力矩的三要素是力矩的大小、转向和力矩作用平面。若作用力 F 沿着作用线方向任意移动，矩心到作用方向的距离不会发生变化，那么力臂不变，则力矩也不会变。

1.4.1.2 合力矩定理

在计算力矩时，有时直接按力乘以力臂计算比较困难。这时，如果将力作适当分解，计算各力的分力的力矩则很方便。利用合力矩定理，可以建立合力对某点的矩与其分力对同一点的矩之间的关系。

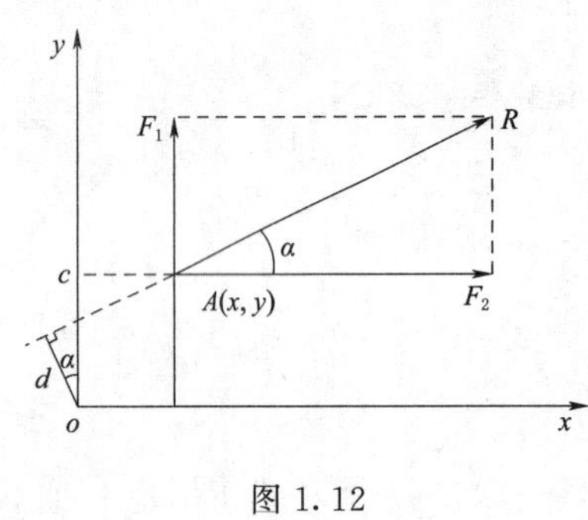

图 1.12

推论：平面力系的合力对平面内任意一点的力矩，等于其所有分力对同一点力矩的代数和。

证明：已知两正交分力 F_1、F_2 作用于 A 点，其合力为 R，如图 1.12 所示。在力系平面内任取一点 o 为矩心，以 o 点为坐标原点，建立直角坐标系 xoy，并使两正交分力 F_1、F_2 分别平行于 y 轴和 x 轴。

设 A 点坐标为 (x, y)，合力 R 与 x 轴的夹角为 α。根据力对点之矩的定义可得

$$Mo(F_1)=F_1x$$

$$Mo(F_2)=-F_2y$$

$$Mo(R)=-Rd$$

由几何原理可得

$$d=oc\cos\alpha=(y-x\tan\alpha)\cos\alpha$$

由此可推出

$$\begin{aligned}Mo(R)&=-R(y-x\tan\alpha)\cos\alpha\\&=-F_2(y-x\tan\alpha)\\&=-F_2y+F_1x\\&=Mo(F_1)+Mo(F_2)\end{aligned}$$

应当指出，虽然这个定理是由两个共点的正交力组成的简单力系推导出来的，但是它对所有的平面力系都成立。合力矩定理概括了合力和其分力对同一点力矩的关系。当力臂不易求得时，可利用合力矩求一个力对某点的力矩。具体方法是：将该力看成合力，求出正交分解后的两个分力，然后求出每个分力对同一点的力矩，代数和即为所求的力矩。

【例 1.3】 如图 1.13（a）所示的刚架，试求力 $F=10\text{kN}$ 对 A 点的力矩。

解： 由题意可知，力对点之矩可以用两种方法求解。

（1）根据力矩的定义计算，由图 1.13（b）可得

计算力的作用方向到 A 点的垂直距离 d：

因为 $AE=CA-CE=CA-CD\tan\alpha=4-4\times\tan30°=4-2.309=1.691(\text{m})$

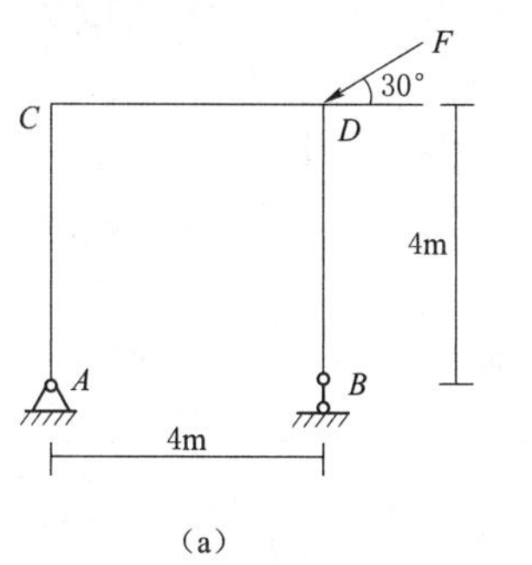

(a)

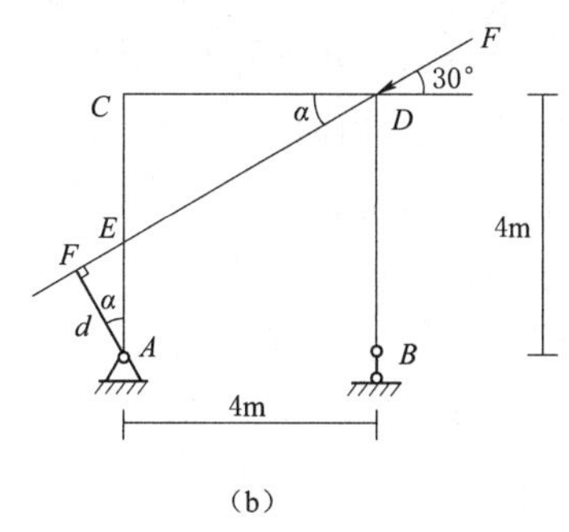

(b)

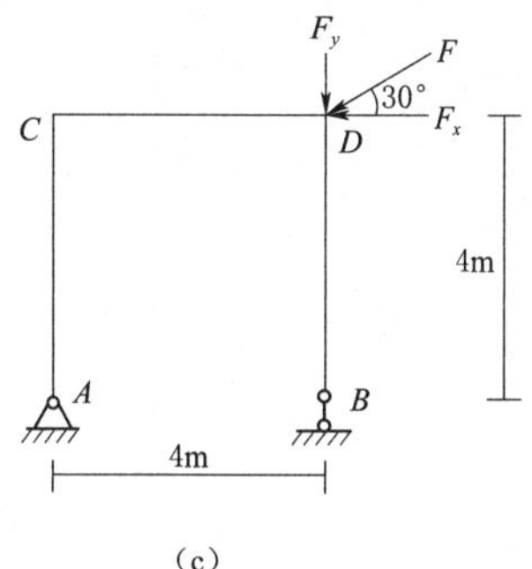

(c)

图 1.13

$$d = AE\cos 30° = 1.691 \times 0.866 = 1.464\text{m}$$

所以 $$M_A(F) = F \times d = 10 \times 1.464 = 14.64\text{kN} \cdot \text{m}$$

(2) 根据合力矩定理计算，由图 1.13 (c) 可得

计算 F 在 x 和 y 轴上的投影：

因为 $Fx = F\cos 30° = 10 \times 0.866 = 8.66\text{kN}$；$Fy = F\sin 30° = 10 \times 0.5 = 5.0(\text{kN})$

所以 $M_A(F) = M_A(Fx) + M_A(Fy) = Fx \times CA - Fy \times CD = 8.66 \times 4 - 5.0 \times 4 = 14.64(\text{kN} \cdot \text{m})$

由此可见，合力对点之矩等于各分力对点之矩的代数和。

1.4.2 力偶矩

1.4.2.1 力偶矩的概念

在生产和生活中，常对物体施加等值、反向、不共线的两个平行力，如图 1.14 所示。这样的两个力对物体不会产生移动效应，只产生转动效应。因此，力偶不是平衡力系。

这种大小相等、方向相反、作用线平行不共线的两个力称为力偶，记作 (F, F')。如图 1.15 所示，力偶中两个力所在的平面称为力偶的作用面，两个力作用线之间的垂直距离称为力偶臂，用 d 表示。

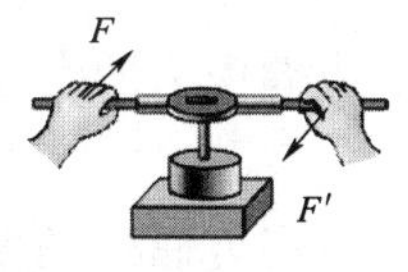

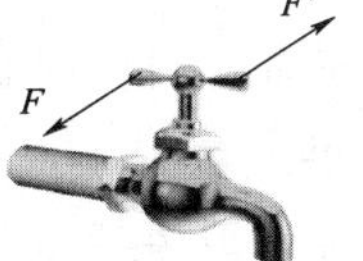

图 1.14

图 1.15

实践证明，平面力偶对物体的效应取决于力偶的力 F 的大小和力偶臂 d 的长度，同时，力偶对物体的转向与力矩类似，也有顺时针与逆时针之分，转向不同，效应也不同。因此，可以用力偶的力 F 与力偶臂 d 的乘积，再以适当的正负号来度量力偶对物体的转动效应。因此，把力 F 与力偶臂 d 的乘积称为力偶矩，力偶矩是一个代数量，表达式为

$$m = \pm Fd$$

这里的正负号表示力偶的转向。正负号规定为：力偶使物体逆时针方向转动，力偶矩为正，反之为负。力偶矩的单位与力矩的单位相同，单位为 N·m 或 kN·m。

在平面问题中，力偶对物体的转动效应取决于力的大小和力偶臂的长度，而与矩心无关。所以力偶矩不用标出矩心，这是力偶矩与力矩的重要区别之一。所以，力偶的三要素是力偶矩的大小、力偶的转向、力偶的作用平面。

力偶是两个具有特殊关系的力的组合，具有与单个力不同的性质，现说明如下：

(1) 力偶在任一轴上的投影都等于零。由于构成力偶的两个力大小相等、方向相反，作用线平行，故它们在任一轴的投影代数和等于零。因此力偶对物体只有转动效应，没有移动效应，所以力偶不能和一个力等效，也不能和一个力平衡，力偶只能和力偶等效或平衡。

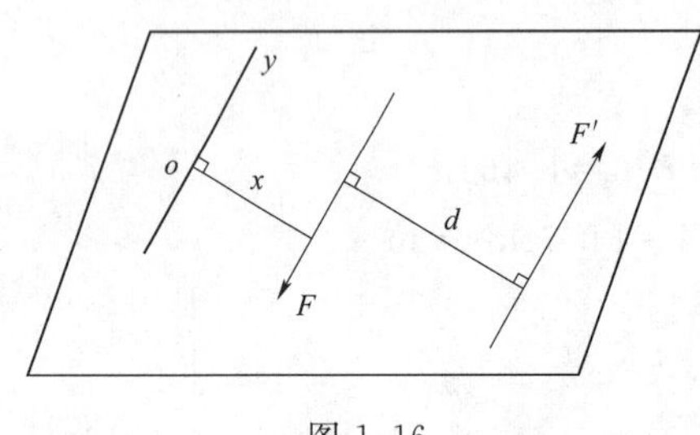

图 1.16

(2) 力偶对平面内任一点之矩恒等于其力偶矩，与矩心位置无关，是一个自由矢量。

证明：如图 1.16 所示，平面内的力偶对坐标轴 y 轴上的 o 点的力矩等于力偶中两个力对 o 点的力矩的代数和，即

$$Mo(F,F')=Mo(F)+Mo(F')=-Fx+F(x+d)=Fd=m$$

这个性质表明，力偶使物体绕其作用平面内任意一点的转动效应都是相同的。

(3) 只要保持力偶矩的大小和力偶的转向不变，力偶可在作用面内任意移转，也可以任意改变力偶中的大小和力偶臂的长短，而不改变力偶对物体的运动效应。

1.4.2.2　力偶的等效定理

作用在同一平面内的两个力偶，如果它们的力偶矩大小相等，转向相同，则两力偶等效。该性质也称为力偶的等效定理。从该性质也可以得出，力偶矩相同的两个力偶可以互相替换，而不会改变对物体的转动效应。

由力偶的等效定理可推出以下两个结论：

(1) 只要不改变力偶矩的大小和力偶的转向，力偶的位置可以在它的作用平面内任意移动或转动，而不改变它对刚体的作用效果。

(2) 只要不改变力偶矩的大小和力偶的转向，可以同时改变力偶中力的大小和力偶臂的长短，而不改变力偶对刚体的作用效果。

在平面问题中，力偶对刚体的转动效应完全取决于力偶矩，只有力偶矩是力偶作用效果的唯一量度，在力偶作用面内力偶的表示方法主要有三种，如图 1.17 所示，其中 m 通常只表示力偶矩的值。

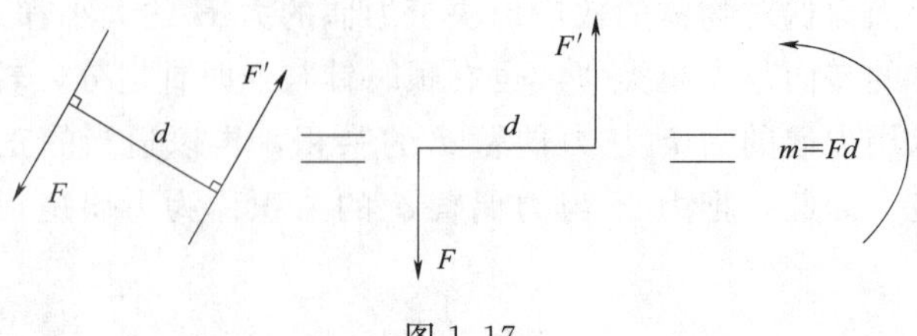

图 1.17

1.5 约束及其反力

如果物体在空间沿任何方向的运动都不受限制，这种物体称为自由体，如飞行的飞机、自流的水体等。在日常生活和劳动中，物体通常总是以各种形式与周围的物体互相联系并受到周围物体的限制而不能做任意运动，这种物体称为非自由体，例如，机车受铁轨的限制只能沿轨道运动；桥梁受桥墩和梁端的约束装置而在一定的高度上保持稳定；悬挂的重物受到吊绳的限制等。

凡是对非自由体的某些位移起限制作用的物体称为约束物或约束装置，简称约束。由于约束可以限制物体的运动，当物体向着约束所能限制的方向运动或有运动趋势时，约束就必然对物体施加力的作用，从而阻碍其运动状态的改变。这种阻碍物体运动施加的力称为约束反力，简称反力。约束反力的方向总是与约束物体的运动或运动趋势的方向相反，其作用点在约束和被约束物体的接触点处。研究受力物体时，使受力物体运动或具有运动趋势的力称为主动力，如物体自重、水压力、土压力等。主动力在工程中称为荷载。而约束反力是在主动力作用下产生的一种被动力，随着主动力的变化而变化。通常主动力是已知的，约束反力是未知的。在静力学中，如果约束反力和物体承受的已知主动力构成平衡力系，则可通过平衡条件来求解未知约束反力的大小。

实际工程中有多重约束形式，约束类型不同，其约束反力也不相同。下面介绍工程中常见的几种典型的理想约束实例，以及对应的约束反力的特点和表示方法。

1.5.1 柔体约束

绳索、皮带、链条等物体称为柔体。这类约束在工程中习惯称为柔体约束，它只能阻止物体沿其中心线伸长方向的运动，而不能阻止其他方向的运动。因此，柔体的约束反力沿着柔体中心线，指向受力物体外部，由此可知，柔体约束只能产生拉力方向上的约束反力。如图 1.18 所示，自重为 G 的被约束物体小球，在柔体约束绳索的约束反力作用下，与自重形成一对平衡力系，使得小球静止悬在空中。

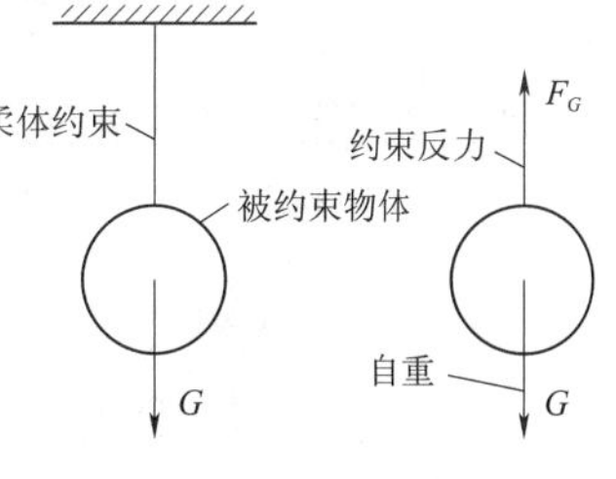

图 1.18

1.5.2 光滑接触面约束

当物体之间相互接触，产生的摩擦力可以忽略不计时，就可以认为相互支撑面就是光滑接触面约束。无论支撑面的形状如何，物体与支撑面接触的点可以沿其支撑面自由滑动，也可以向着脱离支撑面的任何方向运动，但不是沿其支撑面的公法线而指向支撑面的运动。因此光滑约束反力通过接触点，沿接触面在该点的公法线，指向受力物体内部，由此可知，光滑接触面约束只能产生与压力相反方向的约束反力。如图 1.19 所示，自重为 G 的被约束物体小球，在光滑接触面的约束反力作用下，与自重形成一对平衡力系，使得小球静止在接触面上。

1.5.3 光滑铰链约束

在机械中，经常用圆柱形销钉将两个带孔零件连接在一起，如图 1.20（a）、图 1.20（b）所示。这种铰链只能限制物体间的相对径向移动，不能限制物体绕圆柱销轴线的转动和平行于圆柱销轴线的移动，这种支座的简图如图 1.20（c）所示。由于圆柱销与圆柱孔是光滑曲面接触，则约束反力应在沿接触线上的一点到圆柱销中心的连线上，垂直于轴线，如图 1.20（d）所示。因为接触线的位置不能预先确定，因而约束反力的方向也不能预先确定。通常把它分解为两个相互垂直的约束反力，作用在圆心上，如图 1.20（e）所示。

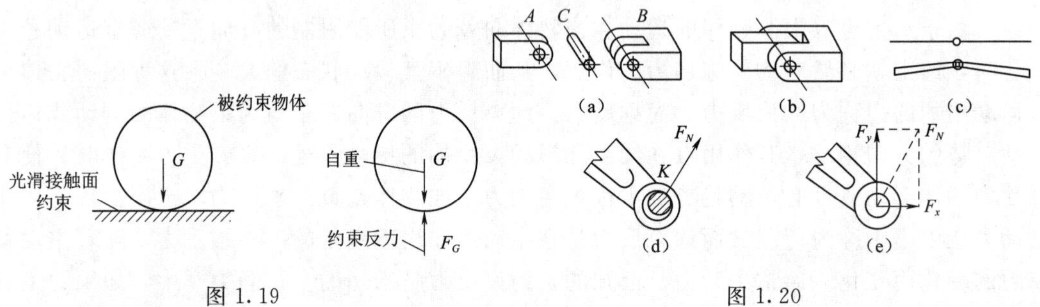

图 1.19　　图 1.20

1.5.4 固定铰支座

将构成铰链的一个构件固定在基础上，另一个构件可以绕销钉转动，这种约束称为固定铰支座，如图 1.21（a）所示。这种约束装置是一种常用的圆柱铰链连接，它由一个固定底座和一个构件用销钉连接而成，简称铰支座。在工程实践中，铰支座将限制构件移动，而允许构件与支座连接处产生微小转动。这种支座可以简化为三种不同但约束性质相同的支座，如图 1.21（b）所示。铰支座对构件的作用在垂直于圆柱销轴线的平面内，通过圆柱销的中心，方向不能确定，通常用相互垂直的两个约束反力表示，如图 1.21（c）所示。

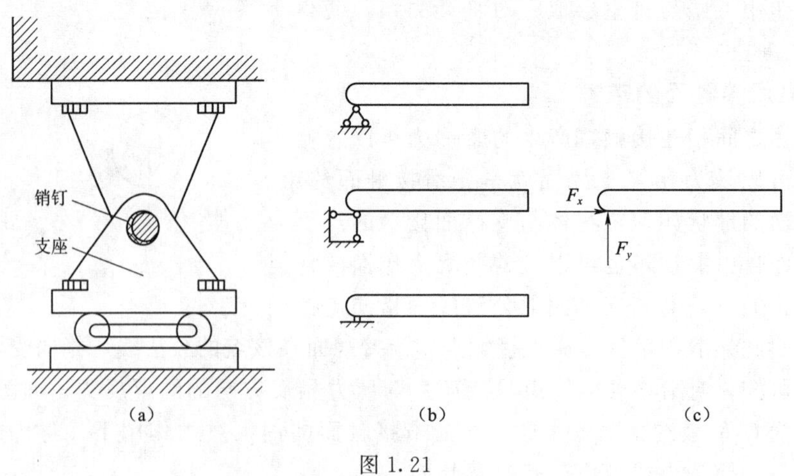

图 1.21

1.5.5 可动铰支座

在固定铰支座下面加几个滚柱支撑于平面上，但支座的连接使它不能离开支撑面，这样的支座称为可动铰支座，如图 1.22（a）所示。在工程实践中，可将这种约束简化为单链支座，如图 1.22（b）所示。由于这种约束只限制所支承的构件在支承面法线方向的位移，而不限制构件沿支承面方向的位移和绕铰链销钉的转动。因此，在桥梁、屋架等工程结构中经常采用可动铰支座。当温度变化引起桥梁、屋架在跨度方向有伸缩时，则允许可动铰支座沿支承面方向移动。可动铰支座对构件的作用通常用垂直于支承面并沿着链杆中心线指向被约束物体的约束反力来表示，如图 1.22（c）所示。

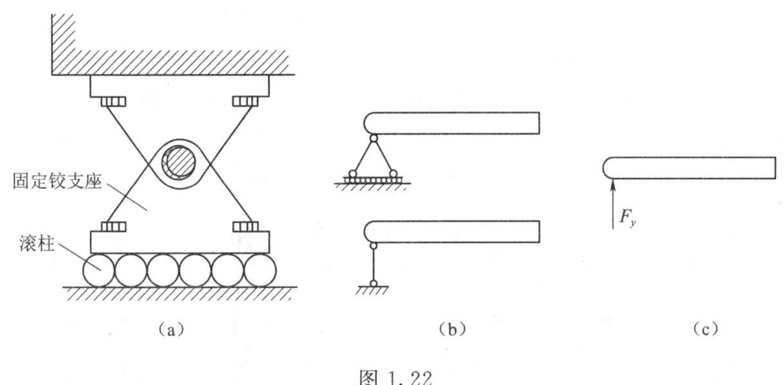

图 1.22

1.5.6 固定端支座

支座把构件和支撑物完全连接为一个整体，构件在固定端处既不能沿任何方向移动，也不能转动，这种支座称为固定端支座。在房屋建筑中，嵌入墙体的挑梁，嵌入端就是典型的固定端支座，如图 1.23（a）所示。在工程实践中，将这种约束效应简化为构件通过刚结点与约束连接，如图 1.23（b）所示。固定铰支座对构件的作用通常用两个相互的约束反力和绕支座点的一个转角约束力偶来表示，如图 1.23（c）所示。

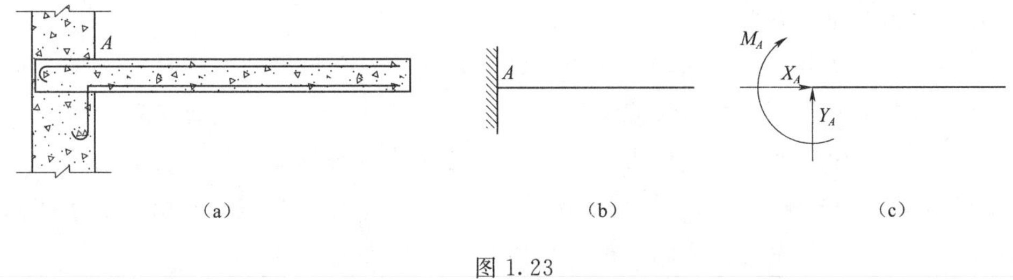

图 1.23

1.5.7 定向支座

支座允许构件杆端沿一定方向自由移动，而沿其他方向不能移动，也不能转动，这种支座称为定向支座。在办公桌子内的抽屉，抽屉两边安装了两个轨道，该轨道只允许抽屉进行水平推拉，不能上下移动和转动，如图 1.24（a）所示。在工程实践中，将这种约束效应简化为构件通过两根平行的单链支座与约束连接，如图1.24（b）所示。可动铰支座对构件的作用通常用一个沿着单链杆指向物体的约束反力和绕支座点的一个转角约束力偶来表示，如图1.24（c）所示。

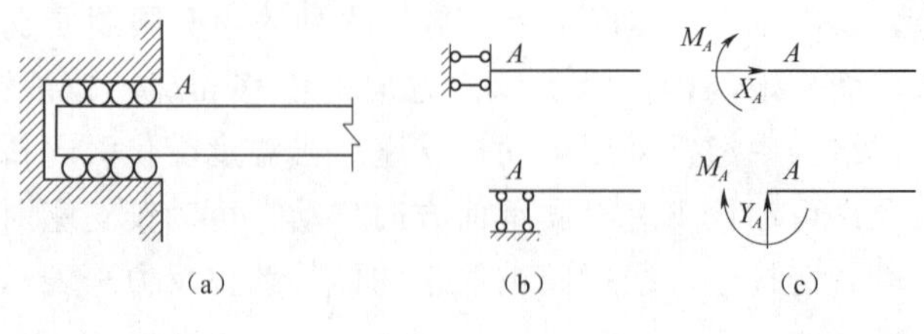

图1.24

工程中的约束形式是多种多样的，除了以上介绍的几种典型约束，还有其他形式的约束。在实际问题中需要对实际约束的构造及其性质进行分析，分清主次，略去次要因素，将其简化为理想约束。

受力图的绘制

1.6 受力分析

无论是研究物体的平衡还是物体的运动，都必须分析物体的受力情况，分析物体受哪些力的作用，其大小、方向和作用位置如何，这种分析过程称为物体的受力分析。

在实际工程中，物体基本上是以一定方式同周围物体相互连接。为了研究和分析物体的受力情况，必须解除全部约束，把它从其他物体中分离出来。从宏观角度上判断物体受力状态，为了反映解除以后荷载和约束对分离后物体的约束效果和作用效应，保持原有的受力情况，需要在分离的物体上的受力处施加全部的主动力及其方向，在解除约束处施加相应的约束反力及其方向，这种表示物体的受力情况的图形称为受力图。因此，物体的受力图要包括全部主动力和约束反力的方位、指向、作用点。即首先确定受力对象，解除约束装置，将对象分离出来；然后进行受力状态分析，画出主动力和约束反力，即可得到对象的受力图。

对物体进行受力分析，画物体的受力图，是进行力学计算的一个重要环节，正确地画出受力图是力学计算取得正确结果的前提和关键。所以，不仅要正确地反映物体的受力情况，还应有利于后续的力学计算，这是画受力图需要掌握的两个原则。

【例1.4】 如图1.25（a）所示，自重为 F_G 的小车在钢缆绳的牵引下静止在光滑的斜坡上。若不计车轮与斜面间摩擦，试画小车的受力图。

解： 由题意可知：

（1）分析小车的受力情况。小车在重心作用有铅垂向下的重力；小车与牵引车之间为柔体约束，约束力是作用在 C 处的拉力，作用线沿钢缆中心线；车轮 A 和车轮 B 与斜面为光滑接触面约束，约束力都通过接触点垂直于斜面并指向小车。

（2）作小车受力图。在小车重心画铅垂向下的重力 F_G。在 C 处去掉钢缆，用作

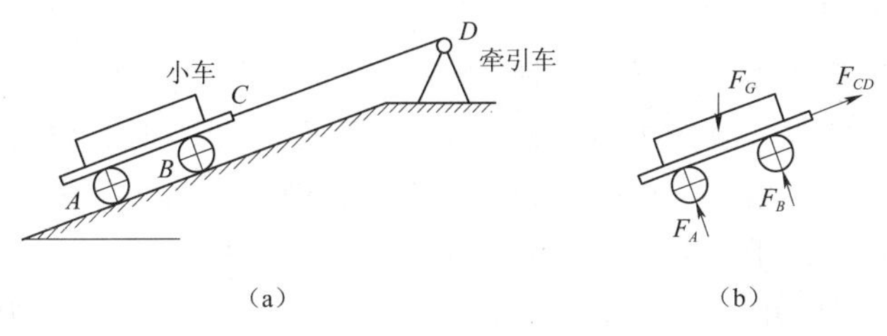

图 1.25

用于 C 处沿钢缆中心线的拉力 F_{CD} 代替钢缆的作用。将斜面去掉，分别在车轮 A 和车轮 B 与斜面接触点处，画垂直于斜面并指向轮子的支撑力 F_A 和 F_B 代替斜面约束。小车受力图如图 1.25（b）所示。

【例 1.5】 如图 1.26（a）所示。已知简支梁的自重为 F_G，在梁的中间作用有斜向为 α 的主动力 F，试画简支梁 AB 的受力图。

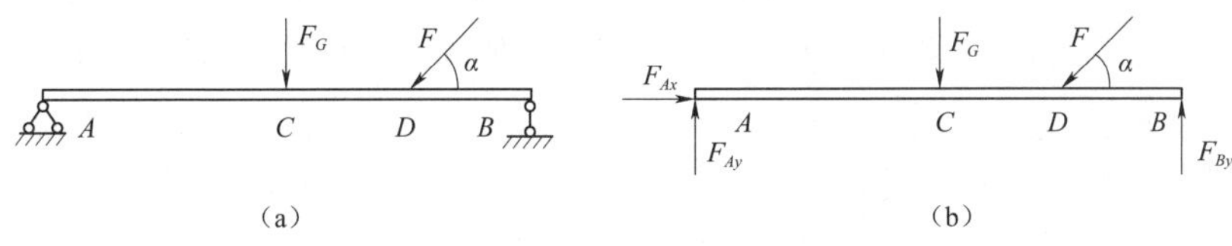

图 1.26

解：由题意可知：

（1）分析梁 AB 的受力情况。梁 AB 在重心 C 处作用有铅垂向下的重力 F_G；在 D 处作用有斜向为 α 的主动力 F。梁 B 端为可动铰支座，所以约束力作用在铰中心，作用线为铅直方向，指向可假设向上。梁 A 端为固定铰支座，约束力作用点在铰中心，但作用线方位未知，所以可用两正交分力表示，指向暂可假定。

（2）作梁 AB 的受力图。在梁重心 C 处画铅直向下的重力 F_G；在 D 处画与梁 AB 轴线夹角 α，指向左下角的主动力 F。在 B 端去掉可动铰支座的地方，画过铰中心 B 且方向铅直向上的约束力 F_{By}。在 A 端取掉固定铰支座的地方，画过铰中心 A 的两个正交分力 F_{Ax}、F_{Ay}。其受力图如图 1.26（b）所示。

【例 1.6】 如图 1.27（a）所示，杆件 A 端为固定铰支座，B 端靠支在光滑接触墙面上，试画杆件 AB 的受力图。

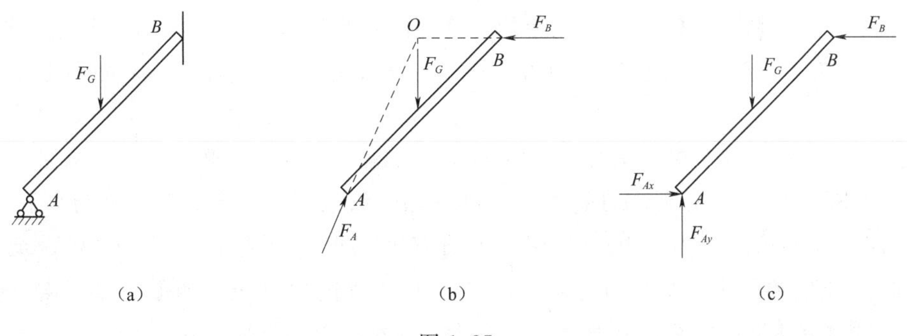

图 1.27

解：由题意可知：

(1) 分析 AB 杆的受力情况。杆件在重心 C 处作用有铅垂向下的重力 F_G；杆件 B 点为光滑接触面约束，其约束力是通过 B 点垂直于墙面并指向杆件；在 A 点为固定铰支座，支座对杆作用一个过铰中心的约束力；因杆上共作用三个力，杆处于平衡状态，三个力必定交汇于一点，并在汇交点的相互作用抵消。由于 B 支座约束力和重力 F_G 的作用方向已知，那么 A 支座约束力的作用线过另外两个力的作用线交点，力指向暂可假定。

(2) 作 AB 杆的受力图。在杆件重心 C 处画铅直向下的重力 F_G；在 AB 杆的 B 点去掉光滑的墙壁，用 F_B 代替墙面通过 B 点对杆件的作用效应。F_B 与重力 F_G 作用线交于 O 点，在 A 点去掉固定铰支座，用作用于 A 点作用线过 O 点的力 F_A 代替，受力图如图 1.27 (b) 所示。杆 A 端的固定铰支座的约束力可用两个正交分力 F_{Ax}、F_{Ay} 表示，其受力图如图 1.27 (c) 所示。

【例 1.7】 如图 1.28 (a) 所示，支架由 AB 和 CD 两杆铰接而成，在 AB 杆上作用有斜向为 α 的荷载 F，设各杆自重不计，试分别画出 AB 杆、CD 杆以及整个支架的受力图。

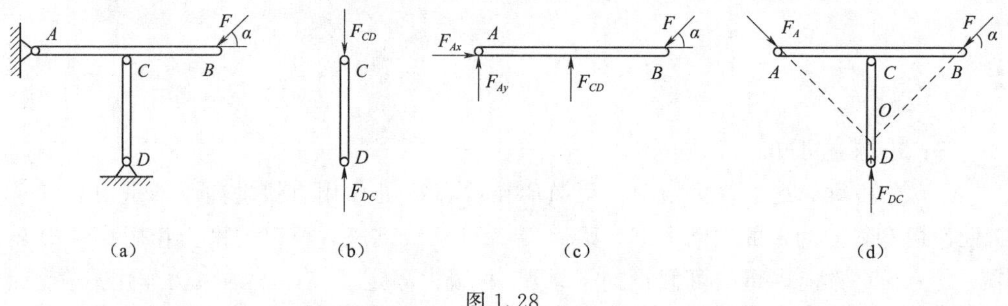

图 1.28

解：由题意可知：

(1) 分析 CD 杆的受力情况。由于 CD 杆自重不计且无主动力，则在 C、D 两铰链处分别受 F_{CD} 和 F_{DC} 两力作用，根据二力平衡条件 $F_{CD}=F_{DC}$，如图 1.28 (b) 所示。因此，在 CD 杆的 C 点和 D 点所受的两个力为大小相等、方向相反且作用线通过 CD 杆的中轴线，将这种受力情况的杆件称为二力杆。

(2) 分析 AB 杆的受力情况。AB 杆在斜向主动力 F 作用下，有绕铰链 A 顺时针转动的趋势，但是 CD 杆通过 C 点会约束 AB 杆的转动，约束反力 F_{CD} 垂直指向 AB 杆；杆 A 端的固定铰支座的约束力可用两个正交分力 F_{Ax}、F_{Ay} 表示，如图 1.28 (c) 所示。

(3) 分析整个支架的受力情况，需要综合考虑受力状态。整个支架在承受荷载 F 作用时平衡，那么 A 支座的约束反力与 D 支座的约束反力的合力，应该与荷载 F 相互抵消，符合作用力与反作用力公理。主动力 F 与竖直向上的约束反力 F_{DC} 交于 O 点，将 A 支座的两个正交分力合成为 F_A，其作用线通过 O 点。如图 1.28 (d) 所示。

通过对上述例题的练习和分析，画受力图时须注意以下几点：

(1) 明确研究对象，研究对象可以是一个物体，也可以是几个物体组成的系统。

(2) 画分离体的受力图，在分离体的简图上要画出全部主动力和约束力，明确力的数量和方向。根据需要，可以将结构整体分离，也可以将结构中的构件单独分离。分清研究对象及各力的受力和施力物体，从而正确地反映研究对象的受力情况。

(3) 理解以及熟练掌握典型理想约束的性质及其反力的表达方法。在画约束反力时，一定要严格根据约束的性质来画，而绝对不要只凭主观臆测。

(4) 受力图上要标明各力的名称、方向和作用点。不要任意改变力的作用位置和形式。

(5) 一般情况下，不要将力分解或合成。如果需要分解或合成，分力与合力不要同时画在同一受力图上，以免重复。力在分解时，通常要正交分解，以便计算。

(6) 画受力图时，要注意应用静力学平衡公理。

思考题

1. 在力学分析中，平衡的实际意义是什么？

2. 简述作用力和反作用力公理与二力平衡公理的区别。

3. 举例证明合力对点之矩等于所有分力对点之矩的代数和。

4. 根据力矩的定义，提出增大力矩的措施是什么？

5. 简述力的三要素和力偶的三要素的区别。

6. 何谓力矩？何谓力偶矩？两者有何区别？

7. 如何证明力偶对平面内任一点之矩恒等于其力偶矩，与矩心位置无关？

8. 举例说明工程中常用的约束形式。

9. 简述结构计算简图的简化原理。

10. 什么是二力构件？分析二力构件受力时与构建的形状有无关系。

11. 如思考题 1.1 图所示，杆的自重不计，试指出图中构架中，哪些是二力构件？

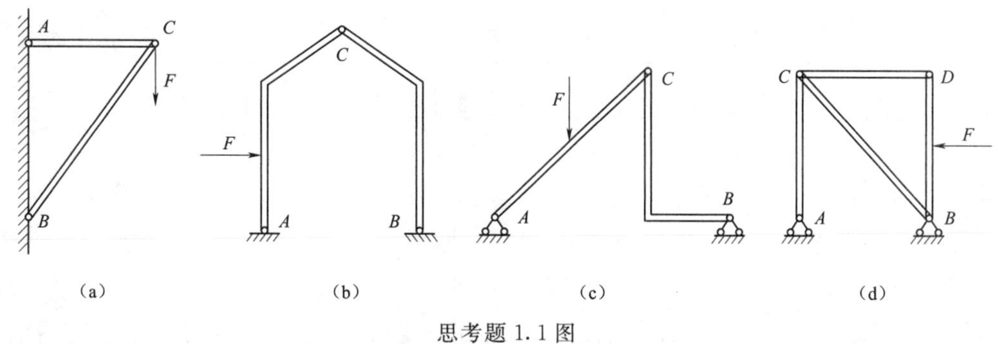

思考题 1.1 图

12. 简述固定铰支座、可动铰支座、固定端支座和定向铰支座约束反力的个数和方向。

13. 简述固定端支座中的转角约束与力偶有何联系和区别。

14. 根据约束装置的特点绘制物体受力图的步骤是什么?

15. 简述结构简化的原则、简化的方面有哪些。

练 习 题

1. 如习题 1.1 图所示，试分别计算各力在 x 轴和 y 轴上的投影。

2. 如习题 1.2 图所示，试计算两力的合力及其方向。

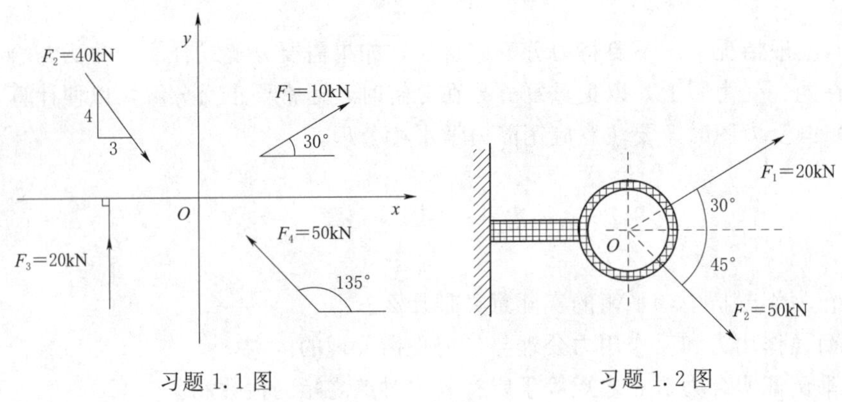

习题 1.1 图　　　　习题 1.2 图

3. 如习题 1.3 图所示，试计算图中力对 A 点的力矩。

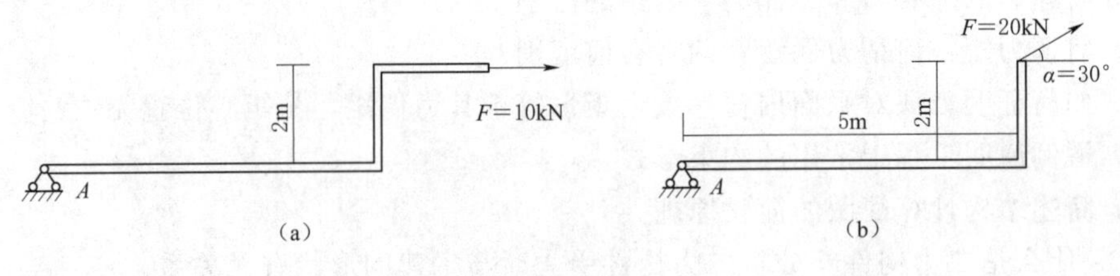

习题 1.3 图

4. 如习题 1.4 图所示，试计算力偶对物体某平面的力偶矩。

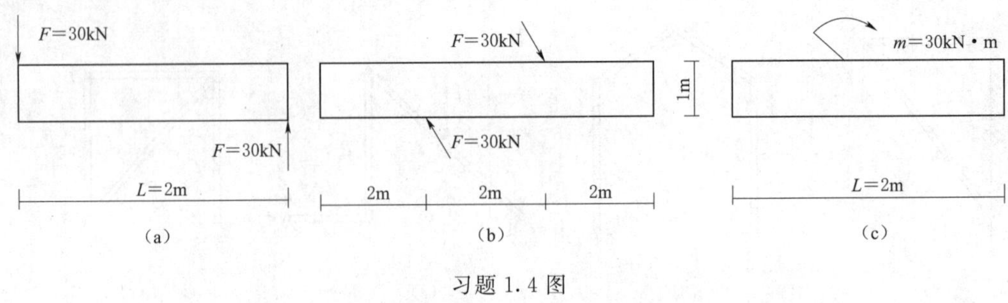

习题 1.4 图

5. 如习题 1.5 图所示，所有的接触面都是光滑的，没有标出重力的物体不计自重。分析各物体所受的约束类型及约束反力，试绘制物体的受力图。

6. 如习题 1.6 图所示，所有的接触面都是光滑的，没有标出重力的物体不计自

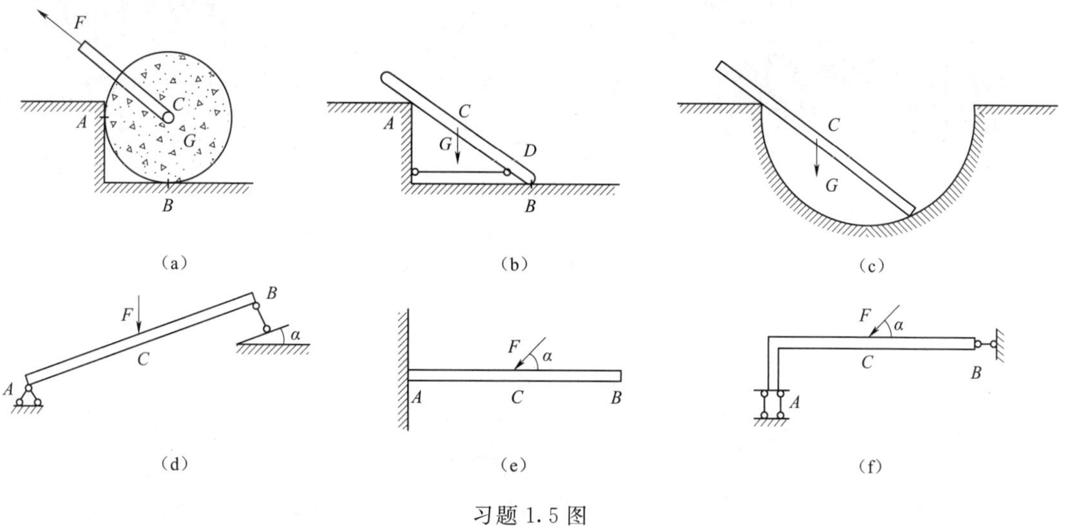

习题 1.5 图

重。分析各物体系统所受的约束类型及约束反力，试绘制物体系统中各物体的受力图，以及物体系统整体的受力图。

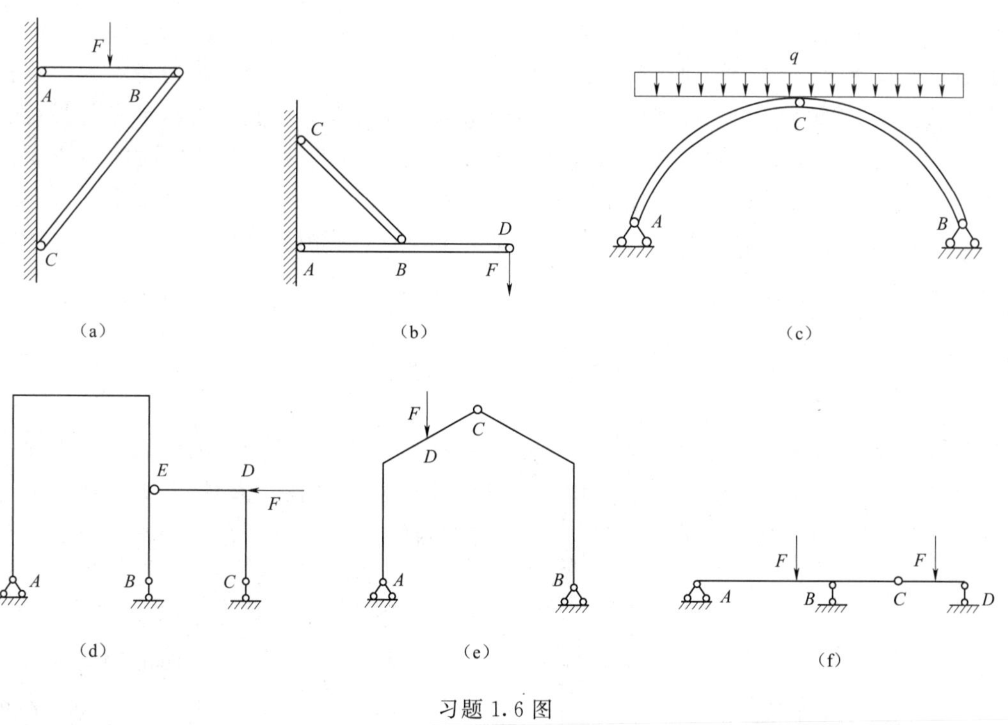

习题 1.6 图

第 2 章

平 面 力 系

在工程实践中，作用在结构和构件上力是多种多样的，为了研究方便，需将力系进行分类。按照各力作用线的分布情况进行分类，若力系中各力的作用线都在同一平面内，则称为平面力系，若力系中各力作用线不在同一平面内，则称为空间力系。在平面力系中，按照各力的作用线是否交于同一点或相互平行，又分为平面汇交力系、平面平行系和平面任意力系。若平面内都是有力偶所组成的力系，则称该力系为平面力偶系。

实际问题中物体的受力情况归属于空间力系更为真实，但空间力系所涉及的内容比起平面力系较为复杂。那么究竟按哪种力系计算，要根据研究问题的特点和计算精度的要求具体确定。在工程实体结构受力中虽属空间力系，但其结构本身和所受荷载有一个共同的对称面，此时作用在结构上的力系就可以简化为在对称面内的平面力系，因此，平面力系是工程应用中最常见、最方便的力系。本章主要介绍平面汇交力系、平面力偶系、平面任意力系、物体系统的平衡，这些内容是研究静定结构平衡的基础。

平面汇交力系

2.1 平 面 汇 交 力 系

平面汇交力系是指各力的作用线在同一平面内且汇交于同一点的力系，是力系中最简单的一种，在工程中有很多实例。例如，吊钩通过两根绳索 AC、BC 将重物起吊，如图 2.1 (a) 所示，吊钩的作用力 F 与两根绳索的作用力 F_A、F_B 相交于一点 C，且都在同一平面内，构成了一个平面汇交力系，如图 2.1 (b) 所示。

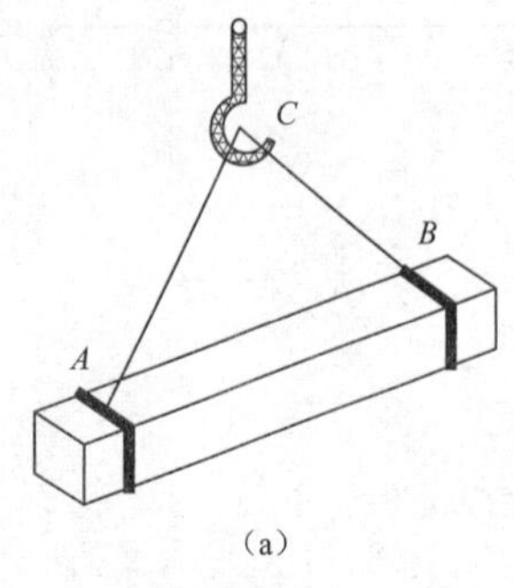

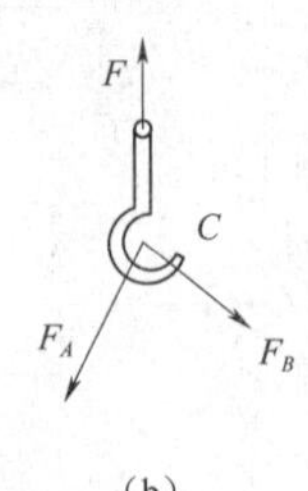

图 2.1

2.1.1 几何法计算平面汇交力系

由 F_1、F_2、F_3 和 F_4 组成的平面汇交力系，作用于物体的 A 点，如图 2.2 (a) 所示。可根据力的平行四边形公理，连续应用力的三角形法则，将该力系合成为一个合理 F_R，其作用点在汇交点 A，如图 2.2 (b) 所示，用矢量式表示为：

$$F_R=F_1+F_2+F_3+F_4$$

即平面汇交力系可以简化为一个合力。合力等于各力的矢量和，合力的作用线通过各力的汇交点。实际作图时，图中虚线所示的 F_{R1} 和 F_{R2} 不必画出，只需按一定比例依次作矢量 AB、BC、CD 和 DE 分别代表力 F_1、F_2、F_3 和 F_4，从力 F_1 的起点 A 指向力 F_4 的终点的矢量 AE 就代表合力 F_R，所得的多边形 $ABCDE$ 称为力的多边形。这种求平面汇交力系的合成的方法称为几何法。几何法作图时，力多边形中的各力的次序可以不同，但是合力的大小和方向不变，如图 2.2（c）所示。

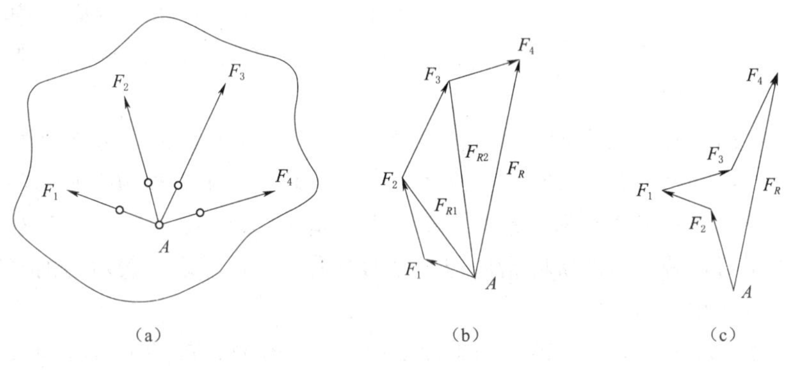

图 2.2

按照平面汇交力系合成的几何法可以得到一个力的多边形，如果力系平衡，那么得到的将是闭合的多边形，也就是说各力矢量首尾相接。所以，平面汇交力系平衡的几何条件是力的多边形闭合。有些简单的平面汇交力系平衡问题，利用几何条件，可以快捷地得到所需结果，而不必进行复杂的力系计算。但是当力系中的分力较多时，必须按照选用的比例尺准确画出，以提高作图精度。所以，为了解决分力较多产生较大误差的问题，多采用解析法。

2.1.2　解析法计算平面汇交力系

根据力的平行四边形公理，平面汇交力系合成的结果是一个合力。如图 2.3 所示，平面汇交力系 F_1、F_2、…、F_n，过 O 点作平面直角坐标系，各力 F_i 在 x 和 y 轴上的投影分别为 X_i 和 Y_i。设汇交合力 F_R 在 x 和 y 轴上的投影分别为 R_x 和 R_y。由合力投影定理可得

$$R_x=X_1+X_2+\cdots+X_n=\sum X_i$$

$$R_y=Y_1+Y_2+\cdots+Y_n=\sum Y_i$$

计算合力 F_R 的大小和方向

$$F_R=\sqrt{R_x^2+R_y^2}=\sqrt{(\sum X_i)^2+(\sum Y_i)^2}$$

$$\tan\alpha=\frac{|R_y|}{|R_x|}=\frac{|\sum Y_i|}{|\sum X_i|}$$

这就是平面汇交力系合成的解析法。

如果一个平面汇交力系的合成等于零，则该力系称为平衡力系。反过来说，如果

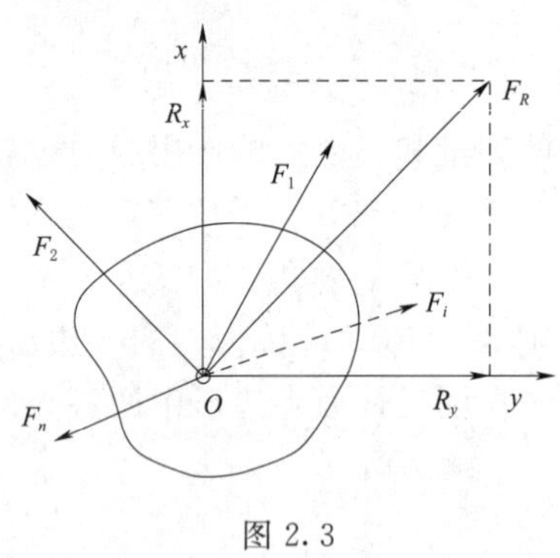

图 2.3

一个平面汇交力系平衡，其合力必为零。所以，平面汇交力系平衡的充分必要条件是：力系的合力等于零，即 $F_R=0$。由上式可得

$$\sum R_x=0,\sum R_y=0$$

即力系中各力在 x 轴和 y 轴上投影的代数和均等于零。这两个方程称为平面汇交力系的平衡方程。对于平面汇交力系只有两个独立的平衡方程，可以求解两个未知数。必须注意，平衡方程虽然是由直角坐标系导出的，但在实际应用中，并不一定取横平竖直的直角坐标系，只需取满足相互垂直的两轴为投影轴即可。

在计算平面汇交力系中的未知力的时候，适当选取投影轴与不必要的未知力垂直，使力系在该轴的投影方程中不出现该未知力，减少平衡方程中未知数的数量，往往可以简化计算。在解决平衡问题时，未知力的指向可以任意假设，若计算出来未知力的结果为正值，表示力的实际指向与假设的方向一致；反之，表示力的实际方向指向与假设的方向相反。

【例 2.1】 如图 2.4（a）所示的平面汇交力系，在物体的 O 点作用有四个力。已知 $F_1=10\text{kN}$，$F_2=10\text{kN}$，$F_3=15\text{kN}$，$F_4=20\text{kN}$，试求合力及其方向。

解： 由题意可知，以汇交点 O 为原点建立直角坐标系，如图 2.4（a）所示。求出合力在 x 和 y 轴的投影为

$$R_x=\sum X_i=F_1\cos 0°+F_2\cos 50°-F_3\sin 30°-F_4\cos 20°=-9.86\text{kN}$$

$$R_y=\sum Y_i=F_1\sin 0°+F_2\sin 50°+F_3\cos 30°-F_4\sin 20°=13.81\text{kN}$$

合力 F_R 的大小和方向为

$$R=\sqrt{R_x^2+R_y^2}=\sqrt{(-9.86)^2+(13.81)^2}=16.97(\text{kN})$$

$$\alpha=\arctan\frac{|R_y|}{|R_x|}=\arctan\frac{13.81}{9.86}=54.47(°)$$

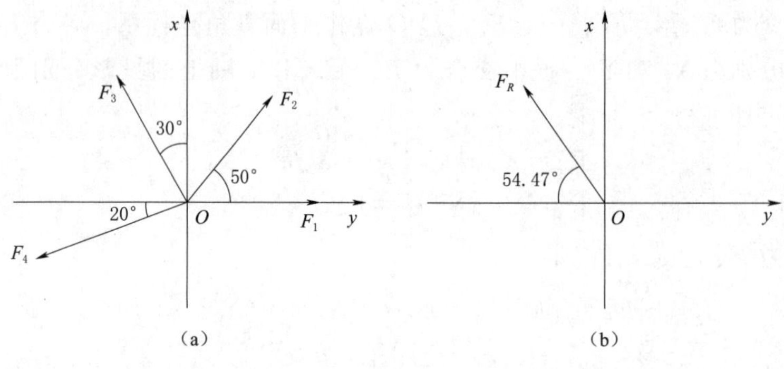

图 2.4

因 R_x 为负值、R_y 为正值，则合力 R 为第二象限，作用线与 x 轴夹角为 54.47°。如图 2.4（b）所示。

【例 2.2】 如图 2.5（a）所示，重物 $F_P=20\mathrm{kN}$，用钢丝绳挂在支架的滑轮 B 上，钢丝绳的另一端绕在绞车 D 上。杆 AB 与 BC 铰接，并以铰链 A、C 与墙连接。如两杆与滑轮的自重不计并忽略摩擦和滑轮的大小，试求平衡时杆 AB 和 BC 所受的力。

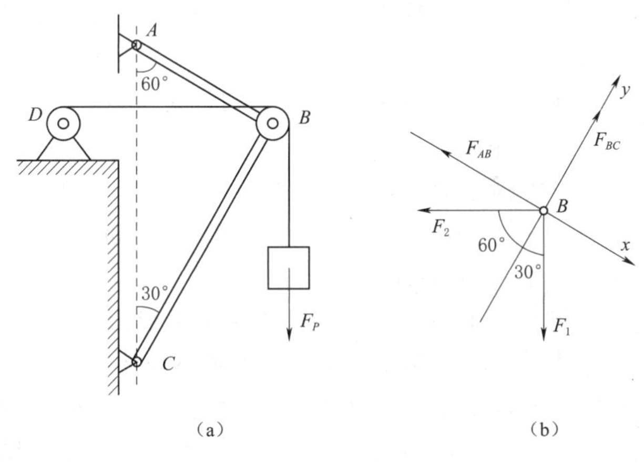

图 2.5

解： 由题意可知，$F_1=F_2=F_P=20\mathrm{kN}$，且与杆 AB 和 BC 都近似作用于滑轮 B 的中心，此时取销钉 B 为研究对象，画销钉 B 的受力图，如图 2.5（b）所示。在建立坐标系时，因为图中杆 AB 和 BC 互相垂直分布，此时的坐标系可以 BC 杆轴为 y 轴，以 AB 方向为 x 轴，坐标轴方向可自定。列平衡方程得

$$\sum X=0 \quad -F_{AB}+F_1\cos60°-F_2\cos30°=0$$

$$\sum Y=0 \quad F_{BC}-F_1\cos30°-F_2\cos60°=0$$

所以，平衡时杆 AB 和 BC 所受的力为

$$F_{AB}=-0.366F_P=-7.321\mathrm{kN}$$

$$F_{BC}=1.366F_P=27.32\mathrm{kN}$$

【例 2.3】 如图 2.6（a）所示的小球，小球放置在夹角为 30°的光滑斜面上且通过与斜面平行的绳索与墙体相连，且已知小球自重 $G=100\mathrm{kN}$，试求绳索的拉力和斜面的支撑力。

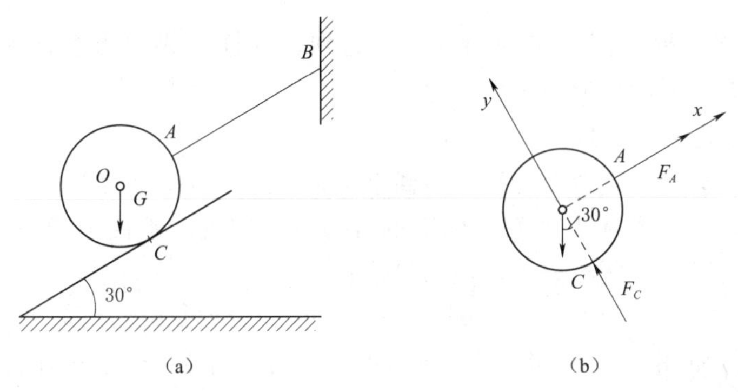

图 2.6

解：由题意可知：

（1）取小球为研究对象。

（2）解除约束，绘制小球的受力图。解除绳索的柔体约束，以 F_A 来表示拉力；解除光滑斜面约束，以 F_C 来表示支撑力，如图 2.6（b）所示。

（3）建立坐标系。由图可知，拉力方向与斜面平行，而光滑斜面的支撑力又通过 C 点指向小球形心。为了避免联立方程求解未知量，则以小球形心为坐标原点，以绳索拉力方向为 x 轴，以光滑斜面支撑力方向为 y 轴建立坐标系。如图 2.6（b）所示。

（4）列平衡方程求解未知量

$$\sum X=0, F_A-G\sin30°=0, F_A-100\times0.5=0$$

$$\sum Y=0, F_C-G\cos30°=0, F_C-100\times0.866=0$$

解得：$F_A=50\text{kN}$，$F_C=86.6\text{kN}$

通过以上的例题，可以看出静力分析的方法在求解静力学平衡问题中的重要性。归纳出平面汇交力系平衡方程的应用主要步骤和注意事项如下：

（1）选择研究对象。研究对象通常是各个荷载的汇交点。但是应注意：①所选择的研究对象应作用有已知力（或已经求出的力）和未知力，这样才能应用平衡条件由已知力求得未知力；②先以受力简单并能由已知力求得未知力的物体作为研究对象，然后再以受力较为复杂的物体作为研究对象。

（2）取隔离体，画受力图。研究对象确定之后，进而需要分析受力情况，为此，需将研究对象从其周围物体中隔离出来。根据所受的外荷载画出隔离体所受的主动力；根据约束性质画出隔离体上所受的约束力，最后得到研究对象的受力图。

（3）选取坐标系，计算力系中所有的力在坐标轴上的投影。坐标轴可以任意选择，但应尽可能使坐标轴与未知力平行或垂直，可以使力的投影简便，同时使平衡方程中包含最少数目的未知量，避免解联立方程。

（4）列平衡方程，求解未知量。若求出的力为正值，则表示受力图上所设的力的指向与实际指向相同；若求出的力为负值，则表示受力图上力的实际指向与所假设指向相反，在受力图上不必改正，在答案中要说明力的方向。

平面力偶系

2.2 平面力偶系

在物体上作用处于同一平面内的多个力偶，这样组成的力系称为平面力偶系。下面讨论平面力偶系的合成与平衡的应用。

2.2.1 平面力偶系的合成

力偶对物体只有转动效应，平面力偶系也是如此。将多个力偶合成，最终结果会得到一个力偶，该力偶称为平面力偶系的合力偶。因此，平面力偶系合成为一个力偶，其合力偶的矩等于所有分力偶矩的代数和，即

$$M=m_1+m_2+m_3+\cdots+m_n=\sum m$$

【例 2.4】 如图 2.7 所示，在物体的某平面内作用有三个力偶。$F_1=F_1'=100\text{kN}$，$F_2=F_2'=50\text{kN}$，$m=10\text{kN}\cdot\text{m}$，试求合力偶矩。

解：由题意可知：

(1) 计算各力偶矩。

$m_1=F_1d_1=100\times1=100\text{kN}\cdot\text{m}$

$m_2=F_2d_2=50\times\dfrac{0.25}{\sin30^\circ}=25\text{kN}\cdot\text{m}$

$m_3=-m=-10\text{kN}\cdot\text{m}$

(2) 计算合力偶。

$M=\sum m=m_1+m_2+m_3$

$=100+25-10=115\text{kN}\cdot\text{m}$

即合力偶的大小等于 115kN·m，方向为逆时针旋转，与原力偶系共面。

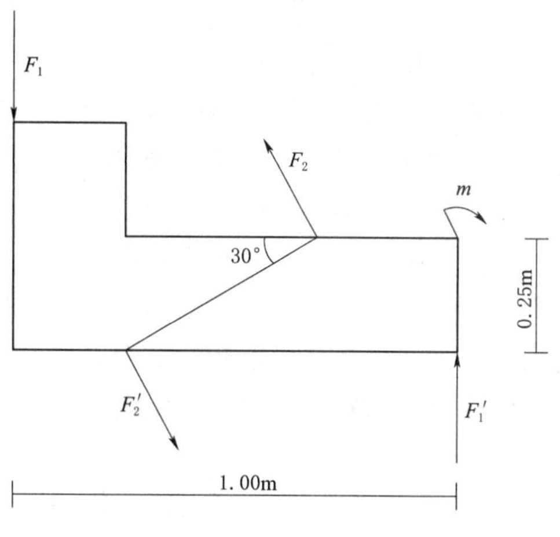

图 2.7

2.2.2 平面力偶系的平衡

若物体受平面力偶系作用，其合力偶矩等于零，则物体处于平衡状态；反之，物体在平面力偶系作用下处于平衡状态，则合力偶矩等于零。由此可知，物体在平面力偶系作用下平衡的充分必要条件为

$$M=m_1+m_2+m_3+\cdots+m_n=\sum m=0$$

该公式为平面力偶系的平衡方程。对于平面力偶系只有一个独立的平衡方程，只能求解一个未知数。

【例 2.5】 如图 2.8 (a) 所示，折梁 AB 上逆时针作用一力偶，其力偶矩 $m=100\text{kN}\cdot\text{m}$，不计杆件自重，求平衡状态下支座 A 和 B 的反力。

解：由题意可知：

(1) 取折梁 AB 为研究对象。

(2) 画受力图。已知在折梁 AB 上作用一力偶，可以从宏观角度分析，此力偶会使折梁产生逆时针的转动效应，支座 A 是受压，支座 B 是受拉，那么支座 A 处的支反力 R_A 则向上，支座 B 处的支反力 R_B 则向下。根据力偶的性质也可以判断，折梁 AB 上作用的是主动力偶，那么折梁上必定还有力偶与主动力偶 m 抵消，从而达到平衡的状态。此时绘制受力图，如图 2.8 (b) 所示。

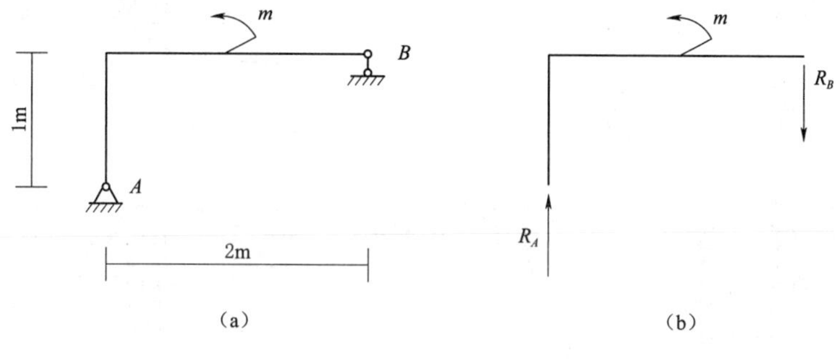

图 2.8

(3) 建立平衡方式，求解支反力。

$$\sum m=0 \quad m-R_A \times 2=0 \quad 或 \quad m-R_B \times 2=0$$

解得：$R_A=R_B=50\text{kN}$

支座反力的实际方向与受力图中所设方向一致。同时，也说明了力偶作用在折梁上的位置如何，对支座 A 和支座 B 的约束力无影响。

由此可知，当一个构件上的主动力系为力偶系，且物体只有两个约束反力，那么在构件处于平衡状态时，两个约束力必然要组成一个新的约束力偶与主动力偶抵消。因为主动力系可合成一个合力偶，合力偶不可能与一个力组成平衡力系，只能与另一力偶组成平衡力系，所以两约束力必然要组成一个新的力偶。那么，其中一个约束力的方向和大小已知时，即可确定出另一个约束力的方向和大小。

平面任意力系

2.3 平面任意力系

作用线位于同一平面内但不全相交于一点、也不全互相平行的力系，称为平面任意力系，又称平面一般力系。在工程实际中，有很多都是平面任意力系的问题，或者可以简化为平面任意力系的问题。例如，有些结构的厚度相对于其余两个方向的尺寸小得多，称这种结构为平面结构，作用在平面结构上的无规律分布的各力会组成平面任意力系。

如图 2.9（a）所示的拱桥，在工程中常用的三铰拱结构就是平面任意力系问题。还有些结构虽然不是平面结构，所受的力也不是平面任意力系，但如果结构本身与其上的荷载都具有一个对称面，作用在结构上的力系可以简化为在这对称面内的平面任意力系，如图 2.9（b）所示的混凝土重力坝，由于沿大坝长度方向上其截面形状及受力的分布情况相同，因此取单位长度的坝段进行研究，将作用在该坝段上的重力、水压力和地基反力简化到中央对称平面内，构成平面任意力系。

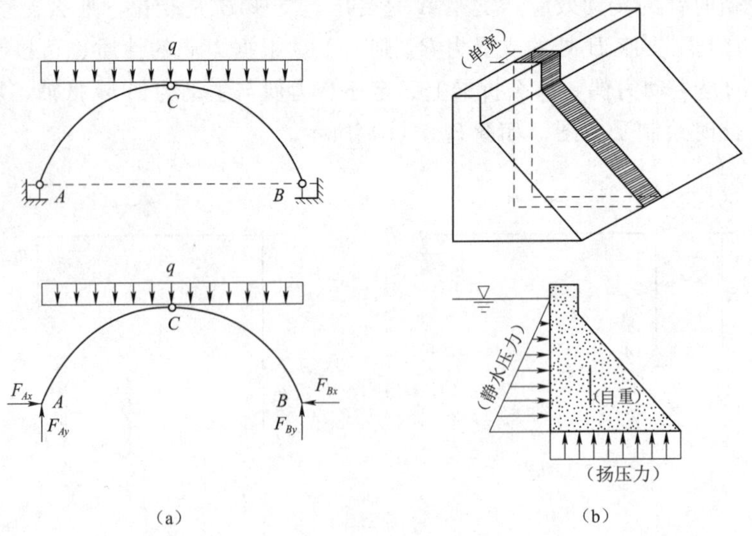

图 2.9

2.3.1 力的平移定理

设在某刚体的 A 点上作用着一个力 F，如图 2.10（a）所示，在此刚体上任取一个 O 点。根据加减平衡力系原理，在 O 点加两个等值、反向的力 F'和 F''，如图 2.10（b）所示，其作用线都与力 F 平行，大小都与力 F 相等，这样并不影响原力 F 对刚体作用的效应。显然，力 F 和 F'' 构成了一个力偶，其力偶矩为 $m=Fd=M_o(F)$，如图 2.10（c）所示。由此可得力的平移定理：作用于刚体上的力，可以平移至任意一点，但必须在原力与该点所决定的平面内附加一个力偶，附加力偶的力偶矩等于原力对新作用点的力矩。

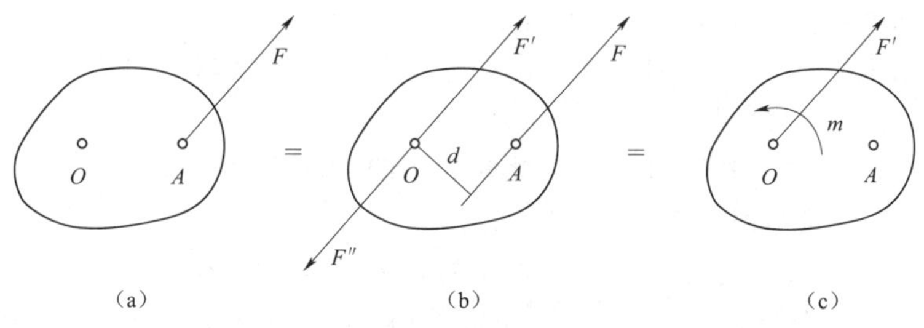

图 2.10

力的平移定理是任意力系向一点简化的理论基础。该定理表明，共面的一个力和一个力偶是可以与一个力等效的。即一个力可以分解为共面的一个力和一个力偶；反之，共面的一个力和一个力偶也可以合成为一个力。

必须注意，力的平移定理只对物体的运动效应起作用，而不适用于物体的变形效应。尽管将力平移后不会影响物体的平衡状态，但是作用位置的变化使得物体的变形情况是完全不同的。在工程实际中，常用力的平移定理得到近似的等效力系，在满足计算精度要求的前提下，使原来较为复杂的问题简单化。

2.3.2 平面任意力系的简化

设在物体上作用有平面任意力系 F_1、F_2、…、F_n，如图 2.11（a）所示。为了将力系简化，在其作用面内取任意一点 O，称为简化中心。在实际计算中，简化中心通常是平面坐标系的原点。根据力的平移定理，将力系中各力都平移到 O 点，得到平面汇交力系 F_1'、F_2'、…、F_n' 和力偶矩为 m_1、m_2、…、m_n 的附加平面力偶系，如图 2.11（b）所示，由前述理论可知，平面汇交力系可合成为作用在 O 点的一个力，附加的平面力偶系可合成为一个力偶，如图 2.11（c）所示。

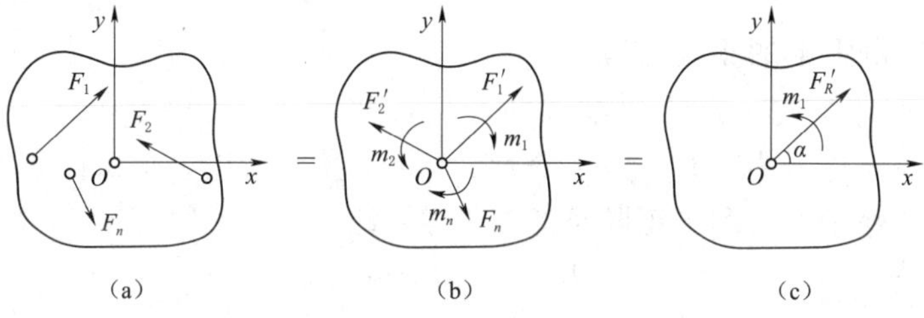

图 2.11

平面任意力系简化为作用于简化中心的一个力和一个力偶。这个力矢量 F'_R 称为原力系的主矢，等于原力系各力的矢量和；这个力偶的力偶矩 M'_O 称为原力系对简化中心的主矩，等于原力系中各力对简化中心 O 的矩。

$$F'_R=F'_1+F'_2+\cdots+F'_n=\sum F'_i=F_1+F_2+\cdots+F_n=\sum F_i$$

$$M'_O=M_O(F_1)+M_O(F_2)+\cdots+M_O(F_n)=M_O(F_i)$$

主矢和主矩的大小和方向可根据计算确定。

将平面任意力系向任一点简化后，根据主矢和主矩是否为零的情况，其结果可能出现下列几种情形：

(1) 主矢 $F'_R=0$，主矩 $M'_O=0$，此时力系平衡。

(2) 主矢 $F'_R\neq 0$，主矩 $M'_O=0$，此时力系的最后简化结果为作用于简化中心的一个力 F'_R，这个力可称为原力系的合力。

(3) 主矢 $F'_R=0$，主矩 $M'_O\neq 0$，此时力系的最后简化结果为一个力偶，其力偶矩等于主矩 M'_O，且与简化中心的位置无关。

(4) 主矢 $F'_R\neq 0$，主矩 $M'_O\neq 0$，这是简化结果的最一般情形。由力的平移定理得力系可简化为一个合力 F_R，有 $F_R=F'_R$，其作用线距离简化中心 $d=M'_O/F'_R$，且合力对简化中心的矩的转向与主矩 M'_O 的转向一致。

综上所述，平面任意力系向任意一点简化的最终结果有保持平衡状态、一个合力的平移状态和一个力偶的转动状态三种情况。

2.3.3　平面平行力系的简化

若平面力系中各力的作用线相互平行，则称为这种力系为平面平行力系。该力系是平面力系中最简单的一种。如图 2.12 所示的平面平行力系。若将该力系简化，可取坐标系的 y 轴和各力作用线平行，则平面平行力系向 O 点简化可得一个力 F'_R 和一个力偶 M'_O，显然，它们可以合成为一个合力 F_R。

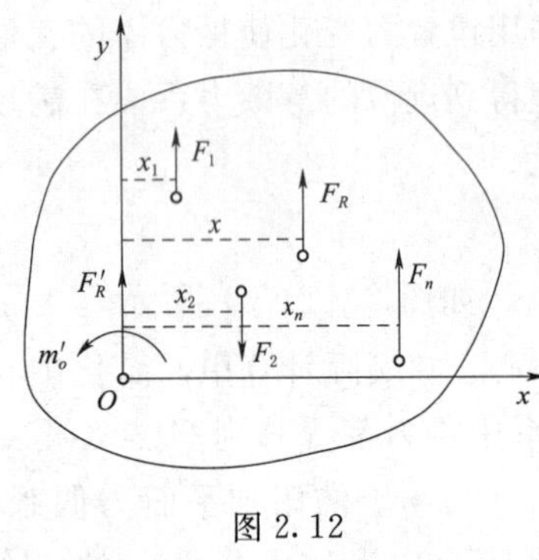

图 2.12

现确定合力 F_R 的作用线的位置。设合力 F_R 及力系中各力 F_1、F_2、…、F_n 的作用线与坐标原点 O 的距离分别为 x 及 x_1、x_2、…、x_n。由合力矩定理得

$$F_Rx=F_1x_1+F_2x_2+\cdots F_nx_n=\sum F_ix_i$$

$$x=\sum F_ix_i/F_R$$

2.3.4　平面任意力系的平衡方程

由平面任意力系向一点简化结果的讨论可知，力系的主矢和主矩同时为零时，力系平衡；反之亦然。所以，平面任意力系平衡的充分必要条件是力系的主矢和主矩同时都等于零，即

$$F_R=0,M_O=0$$

该平衡条件可等效于以下三种形式的平衡方程。

2.3.4.1 基本形式

根据主矢和主矩的解析表达式，得

$$\sum X=0, \sum Y=0, \sum M_o=0$$

称为平面任意力系基本形式的平衡方程，即平面任意力系的充要条件是：力系中各力在任意两个坐标轴上投影的代数和分别等于零，以及各力对平面内任意一点的矩的代数和等于零。其中前两个称为投影方程，后一个称为力矩方程，但是 x 轴和 y 轴两个投影轴不能平行。

2.3.4.2 二力矩形式

$$\sum M_A=0, \sum M_B=0, \sum M_o=0$$

称为平面任意力系二力矩形式的平衡方程，其附加条件是：x 轴不垂直于 A、B 两点的连线。

2.3.4.3 三力矩形式

$$\sum M_A=0, \sum M_B=0, \sum M_o=0$$

称为平面任意力系三力矩形式的平衡方程，其附加条件是：A、B、C 三点不共线。

平面任意力系的平衡方程，无论采取基本形式、二力矩形式还是三力矩形式，对投影轴和矩心的选择除了上面提及的条件外，没有其他限制。但是必须注意，独立的平衡方程只有三个，因为平面任意力系只要满足三个独立的平衡方程，就一定平衡，其他方程都是力系平衡的必然结果，而不能再构成力系平衡的条件，所以，对于一个平面任意力系，只能写出三个独立的平衡方程，求解三个未知量。

应用平衡方程解题时，如能注意到投影轴与一个或两个未知力垂直，则在该轴方向的投影方向中，这一个或两个未知力就不出现。同样，如选取两个未知力的交点为矩心，则在该力矩方程中，这两个未知力也就不出现。这样，往往使平衡方程中只包含一个未知量，从而可以避免解联立方程。

将平面任意力系的平衡方程应用到平面平行力系中，在 xoy 平面中，取 y 轴与各力作用线平行，则 $\sum X_i=0$ 恒满足，平面平行力系的平衡方程为

$$\sum X=0, \sum M_o=0 \quad \text{或} \quad \sum M_A=0, \sum M_B=0$$

前者的附加条件是：y 轴不与力的作用线垂直；后者的附加条件是：A、B 两点连线不能与力系中各力的作用线平行。

对于平面任意力系，利用平衡条件解决结构的未知量的步骤如下：

（1）选取研究对象。根据问题的具体条件，选取适当的研究对象。

（2）绘制对象的受力图。指向不定的未知力，对于工程结构图来说，通常指的是支座反力，其方向可任意假设。但也可以形成自己的思维习惯，以竖直方向的未知力向上为正，以水平方向的未知力向右为正。如计算结果为正值，表示假设的未知力的指向与实际指向相同，如计算结果为负值，则相反。

（3）建立坐标系。通常情况下，将所取研究对象的左端点作为坐标原点，通过原点以水平向右为 x 轴，以垂直向上为 y 轴建立坐标系。

（4）寻找适宜的平衡条件，列平衡方程，求解未知力。为了避免出现联立方程解决多个未知力的情况，可先分析平衡条件，找出独立性的平衡方程解决单个未知力的

方法，从而实现简单地逐一地求解未知力。

【例 2.6】 如图 2.13（a）所示的刚架，试求固定端 A 处的约束反力。

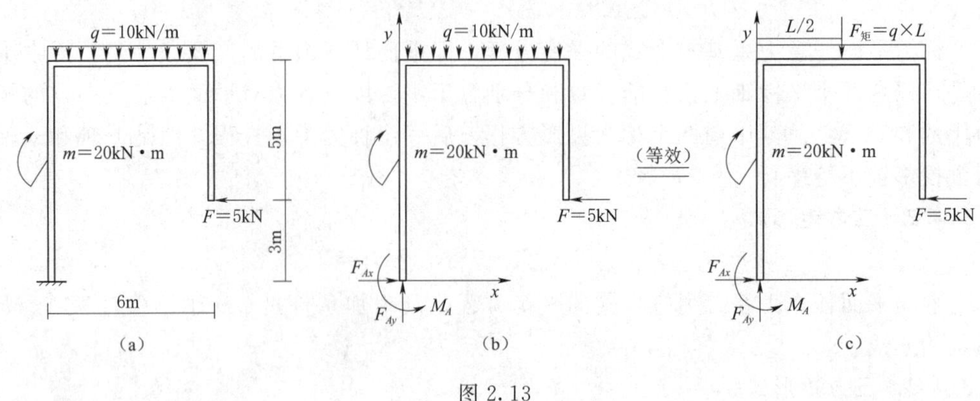

图 2.13

解：由题意可知：

（1）取刚架整体为研究对象。

（2）画刚架受力图。解除刚架的固定端支座约束，首先绘制已知主动力，然后绘制刚结点的未知约束反力。如图 2.13（b）所示。

（3）建立坐标系。以支座点为圆心，水平向右为 x 轴且垂直向上为 y 轴建立坐标系。

（4）找平衡条件，列平衡方程求解约束反力。在这里需要注意的是刚架上方满跨承受的是矩形部分荷载，并不像集中力的数值那样直接参与计算。此时对均布荷载而言，其数值必须经等效处理，才能参与投影和对点求矩的计算。等效简化的方法是：首先将均布荷载简化为集中力，该集中力的大小等于均布荷载在跨度范围内的荷载总值，并通过矩形形心指向结构，如图 2.13（c）所示，然后利用集中力的属性参与力学的平衡计算。

$$\sum X=0, F_{Ax}-5=0$$
$$\sum Y=0, F_{Ay}-10\times 6=0$$
$$\sum M_A=0, M_A-20-10\times 6\times 3+5\times 3=0$$

解得：$F_{Ax}=5\text{kN}$，$F_{Ay}=60\text{kN}$，$M_A=185\text{kN}\cdot\text{m}$

【例 2.7】 如图 2.14（a）所示的外伸梁，试求梁 A 点和 B 点的支座反力。

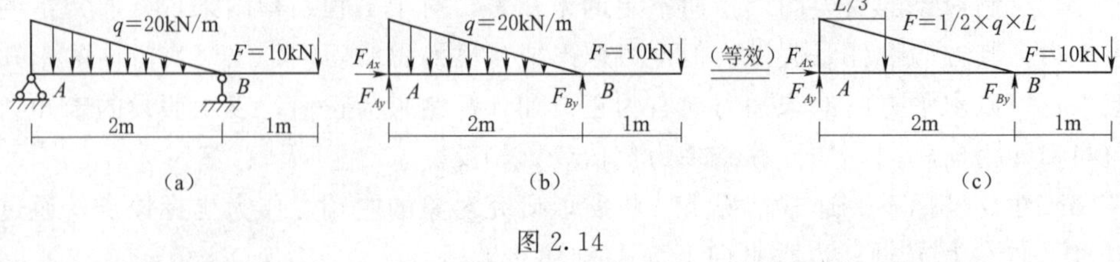

图 2.14

解：由题意可知：

（1）取外伸梁为研究对象。

（2）绘制外伸梁的受力图。解除梁 A 点固定铰支座和 B 点的可动铰支座，首先绘制已知主动力，然后绘制未知支座反力，如图 2.14（b）所示。

（3）建立坐标系。以 A 点为坐标原点，AB 方向为 x 轴，垂直 AB 方向为 y 轴建立坐标系，该坐标系可默认存在，不必绘制于受力图上。

（4）找平衡条件，列平衡方程求解约束反力。在这里需要注意的是，外伸梁上承受的不是常规的矩形均布荷载，而是复杂的三角形非均布荷载。此时对非均布荷载而言，则必须等效简化处理，才能参与投影和对点求矩的计算。等效简化的方法是：首先将三角形非均布荷载简化为集中力，该集中力的大小等于均布荷载在跨度范围内荷载总值的一半，并通过三角形形心指向结构，如图 2.14（c）所示，然后利用集中力的属性参与力学的平衡计算。

$$\sum M_A=0, F_{By}\times 3-\tfrac{1}{2}\times 20\times 2\times \tfrac{1}{3}\times 2-10\times 3=0$$
$$\sum Y=0, F_{Ay}+14.4-\tfrac{1}{2}\times 20\times 2-10=0$$
$$\sum X=0, F_{Ax}=0$$

解得：$F_{Ax}=0\text{kN}$，$F_{Ay}=15.6\text{kN}$，$F_{By}=14.4\text{kN}\cdot\text{m}$

【例 2.8】 如图 2.15（a）所示的弧形刚闸门，自重 $F_W=150\text{kN}$，水压力 $F_P=3000\text{kN}$，固定铰支座 A 处的摩擦力偶 $m_A=60\text{kN}\cdot\text{m}$。求刚开启闸门时的拉力及固定铰支座 A 处的约束反力。

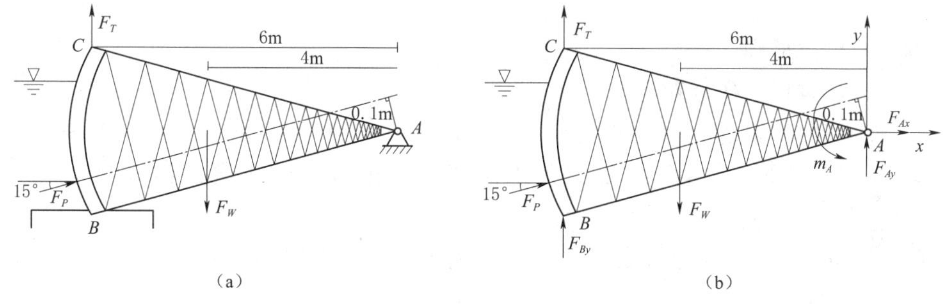

图 2.15

解： 由题意可知，初步分析，当弧形刚闸门开启时，支座点 B 点的约束反力等于零。

（1）取弧形刚闸门为研究对象。

（2）画弧形刚闸门受力图。解除闸门右边固定铰支座和左边可动铰支座约束，首先绘制已知主动力，然后再绘制光滑接触面的未知约束反力。如图 2.15（b）所示。

（3）建立坐标系。以右支座 A 点为坐标原点，水平向右为 x 轴且垂直向上为 y 轴建立坐标系。

（4）找平衡条件，列平衡方程得。经过分析，当闸门开启瞬间 $F_{By}=0$，即受力图中只有 F_{Ax}、F_{Ay} 和 F_T 三个未知力。

$$\sum M_A=0, -F_T\times 6-F_P\times 0.1+F_W\times 4+m_A=0$$
$$\sum Y=0, F_{Ax}+F_P\cos 15°=0$$

$$\sum X=0, F_{Ay}-F_W+F_T+F_P\sin15^\circ=0$$

解得：$F_T=60\text{kN}$，$F_{Ax}=-2898\text{kN}$，$F_{Ay}=-687\text{kN}$

【例 2.9】 如图 2.16（a）所示的塔式起重机，机架重 $F_P=600\text{kN}$，作用线通过塔架的中心。最大起吊重量为 $F_W=90\text{kN}$。

（1）若保证起重机在满载和空载都不翻倒，求平衡块的重量 F_G 的大小。

（2）当平衡块重 $F_G=100\text{kN}$ 时，求满载时轨道 AB 给起重机轮子的约束反力。

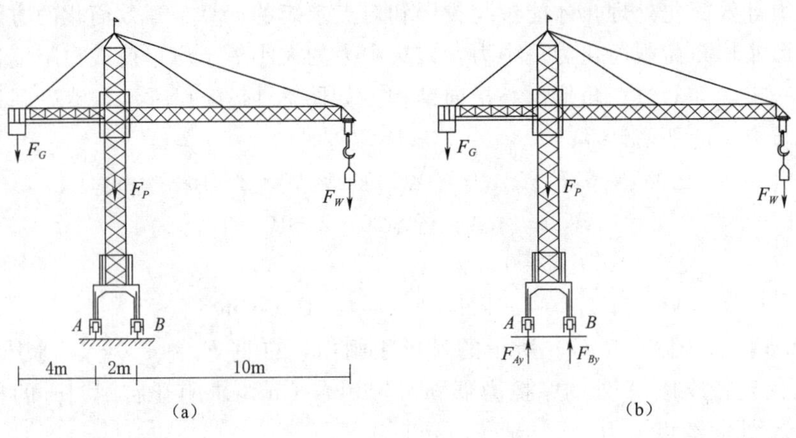

图 2.16

解：由题意可知：

（1）取起重机为研究对象。

（2）画研究对象受力图。解除起重机可动铰支座 A 和 B 处的约束，首先绘制已知主动力 F_P 和 F_W，然后再绘制待求配重 F_G 和满载时轨道的约束反力。如图 2.16（b）所示。

（3）建立坐标系。对于非汇交力系的研究对象，坐标轴默认存在即可，不必在受力图上绘制。

（4）找平衡条件，列平衡方程。

经过满载时分析，应使起重机不绕 A 翻倒，此时 F_G 值越大越安全，最小的值必须满足方程 $\sum M_B=0$，在临界情况下 A 处可动铰支座近似处于离开地面，即 $F_{Ay}=0$，此时的 F_G 值是所允许的最小值。

$$\sum M_B=0, F_{G\min}\times6+F_P\times1-F_W\times10=0$$

解得：$F_{G\min}=50\text{kN}$

经过空载时分析，应使起重机不绕 B 翻倒，此时 F_G 值越小越安全，最小的 F_G 值必须满足方程 $\sum M_A=0$，在临界情况下 B 处可动铰支座近似处于离开地面，即 $F_{BN}=0$ 和 $F_W=0$，此时的值是所允许的最大值。

$$\sum M_A=0, F_{G\max}\times4+F_P\times1=0$$

解得：$F_{G\max}=150\text{kN}$

起重机实际工作时不允许处于极限状态，保证起重机在满载和空载时都不致翻倒，平衡块的重量 F_G 应在所允许的最大值和最小值之间，即 $50\text{kN}<F_G<150\text{kN}$。

(5) 取起重机为研究对象。作用其上的力有：主动力 F_W、F_P 和 F_G，轨道的约束反力 F_{Ay} 和 F_{By}，受力图如图 2.16（b）所示。根据平面平行力系的平衡方程得

$$\sum M_A=0, F_{By}\times 2+F_G\times 4-F_P\times 1-F_W\times 12=0$$

$$\sum Y_i=0, F_{AN}+F_{BN}-F_P-F_G-F_W=0$$

解得：$F_{AN}=150\mathrm{kN}$，$F_{BN}=640\mathrm{kN}$

2.4 物体系统的平衡

物体系统的平衡

前面讨论了几种平面力系的简化和平衡问题，每一种力系都有确定的独立平衡方程的数目：平面任意力系有三个，平面汇交力系和平面平行力系各有两个，平面力偶系只有一个。

当物体在某一力系作用下处于平衡时，如果未知量的数目等于或少于独立平衡方程的个数，则由平衡方程可以求解全部未知量，这类问题称为静定问题，相应的结构称为静定结构，如图 2.17（a）和图 2.17（c）所示。反之，如果未知量的数目超过独立平衡方程的个数，则仅由平衡方程不可能求解全部未知量，而必须同时考虑变形条件列出某些补充方程才能求解，这类问题称为超静定问题或静不定问题，相应的结构称为超静定结构或静不定结构，如图 2.17（b）和图 2.17（d）所示。

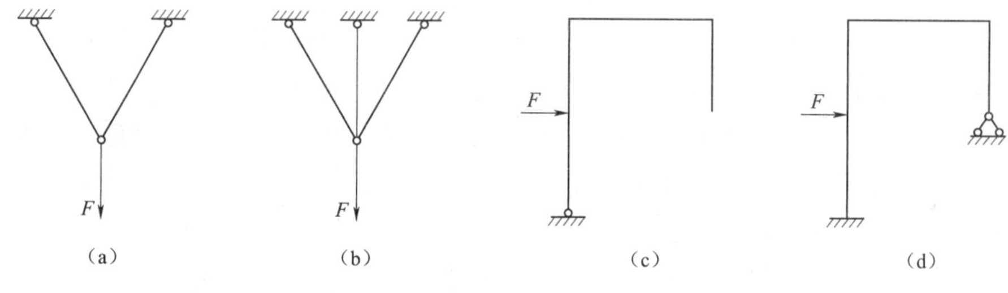

图 2.17

对于静定结构来说，反映约束装置作用效应的约束反力若有缺失，在外力作用下结构就会发生位移；约束反力若无缺失，在外力作用下结构就不会发生位移。对于超静定结构来说，其特点就在于有多余约束。多余的概念就是指从维持静力平衡状态这个观点看是多余的，而从工程要求来看则是完全必要的，它是维持结构或构件正常工作必不可少的条件。结构中多余约束的个数称为超静定次数，也就是说有几个多余约束就是几次超静定结构。如图 2.17（b）和图 2.17（d）中所示结构分别是一次和二次超静定结构。这里主要研究刚体系统的静定问题。

在实际工程中，研究对象往往不会是单个物体，而是由两个或两个以上的物体通过一定的约束方式联系在一起的整体，称为物体系统，简称系统。系统中各物体之间的联系称为内约束，系统整体与其他物体（如基础或地基）的联系称为外约束。通常情况下，内约束指的是铰结点和刚结点。如图 2.17 所示，悬吊缆绳中柔体约束的交汇点属于铰结点，悬臂刚架中的弯折点属于刚结点。根据结点的约束性质判断约束反力。外约束指的是支座，根据支座的约束性质判断约束反力。当物体系统受到主动力

作用时，各约束处一般都会产生约束反力，通常这些约束反力都是未知的，需要利用力系的平衡规律来求解。

在平面系统中，若把每个物体都看作受平面任意力系作用，则由 n 个物体组成的系统就有 $3n$ 个独立的平衡方程，可以求解 $3n$ 个未知量。物体系统平衡时，组成该系统的每一个刚体都处在平衡状态，因而可以选取整个系统、系统内单个刚体、系统内若干个刚体的组合为研究对象，分别写出平衡方程求得未知量。在求解过程中，究竟以什么为研究对象，以及如何确定研究对象选择的先后次序，其原则是尽量使平衡方程中包含的未知量最少，在条件许可的情况下，最好是一个方程只包含一个未知量，避免解方程组。

以下举例说明物体系统平衡问题的求解方法。

【例 2.10】 如图 2.18（a）所示的静定多跨简支梁，试求各支座反力。

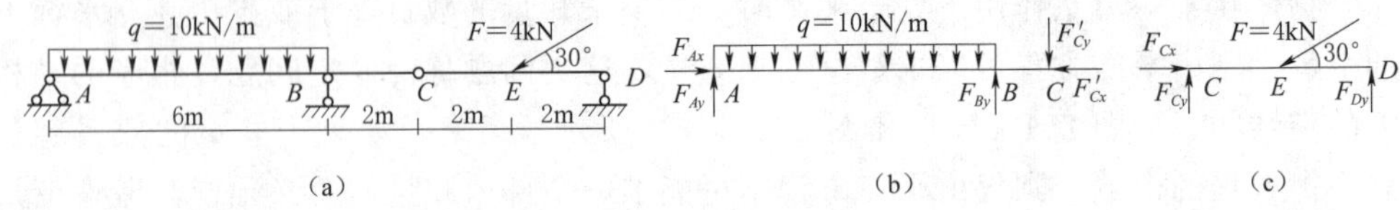

图 2.18

解：由题意可知：

首先对梁进行受力分析，单独的 AC 梁为静定梁，自身可以保持稳定性，而单独的 CD 梁则为非静定梁，只有通过铰结点 C 依靠于 AC 梁才能保持稳定。然后对梁进行宏观的传力分析，作用于 CD 梁段内的荷载会经过 C 铰向 AC 梁上传递，但是作用于 AC 梁段内的荷载因为自身静定而不会向 CD 梁传递。由此可见，只有首先取 CD 梁作为研究对象，求出梁段上的 C 处内约束反力和 D 处的支座反力，才能知道 CD 段通过 C 点传递给 AC 梁上的荷载大小，进而求出 AC 梁段上的支座反力。

（1）取 CD 梁为研究对象，受力图如图 2.18（c）所示，建立坐标系，列平衡方程得。

$$\sum X=0, F_{Cx}-F\cos 30^\circ=0$$
$$\sum M_C=0, F_{Dy}\times 4-F\sin 30^\circ\times 2=0$$
$$\sum Y=0, F_{Cy}+F_{Dy}-F\sin 30^\circ=0$$

解得：$F_{Cx}=3.46\text{kN}$，$F_{Dy}=1\text{kN}$，$F_{Cy}=1\text{kN}$

（2）选 AC 梁为研究对象，受力图如图 2.18（b）所示，建立坐标系，列平衡方程得。

$$\sum X=0, F_{Ax}-F'_{Cx}=0$$
$$\sum M_A=0, F_{By}\times 6-F'_{Cy}\times 8-q\times 6\times 3=0$$
$$\sum Y=0, F_{Ay}+F_{By}-F'_{Cy}=0$$

解得：$X_A=3.46\text{kN}$，$Y_B=7.33\text{kN}$，$Y_A=5.67\text{kN}$

【例 2.11】 如图 2.19 所示的静定三铰刚架，试求固定铰支座 A、B 支座反力和中间铰链 C 的约束力。

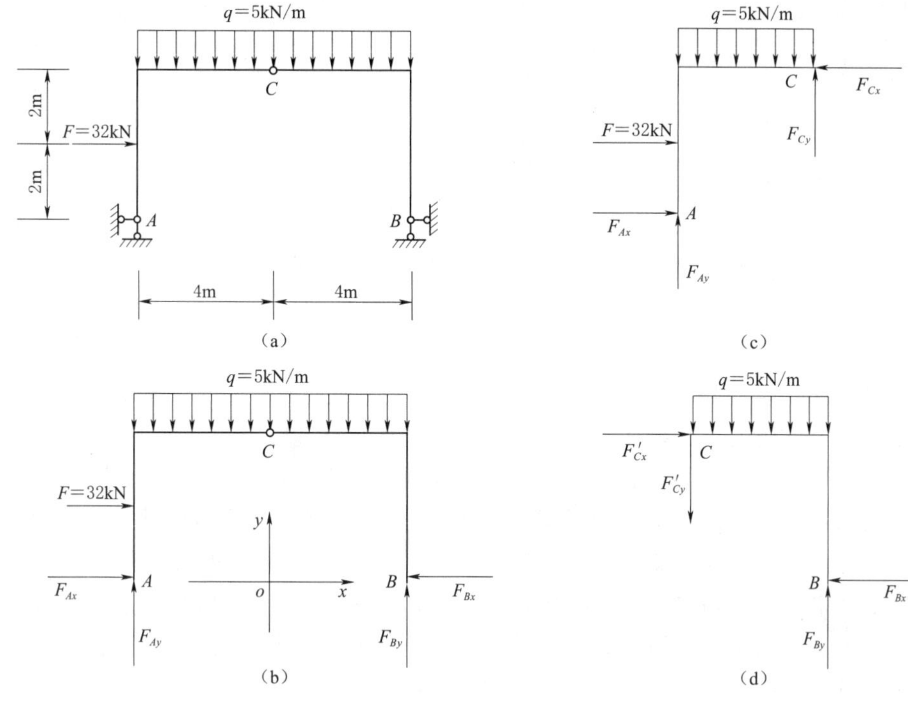

图 2.19

解：由题意可知：

对物体系进行受力分析，确定选取对象及选取顺序。钢架共有 6 个未知大小的约束力，而两个构件（AC 和 BC）都受平面任意力系作用，故可列 6 个独立平衡方程，因此，钢架为静定结构。分别对钢架整体和 AC、BC 单个构件进行受力分析，各受力图如图 2.19（b）、图 2.19（c）、图 2.19（d）所示。观察 AC 部分和 BC 部分的受力，未知力两两相交且两两平行，无论如何选取投影轴和矩心，每个平衡方程都将包含两个未知力，因而必须解联立方程组，才能解出这 6 个未知力。为避免解联立方程组，由钢架的整体受力图可知，其上的 4 个未知约束力虽然不能由 3 个平衡方程全部解出，但除力 F_{By} 外，其他 3 个未知力汇交于 A 点，故可以 A 点为矩心，由力矩方程单独解出 F_{By}。若以 B 点为矩心，同理也可解出 F_{Ay}。当解出力 F_{By} 和 F_{Ay} 后，即可再取 BC 对象求出其他未知量。由以上分析可得，本题取研究对象的顺序是先取整体刚架，再取其中任一部分构件。

（1）选取整个刚架为研究对象，如图 2.19（b）所示，建立坐标系，列平衡方程。

$$\sum M_A=0, F_{By}\times 8-q\times 8\times 4-F\times 2=0$$

$$\sum Y=0, F_{Ay}+F_{By}-q\times 8=0$$

解得：$F_{By}=28\text{kN}$，$F_{Ay}=12\text{kN}$

（2）如图 2.19（c）所示，由于 AC 段比 BC 段多了一个力，计算时相对复杂，在这里选取刚架右边部分 BC 段为研究对象，如图 2.19（d）所示，建立坐标系，列平衡方程。

$$\sum M_A=0, F_{By}\times4-F_{Bx}\times4-q\times4\times2=0$$

$$\sum X=0, F'_{Cx}-F_{Bx}=0$$

$$\sum Y=0, F_{By}-F'_{Cy}=0$$

解得：$F_{Bx}=18\text{kN}$ $F_{Cx}=F_{Bx}=18\text{kN}$ $F_{Cy}=8\text{kN}$

(3) 选取整个刚架为研究对象，如图 2.19 (b) 所示，建立坐标系，列平衡方程。

$$\sum X=0, F_{Ax}-F_{Bx}+F=0$$

解得：$F_{Ax}=-14\text{kN}$

综合以上例题，求解物体系统平衡问题的基本步骤和方法总结如下：

(1) 分析结构是否属于静定问题。如果独立平衡方程的数目与未知量的数目彼此相等，则此物体系统的平衡问题属于静定问题，应用平衡方程即能求解。

(2) 适当选取研究对象，作研究对象的受力图。研究对象可以是整个物体系统，也可以是其中一部分物体或单个物体，其原则是便于求解。部分物体在整个物体系统中也是处于平衡状态，绘图时必须标注部分与整体的连接部位的内约束反力，这样就能保证整体通过连接部位对部分或单个物体的作用效应。

(3) 对所选取的研究对象，列出平衡方程，求解未知量。为了尽可能地利用一个方程求解一个未知量，可以尽量选择与未知力垂直的轴为投影轴，列出投影方程。也可以选未知力的交点为矩心，列出力矩方程。

(4) 选择合适的平衡方程进行校核。比如，将所有水平或垂直方向投影的力相加代数和等于零，将所有的力对任何体系中任意点求矩代数和也等于零。

思考题

1. 如思考题 2.1 图所示，平面内三个汇交于一点的力用三角形布置，试判断三个力有什么关系？

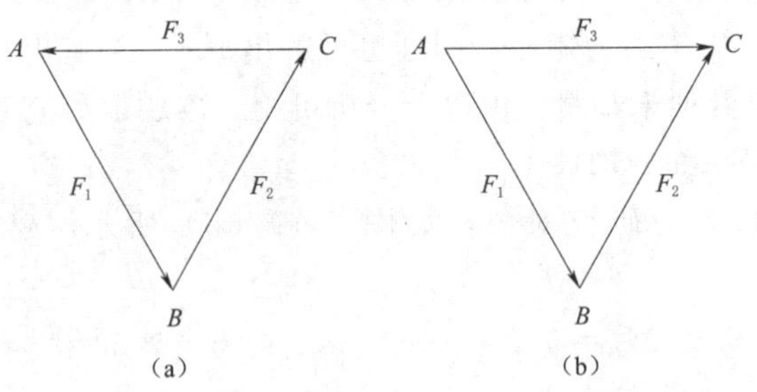

思考题 2.1 图

2. 如思考题 2.2 图所示，平面内的三个力都汇交于一点，且各力都不等于零，试问力系是否可能平衡？

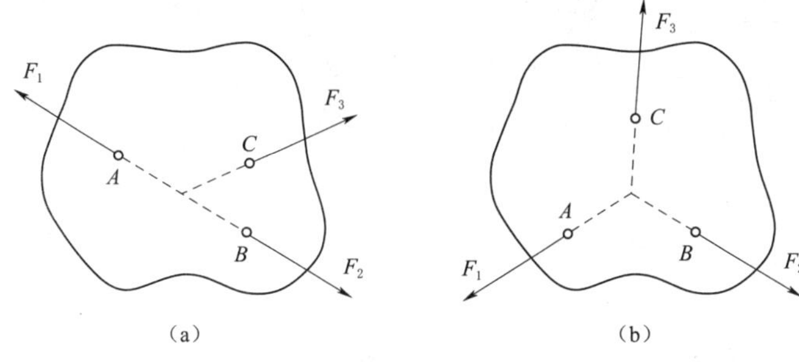

思考题 2.2 图

3. 如思考题 2.3 图所示，方向盘上有一个力偶和一个力作用，理论上力偶和力是不能构成平衡的，为什么方向盘处于平衡状态呢？

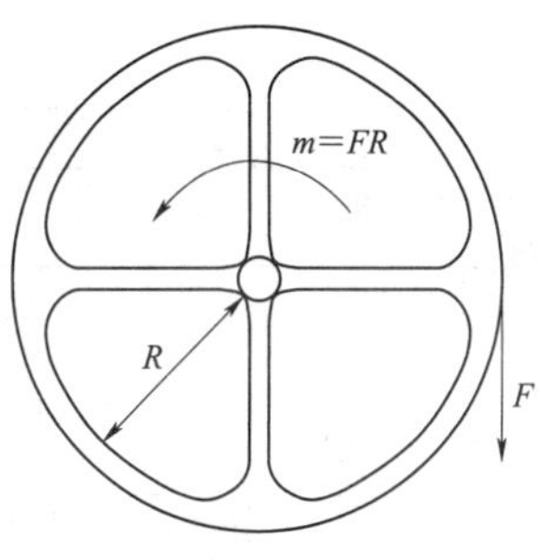

思考题 2.3 图

4. 用解析法求平面汇交力系的合力时，若取不同的直角坐标轴，所求得的合力是否相同？

5. 简述平面任意力系的平衡的充要条件有哪些，其力学意义是什么。

6. 力的平移定理可以解决那些实际工程问题？其力学意义是什么？

7. 当平面任意力系简化为一个力偶，主矩是否与简化中心的位置有关？

8. 对于不平衡的平面任意力系，已知该力系在 y 轴上投影的代数和等于零，且对平面内任意一点之矩的代数和等于零，那么此力系简化的结果是什么？

练 习 题

1. 如习题 2.1 图所示，试计算平面汇交力系合力的大小和方向。

2. 如习题 2.2 图所示，试计算扳手的合力偶矩。

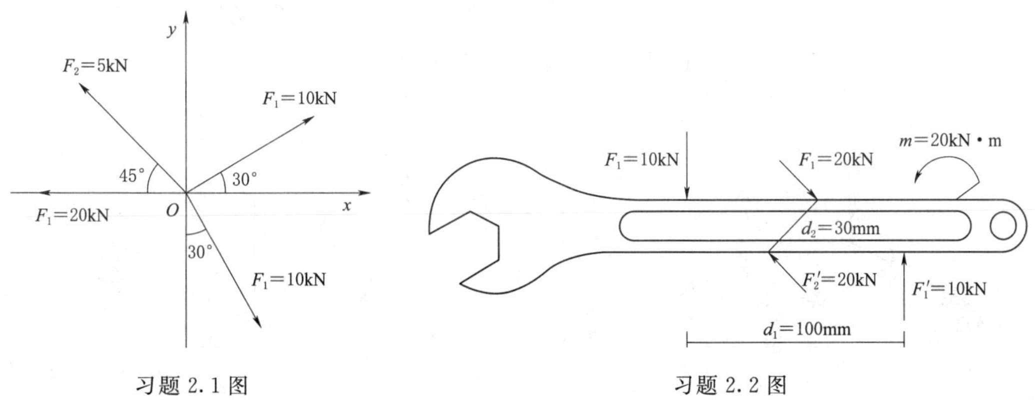

习题 2.1 图　　　　习题 2.2 图

3. 如习题 2.3 图所示，试利用力偶相关知识计算梁的支座反力。

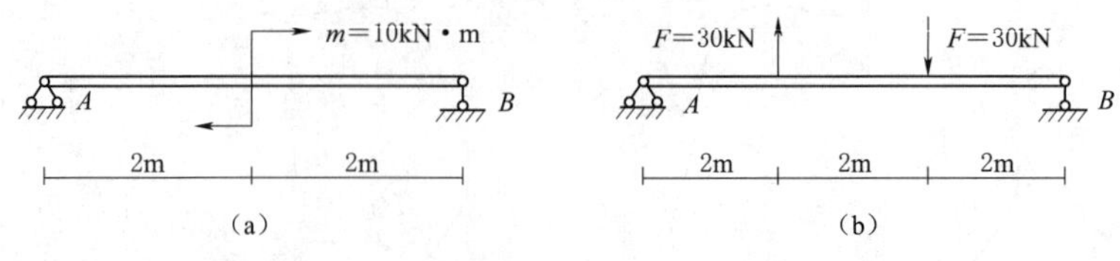

习题 2.3 图

4. 如习题 2.4 图所示，试计算梁的支座反力。

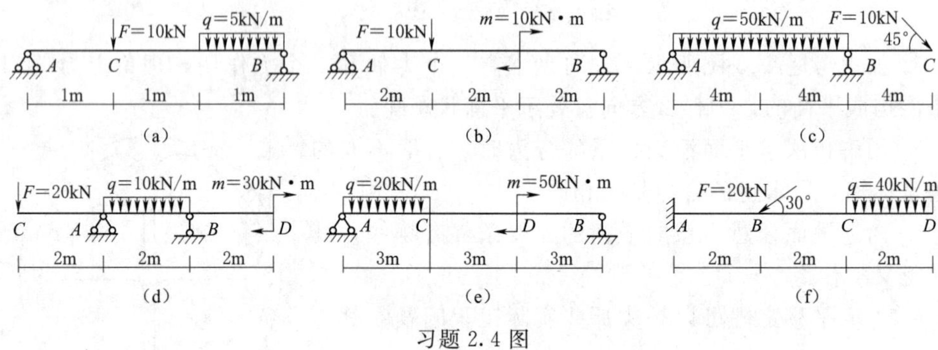

习题 2.4 图

5. 如习题 2.5 图所示，试计算刚架的支座反力。

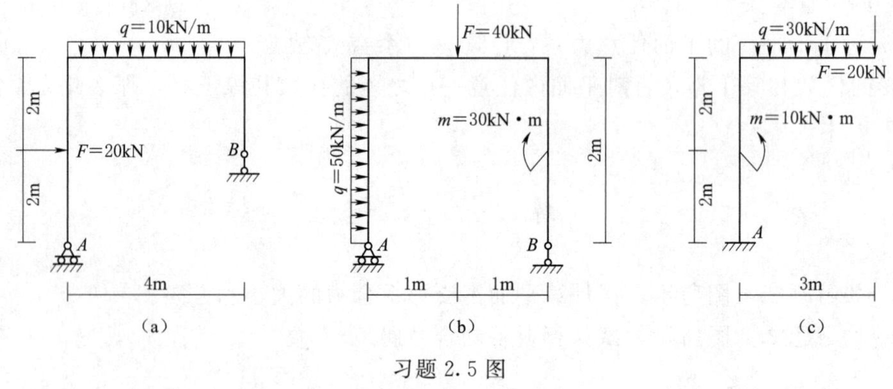

习题 2.5 图

6. 如习题 2.6 图所示，试计算物体系统的支座反力。

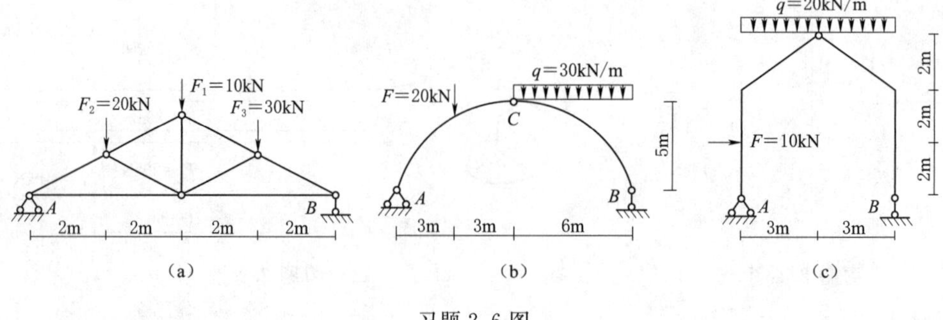

习题 2.6 图

7. 如习题 2.7 图所示，试计算多跨梁的支座反力。

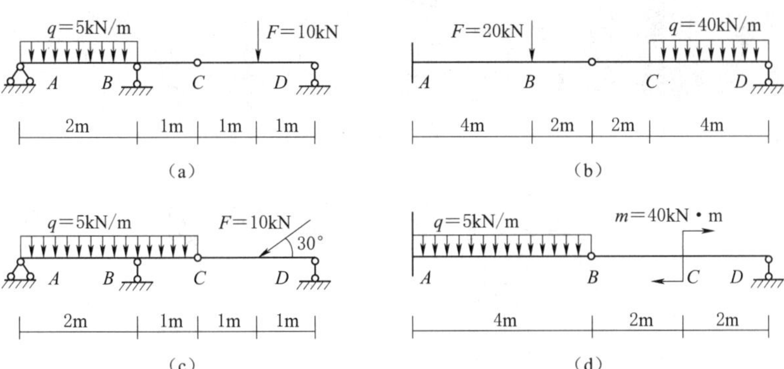

习题 2.7 图

第3章

材料力学基础知识

在静力学中，研究对象属于不可变形的理想化物体，该物体在力学领域中指的是刚体。在材料力学中，主要是研究材料在各种外力作用下产生的内力、应力、变形、应变、强度、刚度、稳定性等问题和导致各种材料破坏的极限。此时的研究对象就不是理想的刚体了，而是符合实际规律且具有特殊属性的物体。

3.1 材料力学的基本任务

工程结构、机械和架体的各组成部分，如建筑物的楼板、主次梁、柱、基础等，统称为构件。每个构件在正常工作时，都要受到从外界或相邻构件传递来的外力作用。例如，桥梁传递给桥墩的压力，塔吊绳索传递给前悬梁的拉力。材料力学就是研究各种构件的抗力性能，它的主要任务就是将工程结构、机械和架体中的简单构件简化为平面内的杆件，计算杆中的应力和变形，研究其强度、刚度和稳定性，以保证结构能承受预定的荷载；选择适当的材料、截面形状和尺寸，以便设计出既安全又经济的结构构件和机械零件。为了保证结构构件和机械零件在实际工作中具备应有的效能和承载能力，这些构件必须具备下列三项基本条件：

(1) 具有足够的强度。

在荷载作用下，结构能够安全地承受所担负的荷载，不至于发生断裂或产生严重的永久变形。例如，冲床的曲轴，在工作冲压力作用下不应折断。又如，储气罐或氧气瓶，在规定压力下不应爆破。可见，所谓强度是指构件在荷载作用下抵抗破坏的能力。

(2) 具有足够的刚度。

在荷载作用下，构件的最大变形不超过实际使用中所能容许的数值。某些结构的变形，不能超过正常工作允许的限度。以机床的主轴为例，即使它有足够的强度，若变形过大时，将使轴上的齿轮啮合不良，并引起轴承的不均匀磨损。因而，所谓刚度是指构件在外力作用下抵抗变形的能力。

(3) 具有足够的稳定性。

当受力时能够保持原有的平衡形式，不至于突然偏侧而丧失承载能力。有些细长杆，如内燃机中的挺杆、千斤顶中的螺杆、脚手架中的立杆等，在压力作用下，有被压弯的可能。为了保证其正常工作。要求这类杆件始终保持直线形式，亦即要求原有的直线平衡形态保持不变。所以，所谓稳定性是指构件保持其原有平衡状态的能力。

若构件的截面尺寸过小，或截面形状不合理，或材料选用不当，在外力作用下将不能满足上述要求，从而影响机械或工程结构的正常工作。反之，如构件尺寸过大，材料质量太高，虽满足了上述要求，但构件的承载能力难以充分发挥。这样，既浪费了材料，又增加了成本和重量。材料力学的任务就是合理地解决这一矛盾，在满足强度、刚度和稳定性的要求下，以最经济的代价，为构件确定合理的形状和尺寸，选择适宜的材料，为构件实现既安全又经济的设计提供必要的理论基础和计算方法。不仅如此，在设法解决这类矛盾和困难问题时，材料力学还可以提供许多原则和方法，还能够揭示寻求新的高效材料、新的构件形式和更为精确的计算方法的途径。

在实际工程问题中，构件应有足够的强度、刚度和稳定性。但就一个具体构件而言，对上述三项要求往往有所侧重。例如，氧气瓶以强度要求为主，车床主轴以刚度要求为主，而受压的细长杆则以稳定性要求为主。此外，对某些特殊构件，往往有相反的要求。例如，为了保证机器不致因超载而造成重大事故，当荷载到达某一限度时，要求安全销立即破坏。

研究构件的强度、刚度和稳定性时，应了解材料在外力作用下表现出的变形和破坏等方面的性能，即材料的力学性能，而力学性能要由实验来测定。此外，经过简化得出的理论是否可信，也要由实验来验证。还有一些尚无理论结果的问题，也必须借助实验方法来解决。

3.2 变形固体的基本假设

建筑和机械材料大都是由固体材料制成，如钢材、木材、石材等。固体材料组成的物体都会产生变形，只是变形量大小的问题。由于固体具有可变性质，该物体又称变形固体。变形固体在外力的作用下，总是既有弹性变形也有塑性变形，但是工程中多数构件正常工作时要求材料只发生弹性变形，所以材料力学的研究仅限于变形固体的弹性变形范围。

实际工程构件的材料多种多样，其微观组织结构与性能十分复杂。为了简化性质变形固体，便于研究构件在外力作用下的变形与破坏规律，需要根据固体材料的实际性质将其简单化、抽象化。为此，对变形固体提出以下基本假定：

（1）连续均匀假定：认为变形固体在其整个体积内无空隙地充满了密实、连续、均匀的材料。

（2）各向同性假定：认为变形固体在所有方向上具有完全相同的力学性能。

（3）微小变形假定：认为变形固体在荷载作用下发生的变形和构件本身的尺寸相比通常很小，可以忽略不计。

经长期使用与实验验证，以上述基本假设为基础建立的材料力学理论与计算公式，能够符合工程要求。

内力和应力

3.3　变形固体的内力概念

3.3.1　内力

在变形固体内部某一部分和相邻其他部分之间，本来就存在着相互作用力。当受到外力作用而发生变形时，又会产生附加的相互作用力。这种附加的相互作用力会随外力的增加而增大，到达一定限度后就会破坏材料，可见，它与强度问题密切相关。在材料力学中就把这种附加的相互作用力称为内力。

为了判断在外力作用下的构件是否具有足够的强度，需要计算出构件中某些截面上因已知外力而引起的内力。

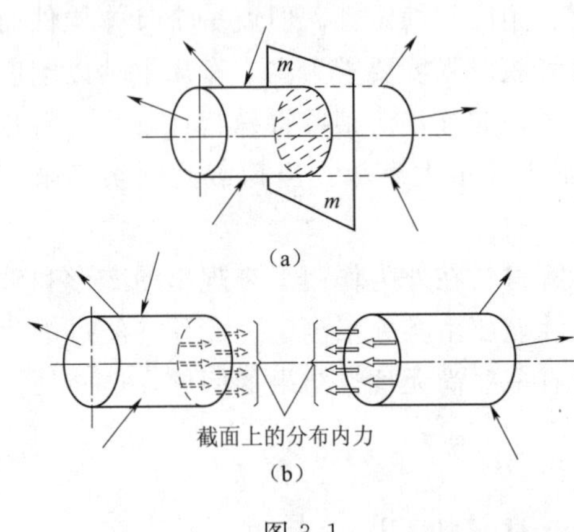

图 3.1

设某杆件在已知外力作用下处于平衡状态，如图 3.1（a）所示，欲确定杆中某截面 $m—m$ 上的内力。

为了显示截面 $m—m$ 上的内力，假想地用该截面将杆件截分为两部分，如图 3.1（b）所示。杆件被截开后的两部分必然各自处于平衡状态。因作用在其中任一部分上的原有外力一般不再是平衡力系，所以，在截面 $m—m$ 上必然存在着另一部分对本部分的作用力，该作用力就是所需确定的内力。根据力的作用与反作用定律，截面各点处两侧部分之间相互作用的内力，是大小相等、方向相反的。因此，在作杆件内力分析时，可以随意选取截面两侧中的任一部分作为研究对象。

3.3.2　截面法

由变形固体的连续性假设可知，作用于杆件截面上的内力实际上是一个连续分布力系。将截面上的内力向截面某点简化，一般可得到一个主矢与一个主矩（特殊情况下可能只是一个主矢，或只是一个主矩）。通常所说的内力分析，指的就是截面内力的主矢与主矩的计算，也就是内力总和的计算。这样，只要取截面两侧中的任一部分为分离体，根据它的静力平衡方程就能够计算出截面 $m—m$ 上的内力。至于内力在截面上各点处的分布情况，仅利用静力平衡方程是不能确定的，解决这个问题，正是本书后续各章的任务。

上述对受力杆件进行内力分析的方法称为截面法。该方法适用于杆件的各种受力情况，具有普遍性，是材料力学中的基本研究方法之一。概括地说，截面法的要点与步骤如下：

（1）假想用一截面在需求内力处将杆件截分为两部分，保留其中一部分为研究对象，并移去另一部分。

（2）将移去部分对保留部分的作用表示为该截面上的未知内力。

（3）建立保留部分的静力平衡方程，即可确定截面上的内力。

3.4 应力应变的基本概念

3.4.1 应力的概念

内力虽与强度问题密切相关，但研究构件的强度，仅仅确定截面上的内力是不够的，还必须知道内力在截面上各点处的分布情况，即需要了解截面上各点内力的集度。该构件截面上的分布内力的集度称为应力。

以图 3.2（a）所示杆件为例。设在截面 $m—m$ 上围绕任意点 K 取一微小面积 A，在 A 上作用有合力为 F 的分布内力，如图 3.2（a）所示。在 A 范围内，单位面积上内力的平均集度为

$$\overline{P}=\frac{\Delta F}{\Delta A}$$

式中：$\overline{P}$ 为面积 ΔA 上的平均应力。

当面积 ΔA 趋于零时，$\overline{P}$ 的极限值称为点 K 处的应力，并用 p 表示，即截面上某点的应力是分布内力系在该点处的集度。

$$P=\lim_{\Delta A\to 0}\frac{\Delta F}{\Delta A}$$

应力 p 是一个矢量，通常将应力 p 分解为垂直于截面的分量 σ 和切于截面的分量 τ，如图 3.2（b）所示。其中 σ 称为正应力，τ 称为剪应力。

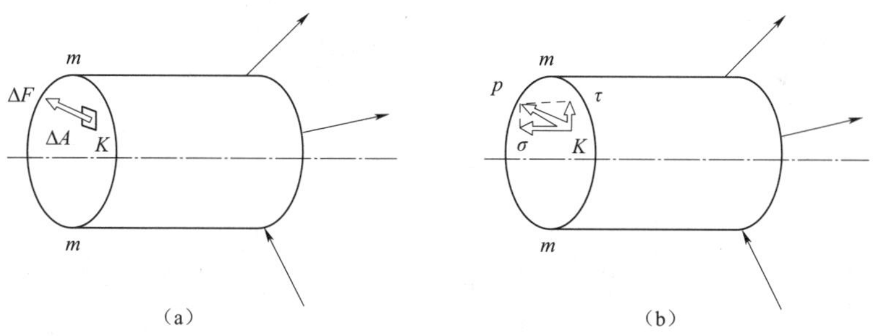

图 3.2

在国际单位制中，应力的基本单位是 N/m^2，也称为帕斯卡，符号为 Pa（帕），即 $1Pa=1N/m^2$。因为 Pa 的单位很小，工程中常用的应力单位是 MPa（兆帕）：$1MPa=10^6Pa=10^6N/m^2=1N/mm^2$。

3.4.2 应变的概念

构件受到外力的作用会发生变形，构件中各质点的位置也会发生相应的变化，如图 3.3 所示。变形的大小是用位移和应变这两个量来度量的。位移是指发生变形后，构件中各质点及各截面在空间位置上的改变，可分为线位移和角位移。在图 3.3 中，OO' 为线位移，θ 为角位移。在这里我们通过例子引入应变的概念。

伸缩变形的大小和杆件的长度有关，也和材料的性质有关。例如，100m 长、

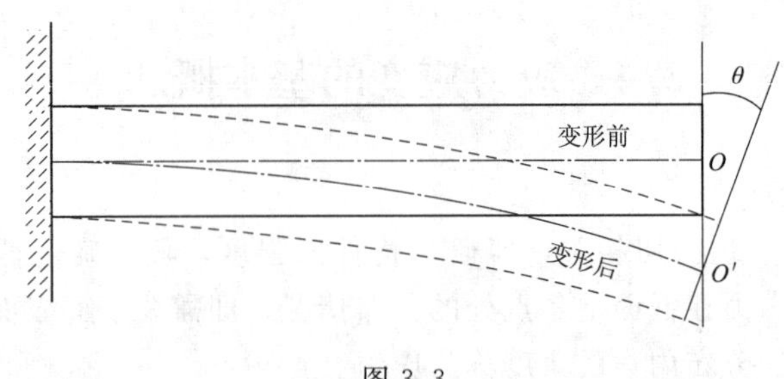

图 3.3

$1cm^2$ 粗的钢索，在 100N 力的作用下，伸长 0.05cm；可是，4cm 长、$1cm^2$ 粗的橡皮杆，在 100N 力的作用下，也伸长 0.05cm。单凭总伸长的数值，显然不能说明有关变形程度的问题本质，特别是构件内各部分的变形可以很不均匀。为了解决这样的困难，必须引用相对变形或应变这个物理量，即单位长度内的变形。

从构件内围绕一点 A 取出边长为微量的微分单元体如图 3.4（a）所示来研究。在微小变形的情况下，单元体的变形表现为边长的改变。当杆件受拉压（或弯曲）时，可以看到微分单元体的边长有伸长或缩短的情形，如图 3.4（b）所示；当杆件受剪切（或扭转）时，可以看到微分单元体的直角有改变的情形，如图 3.4（c）所示。

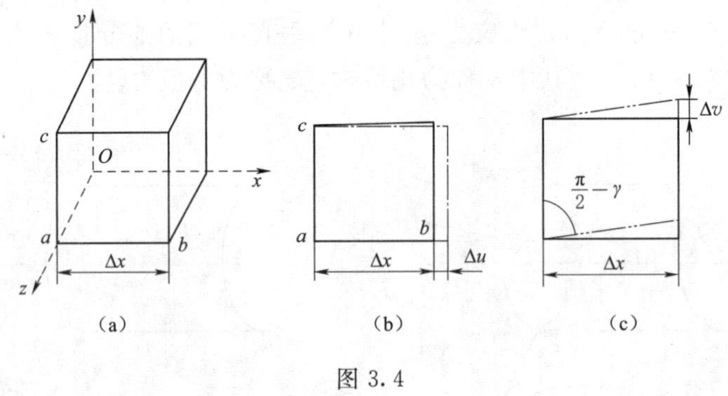

图 3.4

在图 3.4（b）中，单元体的边长原为 Δx，变形时伸长了 Δu，因此它的平均线应变（即每单位长度的平均伸长）是：$\varepsilon=\frac{\Delta u}{\Delta x}$。如果取它的极限值，就可得到构件内任一点 A 处沿 x 方向的线应变

$$\varepsilon=\lim_{\Delta x\to 0}\frac{\Delta u}{\Delta x}=\frac{\mathrm{d}u}{\mathrm{d}x}$$

现在再来研究单元体某一直角的角变形，由图 3.4（c）可知，在微小变形的情况下，当 $\Delta x\to 0$ 时，角变形 γ 为

$$\gamma\approx\tan\gamma=\lim_{\Delta x\to 0}\frac{\Delta v}{\Delta x}=\frac{\mathrm{d}v}{\mathrm{d}x}$$

把 γ 称作构件在点 A 处剪应变。

应该指出，线应变 ε 与法向应力 σ 有密切关系，剪应变 γ 与剪应力 τ 有密切关系，在后面讲到胡克定律时再作详细介绍。

3.5 杆件变形的基本形式

杠杆变形的基本形式

实际工程中构件的类型很多，如杆、板、壳、块体等。其中，杆件属于工程中最常用和最基本的构件，在力学计算中可以将大部分的板、壳、块体等这类具有特殊功能的特种物体抽象简化为杆系结构，例如，机械中的连杆、传动轴，建筑物中的横梁、立柱等都可以简化为杆件。因此，杆件在材料力学中是最常见的构件，也是材料力学研究的主要对象。

杆件各横截面形心的连线称为杆件的轴线。轴线为直线的杆件称为直杆；轴线为曲线的杆件称为曲杆。杆件在外力作用下会发生变形。外力作用方式不同，相应的变形形式也不同。杆件变形的基本形式有四种：

（1）轴向拉压。作用于杆件上的外力合力作用线与杆件轴线重合，杆件变形是沿轴线方向的伸长或缩短，如图 3.5 所示。

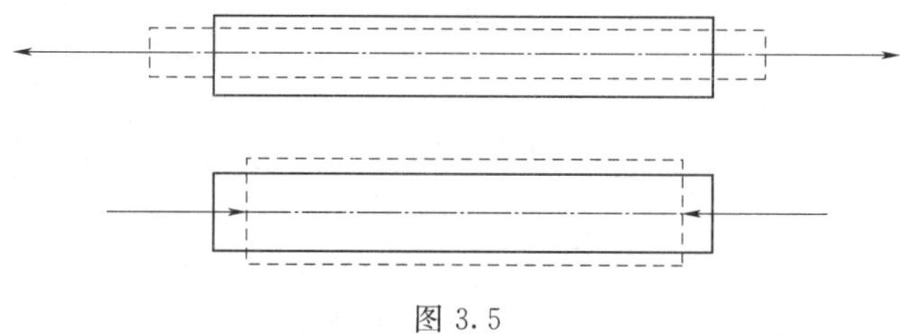

图 3.5

（2）剪切。构件受到一对大小相等、方向相反、作用线距离很近且与构件轴线垂直的外力作用，构件在两个外力作用面之间发生相对错动变形，如图 3.6 所示。

（3）扭转。外力偶作用在垂直于杆件轴线的平面内，杆件的任意两个横截面之间绕轴线作相对转动，如图 3.7 所示。

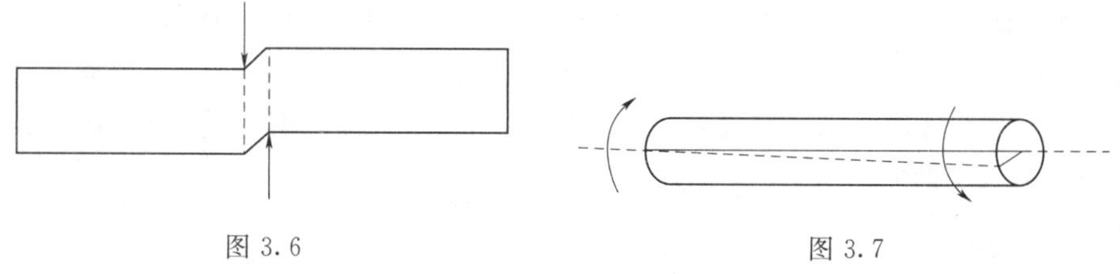

图 3.6　　图 3.7

（4）弯曲。横向外力作用在包含杆件轴线的纵向平面内，变形形式表现为杆件轴线由直线变为曲线，如图 3.8 所示。

工程实际中的杆件可能同时承受不同形式的多种荷载，除可能发生上述某种单一基本变形以外，还可能同时发生几种不同的基本变形，这种情况称为组合变形。

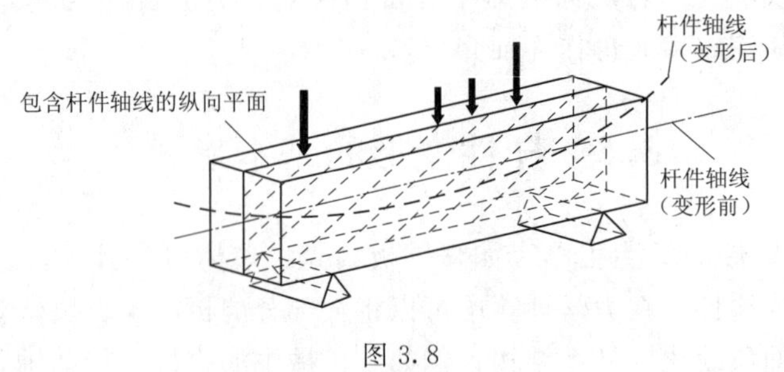

图 3.8

思 考 题

1. 简述构件的强度、刚度和稳定性各具有什么含义。

2. 在确定杆件横截面尺寸和选择杆件材料时，设计者会面临什么矛盾？

3. 材料力学的任务是什么？

4. 材料力学对变形固体所作的基本假设有哪些？它们对材料力学的分析方法起到什么作用？

5. 杆件变形的基本形式有哪几种？

6. 什么是内力？对受力构件进行内力分析的基本方法是什么？怎样进行内力分析？

7. 杆件的内力是杆件材料的分子间固有的合力吗？

8. 什么是截面法？用截面法求杆件内力的步骤是什么？

9. 什么是应力？什么是正应力？什么是剪应力？它们与内力是什么关系？

10. 什么是应变？什么是正应变？什么是剪应变？它们与应力是什么关系？

练 习 题

1. 如习题 3.1 图所示，圆形截面 $d=12\text{mm}$，截面拉力 $F=10\text{kN}$，那么 A 截面的正应力是多少？

2. 如习题 3.2 图所示，杆件长度 AB 为 50cm，在 F 作用下被拉长 BB' 为 8cm，那么该杆的平均线应变是多少？

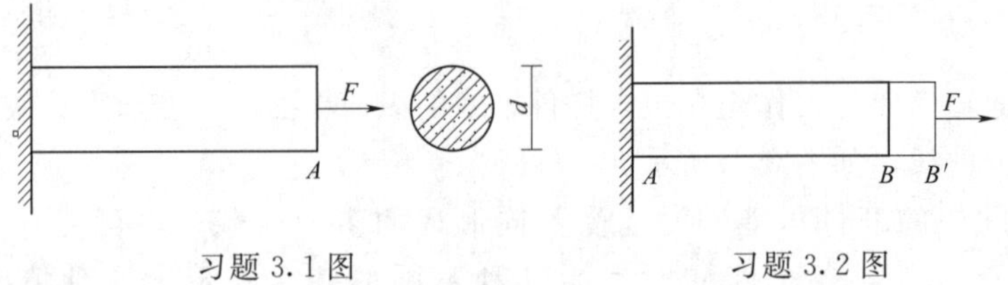

习题 3.1 图　　　　习题 3.2 图

第 4 章

平面图形几何性质

4.1 静矩和形心

4.1.1 静矩

任意平面图形如图 4.1 所示，其面积为 A。y 轴和 z 轴为图形所在平面内的任意直角坐标轴。取微面积 $\mathrm{d}A$，$\mathrm{d}A$ 的坐标分别为 y 和 z，$z\mathrm{d}A$、$y\mathrm{d}A$ 分别称为微面积对 y 轴、z 轴的静矩。遍及整个面积 A 的积分

$$\begin{cases} S_y = \int_A z\mathrm{d}A \\ S_z = \int_A y\mathrm{d}A \end{cases}$$

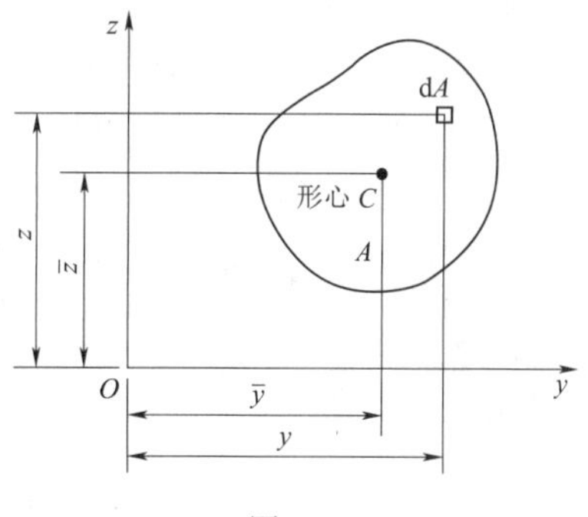

图 4.1

公式中 S_y 和 S_z 分别定义为平面图形对 y 轴和 z 轴的静矩。不难看出，随着坐标轴 y、z 选取的不同，静矩的数值可能为正，可能为负，也可能为零。静矩的量纲是长度的三次方。

4.1.2 形心

4.1.2.1 单一截面的形心

设想有一个厚度很小的均质薄板，薄板中间面的形状与图 4.1 的平面图形相同。显然，在 yz 坐标系中，上述均质薄板的重心与平面图形的形心有相同的坐标 $\overline{y}$ 和 $\overline{z}$。由静力学的力矩定理可知，薄板重心的坐标 $\overline{y}$ 和 $\overline{z}$ 分别为

$$\begin{cases} \overline{y} = \dfrac{\int_A y\mathrm{d}A}{A} \\ \overline{z} = \dfrac{\int_A z\mathrm{d}A}{A} \end{cases}$$

该公式就是确定平面图形的形心坐标的公式。
将 S_y 和 S_z 代入形心坐标的公式可得

$$\overline{y}=\frac{S_z}{A},\overline{z}=\frac{S_y}{A}$$

所以，把平面图形对 z 轴和 y 轴的静矩除以图形的面积 A，就得到图形形心的坐标 $\overline{y}$ 和 $\overline{z}$。因此，静矩公式也可改写成

$$S_y=A\overline{z},S_z=A\overline{y}$$

该公式表明，平面图形对 y 轴和 z 轴的静矩，分别等于图形面积 A 乘图形形心坐标 $\overline{z}$ 和 $\overline{y}$。当 $S_z=0$ 和 $S_y=0$，则 $\overline{y}=0$ 和 $\overline{z}=0$。由此可见，若图形对某一轴的静矩等于零，则该轴必然通过图形的形心；反之，若某一轴通过形心，则图形对该轴的静矩等于零。通过形心的轴称为形心轴。

平面图形静矩有如下特征：

(1) 平面图形的面积矩是平面图形对某一定轴的面积矩，同一图形对不同的轴一般有不同的静矩。

(2) 因平面图形形心的坐标值可能为正、为负或等于零，故静矩的值也可能为正、为负或等于零。

(3) 平面图形对其形心轴的静矩为零，反之，平面图形对某轴的静矩为零时，则该轴一定为形心轴。

(4) 面积矩的单位是长度的三次方，如 mm^3。

【例 4.1】 如图 4.2 所示的矩形，y_o 轴和 z_o 轴都通过其形心 C。试求图形在点 a 所在水平线以上的面积对 z_o 轴的面积矩。

解： 由题意可知：

点 a 所在水平线以上的面积：$A_a=200\times(200-150)=10000(mm^2)$

面积 A_a 的形心坐标：$\overline{y_a}=-\left[150+\left(\frac{200-150}{2}\right)\right]=-175(mm)$

面积矩：$S_{z_o}=A_a\overline{y_a}=10000\times(-175)=-1.75\times10^6(mm^3)$

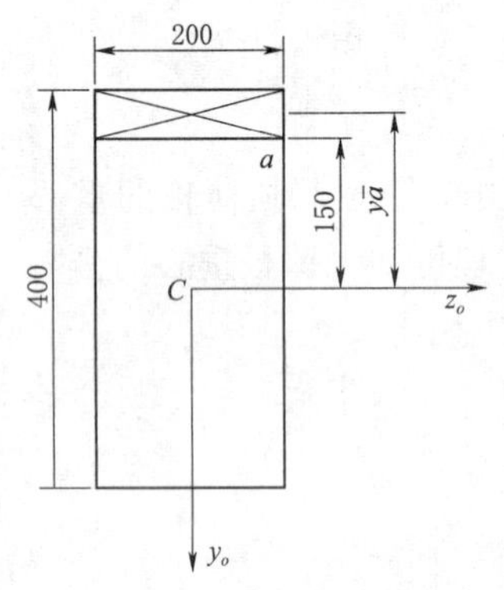

图 4.2

4.1.2.2 组合截面的形心

当一个平面图形是由若干个简单图形（例如矩形、圆形、三角形等）组成时，由静矩的定义可知，图形各组成部分对某一轴的静矩的代数和，等于整个图形对同一轴的静矩，即

$$\begin{cases}S_z=\sum_{i=1}^{n}A_i\overline{y}_i\\S_y=\sum_{i=1}^{n}A_i\overline{z}_i\end{cases}$$

式中：A_i 和 $\overline{y}_i$、$\overline{z}_i$ 分别为第 i 个简单图形的面积及形心坐标；n 为组成该平面图形的简单图形的个数。

若将上式代入形心坐标的公式，则得组合图形形心坐标的计算公式

$$\bar{y}=\frac{\sum_{i=1}^{n}A_i\bar{y}_i}{\sum_{i=1}^{n}A_i},\bar{z}=\frac{\sum_{i=1}^{n}A_i\bar{z}_i}{\sum_{i=1}^{n}A_i}$$

【例 4.2】 如图 4.3 所示，试确定平面图形的形心 C 的位置。

解： 将图形分为Ⅰ、Ⅱ两个矩形，如图取坐标系。两个矩形的形心坐标及面积分别为：

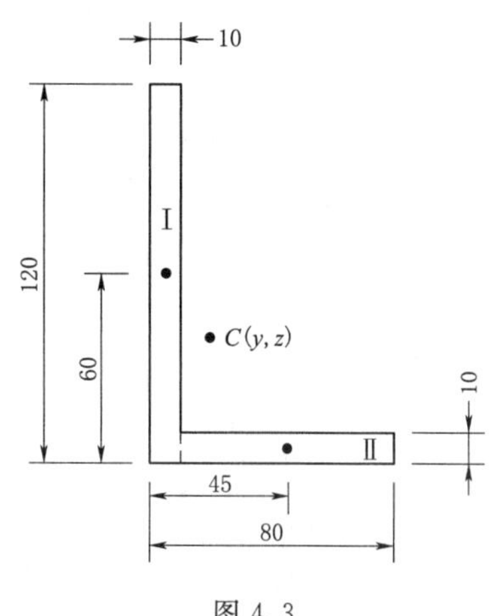

图 4.3

矩形Ⅰ

$$\bar{y}_1=\frac{10}{2}=5(\mathrm{mm})$$

$$\bar{z}_1=\frac{120}{2}=60(\mathrm{mm})$$

$$A_1=10\times120=1200(\mathrm{mm}^2)$$

矩形Ⅱ

$$\bar{y}_2=\left(10+\frac{70}{2}\right)=45(\mathrm{mm})$$

$$\bar{z}_2=\frac{10}{2}=5(\mathrm{mm})$$

$$A_2=10\times70=700(\mathrm{mm}^2)$$

由形心坐标公式可得 C 的坐标（$\bar{y}$，$\bar{z}$）为

$$\bar{y}=\frac{A_1\bar{y}_1+A_2\bar{y}_2}{A_1+A_2}=\frac{1200\times5+700\times45}{1200+700}=19.7(\mathrm{mm})$$

$$\bar{z}=\frac{A_1\bar{z}_1+A_2\bar{z}_2}{A_1+A_2}=\frac{1200\times60+700\times5}{1200+700}=39.7(\mathrm{mm})$$

形心 C(19.7，39.7) 的位置如图 4.3 所示。

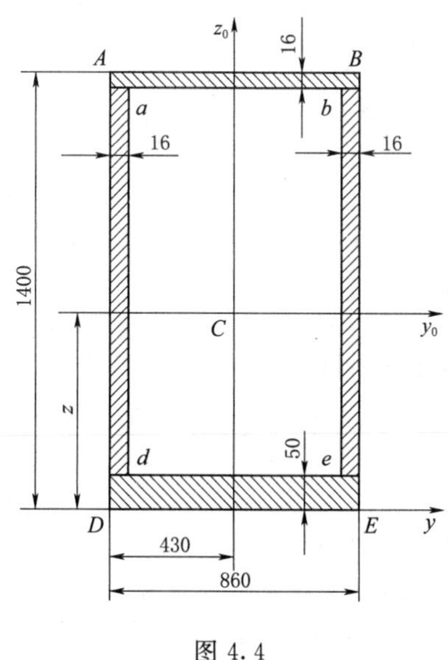

图 4.4

【例 4.3】 如图 4.4 所示单臂液压机机架的横截面，试确定截面形心的位置。

解： 截面有一个垂直对称轴，其形心必然在这一对称抽上，因而只需确定形心在对称轴上的位置。把截面图形看成是由矩形 $ABED$ 减去矩形 $abcd$，并以 $ABED$ 的面积为 A_1，$abcd$ 的面积为 A_2。以底边 EC 作为参考坐标轴 y。

$$A_1=1.4\times0.86=1.204(\mathrm{m}^2)$$

$$\bar{z}_1=\frac{1.4}{2}=0.7(\mathrm{m})$$

$$\begin{aligned}A_2&=(0.86-2\times0.016)\times(1.4-0.05-0.016)\\&=1.105(\mathrm{m}^2)\end{aligned}$$

$$\bar{z}_2=\frac{1}{2}\times(1.4-0.05-0.016)+0.05=0.717(\mathrm{m})$$

由此可得，整个截面图形的形心 C 的坐标 $\bar{z}$ 为

$$\bar{z}=\frac{A_1\bar{z}_1-A_2\bar{z}_2}{A_1-A_2}=\frac{1.204\times0.7-1.105\times0.717}{1.204-1.105}$$
$$=0.51(\text{m})$$

4.2 惯 性 矩

组合截面惯性矩的计算

4.2.1 单一截面的惯性矩

任意平面图形如图 4.5 所示，其面积为 A，y 轴和 z 轴为图形所在平面内的一对任意直角坐标轴。在坐标为（y，z）处取一微面积 $\mathrm{d}A$，$z^2\mathrm{d}A$ 和 $y^2\mathrm{d}A$ 分别称为微面积 $\mathrm{d}A$ 对 y 轴和 z 轴的惯性矩，而遍及整个平面图形面积 A 的积分

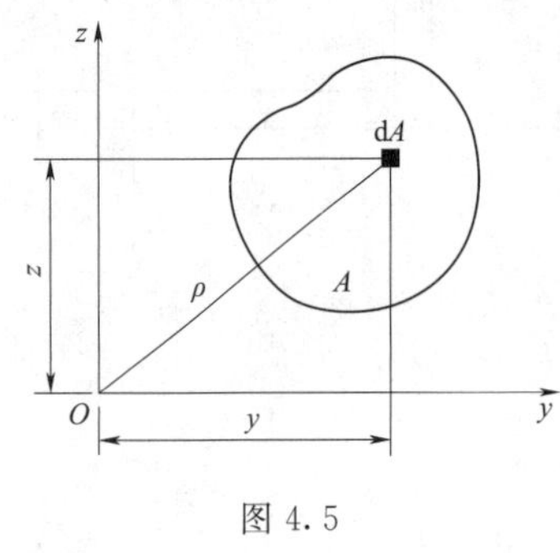

图 4.5

$$\left.\begin{aligned}I_y=\int_A z^2\mathrm{d}A\\ I_z=\int_A y^2\mathrm{d}A\end{aligned}\right\}$$

式中：I_y 和 I_z 分别定义为平面图形对 y 轴和 z 轴的惯性矩。

由于 y^2、z^2 总是正值，所以 I_y、I_z 也恒为正值。惯性矩的量纲是长度的四次方。

工程上为方便起见，经常把惯性矩写成图形面积与某一长度平方的乘积，即

$$I_y=Ai_y^2\quad I_z=Ai_z^2$$

或改写为

$$i_y=\sqrt{\frac{I_y}{A}},i_z=\sqrt{\frac{I_z}{A}}$$

式中：i_y、i_z 分别为图形对 y 轴和 z 轴的惯性半径，其量纲为长度。

如图 4.5 所示，微面积 $\mathrm{d}A$ 到坐标原点的距离为 ρ，定义

$$I_\rho=\int_A\rho^2\mathrm{d}A$$

为平面图形对坐标原点的极惯性矩。其量纲仍为长度的四次方。由图 4.5 可以看出

$$I_\rho=\int_A\rho^2\mathrm{d}A=\int_A(y^2+z^2)\mathrm{d}A=\int_A z^2\mathrm{d}A+\int_A y^2\mathrm{d}A=I_y+I_z$$

所以，图形对于任意一对互相垂直轴的惯性矩之和，等于它对该两轴交点的极惯性矩。

在图 4.5 所示的平面图形中，定义 $yz\mathrm{d}A$ 为微面积 $\mathrm{d}A$ 对 y 轴和 z 轴的惯性积。而积分式

$$I_{yz}=\int_A yz\mathrm{d}A$$

式中：I_{yz} 定义为图形对 y 轴、z 轴的惯性积。惯性积的量纲为长度的四次方。

由于坐标乘积值 y、z 可能为正或负，因此，I_{yz} 的数值可能为正，可能为负，

也可能等于零。

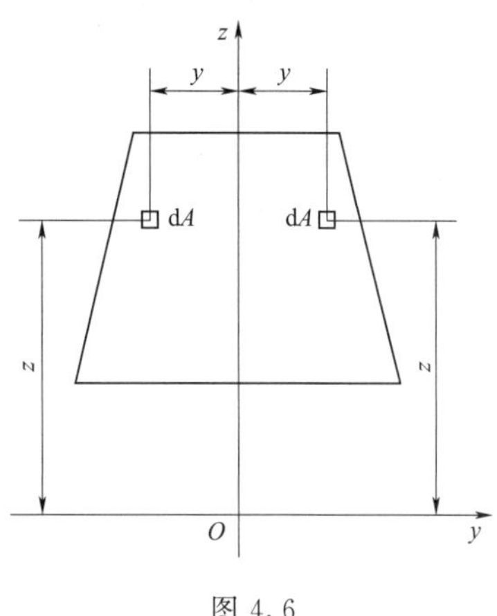

图 4.6

若坐标轴 y 或 z 中有一个是图形的对称轴，例如图 4.6 中的 z 轴。这时，如在 z 袖两侧的对称位置处，各取一微面积 dA，显然，两者的 z 坐标相同，y 坐标则数值相等而符号相反。因而两个微面积的惯性积数值相等，而符号相反，它们在积分中相互抵消，最后导致

$$I_{yz}=\int_A yz\mathrm{d}A=0$$

所以，两个坐标轴中只要有一个轴为图形的对称轴，则图形对这一对坐标轴的惯性积等于零。

平面图形的惯性矩、惯性积和极惯性矩具有如下的一些特征：

(1) 惯性矩、惯性积都是对一定的轴而言的，同一平面图形，对不同的轴一般有不同的惯性矩、惯性积。同样，极惯性矩是对一定的点而言的，同一平面图形，对不同的点一般有不同的极惯性矩。

(2) 惯性矩和极惯性矩永远为正值，惯性积的值则可能为正、为负或等于零。

(3) 任何平面图形对通过其形心的对称轴及与此对称轴垂直的轴的惯性积等于零。

(4) 任何平面图形对直角坐标原点的极惯性矩等于该图形对二直角坐标轴的惯性矩之和，即 $I_p=I_z+I_y$。

(5) 惯性矩、惯性积和极惯性矩的单位都为长度的四次方，如 mm^4。

【例 4.4】 如图 4.7 所示，试计算矩形对其对称轴 y 和 z 的惯性矩。

解： 先求对 y 轴的惯性矩。取平行于 y 轴的狭长条作为微面积 dA。则

$$\mathrm{d}A=b\mathrm{d}z$$

$$I_y=\int_A z^2\mathrm{d}A=\int_{-\frac{h}{2}}^{\frac{h}{2}} bz^2\mathrm{d}z=\frac{bh^3}{12}$$

用完全相同的方法可以求得

$$I_z=\frac{hb^3}{12}$$

若图形是高为 h、宽为 b 的平行四边形，如图 4.8 所示，它对形心轴 y 的惯性矩仍然是

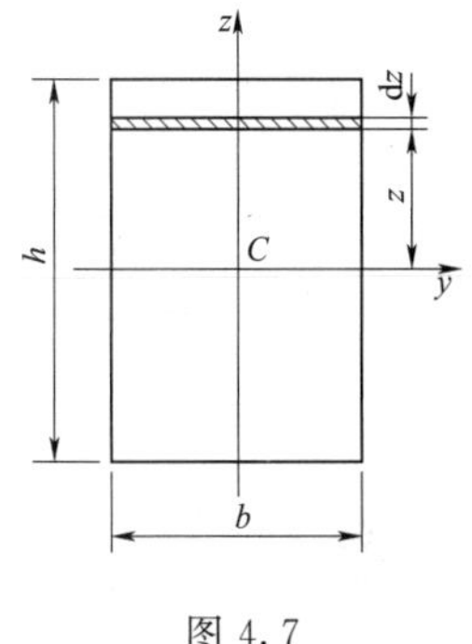

图 4.7

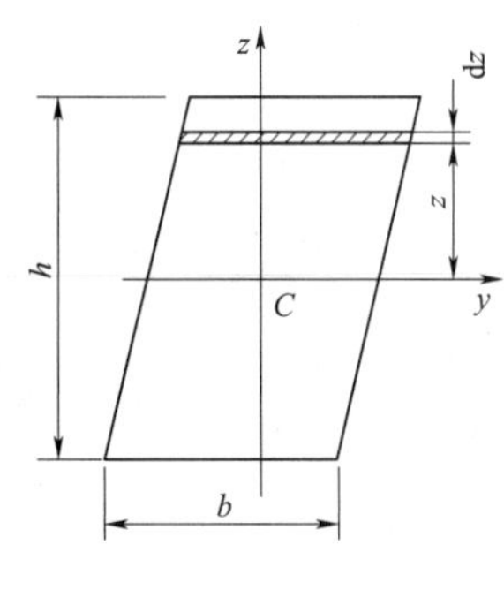

图 4.8

$$I_y=\frac{bh^3}{12}$$

【例 4.5】 如图 4.9 所示，试计算圆形对其形心轴的惯性矩。

解： 取 $\mathrm{d}A$ 为图 4.9 中的阴影部分的面积，则

$$\mathrm{d}A=2y\,\mathrm{d}z=2\sqrt{R^2-z^2}\,\mathrm{d}z$$

$$I_y=\int_A z^2\,\mathrm{d}A=\int_{-R}^{R}2z^2\sqrt{R^2-z^2}\,\mathrm{d}z=\frac{\pi R^4}{4}=\frac{\pi D^4}{64}$$

z 轴和 y 轴都与圆的直径重合，由于对称性，必然有

$$I_y=I_z=\frac{\pi D^4}{64}$$

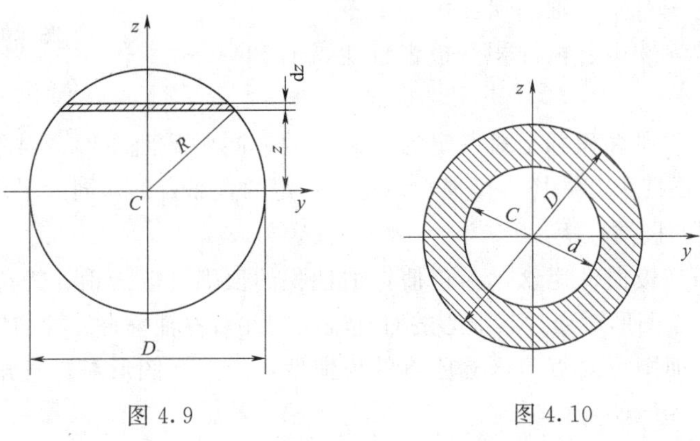

图 4.9　　　　图 4.10

对于图 4.10 所示的环形图形，由惯性矩公式可知

$$I_\rho=\frac{\pi}{32}(D^4-d^4)$$

由极惯性矩公式可知，根据图形的对称性

$$I_y=I_z=\frac{1}{2}I_\rho=\frac{\pi}{64}(D^4-d^4)$$

4.2.2 组合截面的惯性矩

同一平面图形对于平行的两对不同坐标轴的惯性矩或惯性积虽然不同，但当其中一对轴是图形的形心轴时，它们之间却存在着比较简单的关系。下面推导这种关系的表达式。

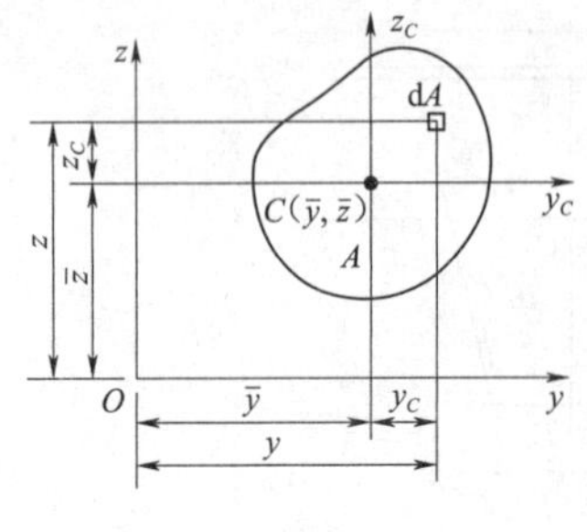

图 4.11

如图 4.11 所示，设平面图形的面积为 A，图形形心 C 在任一坐标系 yz 中的坐标为 $(\bar{y},\bar{z})$，y_C、z_C 轴为图形的形心轴并分别与 y 轴、z 轴平行。取微面积 $\mathrm{d}A$，其在两坐标系中的坐标分别为 y、z 及 y_C、z_C，由图 4.11 可见

$$y=y_C+\bar{y},z=z_C+\bar{z}$$

平面图形对于形心轴 y_C、z_C 的惯性矩及惯性积为

$$\left.\begin{aligned} I_{y_C} &= \int_A z_C{}^2 \mathrm{d}A \\ I_{z_C} &= \int_A y_C{}^2 \mathrm{d}A \end{aligned}\right\}$$

平面图形对于 y 轴、z 轴的惯性矩及惯性积为

$$I_y = \int_A z^2 \mathrm{d}A = \int_A (z_C + \overline{z})^2 \mathrm{d}A = \int_A z_C{}^2 \mathrm{d}A + 2\overline{z}\int_A z_C \mathrm{d}A + \overline{z}^2 \int_A \mathrm{d}A$$

$$I_z = \int_A y^2 \mathrm{d}A = \int_A (y_C + \overline{y})^2 \mathrm{d}A = \int_A y_C{}^2 \mathrm{d}A + 2\overline{y}\int_A y_C \mathrm{d}A + \overline{y}^2 \int_A \mathrm{d}A$$

公式中的 $\int_A z_C \mathrm{d}A$ 及 $\int_A y_C \mathrm{d}A$ 分别为图形对形心轴 y_C 和 z_C 的静矩，其值等于零。那么有

$$\int_A \mathrm{d}A = A$$

平面图形对于 y 轴、z 轴的惯性矩可简化为

$$\left.\begin{aligned} I_y &= I_{y_C} + \overline{z}^2 A \\ I_z &= I_{z_C} + \overline{y}^2 A \end{aligned}\right\}$$

该式即为惯性矩的平行移轴公式。在使用这一公式时，要注意到 $\overline{y}$ 和 $\overline{z}$ 是图形的形心在 yz 坐标系中的坐标，所以它们是有正负的。利用平行移轴公式可使组合截面惯性矩的计算得到简化。

在工程中常遇到由几个简单图形组成的组合截面，如 T 形、工字形、箱形等；或者由几个型钢截面组成的组合截面。根据惯性矩的定义可知，组合截面对某坐标轴的惯性矩就等于其各组成部分对同一坐标轴的惯性矩之和。其计算步骤如下：

（1）确定组合截面的形心位置，并画出形心轴。

（2）将组合截面分割成几个简单图形，画出每个简单图形的形心轴，且这些形心轴都与组合截面的形心轴平行。

（3）计算每个简单图形对自身形心轴的惯性矩（可通过查表或由公式直接计算）。

（4）利用平行移轴公式，计算每个简单图形对组合截面形心轴的惯性矩并求其代数和，即得组合截面对其形心轴的惯性矩。

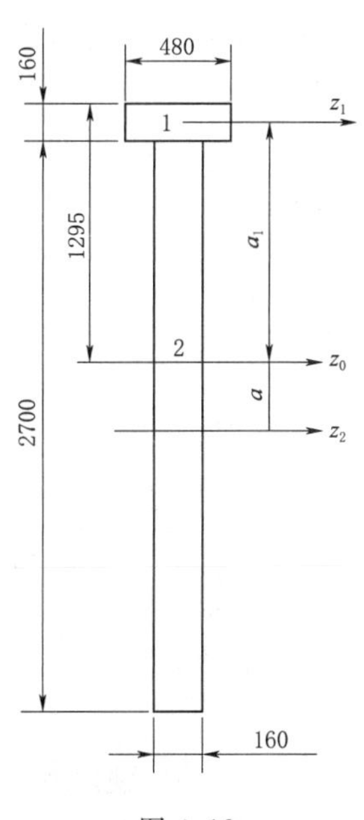

图 4.12

【例 4.6】 如图 4.12 所示，试求 T 形对其形心轴 z_0 的惯性矩。

解： 这个 T 形可以看成是由 1、2 两个矩形所组成，它们与 z_0 轴平行的形心轴分别为 Z_1、Z_2。

（1）利用平行移轴公式求矩形 1 对 z_0 轴的惯性矩 I'_{z_0}

根据平行移轴公式有

$$I'_{z_0} = I_{z_1} + a_1^2 A_1$$

式中，

I_{z_1}：矩形1对自己的形心轴 z_1 的惯性矩，这里 $I_{z_1}=\dfrac{480\times(160)^3}{12}=164\times10^6$（$mm^4$）；

a_1：z_1 轴与 z_0 轴间的距离，这里 $a_1=1295-\dfrac{160}{2}=1215$（mm）；

A_1：矩形1的面，这里 $A_1=480\times160=76.8\times10^3$（$mm^2$）。

将它们代入平行移轴公式得

$$I'_{z_0}=164\times10^6+1215^2\times76.8\times10^3=113.6\times10^9(mm^4)$$

（2）利用平行移轴公式求矩形2对 z_0 轴的惯性矩 I''_{z_0}

$$I_{z_2}=\frac{160\times2700^3}{12}=262.5\times10^9(mm^4)$$

$$a_2=\frac{2700}{2}+160-1296=215(mm)$$

$$A_2=2700\times160=432.0\times10^3(mm^2)$$

同样可以得到

$$I''_{z_0}=I_{z_2}+a_2^2A_2=262.5\times10^3+(215)^2\times432.0\times10^3=282.5\times10^9(mm^4)$$

（3）T形对 z_0 轴的惯性矩

$$I'_{z_0}+I''_{z_0}=113.6\times10^9+282.5\times10^9=396.1\times10^9(mm^4)$$

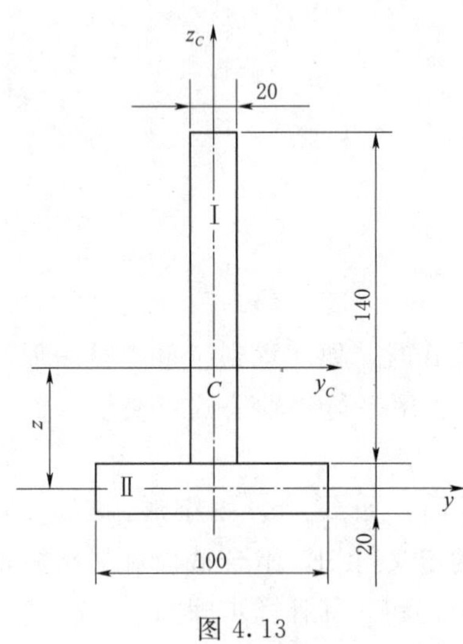

图4.13

【例4.7】 如图4.13所示，试计算图形对其形心轴 y_C 的惯性矩 $(I_y)_C$。

解：把图形看作由两个矩形Ⅰ和Ⅱ组成。图形的形心必然在对称轴上。为了确定 $\bar{z}$，取通过矩形Ⅱ的形心且平行于底边的参考轴为 y 轴

$$\bar{z}=\frac{A_1z_1+A_2z_2}{A_1+A_2}\bar{z}=\frac{A_1z_1+A_2z_2}{A_1+A_2}=\frac{0.14\times0.02\times0.08+0.1\times0.02\times0}{0.14\times0.02+0.1\times0.02}=0.0467(m)$$

形心位置确定后，使用平行移轴公式，分别计算出矩形Ⅰ和Ⅱ对 y_C 轴的惯性矩

$$(I_y)_C^1=\frac{1}{12}\times0.02\times0.14^3+(0.08-0.0467)^2\times0.02\times0.14=7.69\times10^{-6}(m^4)$$

$$(I_y)_C^2=\frac{1}{12}\times0.1\times0.02^3+0.0467^2\times0.1\times0.02=4.43\times10^{-6}(m^4)$$

整个图形对 y_C 轴的惯性矩为

$$(I_y)_C=7.69\times10^{-6}+4.43\times10^{-6}=12.12\times10^{-6}(m^4)$$

4.3 截面系数

在对构件作强度和刚度分析时，除了用到上述几何参数，还会遇到抗弯截面系数和抗扭截面系数。

4.3.1 抗弯截面系数

定义下列比值

$$W_Z=\frac{I_Z}{y_{\max}}$$

式中：W_Z 为截面对 Z 轴的抗弯截面系数，m^3 或 mm^3；$y_{\max}$ 为截面平行 Z 轴的边缘上的点到 Z 轴的距离。对于矩形截面来说，$y_{\max}=\frac{h}{2}$。

（1）对于高为 h、宽为 b 的矩形截面有

$$W_Z=\frac{I_Z}{y_{\max}}=\frac{\frac{bh^3}{12}}{\frac{h}{2}}=\frac{bh^2}{6}$$

（2）对于直径为 d 的圆形截面有

$$W_Z=\frac{I_Z}{y_{\max}}=\frac{\frac{\pi d^4}{64}}{\frac{d}{2}}=\frac{\pi d^2}{32}$$

（3）对于外径为 D、内径为 d 的圆环截面有

$$W_Z=\frac{I_{Z外}-I_{Z内}}{y_{\max}}=\frac{\frac{\pi D^4}{64}-\frac{\pi d^4}{64}}{\frac{D}{2}}=\frac{\pi d^3}{32}(1-\alpha),\alpha=\frac{d}{D}$$

（4）对于轧制型钢（工字钢、槽钢等），其抗弯截面系数可直接从型钢表中查取。

4.3.2 抗扭截面系数

定义下列比值

$$W_P=\frac{I_P}{\rho_{\max}}$$

式中：W_P 为截面对形心点的抗扭截面系数，m^3、mm^3；$\rho_{\max}$ 为圆周边点到圆心的距离，对于圆形截面来说，$\rho_{\max}=R$。

（1）对于直径为 d 的圆形截面为

$$W_P=\frac{I_P}{\rho_{\max}}=\frac{\frac{\pi d^4}{32}}{\frac{d}{2}}=\frac{\pi d^3}{16}$$

（2）对于外径为 D、内径为 d 的圆环截面为

$$W_P=\frac{I_{P外}-I_{P内}}{y_{\max}}=\frac{\frac{\pi D^4}{32}-\frac{\pi d^4}{32}}{\frac{D}{2}}=\frac{\pi D^3}{16}(1-\alpha^4),\alpha=\frac{d}{D}$$

思　考　题

1. 什么是截面图形的形心？如何确定截面形心的位置？
2. 若 $S_Z=0$，则 Z 轴是否一定是形心轴？
3. 设 Z 轴是某截面的形心轴，简述为什么 S_Z 一定等于零？为什么 I_Z 一定不等于零？
4. 什么叫截面的主轴？什么叫截面的形心主轴？
5. 对一组平行轴而言，截面对哪一根轴的惯性矩最小？
6. 什么是平行移轴公式？
7. 对于矩形截面梁来说，竖放和平放哪个承受垂直荷载更大，为什么？
8. 什么是抗弯截面系数？什么是抗扭截面系数？

练　习　题

1. 如习题 4.1 图所示，确定各图形形心的位置。

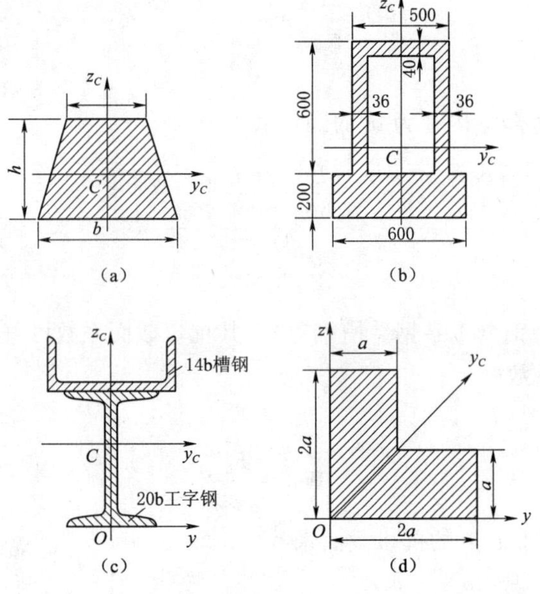

习题 4.1 图

2. 如习题 4.2 图所示，计算半圆形对形心轴 y_C 的惯性矩。

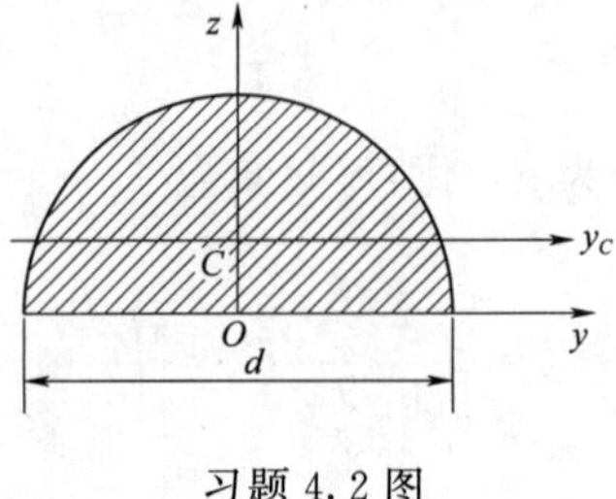

习题 4.2 图

3. 如习题 4.3 图所示，计算各图形对 y 轴、z 轴的惯性矩。

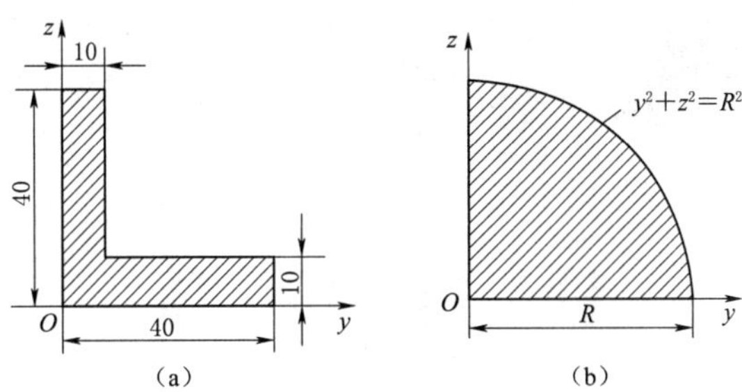

习题 4.3 图

第 5 章

轴　向　拉　压

在工程结构和机械设备中，杆件经常会承受压力和拉力。如图 5.1 所示的拱桥结构中的立柱和桥墩。

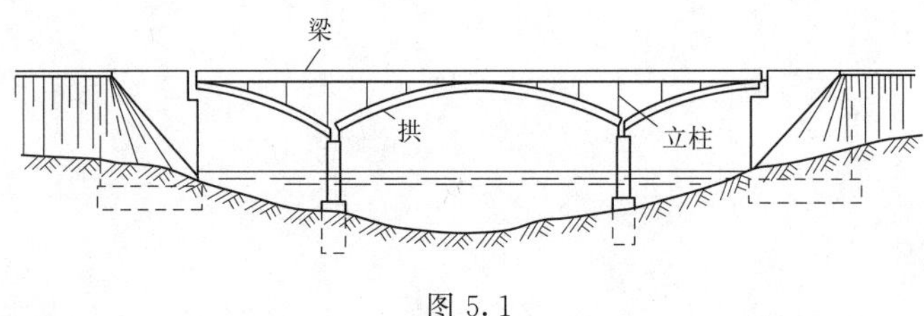

图 5.1

对于这种类型的构件，归于力学的层面上，就需要将构件简化为承受轴线拉压的力学模型。基于这样的条件，其作用于构件上的两个力为大小相等、方向相反、其作用线和杆轴线重合，且杆件会沿着轴线方向发生拉伸和压缩，通常情况下将这种变形状态称为轴线拉伸和压缩。如图 5.2 所示。把以发生轴向拉压变形为主要变形的构件称为轴向拉压杆件。

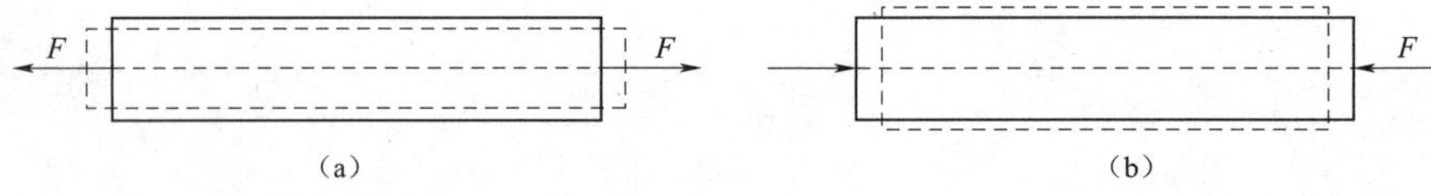

图 5.2

本章主要针对杆件在承受轴向拉压时，横截面上的内力和杆轴向方向上的内力变化趋势，以及横截面上的应力状态和轴向变形情况的确定，进而开展构件的强度计算。

5.1　轴向拉压杆件的内力

轴向拉压杆件的内力计算

为了对杆件进行强度和刚度分析，首先要了解构件内横截面上的内力情况。下面将阐述求解指定截面杆的内力的基本步骤。在材料力学基础知识里，计算内力的方法是将指定截面或特征面切开，为了反映舍去构件对所取研究对象的作用效应，则相应地在对象的切面上要施加内力，然后利用平衡条件建立平衡方程，求解截面内力的值，该方法称为截面法。该方法也是求解内力通用的方法。如图 5.3（a）所示轴向拉压杆件，试利用截面法求解 m—m 截面的内力。其主要步骤如下：

（1）在指定截面 m—m 假想处切开，取其中左段部分作为研究对象。一般情况下，对于梁式结构取左段部分为对象，若右段部分比左段简单，则取右段为对象。

（2）用力来代替右段部分对左段的作用效应，绘制所取研究对象的受力图。根据二力平衡公理和共线力系的平衡条件可知，所施加的内力 F_N 的作用线必与杆轴线重合。如图 5.3（b）所示。

（3）根据结构力系的平衡条件，列平衡方程得：$\sum X=0$，$F_N-F_P=0$，解得：$F_N=F_P$。

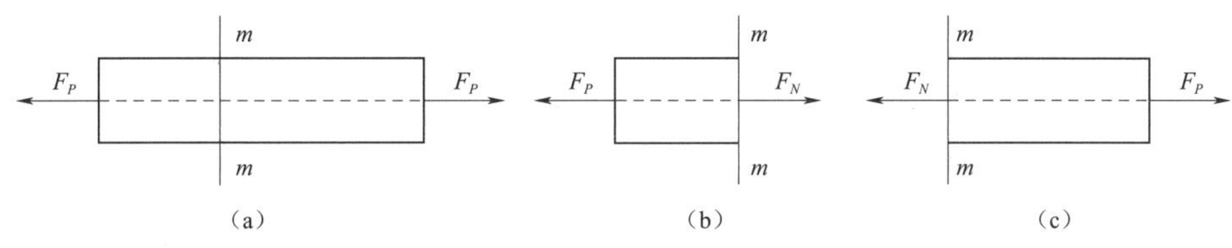

图 5.3

由此可见，由于外力或外力的合力作用线沿着杆轴线方向，所以杆的任意截面上的内力有且仅有一个内力，并且该内力的作用线与杆轴线相重合，称为轴力，用符号 N 表示。若取右段为研究对象，所计算出来的轴力与取左边计算出来的轴力大小相等，方向相反。如图 5.3（c）所示。为了使得取不同的研究对象所得的内力符号相同，在力学中规定，对杆件产生相同变形效果的内力具有相同的符号。因此，轴力的正负号规定为：使构件产生拉伸变形的轴力为正，产生压缩变形的轴力为负。

当杆件承受多个沿轴向作用的外力时，可能出现不同截面上的轴力不相同。为了直观的反映各个截面上的轴力的值，充分体现轴力沿轴向方向的变化趋势，进而找出最大的轴力及其所在横截面的位置，通常需要绘制出轴力图。其绘制的方法是：以平衡于杆轴线的横坐标表示横截面的位置；以纵坐标表示相应横截面位置上的轴力值，画出轴力沿杆轴线变化的曲线，该图称为轴力图。为了清楚地表达轴力图，在轴力值不同的杆段上标出轴力值和正负号，并以等距较密的竖直线填充。

【例 5.1】 如图 5.4（a）所示的轴向受力杆件，试求杆件中 AB、BC 和 CD 段内的轴力，并绘制轴力图。

解： 由题意可知：

（1）计算支座反力。以整体为研究对象，受力分析如图 5.4（b）所示，建立坐标系，列平衡方程得

$$\sum X=0 \quad -X_A+F_1-F_2+F_3=0 \quad X_A=40\text{kN}$$

（2）计算各段截面上的轴力。计算 AB 杆段的轴力时，因为该段没有其他荷载作用，则假想用 1—1 截面在 AB 杆段内任意截面切开。取左段为研究对象，设置轴力 N_1 为拉力，受力分析如图 5.4（c）所示。建立坐标系，列平衡方程得

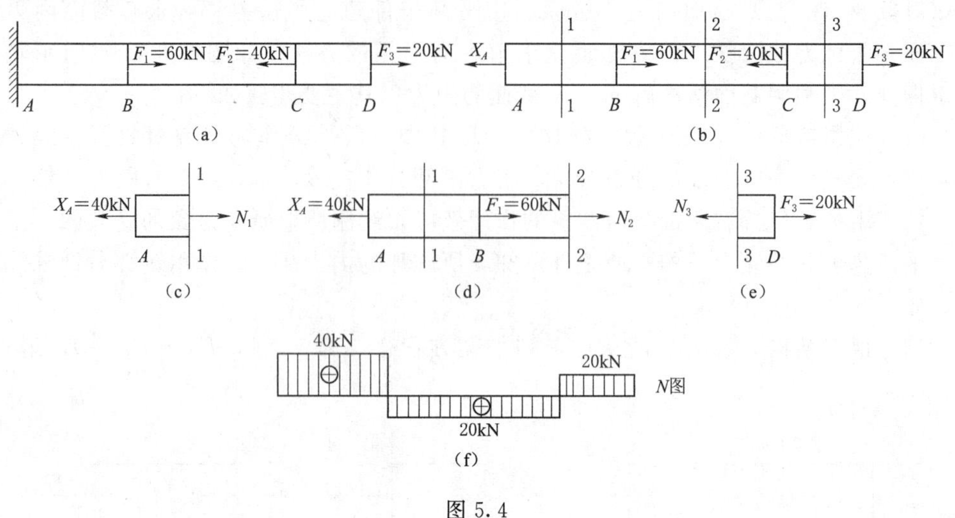

图 5.4

$$\sum X=0 \quad N_1-X_A=0 \quad N_1=40\text{kN}$$

计算 BC 杆段的轴力时，因为该段没有其他荷载作用，则假想用 1—1 截面在 BC 杆段内任意截面切开。取左段为研究对象，设置轴力 N_2 为拉力，受力分析如图 5.4（d）所示。建立坐标系，列平衡方程得

$$\sum X=0 \quad N_2+F_1-X_A=0 \quad N_1=-20\text{kN}$$

计算 CD 杆段的轴力时，因为该段没有其他荷载作用，则假想用 1—1 截面在 CD 杆段内任意截面切开。取右段为研究对象，设置轴力 N_3 为拉力，受力分析如图 5.4（e）所示。建立坐标系，列平衡方程得

$$\sum X=0 \quad -N_3+F_3=0 \quad N_1=20\text{kN}$$

（3）绘制受力图。因为杆件中 AB、BC 和 CD 段内都没有其他荷载作用，故可以用 1—1、2—2 和 3—3 截面分别作为 AB、BC 和 CD 杆段的特征面，即 N_1、N_1 和 N_1 的值可以作为三段杆件的轴力值。以杆轴线方向代表截面位置，以垂直于杆轴线代表截面上的轴力，按照要求绘制的轴力图如图 5.4（f）所示。

轴向拉压杆件的应力计算

5.2　轴向拉压杆件的应力

在杆件的力学计算中，只知道内力的大小还是不够的，想要解决杆件的强度问题，还需要研究轴向拉压杆截面上内力的分布规律。轴力是轴向分布内力的合力，该合力在横截面上的密集程度称为内力集度，那么应力则是内力在横截面上一点处的集度。前面介绍过，应力通常分解成垂直于截面的正应力和沿截面的剪应力两种。

5.2.1　横截面上的应力

在拉压杆的横截面上，与轴力 N 对应的应力是正应力。由连续均匀性假定可知，横截面上处处都有应力存在。为了解决应力在横截面上的分布情况，下面基于杆件的拉压变形试验来说明问题。

假设取一根符合变形固体的基本假定的等截面直杆。如图 5.5（a）所示，拉伸前在杆表面画两条垂直于杆轴的横线 $a—b$ 与 $c—d$，然后，在杆两端施加一对大小相等、方向相反的轴向力 F。从变形试验中观察到：横线 $a'—b'$ 与 $c'—d'$ 仍保持为直线，且垂直于杆轴线，只是间距增大。由拉伸变形实验所表现的表面现象，可对杆内变形作如下假设：变形前原为平面的横截面，变形后仍能够保持平面且垂直于杆轴线，只是横截面间沿杆轴发生相对平移，此假设称为拉压杆的平面假设。

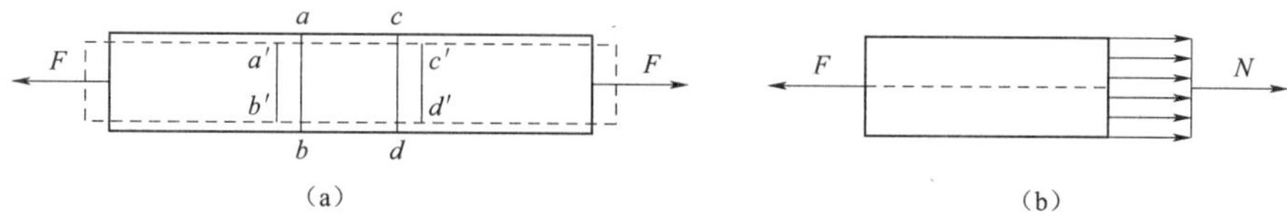

图 5.5

根据上述前提条件和拉压杆的平面假设，如果设想杆件是由无数纵向纤维所组成，则任意两横截面间的所有纤维的伸长量相同，各纤维受力也相同，即变形是均匀的，如图 5.5（b）所示。设杆件横截面面积为 A，轴力为 N，杆件由 n 根纤维组成。则每根纤维的横截面面积为 ΔA，每根纤维所受的轴力为 ΔN。根据拉压杆的平面假设，杆横截面上的正应力的计算公式为

$$\sigma = \lim_{\Delta A \to 0} \frac{\Delta N}{\Delta A} = \lim_{n \to \infty} \frac{\frac{N}{n}}{\frac{A}{n}} = \frac{N}{A}$$

式中：σ 为横截面上的正应力；N 为横截面上的内力轴力；A 为横截面面积。

公式表明：轴向拉压杆横截面上各点仅存在正应力 σ，大小相等且均匀分布于横截面上，如图 5.5（b）所示。该公式已为试验所证实，可适用于横截面为任意形状的等截面拉压直杆；应用此式时，其正应力与轴力具有相同的正负号规定。

5.2.2 斜截面上的应力

不同材料的试验表明，拉压杆的破坏并不总是沿横截面发生，有时是沿斜截面发生的。为了更全面地了解杆件内应力的情况，现在进一步研究拉压杆斜截面上的应力。

假设取一根符合变形固体的基本假定的等截面直杆，如图 5.6（a）所示，利用截面法将杆件沿任一斜截面 $m—m$ 将杆切开，取截面左侧杆段为研究对象如图 5.6（b）所示。该截面的方位用其外法线 On 与 x 轴的夹角 α 表示。由前述分析可知，杆件横截面上的应力均匀分布，由此可以推断，斜截面 $m—m$ 的总应力 P_α 也是均匀分布的，且方向必与杆轴线平行。

设杆件横截面面积为 A，与横截面成 α 角的斜截面面积为 A_α，因应力 F_N 沿斜截面均匀分布，可得应力 $P_\alpha = F_N/A_\alpha$，由图可知，斜截面面积 A_α 与横截面面积 A 的关系为 $A_\alpha = A/\cos\alpha$。将 $A_\alpha = A/\cos\alpha$ 代入 $P_\alpha = F_N/A_\alpha$ 中可得斜截面上的总应力为：

$$P_\alpha = \frac{F_N}{A_\alpha} = \frac{F_N}{A/\cos\alpha} = \sigma\cos\alpha$$

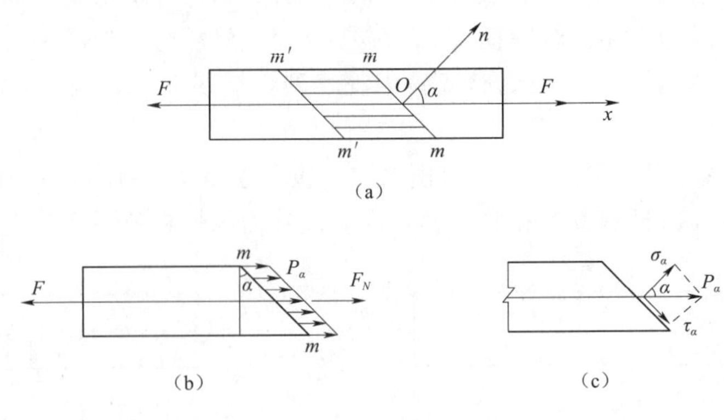

图 5.6

式中：σ 为拉杆在横截面上的正应力。

将总应力 P_α 沿横截面法向与切向分解，如图 5.6（c）所示，可得斜截面上的正应力与剪应力分别为

$$\sigma_\alpha = p_\alpha \cos\alpha = \sigma_0 \cos^2\alpha$$

$$\tau_\alpha = p_\alpha \sin\alpha = \frac{\sigma_0}{2}\sin 2\alpha$$

由公式可知，σ_α 和 τ_α 都是 α 的函数，所以该组公式反映了轴向拉压杆任意截面上应力随截面方位角的变化规律。由此可得出结论：最大正应力 $\sigma_{\max}=\sigma$ 发生在横截面上，剪应力 $\tau=0$；最大剪应力 $\tau_{\max}=\sigma/2$ 发生在与横截面成 45°的斜截面上，该面上的正应力和剪应力相等；而在 $\alpha=90°$的纵向横截面上则没有任何应力。这些结论解释了力学性质不同的轴向拉压杆的破坏形式不同的原因。

【例 5.2】 如图 5.7（a）所示的右端固定的阶梯形圆截面杆，在轴向力 $\boldsymbol{F}_1$ 和 $\boldsymbol{F}_2$ 作用时，试计算杆内横截面上的最大正应力。已知 $F_1=20\text{kN}$，$F_2=50\text{kN}$，$d_1=20\text{mm}$，$d_2=30\text{mm}$。

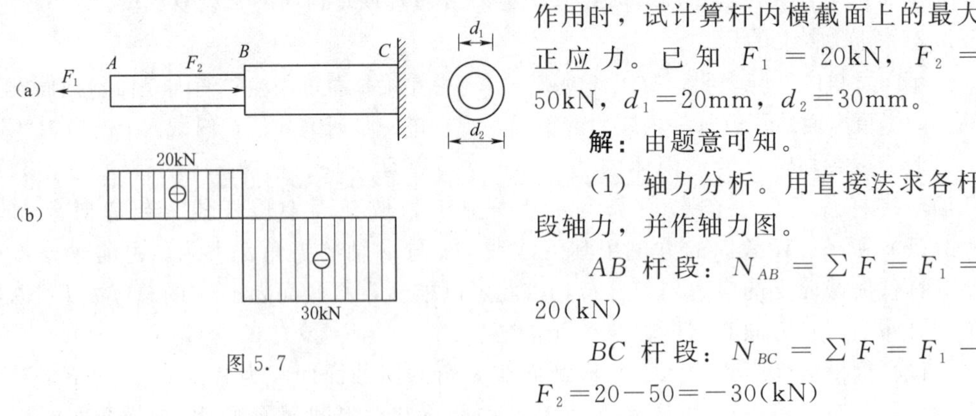

图 5.7

解：由题意可知。

（1）轴力分析。用直接法求各杆段轴力，并作轴力图。

AB 杆段：$N_{AB}=\sum F=F_1=20(\text{kN})$

BC 杆段：$N_{BC}=\sum F=F_1-F_2=20-50=-30(\text{kN})$

根据上述轴力值，画杆的轴力图如图 5.7（b）所示。

（2）应力分析。由于 AB 和 BC 段的轴力值和截面面积不同，因此，应对两杆段的应力分别进行计算。

AB 段内任一横截面上的正应力为

$$\sigma_{AB}=\frac{F_{AB}}{A_{AB}}=\frac{4F_{AB}}{\pi d_1^2}=\frac{4\times20\times10^3}{\pi\times20^2}=63.7(\mathrm{MPa})$$

BC 段内任一横截面上的正应力为

$$\sigma_{BC}=\frac{F_{BC}}{A_{BC}}=\frac{4F_{BC}}{\pi d_1^2}=\frac{4\times(-30\times10^3)}{\pi\times30^2}=-42.4(\mathrm{MPa})$$

由此可见，杆内横截面上的最大正应力为 $\sigma_{max}=63.7\mathrm{MPa}$，位于 AB 段内且为拉应力。

【例 5.3】 如图 5.8（a）所示轴向受压等截面杆，横截面面积 $A=400\mathrm{mm}^2$，荷载 $F=50\mathrm{kN}$。试求斜截面 $m—m$ 上的正应力与剪应力。

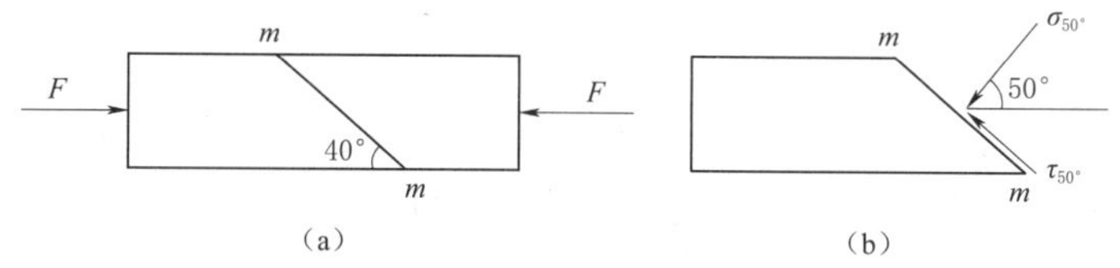

图 5.8

解： 由题意可知。

（1）计算正应力横截面上的正应力。

$$\sigma_0=\frac{N}{A}=\frac{-50\times10^3}{400}=-125(\mathrm{MPa})$$

（2）计算斜截面上的正应力和剪应力。已知斜截面与水平面所夹锐角为 40°，可以推出斜面的方位角为：$\alpha=50°$，如图 5.8（b）所示，计算斜截面 $m—m$ 上的正应力与剪应力为

$$\sigma_{50°}=\sigma_0\cos^2\alpha=-125\cos^2 50°=-51.6(\mathrm{MPa})$$

$$\tau_{50°}=\frac{\sigma_0}{2}\sin2\alpha=\frac{-125}{2}\sin100°=-61.6(\mathrm{MPa})$$

由于该杆为轴向受压状态，即斜截面上应力值都为负值，作用方向如图 5.8（b）所示。

5.3 材料在轴向拉压时的力学性能

低碳钢拉伸时的力学性能

材料的力学性能是指材料承受荷载时，在强度和变形等方面表现出来的特性。不同材料在受力时表现出的特性是不同的，材料的力学性能是影响构件强度、刚度和稳定性的重要因素。材料的力学性能通常采用试验的方法测定。本节主要介绍工程中常用材料在常温和静载条件下轴向拉伸和压缩时的力学性能。

在工程实际中，常根据材料的塑性变形的大小，将材料分为塑性材料和脆性材料。塑性材料包括钢、铜、铝等可产生较大变形的材料，以低碳钢最具代表性；脆性材料包括铸铁、混凝土等变形较小的材料，以铸铁最具代表性。该实验主要分别介绍低碳钢和铸铁这两种材料的力学性能。

为了便于不同材料的试验结果的可比性，需将试验材料按国家标准中的规定加工成标准试件。金属材料试件如图 5.9 所示，为了避开试件两端受力部分对测试结果的影响，实验前先在试件的中间等直部分上画两条横线。当试件受力时，横线之间的一段杆中任何截面上的应力均相等，该段即为工作段，其长度 L 称为标距。在试验时就测量工作段的变形。

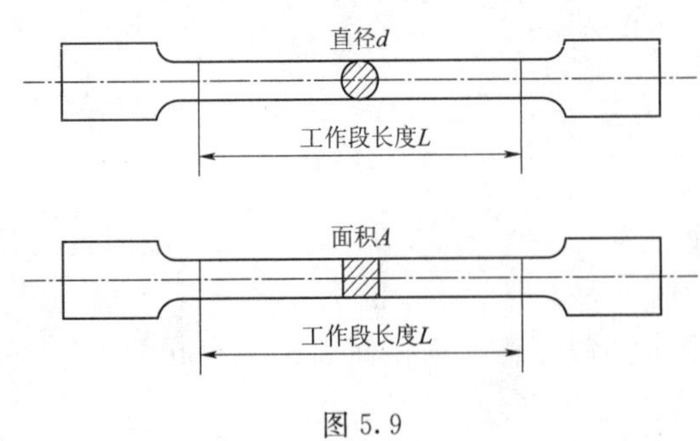

图 5.9

常用的试件有圆截面和矩形截面两种。为了能比较不同粗细的试件在拉断后工作段的变形程度，通常对圆截面标准试件的标距长度 L 与其横截面直径 d 的比例加以规定。常用的比例有两种，对于圆形截面标准试件，其标距 L 与横截面面积 A 的比例为 $L=10d$ 和 $L=5d$；对于矩形截面标准试件，其标距 L 与横截面面积 A 的比例为 $L=11.3A^{1/2}$ 和 $L=5.65A^{1/2}$。

轴向拉伸和压缩试验时使用的设备是多功能万能试验机。该机由机架、加载系统、测力示值系统、荷载位移记录系统，以及夹具、附具等六个基本部分组成。关于试验机的具体构造和原理，可参考有关材料力实验书籍。

5.3.1 低碳钢轴向拉伸时的力学性能

低碳钢是工程中使用最广泛的材料之一，同时低碳钢在拉伸试验中所表现出的变形和抗力之间的关系也非常具有典型意义。以下对低碳钢的拉伸试验进行说明，并结合试验过程中所观察到的现象介绍其拉伸力学性能。

5.3.1.1 拉伸图和应力应变图

将准备好的低碳钢试件装到试验机上，开动试验机使试件两端受轴向拉力 F 的作用。当力 F 由零逐渐增加时，试件逐渐伸长，用仪器测量标距 L 的伸长 ΔL，将各 F 的值与 ΔL 的值记录下来，直到试件被拉断时为止。然后以 ΔL 为横坐标，力 F 为纵坐标，将 F 与 ΔL 按照一定比例在纸上绘制成一条 $F-\Delta L$ 曲线，该曲线称为低碳钢的拉伸曲线或拉伸图，如图 5.10 所示。一般万能试验机均有自动绘图装置，可以自动绘制出拉伸曲线。

由于拉伸图的横坐标和纵坐标均与试件的几何尺寸有关，只能代表试件的力学性能，不能全面反映材料的力学性质。为了消除试件尺寸的影响，将拉伸图中的纵坐标 F 值除以试件横截面的原始面积 A，用应力 $\sigma=F/A$ 表示；将拉伸图中的横坐标 ΔL 值除以试件的原始长度 L，用应变 $\varepsilon=\Delta L/L$ 表示。这样画出的曲线称为应力应变曲线或 $\sigma-\varepsilon$ 曲线，如图 5.11 所示。

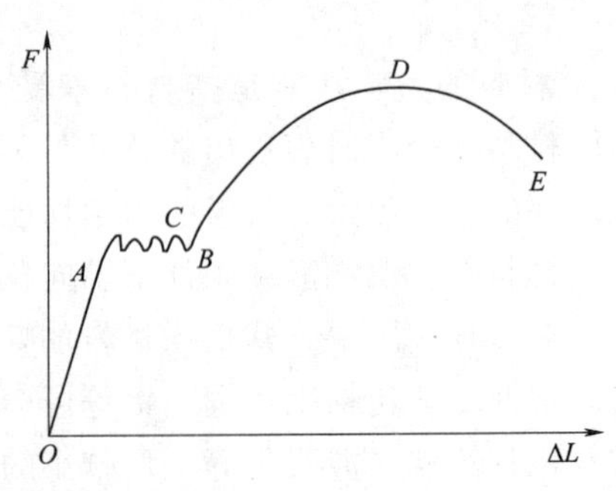

图 5.10

5.3.1.2 拉伸的力学性能

由应力应变图曲线图可知，低碳钢在整个拉伸试验过程中可分为四个阶段，以下对低碳钢不同阶段所表现处的力学性能进行说明。

（1）弹性阶段。

在试件的应力不超过 a'点所对应的应力时，试件的材料的变形完全处于弹性状态，在卸荷载载时试件会恢复其原长，如图 5.11 中 Oa'段，该阶段称为弹性阶段，在 a'点所对应的应力是材料只产生弹性变形的最大应力，该应力称为弹性极限，用 σ_e 表示。

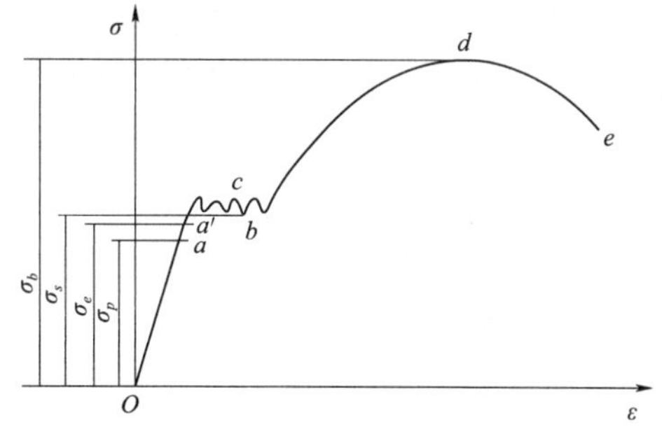

图 5.11

在弹性阶段内，试件的应力与应变成正比，即 $\sigma=E\varepsilon$。这就是拉伸或压缩的胡克定律，其中比例系数 E 为材料的弹性模量，表示材料的弹性性质。由图 5.11 可知弹性模量 $E=\sigma/\varepsilon$，即弹性模量等于直线 Oa 段的斜率。在 a 点所对应的应力是材料处于比例阶段的最大应力，该应力称为比例极限，用 σ_p 表示。低碳钢 Q235 的比例极限 σ_p 约为 200MPa，弹性模量 E 为 200～210GPa。

在实际工程中常忽略弹性极限和比例极限的差别，因此，在应力不超过弹性极限时，材料符合胡克定律。

（2）屈服阶段。

在应力超过弹性极限后，应力会在一个较小的范围内上下波动，同时应变有非常明显的增加，在应力应变曲线上出现接近水平的小锯齿状的线段。对于这种应力基本保持不变，而应变显著增加的现象，称为屈服现象或流动，如图 5.11 中 $a'c$ 段，该阶段称为屈服阶段。在屈服阶段内的最高应力和最低应力分别称为屈服上限和屈服下限。屈服下限相对较为稳定，能够反映材料的性质，通常把屈服下限 b 点对应的应力，称为材料的屈服极限，用 σ_s 表示。低碳钢 Q235 的屈服极限 σ_s 约为 235MPa。

对于表面光滑的试件，屈服之后在试件表面上隐约可见与轴线成 45°的斜线，该线称为滑移线。如图 5.12 所示。由于拉伸时，与轴线成 45°倾角的斜截面上剪应力为最大值，可见屈服现象与最大剪应力有关。材料屈服变现为显著的永久变形，即塑性变形，而试件的塑性变形将影响结构的正常工作，所以屈服极限 σs 是衡量材料强度的重要指标。

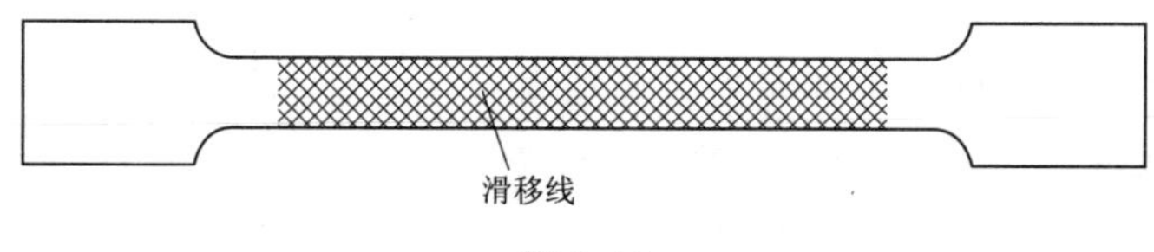

图 5.12

（3）强化阶段。

试件经过屈服阶段，材料的内部结构重新得到了调整，材料又恢复了抵抗变形的能力，要使试样继续变形就得继续增加荷载，如图5.11中cd段，该阶段称为强化阶段。这一阶段内产生的变形既有弹性又有塑性。经过屈服滑移之后，材料重新呈现抵抗继续变形的能力，这种现象称为应变硬化。硬化阶段的最高处d点所对应的应力，称为材料的强度极限，用σ_b表示。低碳钢Q235的强度极限σ_b约为380MPa。强度极限是材料所能承受的最大应力。

（4）颈缩阶段。

当应力超过强度极限继续增加时，试件的变形将集中在试样的某一薄弱的区域内，该处的横截面面积显著地收缩，这种现象称为颈缩。由于颈缩处截面面积迅速减小，试件继续变形所需的拉力F也相应减少，用原始截面A计算出的应力值也随之下降，直到e点截面完全断裂，如图5.11中de段，该阶段称为颈缩阶段。

5.3.1.3 塑性指标

由于试件拉伸断裂，变形终止，但遗留下来的塑性变形，常用于衡量材料的塑性性能。塑性性能的指标包括延伸率和截面收缩率。

（1）延伸率。

通常以试件拉断后的标距长度l_1与其原长l之差除以原长l的比值，并以百分数表示。即

$$\delta=\frac{l_1-l}{l}\times 100\%$$

因此，延伸率是衡量材料塑性的指标。工程中通常按延伸率的大小把材料分为两大类：把$\delta>5\%$的材料称为塑性材料，如碳钢、黄铜、铝合金等；把$\delta<5\%$的材料称为脆性材料，如铸铁、玻璃、陶瓷等。低碳钢的延伸率很高，其平均值为20%～30%，这说明低碳钢的塑性性能很好。

（2）截面收缩率。

通常以试件原始截面面积A与拉断后颈缩处的最小截面面积A_1的之差除以原始截面面积A的比值，并以百分数表示。即

$$\psi=\frac{A-A_1}{A}\times 100\%$$

由此可见，延伸率δ和断面收缩率ψ是衡量材料塑性大小的两个重要指标。在应力应变曲线上，比例极限σp、弹性极限σe、屈服极限σs和强度极限σb反映不同阶段材料的变形和强度特性。其中屈服极限表示材料出现了显著的塑性变形，强度极限表示材料将失去承载能力。因此屈服极限σs和强度极限σb是衡量材料强度的两个重要指标。

5.3.2 其他金属材料轴向拉伸时的力学性能

5.3.2.1 其他塑性材料轴向拉伸时的力学性能

塑性材料的拉伸试验和低碳钢拉伸试验方法相同，下面通过几种金属材料的应力应变曲线图展现不同材料具有的力学性能，如图5.13所示。

由图5.13可以看出，材料16Mn钢的应力应变曲线图与低碳钢的相似，有明显的弹性阶段、屈服阶段、强化阶段和局部变形阶段。材料黄铜H62没有屈服阶段，

但其余三个阶段却很明显。材料高碳钢 T10A 没有屈服阶段和局部变形阶段，只有弹性阶段和强化阶段。但这些材料的共同特点是延伸率均较大，与低碳钢一样都属于塑性材料。

对于没有屈服阶段的塑性材料，通常用名义屈服极限作为衡量材料强度的指标。规定将对应于塑性应变为 0.2%时的应力定为名义屈服极限，并以 $\sigma_{0.2}$ 表示，如图 5.14 所示。

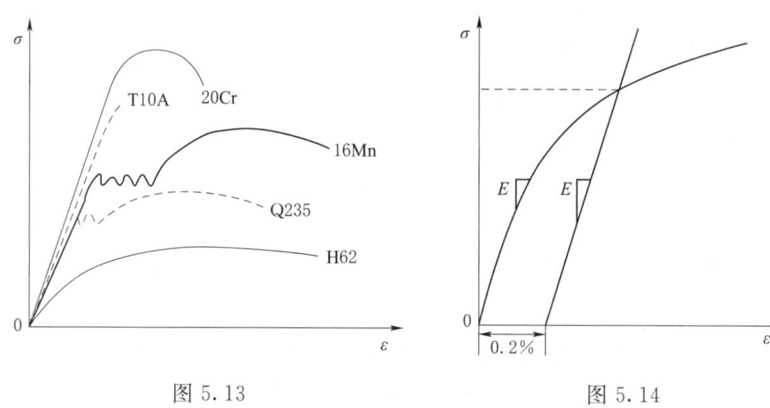

图 5.13　　图 5.14

5.3.2.2　其他脆性材料轴向拉伸时的力学性能

在实际工程中，比较常用的脆性材料有石料、铸铁、混凝土等，当对这些材料进行轴向拉伸试验时，发生断裂前并没有明显的塑性变形，这类材料称为脆性材料。以铸铁为例，在轴向拉伸时应力应变曲线是一条微弯曲线，即应力应变不成比例，如图 5.15 所示。

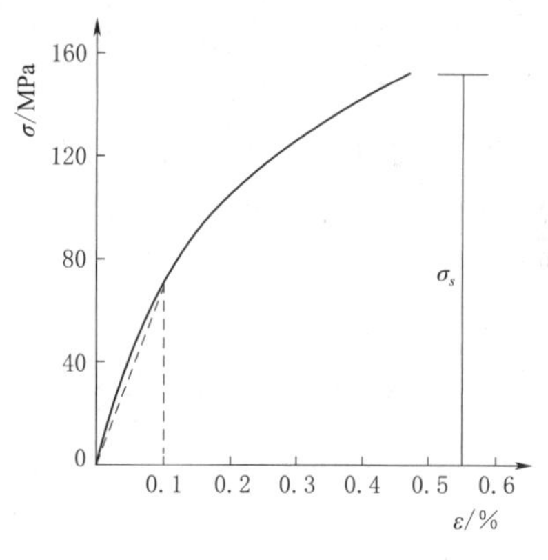

图 5.15

由图可知，试件拉断前变形很小，几乎没有塑性变形，没有屈服阶段、强化阶段和局部变形阶段。试件断裂破坏，断口平齐且粗糙，只能测得拉伸时的强度极限。因此，强度极限是衡量强度的唯一指标。在工程计算中，通常取总应变为 0.1%时应力应变曲线的割线斜率来确定其弹性模量，称为割线弹性模量。

5.3.3　铸铁轴向压缩时的力学性能

铸铁在实际工程中也是运用比较多的材料，属于典型的脆性材料，同时，铸铁压缩试验中所表现出的变形和抗力之间的关系也具有典型意义。压缩试验同样在万能材料试验机上进行。压缩试件采用短圆柱形，高度为直径的 1.5～3.0 倍，这是为了避免试样在压缩时产生失稳。在试件压缩试验过程中可以绘制出缩短量 ΔL 与荷载 F 之间的关系曲线，称为低碳钢的压缩曲线或压缩图。如图 5.16 所示。为了使得到的曲线与所用试件的横截面和长度无关，同样可以将压缩图该换成应力应变曲线或 $\sigma-\varepsilon$ 曲线。

由图可知，无论在拉伸还是压缩，铸铁的应力应变曲线都没有明显的直线阶段，所以应力应变关系只是近似地符合胡克定律。铸铁在压缩时无论强度还是延伸率都比在拉伸时要大得多，因此这种材料宜用于受压构件。抗亚强度是抗拉强度的2～5倍。若试件在较为理想条件下突然破坏，其破坏面法线与杆轴线约成45°～55°的倾角，说明试件沿斜截面相对错动而破坏。

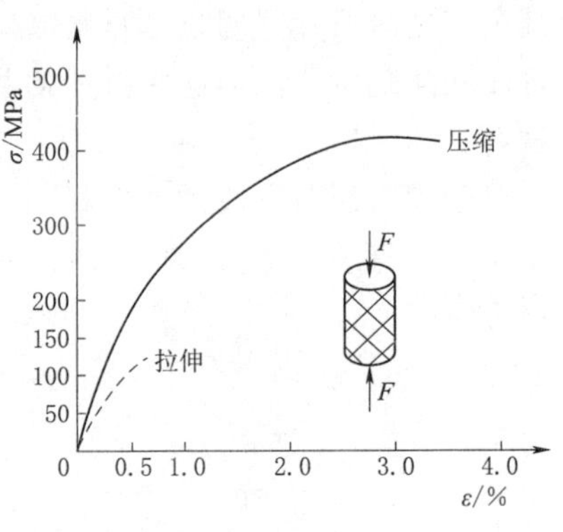

图 5.16

5.3.4 其他金属材料轴向压缩时的力学性能

5.3.4.1 其他塑性材料轴向压缩时的力学性能

压缩试验的金属试件取低碳钢，同样借助于万能试验机来完成。为了便于比较材料在拉伸和压缩时的力学性能，将压缩曲线和压缩图转换为以虚、实线来表示的应力应变曲线，如图5.17所示。由图可知，拉伸和压缩的前两个阶段是一样的，包括相同的比例极限、屈服极限和弹性模量，没有颈缩现象。因此，随着压力逐渐的增大，截面面积不断增大，试件抗压能力也继续提高，使得低碳钢试件的压缩强度无法测定，因而不存在强度极限。

由于工程中多数构件设计时要求在弹性阶段内，所以，可以认为以低碳钢为代表的塑性材料，其抗拉与抗压性能基本相同，且抗拉抗压能力较强，因此工程中的受拉构件，尤其是受拉和受压交替变化的构件，多采用塑性材料。若其他金属材料与低碳钢的力学性质近似，其压缩屈服阶段之前的特征值可以通过拉伸屈服阶段之前的特征值来确定。

5.3.4.2 其他脆性材料轴向压缩时的力学性能

工程实际中运用在实体上的脆性材料多数为混凝土和石材，混凝土是由水泥、石子和砂加水搅拌均匀经水化作用而成的人造材料，属于典型的脆性材料，这里主要是以混凝土为例。试件采用《普通混凝土力学性能试验方法标准》（GB/T 50081—2002）中规定的边长为100mm的正立方体。通过力学性能试验绘制出压缩和拉伸时的应力-应变曲线，如图5.18所示。由图可知，其拉伸强度很小，为压缩强度的1/5～1/20，因此，混凝土多数使用在压缩构件中。

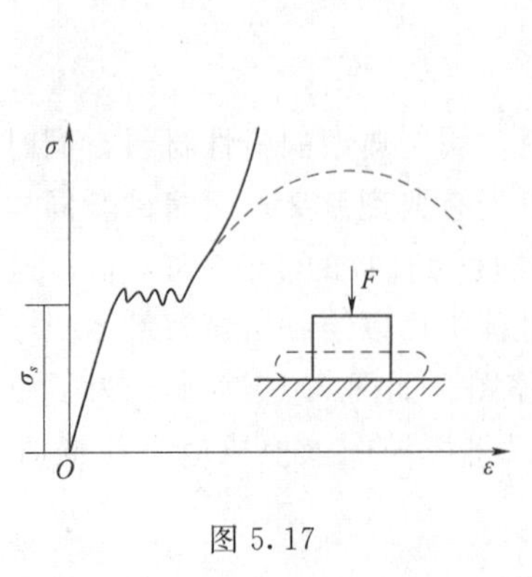

图 5.17

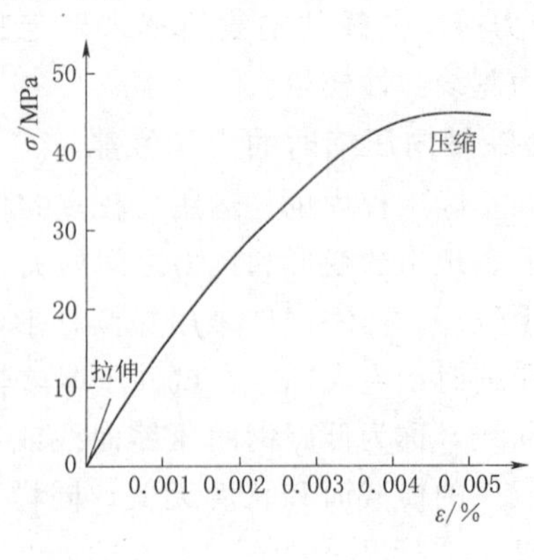

图 5.18

试件在压缩破坏时，主要表现为两种形式：一种是压板与时间端面间加润滑剂以减少摩擦力，压坏时沿纵向开裂；另一种是压板与时间端面间不加润滑剂，由于摩擦力较大，压坏时是中间剥落而形成两个对接的锥体。其两种破坏形式对应的压缩强度也有差异。

5.3.5 塑性材料和脆性材料的主要区别

（1）大多数塑性材料在弹性变形范围内，应力与应变成正比关系，符合胡克定律；大多数脆性材料在拉伸或压缩试验时应力应变曲线图在开始的时候是微弯曲线，应力与应变不成正比，不符合胡克定律，但由于曲线曲率很小，可以在应用上假设成正比关系。

（2）塑性材料断裂时延伸率大，塑性性能较好；脆性材料断裂时延伸率较差。所以塑性材料可以压成薄片或抽成细丝。而脆性材料则不能。这也说明了在实际工程中，塑性材料在破坏前会表现出破坏征兆，脆性材料则是没有明显征兆而突然破坏的。

（3）表征塑性材料力学性能的指标有弹性模量、屈服极限、强度极限、延伸率和截面收缩率等；表征脆性材料力学性能的指标只有弹性模量和强度极限。

（4）大多数塑性材料在屈服阶段以前，抗拉和抗压的性能基本相同，所以运用范围较为广泛；多数脆性材料抗压性能远大于抗拉性能。即塑性材料可以用于抗拉构件中，而脆性材料主要用于抗压构件中。

5.4 轴向拉压杆件的强度

轴向拉压杆件的强度计算

通过塑性和脆性材料的力学性能试验，找出材料在满足工程中安全正常工作状态的理论参数。考虑结构面对的实际条件与试验构件所处的理想环境的差距，要求结构有一定的安全储备，这样才能将结构工作的实际力学参数与试验下的理论参数相比较，从而进行强度计算。

5.4.1 许用应力

工程结构中，构件由于过载或材料的抗力下降，使构件不能正常工作时，称为失效。构件的破坏失效通常表现为两种类型：脆性断裂和塑性屈服。发生脆性断裂的构件，破坏前没有产生明显的变形而突然破坏；而发生塑性屈服的构件，破坏强会产生较大的塑性变形。一般把材料破坏时对应的应力称为极限应力或危险应力，也称为材料强度的标准值，用符号 σ_u 表示。对于塑性材料，当达到屈服时就发生显著的塑性变形，影响其正常工作，所以塑性材料的屈服极限 σ_s 可以作为极限应力。对于脆性材料，断裂破坏对应的强度极限 σ_b 就是极限应力。

为保证构件能够正常工作，要求其有足够的强度，即在荷载作用下，构件的实际应力 σ 必须低于极限应力 σ_u。材料的极限应力是用标准试件在实验室这种相对稳定的环境中测定的，而实际的结构和构件往往在较为复杂的环境中工作。在这种条件下，一方面很难精确地计算出作用在构件上的荷载；另一方面材料的均匀度和腐蚀，还有施工中的误差，都会使构件的发生变化。此外，计算时力学模型的简化与实际存在误差。所以，要求构件在强调极限应力的同时还应具有必要的安全储备。通常极限应力除以一个大于 1 的安全因数 n，作为构件的许用应力 $[\sigma]$，即

$$[\sigma]=\frac{\sigma}{n}$$

材料的许用应力和安全因数的确定必须综合考虑多种影响安全的因素，是一个重要而又复杂的问题。若安全因数偏小，构件不安全；若安全因数偏大，则经济不合理。在一般强度计算中，有关规范或设计手册中规定，对于塑形材料，按屈服应力所规定的安全因数 n，通常取为 1.5～2.2；对于脆性材料，按强度极限所规定的安全因数 n，通常取为 3.0～5.0。工程中常用材料的许用应力值如表 5.1 所示。

表 5.1　　常用材料的许用应力

材　料	牌　号	轴向拉伸/MPa	轴向压缩/MPa
低碳钢	Q235	140～170	140～170
低合金钢	16Mn	230	230
灰口铸铁	—	35～55	160～200
木材（顺纹）	—	5.5～10.0	8～16
混凝土	C20	0.44	7
混凝土	C30	0.6	10.3

5.4.2 强度条件

为了保证构建能够安全可靠地正常工作，杆内最大工作应力不得超过材料的许用应力，即轴向拉压杆的强度条件为

$$\sigma_{\max}=\frac{N}{A}\leqslant[\sigma]$$

式中：$\sigma_{\max}$ 为杆内横截面上的最大工作应力；N 为产生最大工作应力截面的轴力；A 为杆件截面面积；$[\sigma]$ 为材料的许用应力。根据强度条件可以解决的实际工程问题如下：

（1）材料强度校核。

若已知结构承受的荷载、构件的截面尺寸以及所用材料的许用应力，求出构件的最大工作应力，则可以直接利用强度条件对杆件进行强度校核。

（2）截面尺寸设计。

若已知结构承受的荷载和材料的许用应力，则可以利用强度条件计算构件横截面面积的最小取值为

$$A\geqslant\frac{|N|}{[\sigma]}$$

为了结构安全和设计方便，通常截面面积需取大取整。

（3）许用荷载确定。

若已知构件的横截面面积和材料的许用应力，则可以利用强度条件计算构件能够承受的最大荷载为

$$[N]\leqslant A[N]$$

然后，再根据许用荷载确定允许作用在结构上的荷载，通常许用荷载需要取小取整。

下面通过几个例子来对轴向拉压杆的强度进行计算。

【例 5.4】 如图 5.19（a）所示的支架，杆 AB 和 AC 通过铰结点 A 连接，两杆是采用低碳钢制成的实心圆截面杆，两杆的直径均为 $d=50\text{mm}$，材料的许用应力 $[\sigma]=160\text{MPa}$，在荷载 F 的作用下，试校核各杆件的强度。

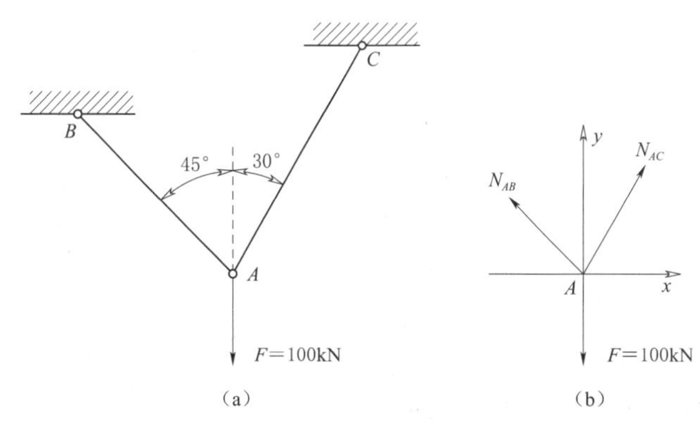

图 5.19

解： 由题意可知：

（1）计算杆件 AB 和 AC 的轴力。首先利用截面法在 AB 和 AC 杆切开，然后各取靠近 A 铰的部分为研究对象，绘制出背离切面的两杆轴力 N_{AB} 和 N_{AC}，如图 5.19（b）所示，最后利用平面汇交力系平衡的充要条件将两轴力求出。由平衡方程：

$$\sum X=0 \quad -N_{AB}\sin45°+N_{AC}\sin30°=0$$

$$\sum Y=0 \quad N_{AB}\cos45°+N_{AC}\cos30°-F=0$$

联立方程解得：

$$N_{AB}=51.773\text{kN} \quad N_{AC}=73.206\text{kN}$$

其实上述方法是取 A 铰为研究对象，为了反映各杆件对 A 铰的作用效应，以轴力代替各杆件作用于 A 铰，绘制出受力图。这样，可以将各轴力联系起来，建立平衡方程并求出各杆轴力，这种方法叫作结点法，该方法多用于桁架结构。

（2）强度校核。

$$A=\pi d^2/4=3.14\times(50)^2/4=1962.5\text{mm}^2$$

$$\sigma_{AB}=N_{AB}/A=51.773\times10^3/1962.5=26.381\text{N/mm}^2=26.381\text{MPa}$$

$$\sigma_{AC}=N_{AC}/A=73.206\times10^3/1962.5=26.381\text{N/mm}^2=37.302\text{MPa}$$

取支架工作时杆件上最大的工作应力与许用应力比较，即：

$$\sigma_{AC}=37.302\text{MPa}<[\sigma]=160\text{MPa}$$

则支架内所有的杆件均满足强度要求。

【例 5.5】 如图 5.20 所示的支架，在 B 处承受荷载 $F=80\text{kN}$ 的力，AB 为圆形截面的钢杆，其许用拉应力 $[\sigma]_{\mathrm{I}}=160\text{MPa}$；$BC$ 为正方形截面的木杆，其许用压应力 $[\sigma]_{\mathrm{II}}=10\text{MPa}$。试确定钢杆的直径和木杆截面的边长。

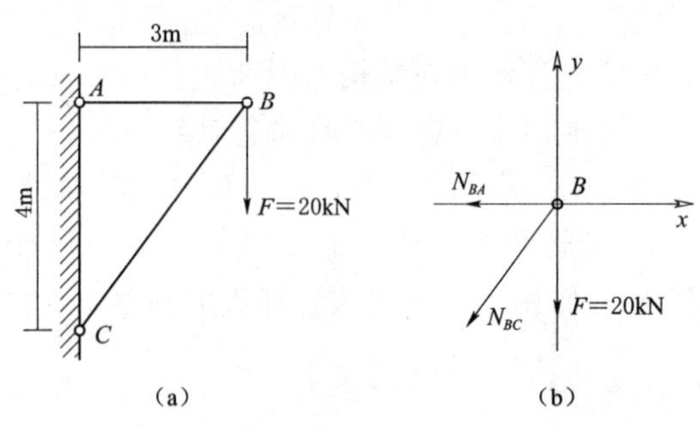

图 5.20

解：由题意可知：

(1) 计算杆件 BA 和 BC 的轴力。利用结点法取铰结点 B 为研究对象，绘制 B 点的受力图，如图 5.20 (b) 所示。利用汇交力系平衡的充要条件，列出平衡方程

$$\sum Y=0 \quad -N_{BC}4/5-F=0 \qquad N_{BC}=-25\text{kN}$$

$$\sum X=0 \quad -N_{BA}-N_{BC}3/5=0 \qquad N_{BA}=15\text{kN}$$

(2) 确定钢杆的直径和木杆截面的边长。

$$A_{BA}\geqslant\frac{|N_{BA}|}{[\sigma]}=\frac{25\times10^3}{160}=156.25(\text{mm}^2)$$

$$A_{BC}\geqslant\frac{|N_{BC}|}{[\sigma]}=\frac{15\times10^3}{10}=1500(\text{mm}^2)$$

由强度条件可知

钢杆直径 $\quad d=\sqrt{\frac{4A}{\pi}}\geqslant\sqrt{\frac{4A_{BA}}{\pi}}=\sqrt{\frac{4\times156.25}{3.14}}=14.1(\text{mm})$

木杆截面边长 $\quad a=\sqrt{A}\geqslant\sqrt{A_{BC}}=\sqrt{1500}=38.7(\text{mm})$

为了结构安全和制造简单，取钢杆直径 $d=15$mm，木杆截面边长 $a=40$mm

【例 5.6】 如图 5.21 (a) 所示的支架，AB 杆可视为刚性杆，CD 杆的横截面面积 $A=500\text{mm}^2$，材料的许用应力 $[\sigma]=160$MPa。试求 B 点承受的许用荷载 $[F]$。

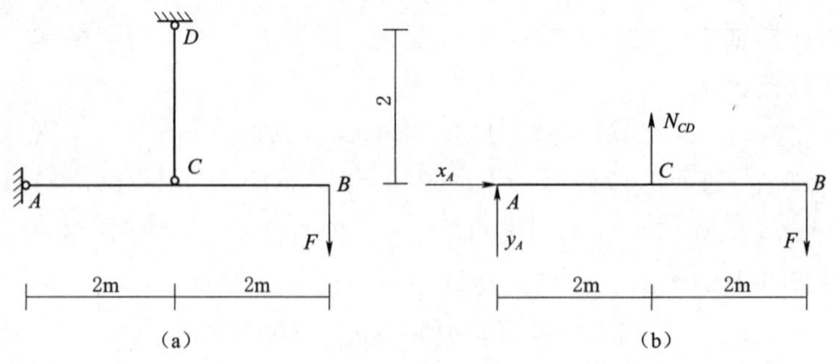

图 5.21

解：由题意可知。

(1) 确定杆 CD 的轴力。取 AB 杆为对象，绘制杆的受力图，如图 5.21 (b) 所

示。利用平面一般力系平衡的重要条件，列出平衡方程

$$\sum M_A=0 \quad N_{CD}\times 2-F\times 4=0 \quad N_{CD}=2F$$

（2）确定许用荷载。计算 CD 杆的许用荷载

$$[N_{CD}]=A[\sigma]=500\times 160=80\times 10^3(\mathrm{N})=80\mathrm{kN}$$

因为 CD 杆轴力和 B 点所承受荷载存在这样的关系

$$[N_{CD}]=2[F]$$

所以 B 点的许用荷载

$$[F]=[N_{CD}]/2=80/2=40\mathrm{kN}$$

则在 CD 杆保持刚性 AB 杆的平衡状态时 B 端所能承受的许用荷载为 40kN。

5.5 轴向拉压杆件的变形

轴向拉压杆件的变形计算

杆件在轴向拉伸与压缩时，杆件的横截面上会产生内力和应力，由此也会引起杆件变形。如图 5.22 所示的杆件，实线代表变形前的原形状，虚线代表变形后的形状。杆件在承受拉力和压力时，轴向（纵向）和横向尺寸均会发生变化。一般把杆件沿轴线方向伸长或缩短的变形称为轴向变形或纵向变形，同时把垂直于轴线方向尺寸减小或增大的变形称为横向变形。下面就图 5.22 对纵向和横向变形展开计算。

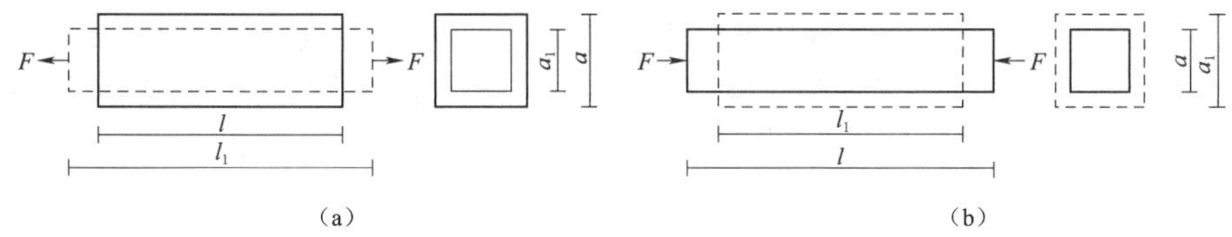

图 5.22

5.5.1 纵向变形

就图 5.22 展开计算，设杆件的原长为 l，变形后的长度为 l_1，则纵向变形量为

$$\Delta l=l-l_1$$

式中：Δl 为杆件的纵向变形，承受轴向拉力时为正，反之为负。单位为 m 或 mm。

实践证明，工程中的常用材料，在弹性变形范围内，构件的绝对伸长或缩短量 Δl 与轴向荷载 F、杆长 l 和横截面面积 A 满足关系

$$\Delta l=\frac{Fl}{EA}$$

该公式就是轴向拉伸或压缩时等截面直杆的轴向变形计算公式，称为胡克定律。比例系数 E 是材料的弹性模量，此值与材料的性质有关，可由试验测定，单位与应力的单位相同为帕斯卡（Pa）。在轴向拉伸和压缩计算中，通常弹性模量 E 与截面面积 A 结合为 EA 使用，EA 为杆件的抗拉压刚度，它表材料抵抗弹性变形的能力变形与荷载和长度成正比，与 EA 成反比。

杆件的纵向变形并不能完全反映杆件的变形程度，它还与杆件的长度有关。为了消除尺寸的影响，用绝对伸长或缩短量 Δl 除以杆件的原长 l 来度量杆的变形程度，

即单位长度的变形

$$\varepsilon=\frac{\Delta l}{l}$$

式中：ε 为纵向线应变。在杆件拉伸时 ε 为正，反之为负。它是属于无量纲的值。

若将纵向变形计算公式 $\Delta l=\frac{Fl}{EA}$ 与正应力计算公式 $\sigma=\frac{F}{A}$ 代入胡克定律可得

$$\sigma=E\varepsilon$$

该公式说明杆件弹性变形范围内，应力与应变成正比，也同时表明杆件在单向应力状态下的正应力与线应变之间的关系。

5.5.2　横向变形

这里就图 5.22 展开计算，设杆件变形前的横向尺寸为 a，变形后为 a_1，则横向变形量为

$$\Delta a=a_1-a$$

式中：Δa 为杆件的横向变形，承受轴向压力时为正，反之为负，m、mm。同纵向变形一样，相应单位长度的变形为

$$\varepsilon'=\frac{\Delta a}{a}$$

式中：ε' 为横向线应变。在杆件压缩时 ε 为正，反之为负。它也是属于无量纲的值。

在弹性变形范围内，横向线应变与纵向线应变之间保持一定的比例关系

$$\mu=\frac{|\varepsilon'|}{|\varepsilon|}$$

式中：μ 称为横向变形系数或泊松比，它也是反映材料弹性性质的常数，属于无量纲的值。此值与材料性质有关，可由试验测定。

由于杆件在拉伸时轴向伸长，横向收缩，在压缩时轴向压缩，横向膨胀，其横向与纵向的线应变总是正号和负号相反。当轴向拉压杆的应力在某范围内，横向线应变 $\varepsilon'=-\mu\varepsilon$。泊松比 μ 与弹性模量 E 都是反映材料弹性性能的常数。工程中常用材料的 μ 和 E 值如表 5.2 所示。

表 5.2　　常用材料的 E 和 μ 值

材 料 名 称	E/GPa	μ
低碳钢	196～216	0.25～0.33
16 锰钢	200～220	0.25～0.33
合金钢	186～216	0.24～0.33
铸铁	115～157	0.23～0.27
花岗岩	49	—
混凝土	14.5～36	0.16～0.18
木材	10～12	—

【例 5.7】 如图 5.23 所示的阶梯形柱子，材料的弹性模量为 200GPa，各段的横截面面积分别为 $A_{AB}=1000\text{mm}^2$、$A_{BC}=1200\text{mm}^2$、$A_{CD}=1400\text{mm}^2$。试绘制柱子的轴力图，并计算该柱子的总变形。

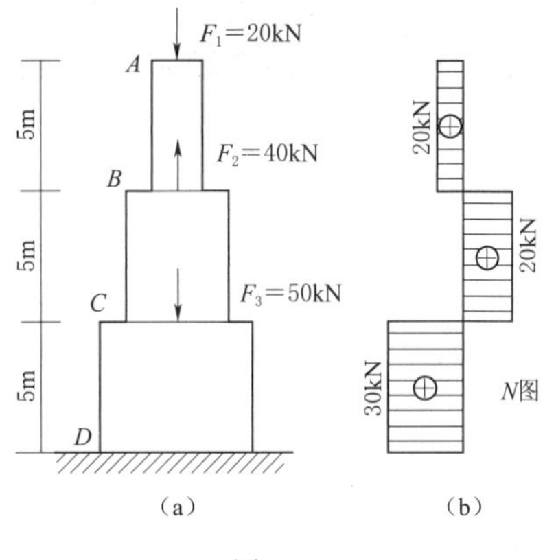

图 5.23

解：由题意可知：

(1) 绘制轴力图。利用截面法分别在 AB、BC 和 CD 段的任意位置切开，取上部为研究对象画受力图，由竖直向上投影和为零的条件，列平衡方程，求解各段轴力值为

$$N_{AB}=-20\text{kN}$$

$$N_{BC}=40-20=20(\text{kN})$$

$$N_{CD}=-50+40-20=-30(\text{kN})$$

(2) 计算总变形。因为各段的截面面积和轴力不等，因而必须利用胡克定律分段计算变形，然后计算总变形。各段的轴力变形分别为

$$\Delta l_{AB}=\frac{N_{AB}l}{EA_{AB}}=\frac{-20\times10^3\times5\times10^3}{200\times10^3\times1000}=-0.50(\text{mm})$$

$$\Delta l_{BC}=\frac{N_{BC}l}{EA_{BC}}=\frac{20\times10^3\times5\times10^3}{200\times10^3\times1200}=0.42(\text{mm})$$

$$\Delta l_{CD}=\frac{N_{CD}l}{EA_{CD}}=\frac{-30\times10^3\times5\times10^3}{200\times10^3\times1400}=-0.54(\text{mm})$$

则杆的总变形为：$\Delta l=\Delta l_{AB}+\Delta l_{BC}+\Delta l_{CD}=-0.50+0.42-0.54=-0.62(\text{mm})$

思　考　题

1. 什么是轴力？轴力的正负号是怎么规定的？

2. 什么在横截面上没有剪应力，而在斜截面上有剪应力？

3. 轴向拉压杆中，发生最大正应力的横截面上，其剪应力等于零。在发生最大剪应力的截面上，其正应力是否也为零？

4. 为什么要研究材料的力学性质？拉伸图与应力应变图有什么关系和区别？

5. 常温静荷载下如何划分材料为塑性还是脆性？塑性和脆性材料力学性能有何区别？

6. 怎么确定材料许用应力？安全因数的选择与哪些因素有关？

7. 塑性材料和脆性材料的主要区别是什么？怎么解释塑性材料多用于抗拉构件，而脆性材料多用于抗压构件？

8. 轴向拉压杆件的强度条件能解决哪些工程实际问题？

9. 简述弹性模量和泊松比的联系和区别。

10. 在工程中是否所有材料的应力、应变关系都符合胡克定律？胡克定律的使用条件是什么？

11. 轴向拉压杆件的强度和变形与外力、内力、应力有什么关系？与材料的力学性能、截面的几何形状、几面的几何尺寸有什么关系？

12. 简述由纵向变形推求横向变形的步骤。

练 习 题

1. 如习题 5.1 图所示，试计算各指定截面的轴力，并绘制轴力图。

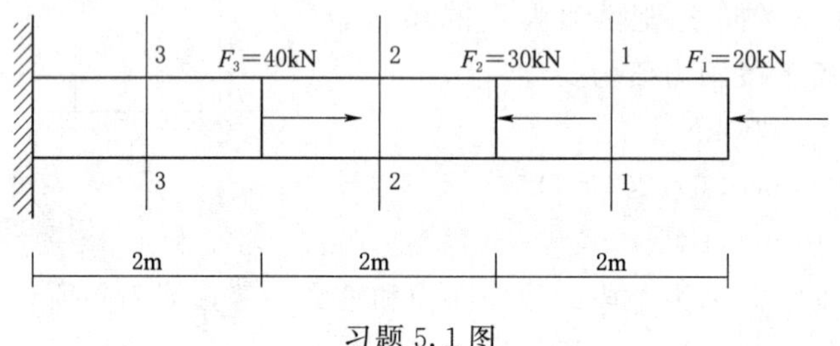

习题 5.1 图

2. 如习题 5.2 图所示，若横截面面积 $A=100mm^2$，试计算各横截面上的应力。

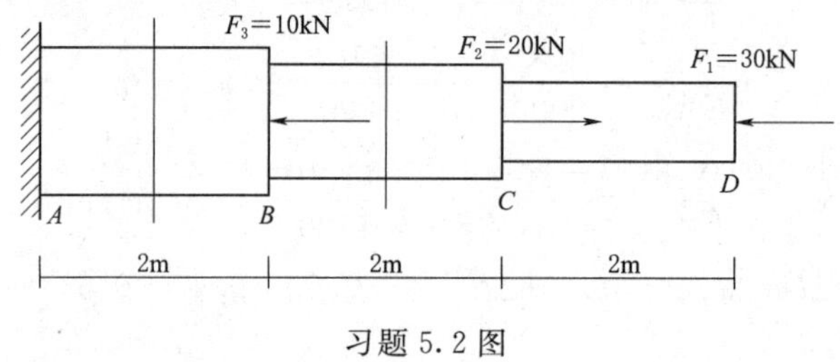

习题 5.2 图

3. 如习题 5.3 图所示，石砌桥墩的墩身高 $h=10m$，其横截面半径为 $r=1m$。若荷载 $F=1000kN$，材料的密度 $\rho=2.5kg/m^3$，试计算桥墩底部横截面上的压应力。

4. 如习题 5.4 图所示，拉杆承受轴向拉力 $F=10kN$，杆的横截面面积 $A=100mm^2$。若斜截面与横截面的夹角 $\alpha=30°$，试计算斜截面上的正应力和切应力，并用图表示其方向。

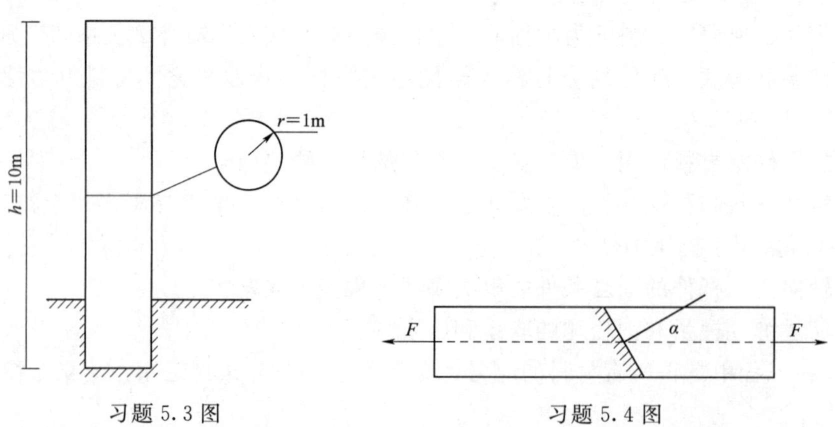

习题 5.3 图　　习题 5.4 图

5. 如习题 5.5 图所示，杆 AB 为直径 $d=20\text{mm}$ 的圆截面钢杆，许用应力 $[\sigma]=150\text{MPa}$；杆 BC 为边长 $a=100\text{mm}$ 的正方形截面木杆，许用应力 $[\sigma]=5.0\text{MPa}$。若 B 处所挂重物的荷载 $F=30\text{kN}$，试校核两杆的强度。

6. 如习题 5.6 图所示，支架 B 点所挂重物的荷载 $F=50\text{kN}$，若 CD 杆为圆截面钢杆，许用应力 $[\sigma]=120\text{MPa}$，试计算钢杆 CD 的截面直径。

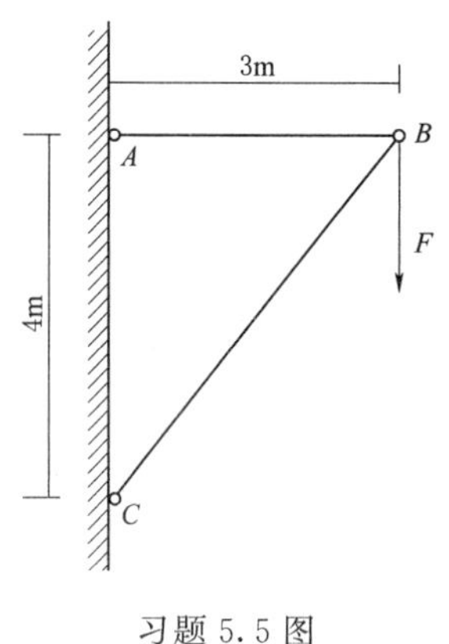

习题 5.5 图

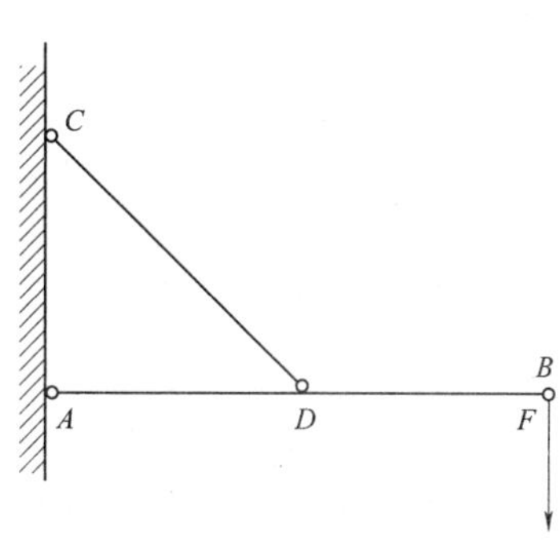

习题 5.6 图

7. 如习题 5.7 图所示，杆 AB 的许用应力 $[\sigma_1]=100\text{MPa}$，杆 AC 的许用应力 $[\sigma_2]=150\text{MPa}$，两杆截面面积均为 $A=200\text{mm}^2$，试确定许用荷载 $[F]$。

8. 如习题 5.8 图所示，混凝土柱的各段横截面面积分别为 $A_1=100\text{mm}^2$，$A_2=120\text{mm}^2$，$A_3=140\text{mm}^2$，弹性模量 $E=30\text{GPa}$，试求柱的总变形。

9. 如习题 5.9 图所示，钢杆的横截面面积 $A=200\text{mm}^2$，材料的弹性模量 $E=200\text{GPa}$，试求钢杆的总变形。

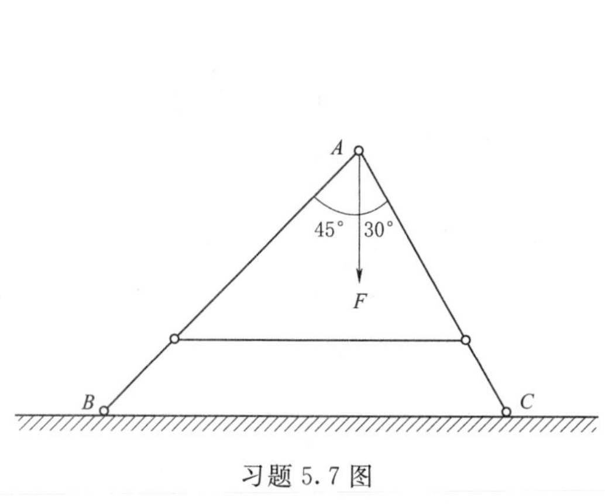

习题 5.7 图

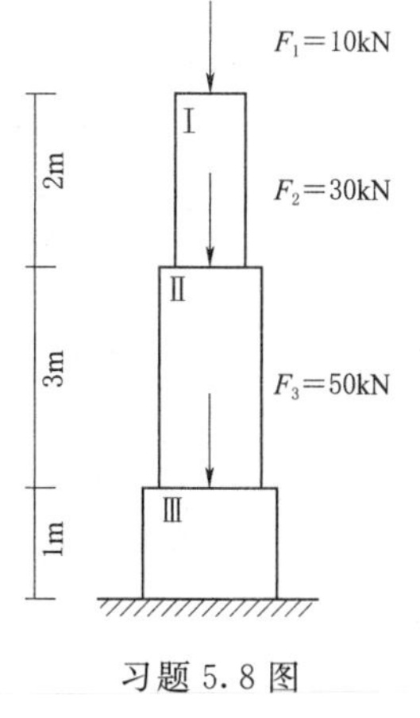

习题 5.8 图

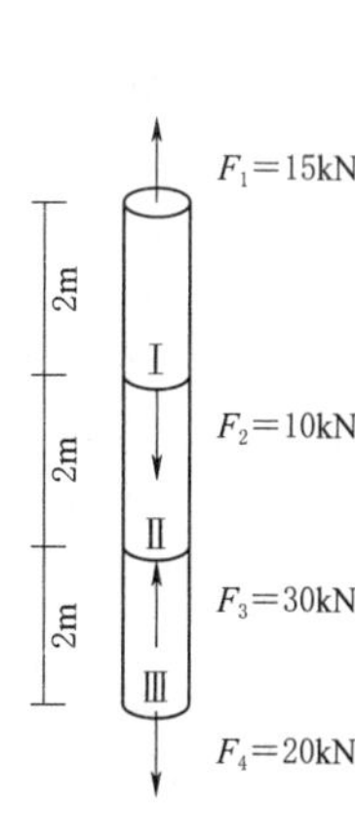

习题 5.9 图

第 6 章

平 面 弯 曲

梁的弯曲变形特别是平面弯曲是工程中遇到的最多的一种基本变形，弯曲强度和刚度的研究在材料力学中占有重要位置。梁的内力分析及绘制内力图是计算梁的强度和刚度的首要条件，应熟练掌握。本章比较集中和完整地了材料力学研究问题的基本方法，学习中应注意理解概念，熟悉方法，掌握理论解决实际问题。

梁的内力计算

6.1 梁 的 内 力

6.1.1 弯曲变形与平面弯曲

在日常生活和工程实际中，经常会遇到直杆发生如下的变形情形，如公路桥梁，如图 6.1（a）所示；火车轮轴，如图 6.1（b）所示；摇臂钻床的横梁，如图 6.1（c）所示等，它们具有共同的特点，就是所受的外力垂直于杆的轴线，变形前为直线的轴线变形后成为曲线，这种变形形式称为弯曲变形。以弯曲变形为主的杆件习惯上称为梁。

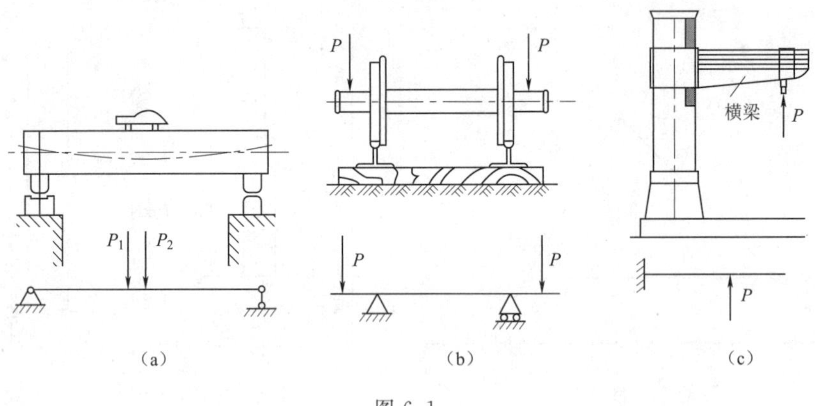

图 6.1

工程中常见的梁的横截面一般都有一根对称轴，如图 6.2 所示。各横截面对称轴几何成一个纵向对称平面，并且，当梁上所有外力均匀作用在纵向对称平面内时，梁变形后的轴线将在此纵向对称面内弯成一条平面曲线，如图 6.3 所示。这种梁的轴线弯曲后所在平面与外力所在平面相重合的弯曲变形称为平面弯曲。平面弯曲是最简单的弯曲变形，是一种基本变形。

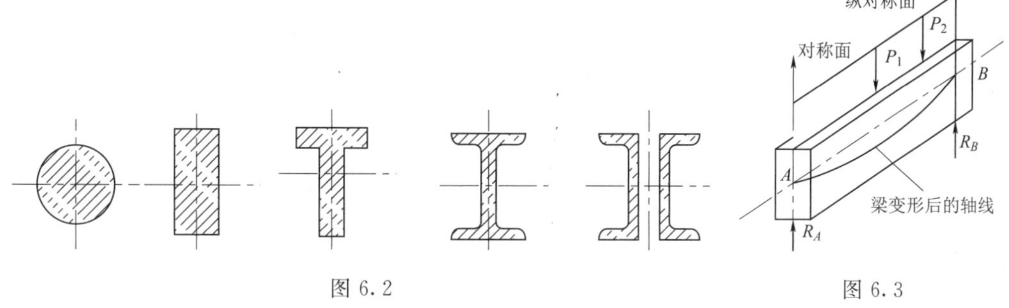

图 6.2　　　　图 6.3

6.1.2　静定梁的概念及类型

用静力平衡方程可以解出全部未知支座反力的梁，称为静定梁。静定梁有三种基本形式：

（1）简支梁。一端为固定铰支座，一端为可动铰支座，如图 6.4（a）所示。

（2）悬臂梁。一端为固定端支座，一端自由的梁，如图 6.4（b）所示。

（3）外伸梁。梁的一端或两端伸出支座之外，这样的梁称为外伸梁，如图 6.4（c）所示。

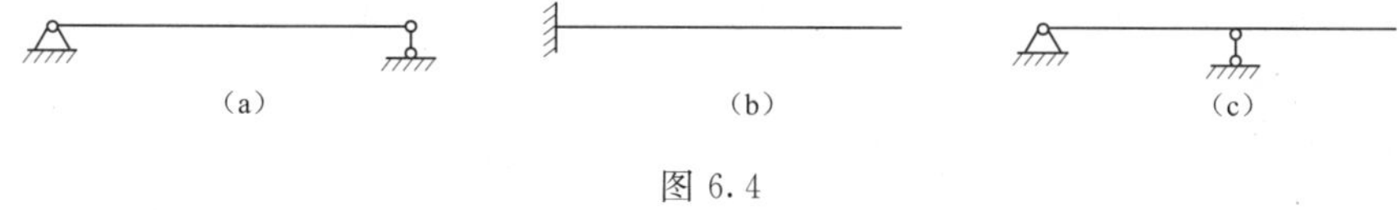

图 6.4

根据上述梁的分类，图 6.1（a）中的公路桥大梁可简化为简支梁；图 6.1（b）中的火车轮轴简化为外伸梁；图 6.1（c）中钻床的横梁可简化为悬臂梁。

6.1.3　弯曲内力

6.1.3.1　剪力和弯矩的基本概念

梁在外力作用下，其任一横截面上的内力可用截面法来确定。图 6.5（a）所示的简支梁 AB，在外力作用下处于平衡状态。现在研究梁任一横截面 $m—m$ 上的内力。

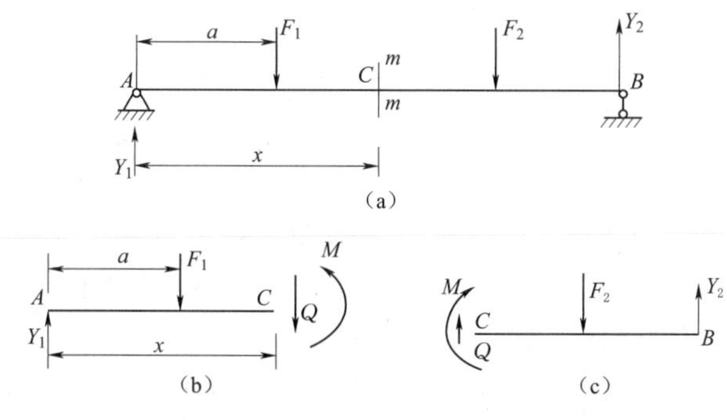

图 6.5

首先，利用截面法，在截面 $m—m$ 处将梁切成左、右两段，因为梁原来处于平衡状态，被截出的左、右段梁也应保持平衡状态。若任取一段（如左段）为研究对象，在左段梁上作用有已知外力 Y_A 和 F_1，如图 6.5（b）所示，则在截面 $m—m$ 上，一定作用有某些内力来维持这段梁的平衡。

现在，如果将左段梁上的所有外力向截面 $m—m$ 的形心 C 简化，得到一垂直于梁轴的主失 Q' 和主矩 M'。由此可见，为了维持左段梁的平衡，横截面 $m—m$ 上必然同时存在两个内力分量：与主失 Q' 平衡的内力 Q 和与主矩 M' 平衡的内力偶矩 M。内力 Q 位于所切开横截面 $m—m$ 上，称为剪力；内力偶矩 M 称为弯矩。所以，当梁弯曲时，横截面上一般将同时存在剪力和弯矩两个内力分量。显然，已知梁截面上的内力种类，就可以在研究对象上标记这些内力后，利用平衡条件求解这些内力。

根据左段梁的平衡条件，由平衡方程　$\sum Y=0 \quad Y_A-F_1-Q=0$

得

$$Q=Y_A-F_1$$

由平衡方程　$\sum M_C=0 \quad M+F_1(x-a)-Y_A x=0$

得

$$M=-F_1(x-a)+Y_A x$$

同样，如果以右段梁为研究对象，如图 6.5（c）所示，并根据其平衡条件计算截面 $m—m$ 上的内力，与上式的简历和弯矩一致，但其方向则分别与图 6.5（b）所示的 Q、M 相反。

剪力的常用单位为牛顿（N）或千牛顿（kN），弯矩的常用单位为牛顿米（N·m）或者千牛米（kN·m）。

6.1.3.2　剪力和弯矩的符号规定

在材料力学中，一般需根据内力引起梁的变形情况来规定剪力和弯矩的正负号。其目的是使不论选取梁的左段还是右段，在计算同一截面的剪力和弯矩时取得一致的符号。

剪力符号规定为：当截面上的剪力 Q 绕所取的研究对象顺时针方向转动时为正，如图 6.6（a）所示；反之，如图 6.6（b）所示为负。

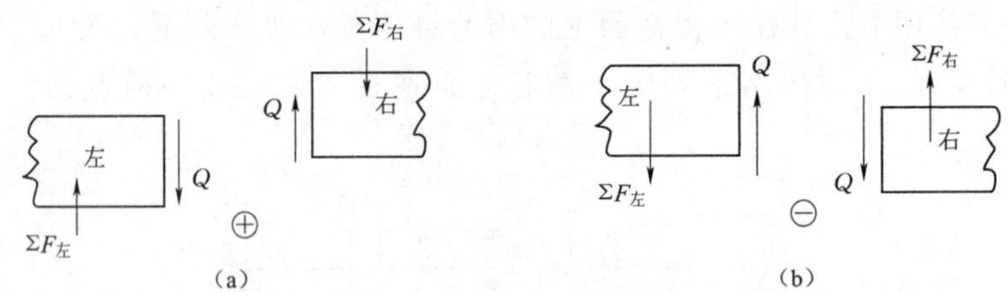

图 6.6

弯矩符号规定为：当截面上的弯矩 M 使所取的研究对象产生向下凹（下部受拉、上部受压）的变形时为正，如图 6.7（a）所示；反之为负，如图 6.7（b）所示。

6.1.3.3　剪力和弯矩的计算方法

梁的内力计算方法与轴向拉压的内力计算方法一致，其计算步骤一般如下：

(1) 计算梁的支座反力；

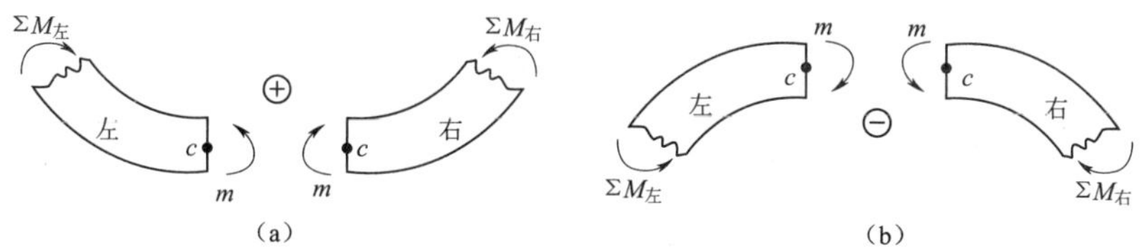

图 6.7

(2) 在需要计算内力的横截面处，将梁假象的切开，并任选一段为研究对象；

(3) 画所选梁段的受力图，这时剪力和弯矩的方向都按规定的正方向画出，即假设这些内力均为正方向，当由平衡方程解得内力为正号时，表示实际方向与假设方向一致，即内力为正值；若解得内力为负号时，表示实际方向与假设方向相反，即内力为负值；

(4) 通常由平衡方程$\sum Y=0$，计算剪力 Q，以所切横截面的形心 C 为矩心，由平衡方程$\sum M_C=0$，计算弯矩 M。

【例 6.1】 如图 6.8 所示的简支梁，其上作用集中力 $F=8\text{kN}$，均布荷载 $q=12\text{kN/m}$，图中尺寸单位为 m，试求梁截面 1—1 和截面 2—2 的弯矩和剪力。

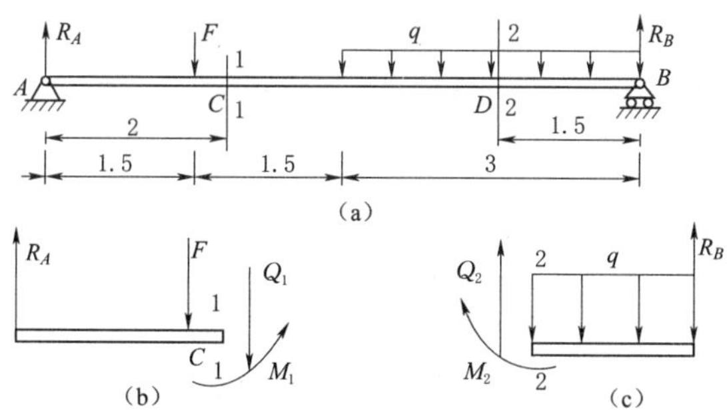

图 6.8

解： 由题意可知。

(1) 求支反力。取全梁为研究对象，由静力平衡方程式

$$\sum M_B=0,-R_A\times 6-F\times 4.5+q\times 3\times 1.5=0$$

得

$$R_A=\frac{8\times 4.5+12\times 3\times 1.5}{6}=15(\text{kN})$$

由

$$\sum Y=0,R_A+R_B-F-q\times 3=0$$

得

$$R_B=8+12\times 3-15=29(\text{kN})$$

其指向如图 6.8 (a) 所示，均为向上。

(2) 求截面 1—1 上的内力。假想沿 1—1 截面将梁切开，取左段为研究对象，将所切截面上的内力用一个正剪力 Q_1 和一个正弯矩 M_1 代替，如图 6.8 (b) 所示。由静力学平衡条件

$$\sum Y=0,R_A-F-Q_1=0$$

得 $$Q_1=R_A-F=15-8=7(\text{kN})$$

由 $$\sum M_C=0,-R_A\times2+F\times0.5+M_1=0$$

得 $$M_1=R_A\times2-F\times0.5=15\times2-8\times0.5=26(\text{kN}\cdot\text{m})$$

剪力 Q_1 及弯矩 M_1 都是正号。

(3) 求截面 2—2 的内力。假想沿 2—2 截面将梁切开，取右段梁为研究对象，将所切截面上的内力用一个正剪力 Q_2 和一个正弯矩 M_2 代替，如图 6.8（c）所示。由静力学平衡条件

$$\sum Y=0,Q_2-q\times1.5+R_B=0$$

得 $$Q_2=q\times1.5-R_B=12\times1.5-29=-11(\text{kN})$$

$$\sum M_D=0,-M_2-q\times1.5\times0.75+R_B\times1.5=0$$

得 $$M_2=R_B\times1.5-q\times1.5\times0.75=29\times1.5-12\times1.5\times0.75=30(\text{kN})$$

剪力 Q_2 为负值，弯矩 M_2 为正值。

6.1.4 悬臂梁的内力计算

从上述例题计算过程中，可以得到以下两个规律

(1) 梁横截面上的剪力 Q，在数值上等于该截面一侧（左侧或右侧）所有外力在截面上投影的代数和。即

取左段梁建立投影方程：$Q=\sum F_{左}$

取右段梁建立投影方程：$Q=\sum F_{右}$

计算时，若外力绕截面产生顺时针方向转动趋势时，外力在等式右边取正号；反之取负号。此规律可简化为“左上右下为正，反之为负”，如图 6.6 所示。

(2) 横截面上的弯矩 M，在数值上等于截面一侧（左侧或右侧）梁上所有外力多该截面形心力矩的代数和。即

取左段梁建立力矩方程：$M=\sum M_{C(F左)}$

取右段梁建立力矩方程：$M=\sum M_{C(F右)}$

计算时，若外力或外力偶使截面产生向下凹的变形趋势时，外力矩或外力偶矩在等式右边取正号；反之取负号。此规律可简化为“左顺右逆为正，反之为负”。如图 6.7 所示。

【例 6.2】 如图 6.9 所示，悬臂梁作用有均布荷载 q 及力偶 $M=qa^2$，求 A 点右侧截面、C 点左侧和右侧截面、B 点左侧截面的剪力和弯矩。

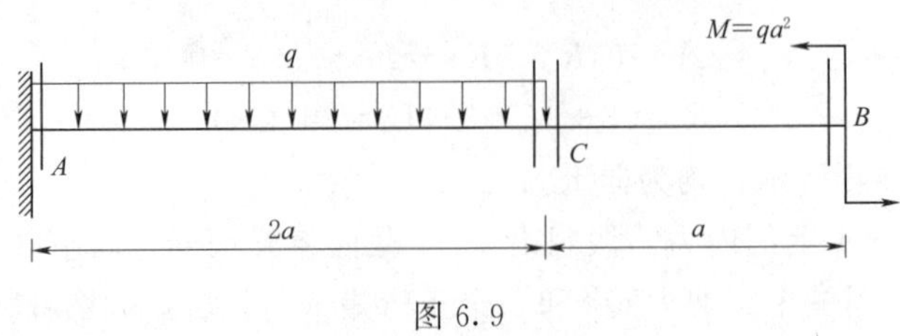

图 6.9

解： 对于悬臂梁不必求支座反力，可由自由端开始分析。

截面 B 左上的内力，由截面右侧梁段得：$M_{B左}=qa^2$。

截面 C 右上的内力，由截面右侧梁段得：$M_{C右}=qa^2$。

截面 C 左上的内力，由截面右侧梁段得：$M_{C左}=qa^2$。

截面 A 右上的内力，由截面右侧梁段得：$M_{A右}=qa^2-q\cdot 2a\cdot a=-qa^2$

6.2 梁的内力图

6.2.1 用方程法作梁的剪力图和弯矩图

用方程法作梁的内力图

6.2.1.1 内力方程

一般情况下，梁各截面上的内力是不相同的，即梁横截面剪力和弯矩是随截面的位置而变化的，如果沿梁轴线方向选取 x 表示横截面的位置，则梁各个横截面上的剪力和弯矩可表示为坐标 x 的函数，即

$$Q=Q(x), M=M(x)$$

这两个函数表达式分别称为剪力方程和弯矩方程。

6.2.1.2 内力图

为了能形象地表明剪力和弯矩沿梁轴线的变化情况，以 x 为横坐标轴，以 Q 或 M 为纵坐标轴，分别绘出 $Q=Q(x)$ 和 $M=M(x)$ 的图线，这种曲线称为梁的剪力图和弯矩图。在土建工程中规定：正值的剪力画在 x 轴的上方，负值的剪力画在 x 轴的下方，并标正、负号；正值的弯矩画在 x 轴的下方，负值的弯矩画在 x 轴的上方，即弯矩图画在受拉的一侧，一般不标注正、负号。

【例 6.3】 如图 6.10（a）所示，一悬臂梁 A 端固定，B 端受集中力 F 作用。画出此悬臂梁的剪力图和弯矩图。

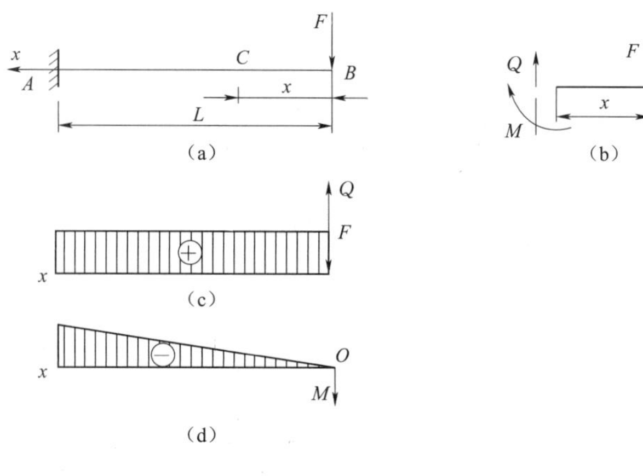

图 6.10

(1) 列剪力方程和弯矩方程。首先建立坐标轴 B_x，取 B 点为原点，然后在梁上取横坐标为 x 的任意截面，用一假想平面将梁切开。以梁的右段为研究对象，如图 6.10（b）所示，并在所切的截面上假设一个正的剪力 Q 和一个正的弯矩 M，画出分离段的受力图。根据平衡条件

$$\sum Y=0, Q-F=0$$

得剪力方程 $Q(x)=F \quad (0<x<L)$

由 $\sum M_X=0, -M-Fx=0$

得弯矩方程 $M(x)=-Fx(0\leqslant x\leqslant L)$

(2) 画剪力图和弯矩图。由剪力方程看出，各横截面上的剪力均等于 F。故剪力图是一条平行于 x 轴的直线，Q 为正，应画在 x 轴的上方，如图 6.10 (c) 所示。从弯矩方程看出，梁在各横截面的弯矩为 z 的一次函数，弯矩图应为斜直线。只要确定直线上的两个点，便可画出此直线。

$$x=0, M_B=0$$

$$x=L, M_A=-FL$$

根据这两个数据作出弯矩图，如图 6.10 (d) 所示。从弯矩图可以看出，在悬臂梁的固定端处弯矩值最大，$|M|_A=|M|_{\max}=FL$。

内力图特征：无荷载作用的梁段上，剪力图为水平线，弯矩图为斜直线。

【例 6.4】 如图 6.11 (a) 所示，一简支梁 AB 受均布荷载 q 作用。试列出该梁的剪力方程和弯矩方程，并绘出剪力图和弯矩图。

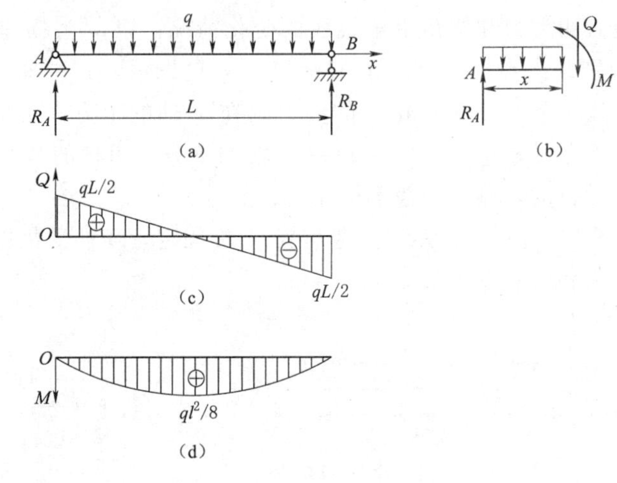

图 6.11

解： 由题意可知：

(1) 首先求约束力。利用荷载与支座反力的对称性，可直接得到约束力为

$$R_A=R_B=\frac{qL}{2}.$$

方向向上。

(2) 按图 6.11 (b) 所示，列剪力方程和弯矩方程。由内力计算法则可得

剪力方程：$Q(x)=R_A-qx=\frac{qL}{2}-qx \quad (0<x<L)$

弯矩方程：$M(x)=R_Ax-qx\ \frac{x}{2}=\frac{qL}{2}x-\frac{q}{2}x^2 \quad (0\leqslant x\leqslant L)$

(3) 作剪力图和弯矩图。由剪力方程可知，梁的剪力是 x 的一次函数，剪力图应为一条斜直线，如图 6.11 (c) 所示。

$$x=0, Q(x)=\frac{qL}{x}; x=L, Q(x)=-\frac{qL}{2}$$

由弯矩方程可知，该梁的弯矩是 x 的二次函数，故弯矩图应为一条二次抛物线。先确定抛物线上三个特征点的弯矩：

$$x=0, M(x)=0; M(x)=L, x=\frac{l}{2}; M(x)=\frac{1}{8}qL^2$$

根据梁的荷载与支座反力均具有对称性这一特性，则弯矩图也必然为对称的，对称点即其抛物线的顶点在 $x=L/2$ 处。作弯矩图，如图 6.11 (d) 所示。由剪力图和弯矩图可见，在梁的两端支座处剪力值为最大 $|Q|_{max}=ql/2$；在梁跨度中点处，横截面上有最大弯矩值 $M_{max}=qL^2/8$，而 $Q=0$。

内力图特征：在均布荷载 q 作用梁段，剪力图为直线；弯矩图为二次抛物线，曲线方向与 q 方向指向相同；在剪力为零的截面，弯矩有极值。

在以上的例题中，由于梁上没有外力突变，所以只要把梁分为一段，就可以通过平衡方程得到剪力方程和弯矩方程。但当作用在梁上的外力发生突变时，突变处应是梁的分段处。

【例 6.5】 如图 6.12 (a) 所示，简支梁 AB 在 C 点处受集中荷载 F 的作用，试列出梁的剪力方程和弯矩方程，并作此梁的剪力图和弯矩图。

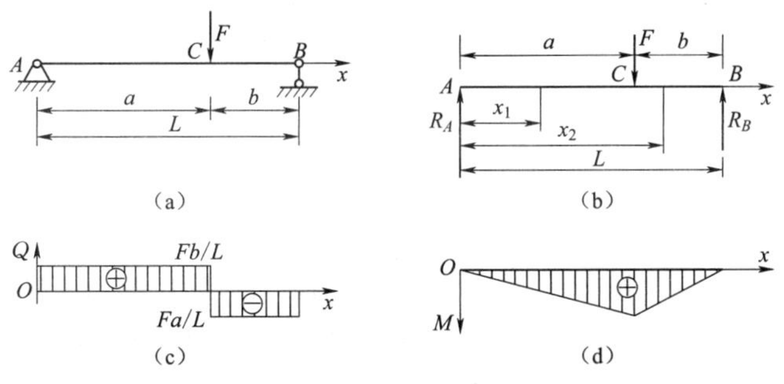

图 6.12

解： 由题意可知。

(1) 求约束力。由平衡方程式 $\sum M_B=0$ 和 $\sum F_y=0$ 分别算得支座反力

$$R_A=\frac{Fb}{L}, \quad R_B=\frac{Fa}{L}$$

(2) 列剪力方程及弯矩方程。

以梁的左端 A 为原点，选取如图 6.12 (b) 所示的坐标系。由于 C 截面处有集中力 F 作用，故 C 应为分段点。AC 和 CB 两段梁上各截面的剪力和弯矩不同，必须分段列出。

在 AC 段内，取与原点距离为 x_1 的任意截面，该截面左段一侧的外力为 R_A，外力对截面形心的矩为 $R_A x_1$。

由于 R_A 向上和 $R_A x_1$ 顺时针转向，根据平衡条件求得该截面的剪力和弯矩分别为

$$Q(x_1)=R_A=\frac{Fb}{L}\quad(0<x_1<a)$$

$$M(x_1)=R_A x_1=\frac{Fb}{L}x_1\quad(0\leqslant x_1\leqslant a)$$

以上两式表示 AC 段内，任一截面上的剪力和弯矩，即为 AC 段的剪力方程和弯矩方程。

对于 CB 段内的剪力和弯矩，取截面右段为研究对象，坐标原点不变，根据平衡条件得 CB 段的剪力方程和弯矩方程

$$Q(x_2)=-R_B=-\frac{Fa}{L}\quad(a<x_2<L)$$

$$M(x_2)=R_B(L-x_2)=\frac{Fa}{L}(L-x_2)\quad(a\leqslant x_2\leqslant L)$$

(3) 绘剪力图及弯矩图。由 $Q(x_1)$ 和 $Q(x_2)$ 可以作出剪力图，如图 6.12 (c) 所示。$Q(x_1)$、$Q(x_2)$ 表示在 AC 段和 CB 段内梁各截面的剪力均为常数，分别等于 Fb/L 和 Fa/L，所以，两段中的剪力图是与 z 轴平行的直线，正值画在 x 轴的上方，负值画在下方。从剪力图看出，当 $a>b$ 时，全梁的最大剪力出现在 CB 段，$|Q|_{max}=Fa/L$。

由 $M(x_1)$ 和 $M(x_2)$ 可知，AC 段和 CB 段内的弯矩皆为 x 的一次函数，表明弯矩均为一条斜线，因而，每条直线只要确定两点，便可完全确定。例如

$$x_1=0, M_1=0; x_1=a, M_1=\frac{Fab}{L}$$

$$x_2=a, M_2=\frac{Fab}{L}; x_2=L, M_2=0$$

分别连接与 M_1，M_2 相应的两点，便得到 AC 及 CB 段的弯矩图，如图 6.12 (d) 所示。从弯矩图中可看出，最大弯矩发生在集中力 F 作用的截面 C 处，$M_{max}=Fab/L$。若 $a=b=L/2$，即集中荷载作用在梁跨度中点时，则最大弯矩值 $M_{max}=FL/4$。

内力图特征：在集中力作用截面，剪力图有突变，突变的绝对值为 F；弯矩图有尖角，尖角的指向与 F 相同。

【例 6.6】 如图 6.13 所示的简支梁，在 C 点处受一集中力偶 M_0 作用。试作此梁的剪力图和弯矩图。

解：由题意可知：

(1) 计算支座反力。梁 AB 受力如图 6.13 (c) 所示，R_A，R_B 成力偶与 M_0 平衡。列平衡方程

$$\sum M_B=0, -R_A L+M_0=0, R_A=\frac{M_0}{L}$$

$$\sum F_y=0, R_B=R_A=\frac{M_0}{L}$$

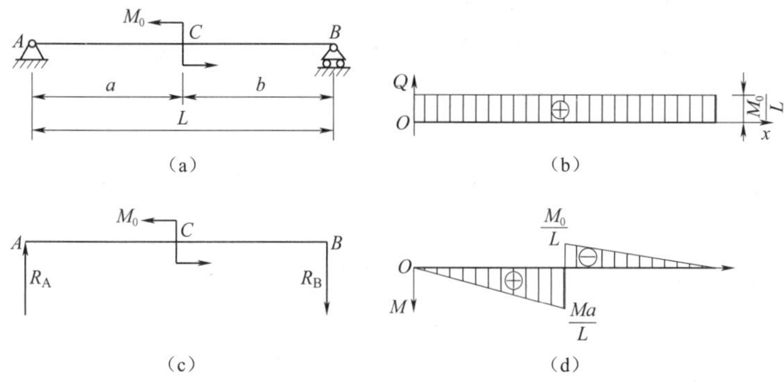

图 6.13

(2) 剪力方程与弯矩方程。选梁左端 A 为坐标原点，由于 C 截面有集中力偶 M_0 作用，所以 C 为分段点，分别在 AC 与 CB 段内取截面。根据计算规则，由截面一侧的外力可列出剪力方程与弯矩方程。

AC 段的剪力方程与弯矩方程分别为

$$Q(x_1)=\frac{M_0}{L} \quad (0<x_1\leqslant a)$$

$$M(x_1)=\frac{M_0}{L}x_1 \quad (0\leqslant x_1<a)$$

CB 段的剪力方程和弯矩方程分别为

$$Q(x_2)=\frac{M_0}{L} \quad (a\leqslant x_2<L)$$

$$M(x_2)=\frac{M_0}{L}x_2-M_0 \quad (a\leqslant x_2\leqslant L)$$

(3) 画剪力图及弯矩图。从剪力方程可知全梁各截面上的剪力相等，均为同一常数 M_0/L，故剪力为平行于 x 轴的直线，如图 6.13 (c) 所示，最大剪力 $Q_{max}=M_0/L$。

从弯矩方程可知梁各截面的弯矩为 x 的一次函数。计算各控制点处的弯矩值

AC 段 $\quad x_1=0, M_1=0; x_1=a, M_1=\dfrac{M_0a}{L}$

CD 段 $\quad x_2=a, M_2=-\dfrac{M_0b}{L}; x_2=L, M_2=0$

弯矩图如图 6.13 (d) 所示。由图可见，在 $a>b$ 情况下，集中力偶作用处的左侧横截面上的弯矩值为最大，$|M|_{max}=M_0a/L$。

内力图特征：在集中力偶作用处，剪力图不受影响；弯矩图发生突变，突变值等于该力偶矩的大小。

方程法绘图的基本步骤如下：

(1) 建立直角坐标系。沿平行于梁轴线的方向，以各横截面的所在位置为横坐标 x，以对应各横截面上的剪力值或弯矩值为纵坐标，建立直角坐标系。

(2) 寻找分段点。即寻找剪力和弯矩图形的不连续点，一般以荷载变化点为分界点，确定剪力方程和弯矩方程的适用区间，即划定剪力图和弯矩图各自的分段连续区间。

(3) 计算控制点的内力值。分段点左右两侧面的剪力和弯矩值一般是不相同的，需要分别计算出来。假想在分段点把梁切开，将梁分成两段，分段点也称为控制点。计算控制点内力值，实际上就是求各段连续内力曲线开区间的端点值。

(4) 确定每段内力图的形状。由每段剪力方程和弯矩方程 z 的幂次，可判断出该段剪力图和弯矩图的图形形状。

(5) 连线作图。在所划定的各段连续区间内，依据内力图的形状，连接各相应的控制点，即可作出整个梁的剪力图和弯矩图。

(6) 注明数据和符号。在所绘制的剪力图和弯矩图中，注明各控制点的内力坐标值和各段剪力和弯矩的正负号。

(7) 确定 $|Q|_{max}$ 和 $|M|_{max}$。确定剪力图和弯矩图中绝对值最大的剪力值和弯矩值及相应截面的位置。

6.2.2　用微分法作梁的剪力图和弯矩图

用微分法作梁的内力图

6.2.2.1　荷载集度、剪力和弯矩之间的微分关系

梁的剪力方程和弯矩方程分别为

$$Q=\frac{qL}{2}-qx, M=\frac{qL}{2}x-\frac{q}{2}x^2$$

可以看出，弯矩、剪力与分布荷载之间存在着微分关系。现在就来推导这三者之间的普遍的微分关系。

如图 6.14 (a) 所示，梁上作用有任意的分布荷载，其集度为 $q=q(x)$，并规定指向向上为正。在距 O 端距离为 x 处，截出微段梁 dx 来研究，如图 6.14 (b) 所示。

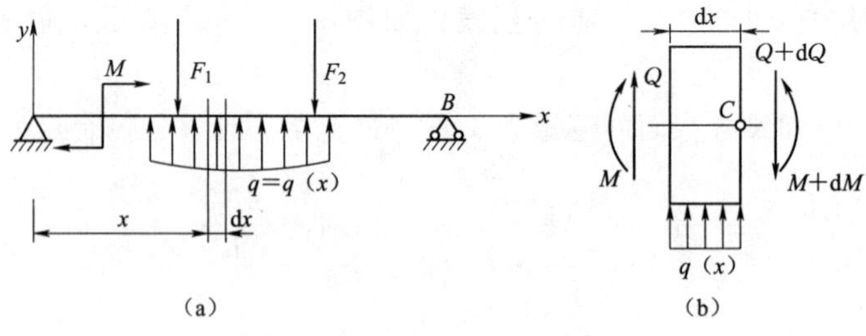

图 6.14

设此微段梁左边截面上的剪力和弯矩分别为 Q 和 M，右边截面上的剪力和弯矩分别为 $Q+dQ$ 和 $M+dM$；作用在此微段梁荷载为均布荷载。设以上各力皆为正向。根据平衡条件

$$\sum Y=0, Q+q\,dx-(Q+dQ)=0$$

得
$$\frac{dQ}{dx}=q$$
由
$$\sum M_c=0$$
得
$$-M-Q\mathrm{d}x-q\mathrm{d}x\ \frac{\mathrm{d}x}{2}+(M+\mathrm{d}M)=0$$
略去高阶微量 $q\mathrm{d}x\ \frac{\mathrm{d}x}{2}$ 后有
$$\frac{\mathrm{d}M}{\mathrm{d}x}=Q$$
最终可得
$$\frac{\mathrm{d}^2M}{\mathrm{d}x^2}=q$$
以上公式表示了弯矩、剪力与分布荷载之间存在着的微分关系。

6.2.2.2 荷载集度、剪力和弯矩之间微分关系的应用

由上述公式可以看出，梁上的荷载和剪力、弯矩之间存在如下一些关系，见表 6.1。

在无分布荷载作用的梁段上，由于 $q(x)=0$，$\frac{\mathrm{d}Q}{\mathrm{d}x}=q(x)=0$，因此，$Q(x)=$常数，即剪力图为一水平直线。由于 $Q(x)=$常数，$\frac{\mathrm{d}M}{\mathrm{d}x}=Q(x)=$常数，$M(x)$ 是 x 的一次函数，弯矩图是斜直线，其斜率则随 Q 值而定。

表 6.1　在几种荷载作用下剪力图和弯矩图的特征

一段梁上的外力情况	向下的均布荷载	无荷载	集中力	集中力偶
剪力图上的特征	向下倾斜的直线 ⊕ 或 ⊖	水平直线一般为 ⊕ 或 ⊖	在 C 处的突变	在 C 处无变化
弯矩图上的特征	下凸二次抛物线 或	一般为斜直线 或	在 C 处有折角 或	在 C 处有突变
最大弯矩所在截面的可能位置	在 $F_S=0$ 的截面上		在剪力突变的截面上	在 C 截面左侧或右侧截面上

对于有均布荷载作用的梁段，由于 $q(x)=$常数，则$\frac{\mathrm{d}^2M(x)}{\mathrm{d}x^2}=\frac{\mathrm{d}Q}{\mathrm{d}x}$常数，故在这一段内 $Q(x)$ 是 x 的一次函数，而 $M(x)$ 是 x 的二次函数，因而剪力图是斜直线而弯矩图是抛物线。具体说，当分布荷载向上，即 $q>0$ 时，$\frac{\mathrm{d}^2M(x)}{\mathrm{d}x^2}>0$，弯矩图为凹

曲线；反之，当分布荷载向下，即 $q<0$ 时，弯矩图为凸曲线。

若在梁的某一截面上 $Q(x)=0$，即 $\frac{dM}{dx}=0$，亦即弯矩图的斜率为零，则在这一截面上弯矩为一极值。

在集中力作用处，剪力 Q 有一突变（其突变的数值即等于集中力），因而弯矩图的斜率也发生一突然变化，成为一个转折点。

在集中力偶作用处，弯矩图将发生突变，突变的数值即等于力偶矩的数值。

$|M|_{max}$ 不但可能发生在 $Q=0$ 的截面上，也可能发生在集中力作用处，或集中力偶作用处，所以求 $|M|_{max}$ 时，应考虑上述几种可能性。

为了进一步加深印象和便于记忆，用下面的口诀表述：

Q 图：没有荷载水平线，均布荷载斜直线；

力偶荷载无影响，集中荷载有突变。

M 图：没有荷载斜直线，均布荷载抛物线；

集中荷载有尖点，力偶荷载有突变。

利用梁的剪力、弯矩与荷载集度间的微分关系绘制梁的内力图，同时，我们还可以用这些规律来校核用其他方法作出的内力图的正确性。一般取梁的端点、支座及荷载变化处（集中力处、集中力偶处、均布荷载起始处）为控制截面，求这些控制截面的剪力和弯矩，再按内力图的特征画图即可。具体步骤如下：

（1）计算支座约束力，应用平衡方程求解。

（2）将梁分段，在集中力处、分布荷载起始处、集中力偶处划分，一般分界截面即梁的控制截面。

（3）求各控制截面内力值，应用外力求内力的方法。

（4）画内力图，根据各梁段内力图特征逐段进行。

（5）校核内力图并确定最大值。

【例 6.7】 如图 6.15（a）所示外伸梁，试作梁的内力图。

解： 由题意可知。

（1）求支座约束力。由平衡方程 $\sum M_A=0$ 及 $\sum F_y=0$ 可得

$$F_{Ay}=15\text{kN} \quad F_{By}=11\text{kN}$$

（2）将梁分段，根据控制截面定义将梁分为 EA、AC、CD、DB、BF 五段。

（3）分段作内力图。

1）作梁剪力图：

EA 段　水平直线：$Q_E=Q_{A左}=-6\text{kN}$

AC 段　向下斜的直线：$Q_{A右}=-6+15=9(\text{kN})$　$Q_C=-6+15-2\times4=1(\text{kN})$

CD 段　水平直线：$Q_{D左}=-6+15-2\times4=1(\text{kN})$

DB 段　水平直线：$Q_{D右}=Q_{D左}-8=-7(\text{kN})$　$Q_{B左}=-7(\text{kN})$

BF 段　向下斜的直线：$Q_{B右}=Q_{B左}+11=-7+11=4(\text{kN})$　$Q_F=0$

剪力图如图 6.15（b）所示。

2）作梁弯矩图：

EA 段　斜直线：$M_E=0$　$M_A=-6\times2=-12(\text{kN})$

AC 段　抛物线：$M_C=-6\times6+15\times4-2\times4\times2=8(\text{kN}\cdot\text{m})$

CD 段　斜直线：$M_D=-2\times2\times3+11\times2=10(\text{kN}\cdot\text{m})$

DB 段　斜直线：$M_B=-2\times2\times1=-4(\text{kN}\cdot\text{m})$

BF 段　抛物线：$M_F=0$

由于在剪力图中 AC 段中没有剪力为零的点，故此在这两段中没有极值，弯矩图如图 6.15（c）所示。

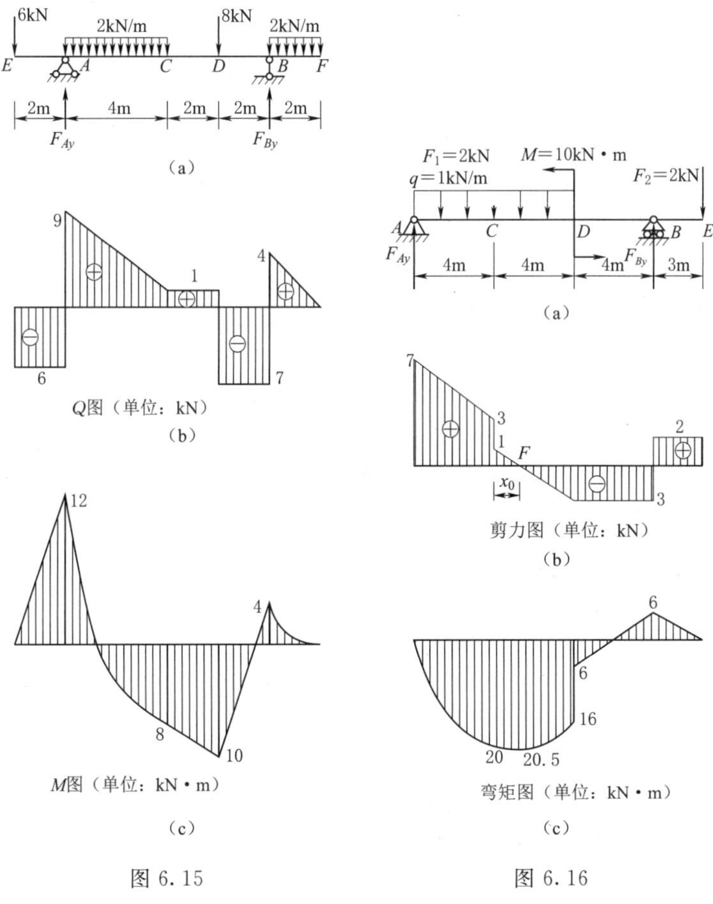

图 6.15　　　图 6.16

【例 6.8】 如图 6.16（a）所示外伸梁，试作梁的内力图。

解： 由题意可知。

（1）求支座约束力。（由平衡方程得）$F_{Ay}=7\text{kN}$，$F_{By}=5\text{kN}$

（2）将梁分段。

根据控制截面定义将梁分为 AC、CD、DB、BE 四段。

（3）分段作内力图。

1）作剪力图：

AC 段　向下斜的直线：$Q_A=F_{Ay}=7\text{kN}$　$Q_{C左}=F_{Ay}-4q=3\text{kN}$

CD 段　向下斜的直线：$Q_{C右}=1\text{kN}$　$Q_D=-3\text{kN}$

DB 段　水平直线：　　　$Q_{B左}=F_2-F_{By}=-3\text{kN}$

EB 段　水平直线：$Q_{B右}=F_2=2\text{kN}$，其中 *F* 点剪力为零，*M* 有极值，令其距 *C* 截面的距离为 x_0，则 $x_0=\dfrac{|Q_C|}{|q|}=\dfrac{1}{1}=1\text{m}$。

2）作弯矩图：

AC 段　抛物线：$M_A=0$，$M_C=4F_{Ay}-\dfrac{q}{2}4^2=20\text{kN}\cdot\text{m}$

CD 段　抛物线：$M_{D左}=F_A\times 8-q\times 8\times\dfrac{8}{2}-F_1\times 4=16\text{kN}\cdot\text{m}$

$$M_{\max}=M_F=F_A\times 5-q\times 5\times\frac{5}{2}-F_1\times 1=20.5\text{kN}\cdot\text{m}$$

DB 段　斜直线：$M_{D右}=-7F_2+4F_{By}=6\text{kN}\cdot\text{m}$，$M_B=-3F_2=-6\text{kN}\cdot\text{m}$

BE 段　斜直线：$M_E=0$

剪力图与弯矩图如图 6.16（b）、图 6.16（c）所示。

6.2.3　用叠加法作梁的剪力图和弯矩图

用叠加法作梁的内力图

6.2.3.1　整段叠加法

材料在弹性范围，在小变形条件下，梁在多种荷载共同作用下产生的某量值（支座约束力、变形、某截面内力等）等于各荷载单独作用时所引起的该量值的叠加（代数和）。运用叠加原理，先求每一种荷载单独作用下引起的约束力或内力，然后再代数相加，即得所有荷载共同作用下产生的约束力和内力，这种方法称为叠加法。

图 6.17（a）所示悬臂梁，其所受荷载可看成集中力（*F*）和分布力（*q*）单独作用状态的叠加，固定端支座约束力可看成集中力产生的约束力（$F_{A1}=F$，$M_{A1}=F\times l$）和分布力产生的约束力（$F_{A2}=ql$，$M_{A2}=\dfrac{ql^2}{2}$）的叠加，即

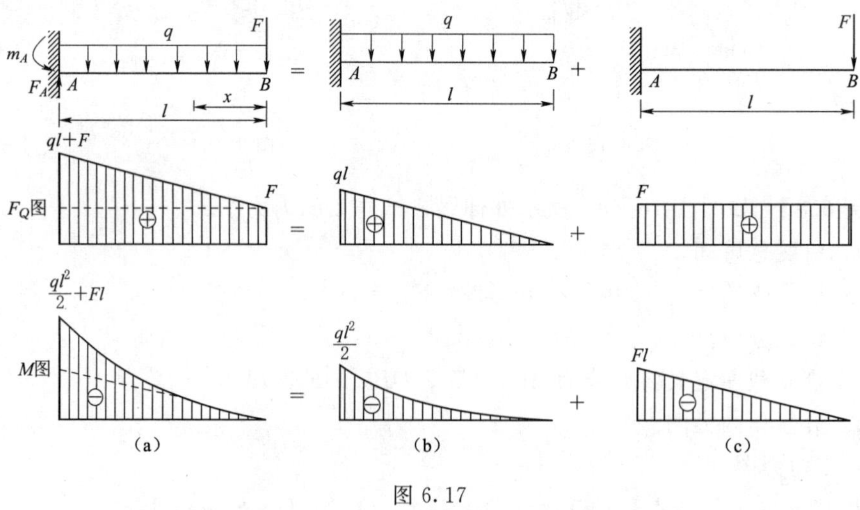

图 6.17

$$F_A = F_{A1} + F_{A2} = F + ql$$

$$M_A = M_{A1} + M_{A2} = Fl + \frac{ql^2}{2}$$

距离右端为 x 的任意截面上的剪力和弯矩同样也可应用叠加方法求得，即

$$Q = F_{Q1} + F_{Q2} = F + qx$$

$$M = M_1 + M_2 = -Fx - \frac{1}{2}qx^2$$

将其内力图叠加，就可得到梁上同时作用集中力 F 和均布荷载 q 时的剪力图和弯矩图。这里需要注意，内力图的叠加是将对应截面上的内力值代数相加，而不是内力图形的简单几何拼合。一般情况下，叠加法不用来画剪力图，常用来绘制弯矩图。

由上述可知，叠加法绘图的基本步骤：

（1）荷载分组。把梁上作用的复杂荷载分解为几组简单荷载单独作用情况。

（2）分别作出各简单荷载单独作用下梁的剪力图和弯矩图。各简单荷载作用下单跨静定梁的内力图可查表 6.2。

（3）叠加各内力图上对应截面的纵坐标代数值，得梁原荷载作用下的内力图。

表 6.2　　静定梁在简单荷载作用下的 F_Q 图、M 图

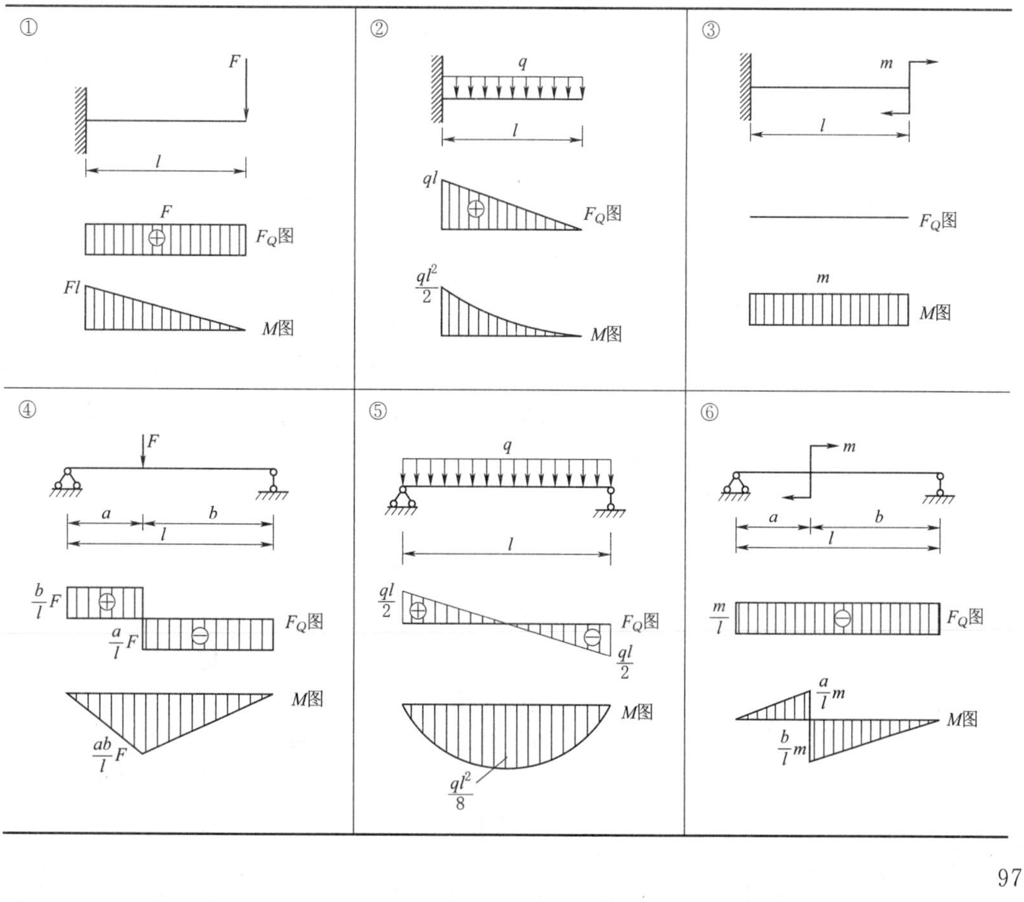

续表

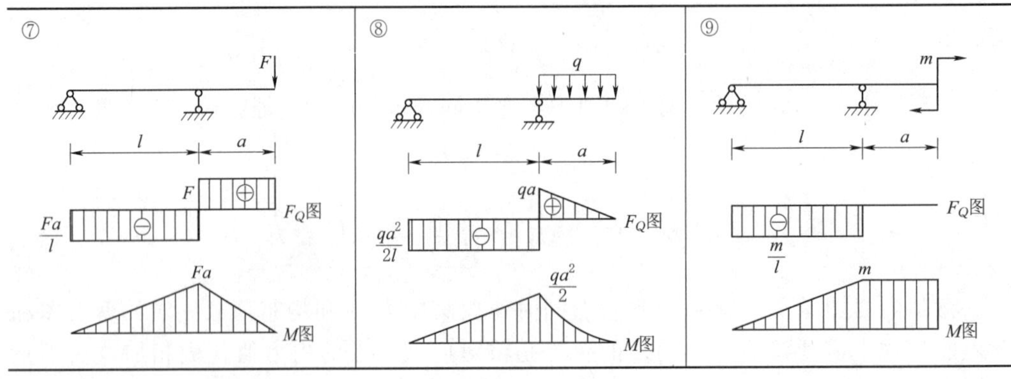

【例 6.9】 如图 6.18（a）所示简支梁，应用叠加法画出梁的弯矩图。

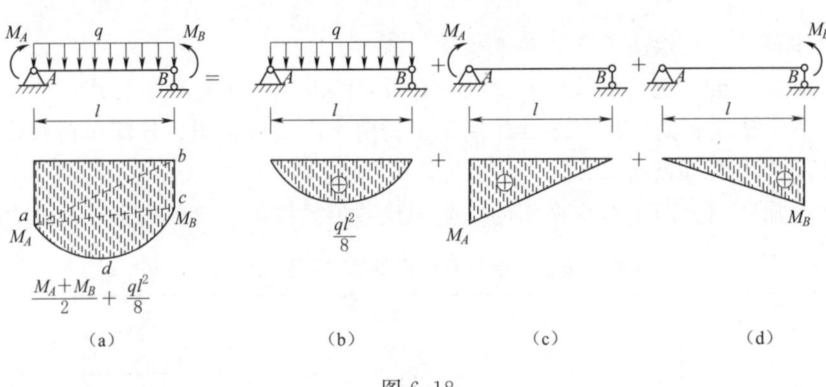

图 6.18

解： 由题意可知。

（1）将荷载分解为 q、M_A、M_B，并单独作用在梁上。

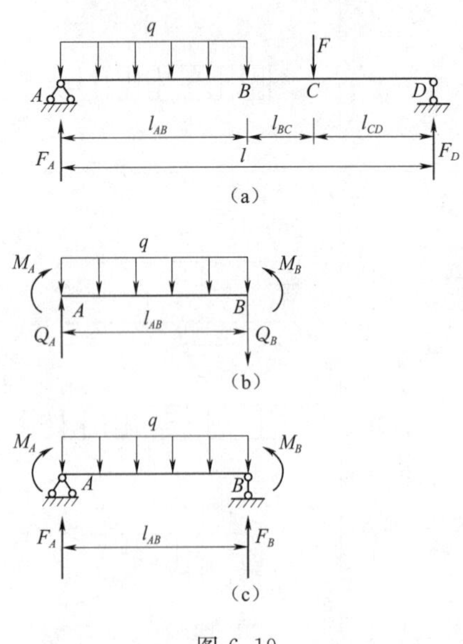

图 6.19

（2）分别作出各简单荷载单独作用下梁的弯矩图。如图 6.18（b）、图 6.18（c）、图 6.18（d）所示。

（3）叠加各单独荷载弯矩图上对应截面的纵坐标代数值，得梁原荷载作用下的弯矩图。先画出 M_A 单独作用下梁的弯矩图，再以 ab 为基线（画成虚线），画 M_B 单独作用下梁的弯矩图，在 B 端向下量取 $bc=M_B$，再以 ac 为基线，画均布荷载 q 单独作用下梁的弯矩图，在跨中向下量取 $ql^2/8$ 于 d 点，用曲线连接 adc 即为最终弯矩图。由图示几何关系可知，梁跨中弯矩值为 $(M_A+M_B)/2+ql^2/8$。

6.2.3.2 区段叠加法

对于复杂荷载作用梁段，也可以运用叠加法作内力图。图 6.19（a）所示简支梁，

梁上承受集中力 F 和均布荷载 q 作用，如果已求出该梁截面 A、B 的弯矩分别为 M_A、M_B，则可取出 AB 梁段为脱离体，由其平衡条件分别求出截面 A、B 的剪力 Q_A、Q_B，如图 6.19（b）所示。此梁段的受力图与图 6.19（c）所示简支梁的受力图完全相同，所以由简支梁平衡条件可求出其支座反力 $F_A=Q_A$、$F_B=Q_B$。因此，区段 AB 梁段的弯矩图可用对应简支梁弯矩图的叠加法作出，其过程同例 6.9 完全相同。用叠加法画梁段的弯矩图时，一般先确定两端截面的弯矩值，如 BD 梁段，先求出 M_B 和 M_D，将两端截面弯矩的连线作为基线，在此基线上叠加区段间作用荷载时的弯矩图，即得该梁段的弯矩图。

由以上分析可知，任意梁段都可以看作简支梁，都可用简支梁弯矩图的叠加法作该梁段的弯矩图。这种作图方法称为区段叠加法。运用区段叠加法作静定梁的弯矩图，应先将梁分段。分段的原则是：分界截面的弯矩值易求；所分梁段对应简支梁的弯矩图易画，可通过表 6.2 查到。

【例 6.10】 如图 6.20（a）所示外伸梁，应用叠加法作梁的弯矩图。

解：由题意可知。

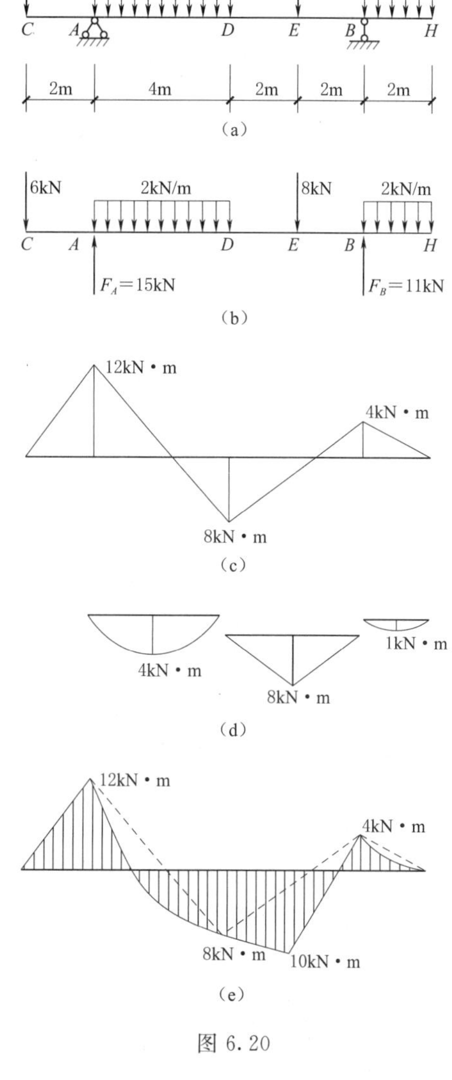

图 6.20

（1）由平衡条件求得支座约束力分别为

$$F_A=15\text{kN}\quad F_B=11\text{kN}$$

（2）将梁划分为 CA、AD、DB、BH 等四个梁段。即可视为四个简支梁，各控制面弯矩值分别为

$$M_C=0$$

$$M_A=-6\times2=-12(\text{kN}\cdot\text{m})$$

$$M_D=-6\times6+15\times4-2\times4\times2=8(\text{kN}\cdot\text{m})$$

$$M_B=-2\times2\times1=-4(\text{kN}\cdot\text{m})$$

$$M_H=0$$

由各控制面弯矩作出直线弯矩图，如图 6.20（c）所示。因在 AD 和 BH 梁段还有均布荷载，DB 段有集中力，通过查表 6.2 可知均布荷载作用在简支梁上产生的弯矩图和集中力作用在简支梁上产生的弯矩图，如图 6.20（d）所示。将图 6.20（c）、图 6.20（d）叠加，即得到外伸梁的弯矩图，如图 6.20（e）所示。

其中 AD、BH 段中点和 E 点的弯矩值分别为

$$M_{AD中}=\frac{M_A+M_D}{2}+\frac{ql_{AD}^2}{8}=\frac{-12+8}{2}+\frac{2\times4^2}{8}=-4(\mathrm{kN\cdot m})$$

$$M_{BH中}=\frac{M_B+M_H}{2}+\frac{ql_{BH}^2}{8}=\frac{-4+0}{2}+\frac{2\times2^2}{8}=-1(\mathrm{kN\cdot m})$$

$$M_E=\frac{M_D+M_B}{2}+\frac{Fl_{DB}}{4}=\frac{8-4}{2}+\frac{8\times4}{4}=10(\mathrm{kN\cdot m})$$

6.3 梁 的 应 力

梁的应力计算

6.3.1 梁的正应力

梁发生平面弯曲时横截面上一般产生剪力和弯矩。梁发生平面弯曲时，横截面上的剪力 Q 和弯矩分别代表梁横截面上分布内力的合力，显然，只有横截面上切向分布的内力才能组成剪力，而横截面上法向分布的内力才能组成弯矩。所以梁的横截面上将产生连续分布的剪应力和正应力。本节将介绍梁横截面上应力的分布规律以及应力与内力之间的定量关系，由此来建立梁的强度条件。

6.3.1.1 正应力的基本概念

对于平面弯曲梁，根据其横截面上内力存在形式不同可分为纯弯曲和横力弯曲。纯弯曲是指梁段的各个横截面上只有弯矩而无剪力，如图 6.21 中 CD 梁段。横力弯曲是指梁段的各个横截面既有剪力又有弯矩，如图 6.21 中 AC、DB 梁段。由于梁的正应力与弯矩有关，为了使正应力的研究不受剪应力的影响，先取纯弯曲梁段来研究其横截面上的正应力。

取一矩形等截面梁，在梁未承受荷载之前，在其表面上做两种标记，一种是与梁轴平行的纵向线；另一种是与纵向线相垂直的横向线，如图 6.22（a）所示。然后，在梁的两端施加一对大小相等，方向相反的力偶，梁将发生纯弯曲变形，如图 6.22（b）所示。受力后可观察到下列现象：

（1）横向线仍为直线，但转过了一个小角度。

（2）纵向线变为曲线，但仍与横向线保持垂直。

（3）位于凹边的纵向线缩短，凸边的纵向线伸长。

（4）观察横截面情况，在梁宽方向，它的上部伸长，下部缩短，分别和梁的纵向缩短（上部）或伸长（下部）存在简单的比例关系。

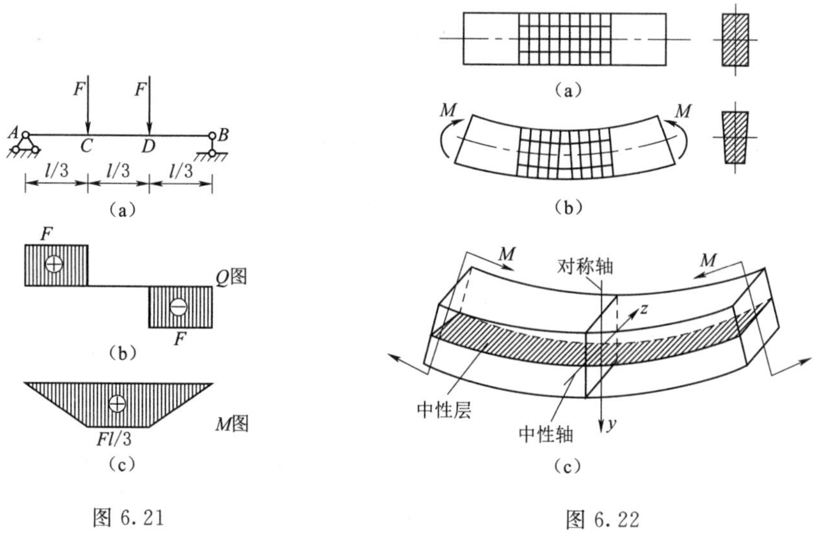

图 6.21　　图 6.22

根据上述表面变形现象，对梁的变形和受力作如下假设。

(1) 弯曲的平面假设。梁的各个横截面在变形后仍保持为平面，并且仍然垂直于变形后的梁的轴线，只是绕横截面上的某轴转过了一个角度。

(2) 单向受力假设。纵向“纤维”之间互不牵扯，每根纤维都只产生轴向拉伸或压缩。

实践表明，以上述假设为基础导出的应力和变形公式符合实际情况。同时，在纯弯曲情况下，由弹性理论也得到了相同的结论。

由上述假设可以建立起梁的变形模式，如图 6.22 (c) 所示。设想梁由许多层纵向纤维组成，变形后，梁的上层纤维缩短，下层纤维伸长。由于变形的连续性，其中必有一层纤维既不伸长，也不缩短，这层纤维称为中性层。中性层与横截面的交线称为中性轴，中性轴与横截面对称轴垂直。梁纯弯曲时，横截面就是绕中性轴转动，并且每根纵向纤维都处于轴向拉伸或压缩的简单受力状态。

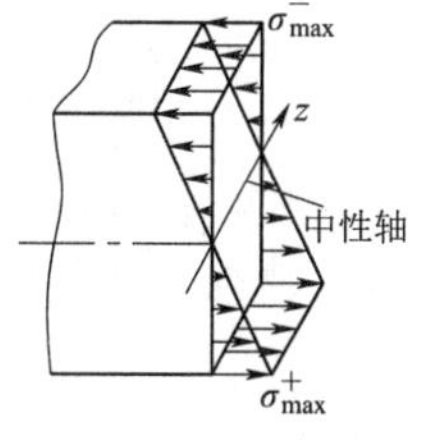

图 6.23

在材料的弹性受力范围内，正应力与纵向应变成正比。可见，横截面上正应力的分布规律与各点的变形规律一样：上、下边缘的点应力最大，中性轴上为零，其余各点的应力大小与到中性轴的距离成正比，如图 6.23 所示。

为解决梁的强度问题，在求得梁的内力后，必须进一步研究横截面上的应力分布规律。

6.3.1.2 正应力的计算公式

由单向受力假设，梁横截面上各点的正应力计算式可表示为

$$\sigma = E\varepsilon$$

式中：ε 为梁内任意一根纤维的线应变，它与所计算的点到中性轴的距离 y 成正比，

与反映梁弯曲程度的曲率 $1/\rho$ 成正比，即

$$\varepsilon=\frac{1}{\rho}y$$

于是，正应力计算式可表示为

$$\sigma=E\frac{y}{\rho}$$

梁的曲率 $1/\rho$ 与截面的弯矩成正比，与截面的抗弯刚度 EI_z 成反比，即

$$\frac{1}{\rho}=\frac{M}{EI_z}$$

联立 $\sigma=E\frac{y}{\rho}$ 和 $\frac{1}{\rho}=\frac{M}{EI_z}$ 可得

$$\sigma=\frac{My}{I_z}$$

该式是正应力计算公式，式中 M 为所求应力点所在横截面上的弯矩，y 为所求的应力点相对中性轴的坐标，I_z 为截面对中性轴的惯性矩。

这也说明，梁横截面上任一点的正应力与该截面的弯矩 M 及该点到中性轴的距离 y 成正比，与该截面对中性轴的惯性矩成反比；正应力沿截面高度成线性分布，中性轴上各点的正应力为零。

计算梁的正应力时，弯矩 M 及某点到中性轴的距离 y 均以绝对值代入，而正应力的正负号则由梁的变形确定。以中性轴为界，梁变形后的凸出边为拉应力，取正号；凹入边为压应力，取负号。

由上述内容可知，正应力公式的适用条件：

(1) 由正应力计算公式的推导可知，其适用对象是纯弯曲梁，梁的最大正应力不超过材料的比例极限。

(2) 对于横力弯曲梁，由于横截面上切应力的作用，梁受载后，横截面将发生翘曲；同时，由于剪力的作用，梁各纵向纤维不再是单向受力，而在各纵向纤维之间还存在着挤压。因此，在推导纯弯曲梁横截面上正应力时的平面假设和单向受力假设已不再成立。但是由弹性力学的精确分析证明对于梁跨度 l 与截面高度 h 之比 l/h 大于 5 的细长梁，应用公式计算梁的正应力，误差很小，满足工程精度所允许的范围。因此，公式也可应用于 l/h 大于 5 的横力弯曲的细长梁。

(3) 梁的正应力计算公式虽然用的是矩形截面梁，但公式在推导过程中，并不涉及矩形截面的几何性质。所以，只要发生平面弯曲的梁，公式均适用。

【例 6.11】 如图 6.24 所示的悬臂梁，试求梁 1—1 截面上 a、b 两点的正应力。

解： 由题意可知。

(1) 计算 1—1 截面上的弯矩。应用截面法，求得该截面上的弯矩为

$$M_1=-1\times1-0.6\times1\times0.5=-1.3(\text{kN}\cdot\text{m})$$

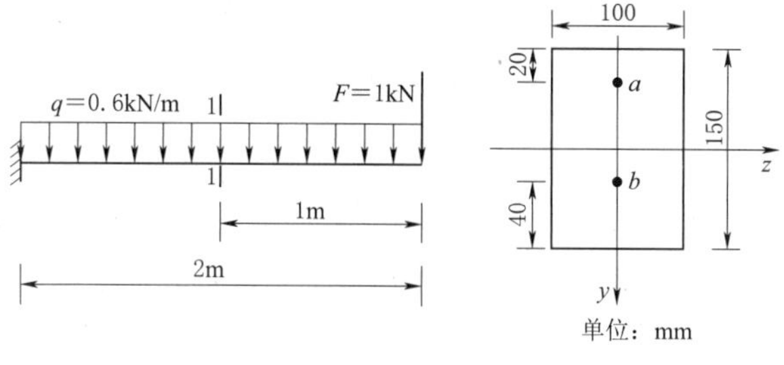

图 6.24

（2）确定中性层的位置，并计算惯性矩。因为截面有两根对称轴，如果力沿着 y 轴方向，则中性轴必为另一根对称轴 z，矩形截面对中性轴的惯性矩为

$$I_z=\frac{bh^3}{12}=\frac{100\times 150^3}{12}=2810\times 10^4(\mathrm{mm}^4)$$

（3）计算 a、b 两点的正应力。

$$\sigma_a=\frac{M_1 y_a}{I_z}=\frac{-1.3\times 10^6\times(-55)}{2810\times 10^4}=2.54(\mathrm{MPa})$$

$$\sigma_b=\frac{M_1 y_b}{I_z}=\frac{-1.3\times 10^6\times 35}{2810\times 10^4}=-1.62(\mathrm{MPa})$$

由应力的正负号可知，1—1 截面上点 a 处为拉应力，点 b 处为压应力。

6.3.2 梁的剪应力

在荷载作用下，梁的横截面上不仅有正应力还有剪应力，剪应力是剪力在横截面上的分布集度。剪应力在横截面上的分布情况比较复杂，这里介绍几种常见截面的最大剪力计算公式。

6.3.2.1 矩形截面梁的剪应力

矩形截面梁如图 6.25（a）所示，横截面上剪应力的一般规律是：

（1）剪应力 τ 的方向与剪力 Q 相同。

（2）与中性轴距离相等的各点剪应力相等。

（3）剪应力沿截面高度 h 按抛物线分布，如图 6.25（b）所示，在截面的上、下边缘剪应力为零，中性轴上剪力最大。

$$\tau_{\max}=1.5\frac{Q}{A}$$

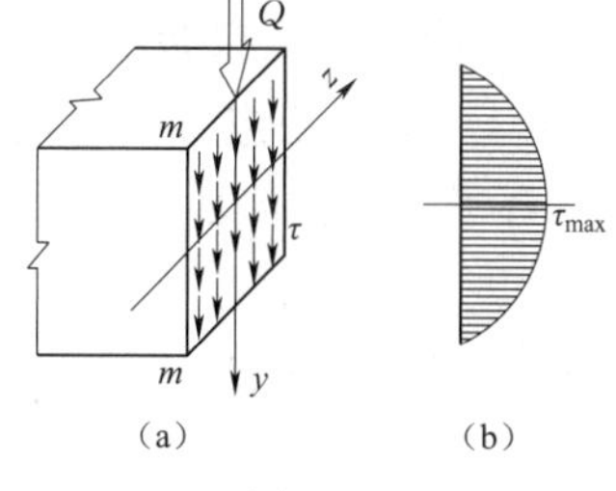

图 6.25

由公式可知，矩形截面梁横截面上的最大剪应力为截面的平均剪应力的 1.5 倍。

6.3.2.2 其他截面梁的剪应力

（1）工字形。工字形截面梁如图 6.26 所示，其上、下腹板和中间翼缘均由窄长的矩形组成。翼缘面积上的切应力基本沿水平方向，且数值很小，可略去不计。中间腹板部分是窄长矩形，所以矩形截面剪应力分布规律这部分是适用的。在中性轴上的

剪应力最大，其值为

$$\tau_{max}=\frac{QS_z}{I_z b}$$

式中：Q 为横截面上的剪力；S_z 为中性轴以上（或以下）部分截面（包括翼缘）对中性轴的面积矩；I_z 为工字形截面对中性轴的惯性矩；b 为腹板宽度。

（2）圆形及圆环形。

圆形及圆环形如图 6.27 所示。截面上的切应力情况比较复杂，但最大切应力仍发生在中性轴上各点处，并且切应力方向都与剪力 Q 的方向平行，且各点处的切应力均相等，其值为

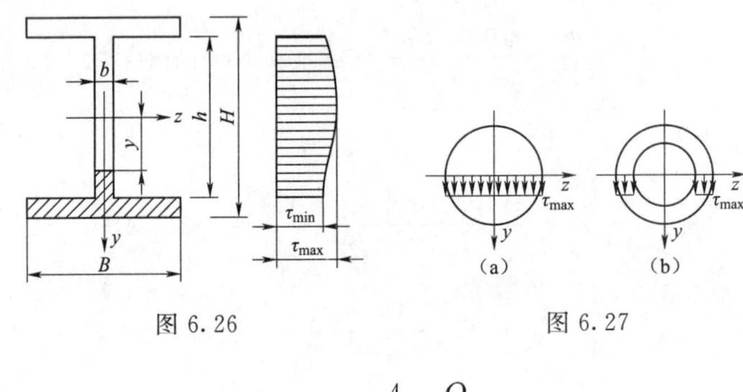

图 6.26　　　　图 6.27

圆形　　$$\tau_{max}=\frac{4}{3}\times\frac{Q}{A}$$

圆环形　　$$\tau_{max}=2\times\frac{Q}{A}$$

式中：Q 为所求点横截面上的剪力；A 为横截面面积。

6.4 梁 的 强 度

梁的强度计算

6.4.1 梁的强度校核

6.4.1.1 梁的正应力强度校核

有了梁的正应力计算公式后，便可以计算梁中最大的正应力，建立正应力强度条件，对梁进行强度计算。弯曲变形的梁，最大弯矩 M_{max} 所在的截面是危险截面，该截面上距中性轴最远的边缘 y_{max} 处的正应力最大，是危险点。

$$\sigma_{max}=\frac{M_{max}y_{max}}{I_z}$$

由于 I_z、y_{max} 都是与截面的几何尺寸有关的量，若令 $W_z=\frac{I_z}{y_{max}}$，则正应力最大值计算式可写为

$$\sigma_{max}=\frac{M_{max}}{W_z}$$

式中：W_z 为抗弯截面系数，是衡量截面抗弯强度的一个几何量，单位一般用 mm^3 或 m^3。

对于宽为 b、高为 h 的矩形截面

$$W_z=\frac{I_z}{y_{max}}=\frac{\frac{bh^3}{12}}{\frac{h}{2}}=\frac{bh^2}{6}$$

对于半径为 R 的圆截面

$$W_z=\frac{I_z}{y_{max}}=\frac{\frac{\pi R^4}{4}}{R}=\frac{\pi R^3}{4}$$

对于内半径为 r，外半径为 R 的圆环形截面

$$W_z=\frac{I_z}{y_{max}}=\frac{\frac{\pi R^4}{4}(1-\alpha^4)}{R}=\frac{\pi R^3}{4}(1-\alpha^4)$$

式中：$\alpha=\frac{r}{R}$。

关于各种型钢截面惯性矩 I_z 和抗弯截面系数 W_z 的数值，可从附录表中查到。

保证梁内最大正应力不超过材料的容许应力，就是梁的强度条件，可分为两种情况表达如下：

当材料的抗拉和抗压能力相同，正应力强度条件为

$$\sigma_{max}=\frac{M_{max}}{W_z}\leqslant[\sigma]$$

当材料的抗拉和抗压能力不同时，常将梁的截面做成上、下与中性轴不对称的形式，如 T 形、槽形截面等，这时，梁的正应力强度条件为

$$\sigma_{max}^{+}=\frac{|M|_{max}}{W_1}\leqslant[\sigma_l]$$

$$\sigma_{max}^{-}=\frac{|M|_{max}}{W_2}\leqslant[\sigma_y]$$

式中：$W_1=\frac{I_z}{y_1}$，$W_2=\frac{I_z}{y_2}$，y_1 为梁的受拉边缘到中性轴的距离；y_2 为梁的受压边缘到中性轴的距离；σ_{max}^{+} 为最大拉应力；σ_{max}^{-} 为最大压应力；$[\sigma_l]$ 为容许的最大拉应力；$[\sigma_y]$ 为容许的最大压应力。

由上述可知，应用正应力的强度条件，可解决梁的三类强度计算问题：

（1）材料校核强度。

已知梁的横截面形状及尺寸、材料的许用应力 $[\sigma]$ 及所受荷载，校核梁是否满足正应力强度条件。应当指出，如果工作应力 σ_{max} 超过了许用应力 $[\sigma]$，但只要不超过许用应力的 5%，在工程计算中仍然是允许的。

$$\sigma_{max}=\frac{M_{max}}{W_z}\leqslant[\sigma]$$

（2）截面尺寸设计。

已知梁所承受的荷载及材料的许用应力 $[\sigma]$，设计梁所需的横截面尺寸，即利用强度条件计算所需的抗弯截面系数。然后，根据梁的截面形状，再由 W_z 进一步确定截面的具体尺寸或型钢号。

$$W_z \geqslant \frac{M_{\max}}{[\sigma]}$$

（3）容许荷载确定。

已知梁的横截面尺寸及材料的许用应力 $[\sigma]$，根据强度条件计算梁所能承受的最大弯矩，再由 $M_{\max}$ 与荷载之间的关系，计算梁所能承受的最大荷载。

$$M_{\max} \leqslant W_z[\sigma]$$

【例 6.12】 如图 6.28 所示的 20a 工字型钢，跨度 $L=5\text{m}$，跨中承受集中荷载 $F=30\text{kN}$ 作用。已知容许正应力 $[\sigma]=170\text{MPa}$，不计梁的自重，试校核梁的正应力强度。

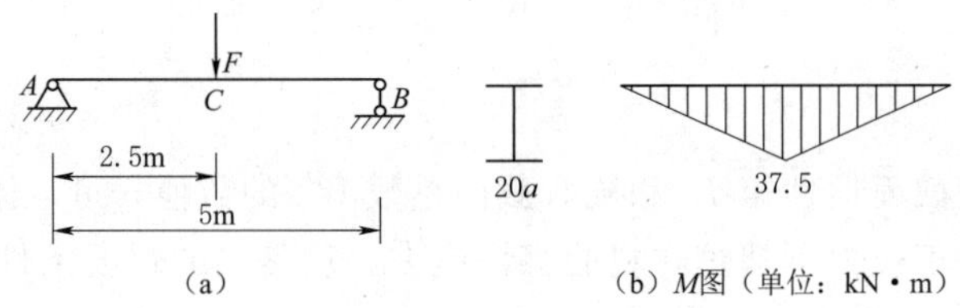

图 6.28

解：由题意可知：

（1）最大弯矩发生在跨中截面，其值为

$$M_{\max}=\frac{1}{4}FL=\frac{1}{4}\times 30\times 5=37.5\text{kN}\cdot\text{m}$$

（2）查询抗弯截面系数 W_z。由附录型钢表查得工字钢 20a 的抗弯截面系数为

$$W_z=237\text{cm}^3$$

（3）校核正应力强度。由强度条件的

$$\sigma_{\max}=\frac{M_{\max}}{W_z}=\frac{37.5\times 10^6}{237\times 10^3}=158.2\text{MPa}<[\sigma]=170\text{MPa}$$

此梁满足正应力强度要求。

【例 6.13】 如图 6.29（a）所示为普通热轧工字钢制成的简支梁。受 $F=120\text{kN}$ 集中力作用，钢材的许用正应力 $[\sigma]=150\text{MPa}$，许用切应力 $[\tau]=100\text{MPa}$，试选择该梁工字钢型号。

解：由题意可知：

（1）求支反力。由静力平衡方程求得支座约束力分别为

$$Y_A=80\text{kN}, Y_B=40\text{kN}$$

（2）画内力图。如图 6.29（b）、图 6.29（c）所示，梁内最大剪力和最大弯矩分别为

$$Q_{max}=80kN, M_{max}=80kN \cdot m$$

(3) 按正应力强度条件选择截面。由正应力强度条件得

$$W_z \geqslant \frac{M_{max}}{[\sigma]}=\frac{80\times10^6}{150}=533\times10^3 mm^3$$

查型钢表得，选 28b 号工字钢，其弯曲截面系数为 $W_z=534.4cm^3$，比计算所需的截面系数略大，故可选用 28b 号工字钢。

【例 6.14】 如图 6.30 所示的矩形截面简支木梁，梁上作用有均布荷载，已知：$L=4m$，$b=120mm$，$h=180mm$，弯曲时木梁的容许正应力 $[\sigma]=12MPa$，求梁的容许荷载 $[q]$。

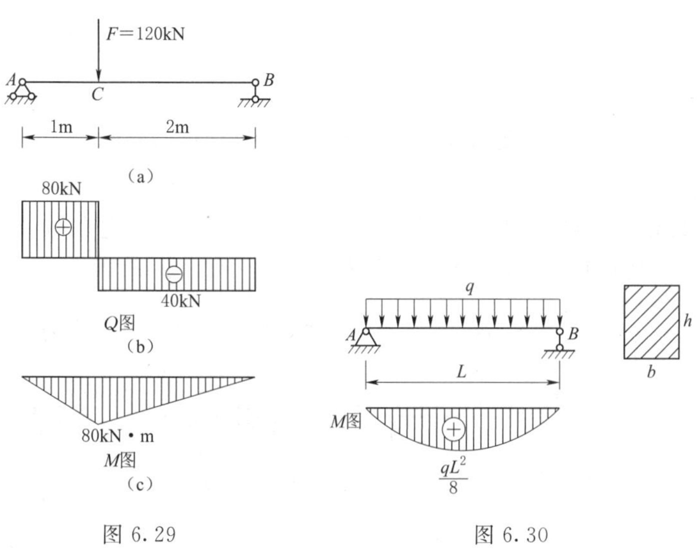

图 6.29　　图 6.30

解： 由题意可知：

(1) 计算抗弯截面系数和最大弯矩。

$$W_z=\frac{bh^2}{6}=\frac{120\times180^2}{6}=6.48\times10^5(mm^3)$$

$$M_{max}\leqslant W_z[\sigma]$$

$$M_{max}\leqslant 6.48\times10^5\times12=7.78\times10^6(N\cdot mm)=7.78(kN\cdot mm)$$

(2) 计算容许荷载 $[q]$。

$$\frac{[q]L^2}{8}\leqslant 7.78$$

$$[q]\leqslant\frac{8\times7.78}{4^2}=3.89(kN/m)$$

【例 6.15】 如图 6.31 (a) 所示的 T 形截面铸铁梁。若已知此截面对形心轴 z 的惯性矩 $I_z=763cm^4$，且 $y_1=52mm$，$y_2=88mm$。铸铁的许用拉应力 $[\sigma_l]=30MPa$，许用压应力 $[\sigma_y]=90MPa$。试校核梁的正应力强度。

解： 由题意可知：

(1) 求支反力。由静力平衡方程求得支座反力分别为

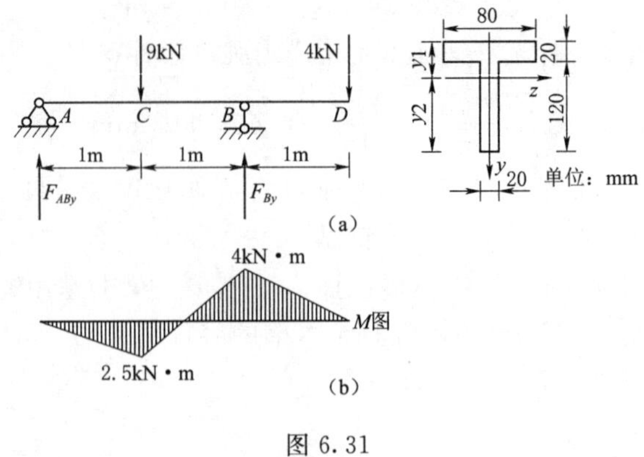

图 6.31

$$Y_A = 2.5\text{kN}，Y_B = 10.5\text{kN}$$

(2) 画内力图。截面 C 和 B 为危险截面，其弯矩值分别为

$$M_C = 2.5\text{kN} \cdot \text{m}，M_B = 4\text{kN} \cdot \text{m}$$

(3) 强度校核。截面 C 产生最大正弯矩，最大拉应力发生在截面的下边缘，最大压应力发生在截面的上边缘，其值分别为

$$\sigma_{\text{lmax}} = \frac{M_C y_2}{I_z} = \frac{2.5 \times 10^6 \times 88}{763 \times 10^4} = 28.8\text{MPa} < [\sigma_l] = 30\text{MPa}$$

$$\sigma_{\text{ymax}} = \frac{M_C y_1}{I_z} = \frac{2.5 \times 10^6 \times 52}{763 \times 10^4} = 17.1\text{MPa} < [\sigma_y] = 160\text{MPa}$$

B 截面产生最大负弯矩，最大拉应力发生在截面的上边缘，最大压应力发生在截面的下边缘，其值分别为

$$\sigma_{\text{lmax}} = \frac{M_B y_2}{I_z} = \frac{4 \times 10^6 \times 52}{763 \times 10^4} = 27.26\text{MPa} < [\sigma_l] = 30\text{MPa}$$

$$\sigma_{\text{ymax}} = \frac{M_B y_2}{I_z} = \frac{4 \times 10^6 \times 88}{763 \times 10^4} = 46.13\text{MPa} < [\sigma_y] = 160\text{MPa}$$

显然，此梁强度符合要求。

6.4.1.2 梁的剪应力强度校核

就全梁而言，最大切应力一般发生在最大剪力 $Q_{\max}$ 所在截面的中性轴上各处。为了保证梁安全正常工作，梁不但要满足正应力强度条件，同时还要满足剪应力强度条件，即梁内的最大剪应力值不能超过材料在纯剪切时的许用剪应力 $[\tau]$，即

$$\tau_{\max} \leqslant [\tau]$$

在梁的强度计算中，必须同时满足正应力和切应力两个强度条件。但对于梁的跨度比截面高度大得多的细长梁，正应力强度条件是梁强度计算的控制条件。因此按照正应力强度条件所设计的截面（或确定的荷载），常可使剪应力远小于许用剪应力。所以，只需按正应力强度条件进行计算即可。

对于薄壁截面梁腹板，中性轴处的剪应力值一般较大。对于短粗梁或集中荷载作用在支座附近的梁，通常梁的最大弯矩小而剪力值大。对于木梁在横力弯曲时，中性层处将产生较大的剪应力值，木材在顺纹方向的抗剪能力较差，因而可能使木梁在顺纹方向发生剪切破坏。对于以上这几种梁，不但要考虑正应力强度条件，还要考虑剪应力强度条件。

【例 6.16】 如图 6.32（a）所示外伸梁，型号为 22a 的工字钢。已知 $F=30\text{kN}$，$q=6\text{kN/m}$，材料的许用应力分别为：$[\sigma]=170\text{MPa}$，$[\tau]=100\text{MPa}$，试校梁的强度。

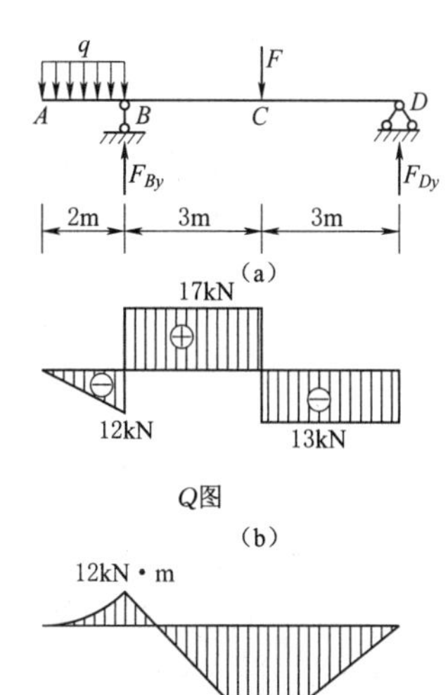

图 6.32

解：由题意可知：

（1）求支反力。

$$Y_B=29\text{kN},Y_D=13\text{kN}$$

（2）作内力图。如图 6.32（b）、图 6.32（c）所示，由图可知

$$M_{\max}=39\text{kN}\cdot\text{m}，Q_{\max}=17\text{kN}$$

（3）强度校核：由型钢表查得，22a 工字钢的弯曲截面系数 $W_z=309.8\text{cm}^3$，惯性矩 $I_z=3406\text{cm}^4$，腹板厚度 $b=8\text{mm}$，对中性轴的最大静距为 $S_{\max}=177.7\text{cm}^3$。

正应力强度校核：

$$\sigma_{\max}=\frac{M_{\max}}{W_z}=\frac{39\times10^6}{309.8\times10^3}=126\text{MPa}<[\sigma]=170\text{MPa}$$

剪应力强度校核：

$$\tau_{\max}=\frac{Q_{\max}S_{\max}}{I_zb}=\frac{17\times10^3\times177.7\times10^3}{3406\times10^4\times8}=11.1\text{MPa}<[\tau]=100\text{MPa}$$

此梁强度符合要求。

6.4.2 提高梁强度的措施

所谓提高梁的强度，是指用尽可能少的材料，使梁能承受尽可能大的荷载，达到既经济又安全，以及减轻重量等目的。

在一般情况下，梁的强度主要是由正应力强度条件控制的。所以要提高梁的强度，应该在满足梁承载能力的前提下，尽可能减小梁的弯曲正应力。由正应力强度条件

$$\sigma_{\max}=\frac{M_{\max}}{W_z}\leqslant[\sigma]$$

可见，在不改变所用材料的前提下，应从减小最大弯矩 $M_{\max}$ 和增大抗弯截面系数 W_z 两方面考虑。

（1）减小最大弯矩。

1）合理安排支座。例如，均布荷载作用下的简支梁，如图 6.33（a）所示。跨中最大弯矩为 $M_{\max}=0.125ql^2$，若将梁支座的位置向中间移动 $0.2l$，此梁改为外伸梁，如图 6.33（b）所示，则最大弯矩减少为 $M_{\max}=0.025ql^2$，仅为前者的 1/5，也就是说，若按图 6.33（b）布置支座，荷载还可以增加 4 倍。因此，工程中龙门吊车

的大梁、锅炉筒体等一般多采用外伸梁形式。

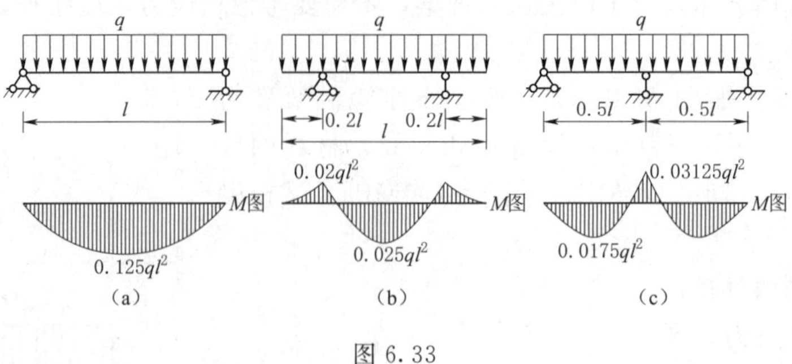

图 6.33

此外，还可以采用增加支座的方法来提高梁的承载能力。例如在简支梁的中间增加一个支座，如图 6.33（c）所示，最大弯矩为 $|M_{z\max}|=0.03125ql^2$，此弯矩仅为原简支梁的最大弯矩的 1/4。

2）合理布置荷载。如图 6.34（a）所示简支梁，在工作条件允许的情况下，可采用将荷载分散布置的方法，或者将荷载靠近支座布置，都可以降低梁的最大 $M_{\max}$。将荷载作用点靠近支座布置，如图 6.34（b）所示，或者将其分散布置，如图 6.34（c）所示，都将显著地降低最大弯矩值。我国现存的古建筑中的一些屋架，也就是用分散荷载这种方法提高木梁的强度。

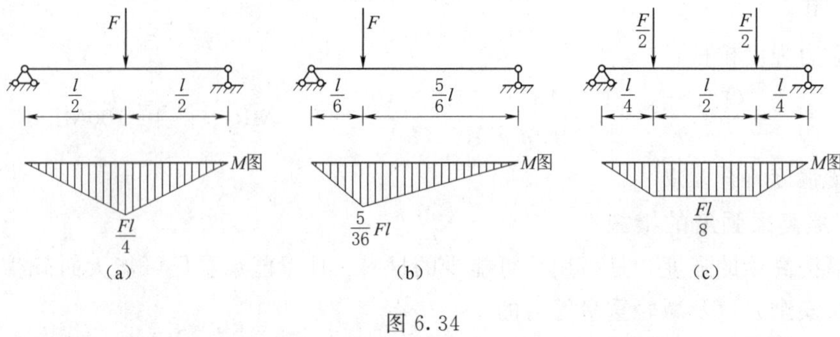

图 6.34

（2）选择合理截面。

弯曲截面系数是与截面形状、大小有关的几何量。在材料相同的情况下，梁的自重与截面面积 A 成正比。为了减轻自重，就必须合理设计梁的截面形状。从弯曲强度方面考虑。

梁的合理截面形状指的是在截面面积相同时，具有较大的弯曲截面系数 W_z 的截面。例如一个高为 h、宽为 b 的矩形截面梁（$h>b$），截面竖放比横放抗弯强度大，如图 6.35 所示，这是由于竖放时的弯曲截面系数比横放时的弯曲截面系数大。

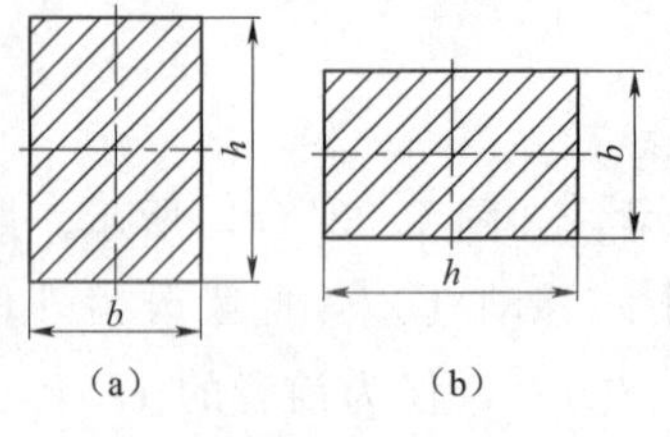

图 6.35

比较各种不同形状截面的合理性和经济性，可能通过 W_z/L 来进行。比值越大，表示这种截面在截面面积相同时承受弯曲的能力越大，其截面形状越合理。例如：

直径为 h 的圆形截面

$$\frac{W_z}{A}=\frac{\pi h^3/32}{\pi h^2/4}=\frac{h}{8}=0.125h$$

高为 h、宽为 b 的矩形截面

$$\frac{W_z}{A}=\frac{bh^2/6}{bh}=0.167h$$

高为 h 的槽形及工字形截面

$$\frac{W_z}{A}=(0.27\sim0.3)h$$

可见，工字形截面、槽形截面较合理，圆形截面最不合理。其原因只要从横截面上正应力分布规律来分析就清楚了。正应力强度条件主要是控制最大弯矩截面上离中性轴最远处各点的最大正应力，而中性轴附近处的正应力很小，材料没有充分发挥作用。若将中性轴附近的一部分材料转移到离中性轴较远的边缘上，既充分利用了材料，又提高了弯曲截面系数的值。例如，工字钢截面设计符合这一要求，而圆形截面的材料比较集中在中性轴附近，所以工字形截面比圆形截面合理。

应该指出，合理的截面形状还应考虑材料的性质。对于抗拉和抗压强度相同的塑性材料，应采用对称于中性轴的截面，如矩形、工字形等。对于抗拉和抗压强度不同的脆性材料，应采用对中性轴不对称的截面，并使中性轴靠近受拉一侧，如T形、槽形等。

(3) 采用变截面梁。

在一般情况下，梁各截面的弯矩大小是随截面的位置变化的，等截面梁是根据危险截面上的最大弯矩来确定截面尺寸的，所以只有弯矩最大值所在的截面上，最大应力才有可能接近许用应力，而其他截面上，弯矩很小，应力也较低，材料未充分利用。为了节约材料，减轻自重，在弯矩较大的截面，采用大截面，在弯矩较小的截面，采用小截面，使梁的截面尺寸随弯矩的大小而变化，这种截面尺寸沿梁轴变化的梁称为变截面梁。从弯曲强度方面考虑，最理想的变截面梁，是使所有横截面上的最大正应力均等于许用应力，这种梁称为等强度梁。即

$$\sigma_{\max}=\frac{M(x)}{W_z(x)}=[\sigma]$$

等强度梁是一种理想的变截面梁，但这种梁的加工制作比较困难，因此，在工程中通常采用较简单的变截面梁。如工业厂房中的鱼腹式吊车梁［图 6.36 (a)］、阳台或雨篷的悬臂梁［图 6.36 (b)］。显然，这些变截面梁都是近似的等强度梁。

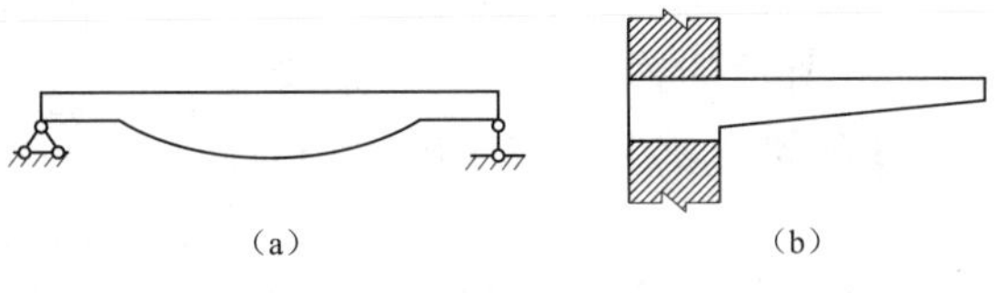

图 6.36

梁的变形计算

6.5 梁的变形

6.5.1 梁的变形类型

在外力作用下，梁可产生弯曲变形，如果弯曲变形过大，就会影响梁的正常工作。例如，吊车梁弯曲变形过大，吊车行走时会引起振动，楼面梁弯曲变形过大，会引起楼面裂缝等。因此，必须研究梁在外力作用下的变形，以便将梁的变形限制在容许的范围内，保证梁的正常工作。

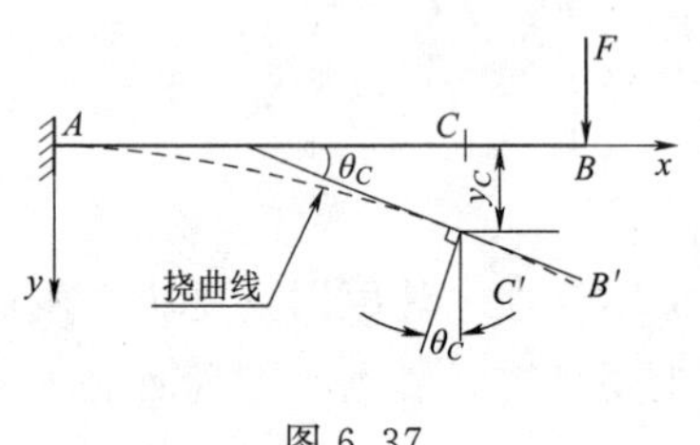

图 6.37

如图 6.37 所示矩形截面悬臂梁，xy 坐标系在梁的纵向对称面内。在力 F 作用下，梁产生弹性弯曲变形，轴线在 xy 平面内变成一条光滑连续的平面曲线 AB'，该曲线称为弹性挠曲线。与此同时，梁的横截面将产生两种位移：线位移和角位移，即挠度和转角。

（1）挠度。

梁上任意一横截面的形心在垂直于梁原轴线方向的线位移，称为该截面的挠度，用符号 y 表示，如图 6.37 所示的 C 处截面的挠度为 y_C。挠度与坐标轴 y 轴的正方向一致时为正，反之为负。梁的挠度曲线可用方程 $y=f(x)$ 表示，它也表示梁的挠度沿梁长度变化的规律。用挠曲线方程可以求出梁任一横截面沿 y 轴方向的线位移。

（2）转角。

横截面绕其中性轴转过的角度称为该截面的转角，用符号 θ 表示，单位为弧度 rad，规定顺时针转向为正。如图 6.37 所示的截面 C 处的转角为 θ_C。不同截面的转角值不同，它也是关于 x 的函数，梁的转角可用 $\theta=f(x)$ 表示，它也表示转角沿梁的变化规律。

6.5.2 梁的变形计算

当梁的弯曲变形很小，材料服从胡克定律时，梁的挠度和转角与梁上作用的荷载呈线性关系。当梁上有几个荷载同时作用时，可分别计算每一个荷载单独作用时所引起梁的变形，然后再代数相加，即得到在这些荷载共同作用下梁所产生的变形。这种方法称为叠加法。

表 6.3 列出了简单荷载作用下等截面梁的挠曲线方程、梁端面转角和最大挠度。在计算时可根据梁的支座情况及荷载作用方式查表求出单个荷载作用时的挠度和转角。

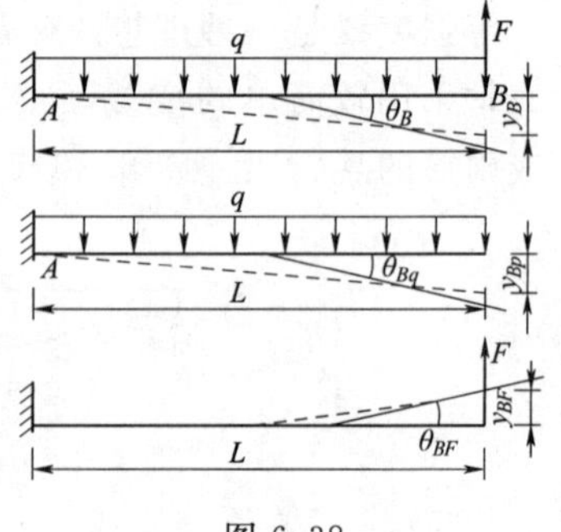

图 6.38

【例 6.17】 如图 6.38 所示等直悬臂梁，已知梁的抗弯刚度为 EI，试用叠加法求自由端的转角和挠度。

解： 悬臂梁上作用均布荷载 q 及集中荷载 F 两种荷载。

表 6.3　　梁在简单荷载作用下的变形

序号	梁的简图	挠曲线方程	梁端面转角（绝对值）	最大挠度（绝对值）
1		$y=-\frac{M_C x^2}{2EI}$	$\theta_B=\frac{M_C l}{EI}$(↶)	$y_B=\frac{M_C l^2}{2EI}$(↓)
2		$y=-\frac{M_C x^2}{2EI}$　$0\leqslant x\leqslant a$ $y=-\frac{M_C a}{EI}\left[(x-a)+\frac{a}{2}\right]$ $a\leqslant x\leqslant l$	$\theta_B=\frac{M_C a}{EI}$(↶)	$y_B=\frac{M_C a}{EI}\left(1-\frac{a}{2}\right)$(↓)
3		$y=-\frac{Fx^2}{6EI}(3l-x)$	$\theta_B=\frac{Fl^2}{2EI}$(↶)	$y_B=\frac{Fl^3}{3EI}$(↓)
4		$y=-\frac{Fx^2}{6EI}(3a-x)$ $0\leqslant x\leqslant a$ $y=-\frac{Fa^2}{6EI}(3x-a)$ $a\leqslant x\leqslant l$	$\theta_B=\frac{Fa^2}{2EI}$(↶)	$y_B=\frac{Fa^2}{6EI}(3l-a)$(↓)
5		$y=-\frac{qx^2}{24EI}(x^2-4lx+6l^2)$	$\theta_B=\frac{ql^3}{6EI}$(↶)	$y_B=\frac{ql^4}{8EI}$(↓)
6		$y=-\frac{M_C x}{6lEI}(l^2-x^2)$	$\theta_A=\frac{M_C l}{6EI}$(↶) $\theta_B=\frac{M_C l}{3EI}$(↶)	$y_{max}=\frac{M_C l^2}{9\sqrt{3}EI}$(↓) $x=\frac{1}{\sqrt{3}}$ $y_{\frac{1}{2}}=\frac{M_C l^2}{16EI}$(↓)
7		$y=\frac{M_C x}{6lEI}(l^2-3b^2-x^2)$ $0\leqslant x\leqslant a$ $y=\frac{M_C}{6lEI}[-x^3+3l(x-a)^2$ $+(l^2-3b^2)x]$　$a\leqslant x\leqslant l$	$\theta_A=\frac{M_C l}{6lEI}(l^2-3b^2)$ (↶) $\theta_B=\frac{M_C}{6lEI}(l^2-3a^2)$ (↶) $\theta_C=\frac{M}{6lEI}(3a^2+$ $3b^2-l^2)$(↶)	$y_{max}=\frac{(l^2-3b^2)^{\frac{3}{2}}}{9\sqrt{3}lEI}$ $x=\left(\frac{l^2-3b^2}{3}\right)^{\frac{1}{2}}$ $y_{max}=\frac{-(l^2-3a^2)^{\frac{1}{2}}}{9\sqrt{3}lEI}$ $x=\left(\frac{l^2-3a^2}{3}\right)^{\frac{3}{2}}$

续表

序号	梁的简图	挠曲线方程	梁端面转角（绝对值）	最大挠度（绝对值）
8		$y=-\frac{Fx}{48EI}(3l^2-4x^2)$ $0\leqslant x\leqslant\frac{l}{2}$	$\theta_A=\frac{Fl^2}{16EI}$(↻) $\theta_B=\frac{Fl^2}{16EI}$(↺)	$y_{\frac{1}{2}}=\frac{Fl^3}{48EI}$(↓)
9		$y=-\frac{Fbx}{6lEI}(l^2-x^2-b^2)$ $0\leqslant x\leqslant a$ $y=-\frac{Fb}{6lEI}\left[\frac{l}{b}(x-a)^3+(l^2-b^2)x-x^3\right]$ $a\leqslant x\leqslant l$	$\theta_A=\frac{Fab(l+b)}{6lEI}$(↻) $\theta_B=\frac{Fab(l+a)}{6lEI}$(↺)	$y_{max}=\frac{Fb(l^2-b^2)}{9\sqrt{3}lEI}\frac{3}{2}$(↓) $x=\sqrt{\frac{l^2-b^2}{3}}$ $y_{\frac{1}{3}}=\frac{Fb(3l^2-4b^2)}{48EI}$(↓)
10		$y=-\frac{qx}{24EI}(l^3-2lx^2+x^2)$	$\theta_A=\frac{ql^3}{24EI}$(↻) $\theta_B=\frac{Fl^3}{24EI}$(↺)	$y=\frac{5ql^4}{384EI}$(↓)
11		$y=\frac{Fax}{6lEI}(l^2-x^2)$ $0\leqslant x\leqslant l$ $y=-\frac{F(x-l)}{6EI}[a(3x-l)-(x-l)^2]$ $l\leqslant x\leqslant(l+a)$	$\theta_A=\frac{Fal}{6EI}$(↺) $\theta_B=\frac{Fal(l+a)}{3EI}$(↻) $\theta_C=\frac{Fa}{6EI}(2l+3a)$(↻)	$y_C=\frac{Fa^2}{3EI}(l+a)$(↓) $y_{max}=\frac{Fal^2}{q\sqrt{3}EI}$(↑) $x=\frac{l}{\sqrt{3}}$
12		$y=-\frac{M_Cx}{6lEI}(x^2-l^2)$ $0\leqslant x\leqslant l$ $y=-\frac{M_C}{6EI}(3x^2-4xl+l^2)$ $l\leqslant x\leqslant(l+a)$	$\theta_A=\frac{M_Cl}{6EI}$(↺) $\theta_B=\frac{M_Cl}{3EI}$(↻) $\theta_C=\frac{M_C}{3EI}(l+3a)$(↻)	$y_C=\frac{M_Ca}{6EI}(2l+3a)$(↓) $y_{max}=\frac{M_Cl^2}{9\sqrt{3}EI}$(↑) $x=\frac{l}{\sqrt{3}}$
13		$y=\frac{qa^2}{12EI}\left(lx^2-\frac{x^3}{l}\right)$ $0\leqslant x\leqslant l$ $y=-\frac{qa^2}{12EI}\left[\frac{x^3}{l}-\frac{(2l+a)(x-l)^3}{al}+\frac{(x-l)^4}{2a^2}-lx\right]$ $l\leqslant x\leqslant(l+a)$	$\theta_A=\frac{qa^2l}{12EI}$(↺) $\theta_B=\frac{qa^2l}{6EI}$(↻) $\theta_C=\frac{qa^2}{6EI}(l+a)$(↻)	$y_C=\frac{qa^3}{24EI}(3a+4l)$(↓) $y_1=\frac{qa^2l^2}{18\sqrt{3}EI}$(↑) $x=\frac{l}{\sqrt{3}}$

（1）集中荷载 F 单独作用时，B 端的转角和挠度可直接由表 6.3 查出。得到自由端的转角和挠角分别为

$$\theta_{BF}=\frac{FL^2}{2EI},y_{BF}=\frac{FL^3}{3EI}$$

（2）均布荷载 q 单独作用时，B 端的转角和挠角可直接由表 6.3 查出，得到自由端的转角和挠度分别为

$$\theta_{Bq}=\frac{-qL^3}{6EI},y_{Bq}=\frac{-qL^4}{8EI}$$

（3）由叠加法求均布荷载 q 及集中荷载 F 同时作用下，自由端的转角和挠度分别为

$$\theta_B=\theta_{BF}+\theta_{Bq}=\frac{FL^2}{2EI}-\frac{qL^3}{6EI}$$

$$y_B=y_{BF}+y_{Bq}=\frac{FL^3}{3EI}-\frac{qL^4}{8EI}$$

6.6 梁 的 刚 度

梁的刚度计算

6.6.1 梁的刚度校核

梁的刚度条件是指梁的最大挠度与最大转角分别不超过各自的许用值。在有些情况下，只限制某些截面的挠度或转角不超过许用值。以 $[\theta]$ 表示许用转角，则梁的转角刚度条件为

$$|\theta|_{max}\leqslant[\theta]$$

在土建工程中，对梁进行刚度计算时，通常只对挠度进行计算。梁的挠度容许值通常用许可挠度与梁跨长的比值 $\left[\frac{f}{l}\right]$ 作为标准。则梁的刚度条件为

$$\frac{|y|_{max}}{l}\leqslant\left[\frac{f}{l}\right]$$

按照梁的工程用途，在有关设计规范中，对 $\left[\frac{f}{l}\right]$ 有具体规定。在土建工程中，$\left[\frac{f}{l}\right]$ 的值常限制在 $\frac{1}{1000}\sim\frac{1}{250}$ 范围内。

应用梁的刚度条件可进行梁的刚度校核、设计截面和计算许用荷载。但是，对于土建工程中的梁，强度条件能满足要求时，一般情况下，刚度条件也能满足要求。所以，先由强度条件进行强度计算，再由刚度条件校核，若刚度不满足，则按刚度条件重新设计。

【例 6.18】 如图 6.39（a）所示的简支梁，用 32a 工字钢制成。已知 $q=8\text{kN/m}$，$l=6\text{m}$，$E=200\text{GPa}$，$\left[\frac{f}{l}\right]=\frac{1}{400}$。试校核梁的刚度。

解： 由题意可知：

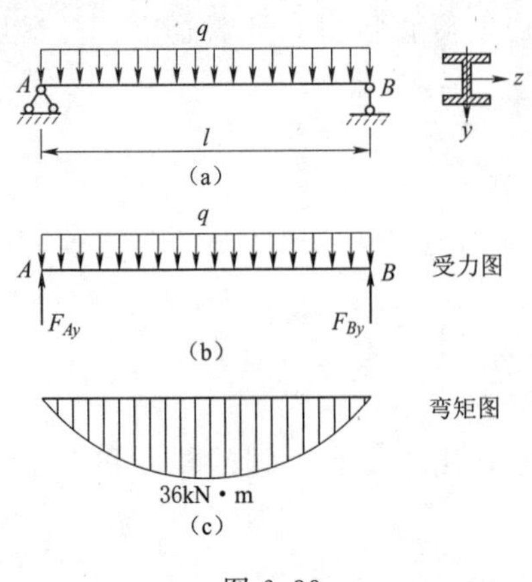

图 6.39

(1) 求支反力，如图 6.39 (b) 所示，由平衡方程$\sum M_B(F)=0$、$\sum M_A(F)=0$求得支座约束力为

$$Y_A=Y_B=\frac{ql}{2}=24\text{kN}$$

(2) 作弯矩图，如图 6.39 (c) 所示，梁的最大弯矩发生在跨中，值为

$$M_{\max}=\frac{ql^2}{8}=36\text{kN}\cdot\text{m}$$

(3) 校核刚度。查型钢表得 $I_z=11075.5\text{cm}^4$。由表 6.3 查得该梁的最大挠度为

$$\frac{y_{\max}}{l}=\frac{5ql^3}{384EI}=\frac{5\times8\times6^3\times10^9}{384\times200\times10^3\times11075.5\times10^4}=\frac{1}{985}$$

因为$\frac{y_{\max}}{l}=\frac{1}{985}<\left[\frac{f}{l}\right]=\frac{1}{400}$，所以梁的刚度满足要求。

6.6.2 提高梁刚度的措施

梁的最大挠度与荷载、跨度、支座、截面惯性矩、弹性模量有关。为了提高梁的刚度，可以从下面几个方面入手。

(1) 增大抗弯刚度

梁的变形与梁的抗弯刚度 EI 成反比，增大梁的抗弯刚度 EI 将使梁的变形减小，从而提高其刚度。增大梁的抗弯刚度 EI 值主要是设法增大梁截面的惯性矩 I 值。在截面面积不变的情况下，采用材料尽量远离中性轴的截面形状，比如采用工字形、箱形、圆环形等截面，可显著增大惯性矩。

(2) 减小梁的跨度。梁的变形与其跨度的 n 次幂成正比。设法减小梁的跨度 l，将有效地减小梁的变形，从而提高其刚度。在结构构造允许的情况下，可采用两种办法减小 l 值。

1) 增加中间支座。如图 6.40 (a) 所示简支梁跨中的最大挠度为 $f_a=\frac{5ql^4}{384EI}$，在跨中增加一中间支座，如图 6.40 (b) 所示，则梁的最大挠度约为原梁的$\frac{1}{38}$，即 $f_b=\frac{1}{38}f_a$。

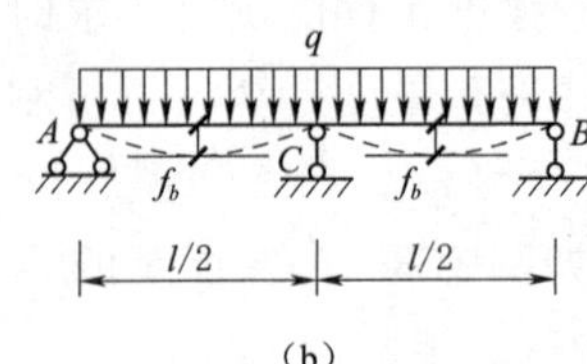

图 6.40

2）两端支座内移。如图 6.41（a）所示简支梁，将支座向中间移动而变成外伸梁，如图 6.41（b）所示，一方面减小了梁的跨度，从而降低梁跨中的最大挠度；另一方面在梁外伸部分的荷载作用下，使梁跨中产生向上的挠度，如图 6.41（c）所示，从而使梁中段产生向下的挠度，如图 6.41（d）所示，被抵消一部分，减小了梁跨中的最大挠度值。

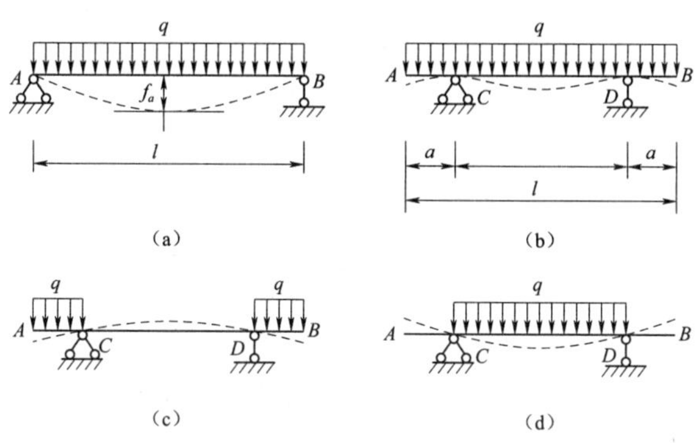

图 6.41

（3）改善荷载情况。在结构允许的情况下，合理地调整荷载的位置及分布情况，以降低弯矩，从而减小梁的变形，提高其刚度。如图 6.42（a）所示简支梁，将跨中的集中力分散作用，如图 6.42（b）所示，甚至改为分布荷载，则使最大弯矩降低，从而减小梁的变形，提高了梁的刚度。

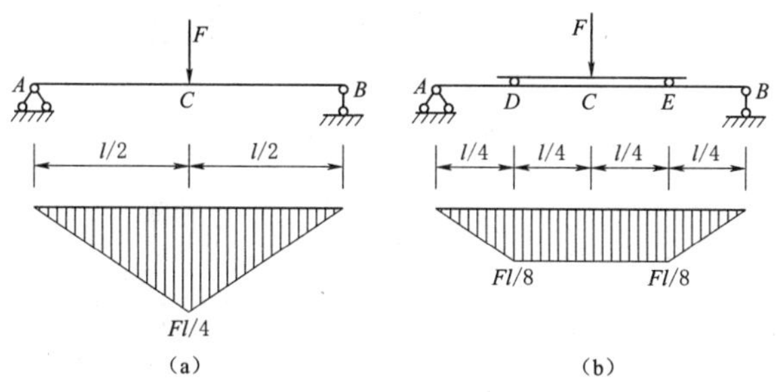

图 6.42

思　考　题

1. 平面弯曲梁的受力特点和变形特点是什么？

2. 剪力和弯矩的正负号的物理意义是什么？与理论力学中力和力偶的正负号规则有何不同？

3. 荷载、剪力、弯矩之间有何关系？作内力图时如何运用？

4. 内力图的特征有哪些？

5. 在什么条件下梁只发生平面弯曲？

6. 什么是中性轴和中性层？

7. 提高梁弯曲强度有哪些措施？

8. 梁截面合理设计的原则是什么？何为变截面梁？如何改变梁的受力情况？

9. 什么是梁的挠度和转角？

10. 挠度和转角的正负号是如何规定的？习惯用哪些单位？

11. 什么是梁的抗弯刚度？它的大小与哪些因素有关？

12. 用叠加法求梁的变形的主要步骤和方法有哪些？

13. 提高梁的抗弯刚度主要有哪些措施？

练　习　题

1. 如习题 6.1 图所示，试求各梁指定截面上的剪力和弯矩。

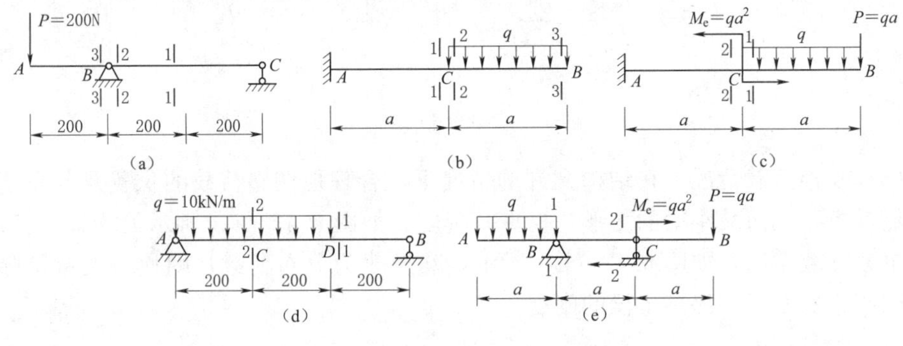

习题 6.1 图

2. 如习题 6.2 图所示，试利用剪力图、弯矩图的规律作出如下所示各梁的 Q 图、M 图。

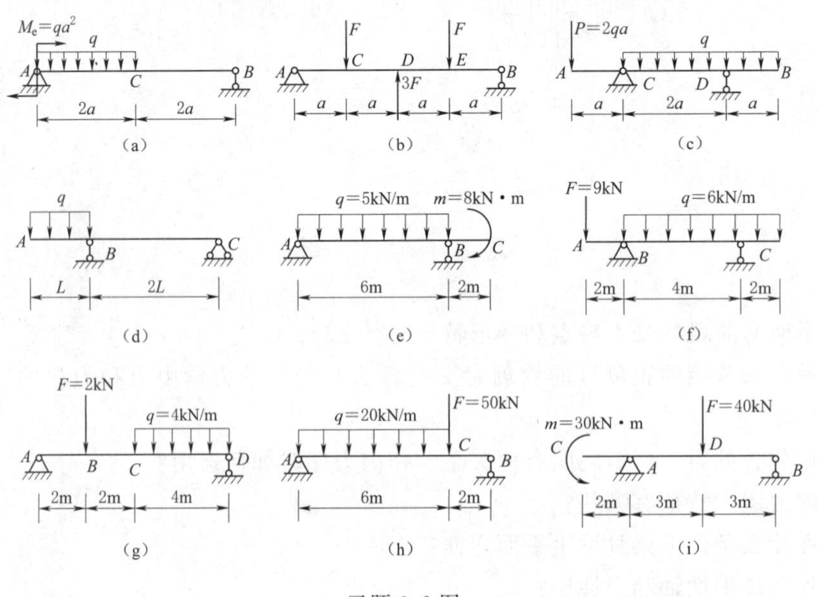

习题 6.2 图

3. 如习题 6.3 图所示，试用叠加法作图示各梁的弯矩图。

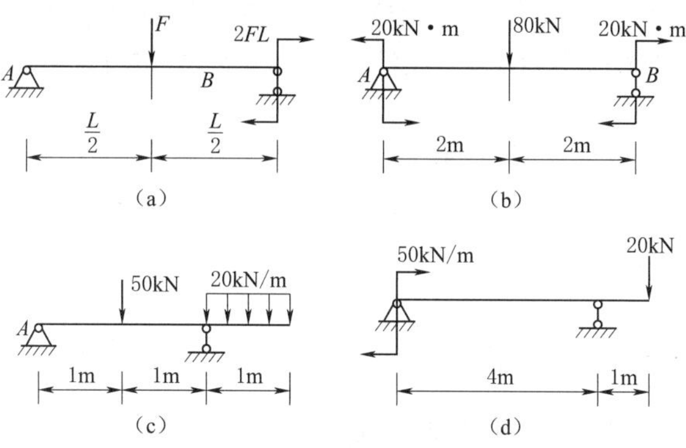

习题 6.3 图

4. 如习题 6.4 图所示的某矩形截面梁，在纵向对称平面内受弯矩 $M=20\text{kN}\cdot\text{m}$ 作用，试计算将矩形截面立放和平放时，截面上 a、b、c、d 四点的正应力。

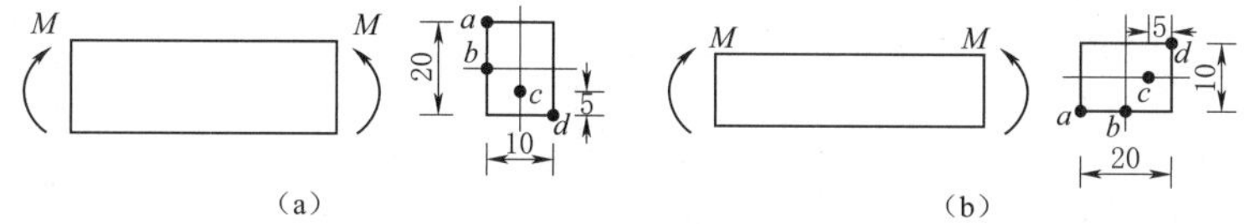

习题 6.4 图

5. 如习题 6.5 图所示，试求下列各梁的最大正应力及其所在位置。

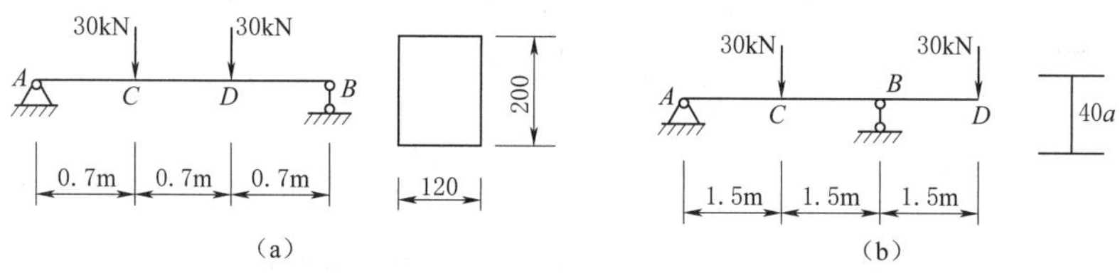

习题 6.5 图

6. 如习题 6.6 图所示，试求梁内最大拉应力和最大压应力，并指出他们分别发生在何处。

7. 如习题 6.7 图所示的矩形截面木梁，试求在离右支座 0.5m 的截面上与梁的底边相距 40mm 处 a 点的切应力，并求此截面上中性轴处的最大切应力。

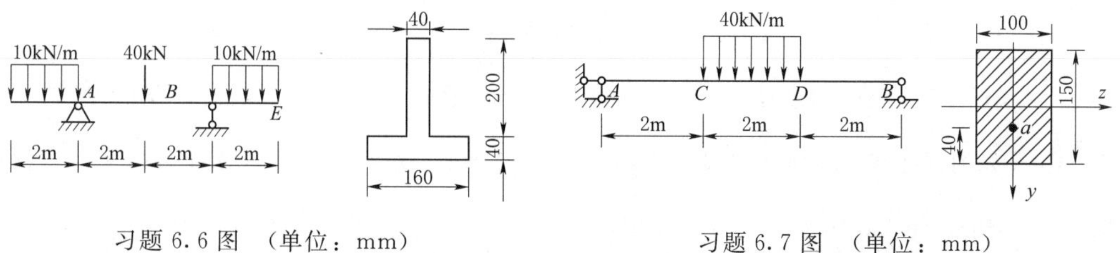

习题 6.6 图 （单位：mm）　　习题 6.7 图 （单位：mm）

8. 如习题 6.8 图所示的外伸梁，采用矩形截面，$b\times h=60\text{mm}\times 120\text{mm}$，已知荷载 $q=1.5\text{kN/m}$，材料的弯曲许用正应力 $[\sigma]=12\text{MPa}$。校核梁的正应力强度。

9. 如习题 6.9 图所示的 20a 工字钢梁。若 $[\sigma]=160\text{MPa}$，试求许用荷载 $[P]$。

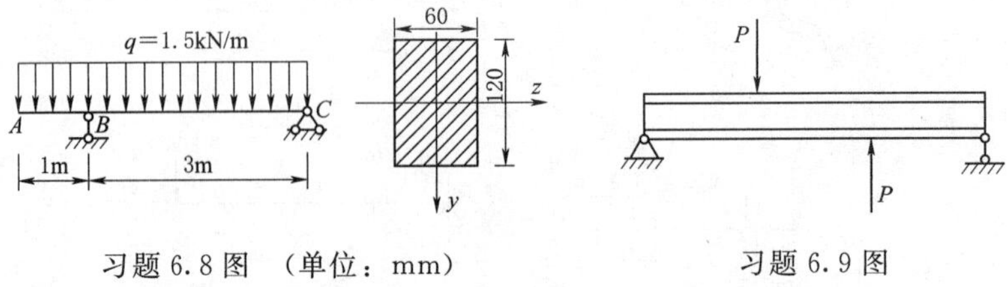

习题 6.8 图 （单位：mm）　　　　习题 6.9 图

10. 如习题 6.10 图所示的外伸梁，承受荷载 $F=15\text{kN}$ 作用，材料的许用正应力 $[\sigma]=160\text{MPa}$，试选择工字钢型号。

11. 如习题 6.11 图所示的工字钢外伸梁，已知 $L=8\text{m}$，$F=40\text{kN}$，$q=5\text{kN/m}$，材料的容许正应力 $[\sigma]=160\text{MPa}$，容许剪应力 $[\tau]=100\text{MPa}$，已选用工字钢 22a，试校核刺梁是否安全。

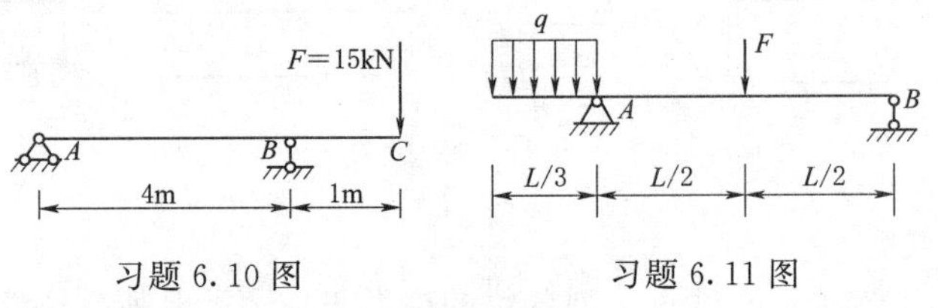

习题 6.10 图　　　　习题 6.11 图

12. 如习题 6.12 图所示，试用叠加法计算各梁指定截面的挠度和转角，各梁 EI 为常数。

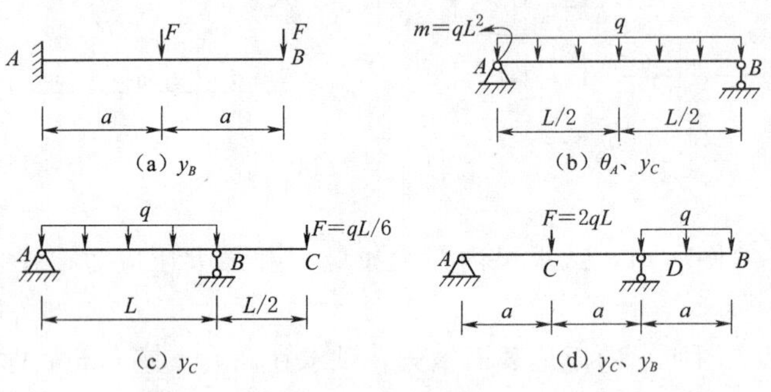

习题 6.12 图

13. 如习题 6.13 图所示的工字形截面悬臂梁，在自由端作用有集中力 $F=8\text{kN}$，梁长 $l=6\text{m}$，工字钢采用 32a，材料弹模 $E=200\text{GPa}$，$\left[\dfrac{f}{l}\right]=\dfrac{1}{400}$，校核梁的刚度。

14. 如习题 6.14 图所示的工字钢简支梁。已知：$q=4\text{kN/m}$，$M=4\text{kN}\cdot\text{m}$，材料弯曲许用应力 $[\sigma]=160\text{MPa}$，许用挠度 $\left[\dfrac{f}{L}\right]=\dfrac{1}{400}$，$E=200\text{GPa}$。试按强度条件

选择型号，并校核梁的刚度。

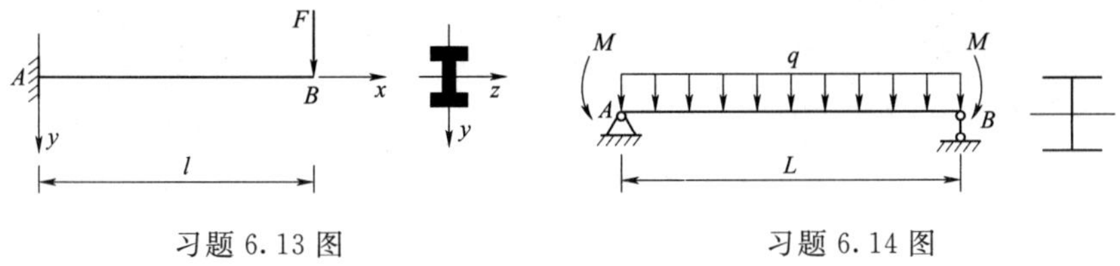

习题 6.13 图　　　　　　　　习题 6.14 图

15. 如习题 6.15 图所示的圆形截面简支梁，材料为木材，已知 $[\sigma]=12\text{MPa}$，$E=10^4\text{MPa}$，$\left[\frac{f}{l}\right]=\frac{1}{400}$。试求梁的截面直径 D。

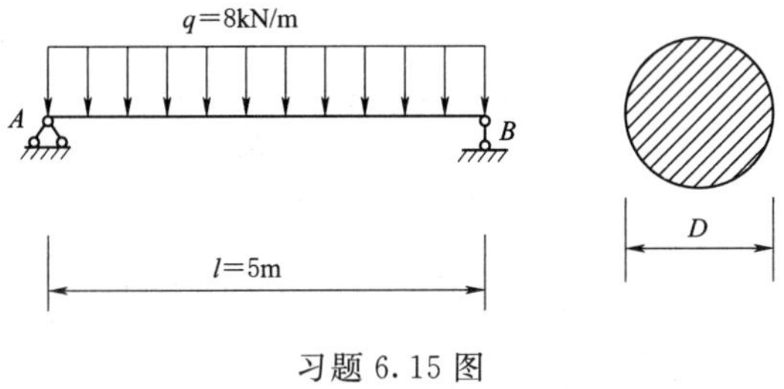

习题 6.15 图

第 7 章

扭　转

杆件两端在垂直杆轴线的平面内作用一对大小相等，转向相反的力偶，杆件发生的变形称为扭转。如图 7.1 所示，取方向盘上一段杆件，其上有大小相等、方向相反的两个力，即一个力偶作用。根据平衡条件可知，其转向轴上必然有一个大小相等、转向相反的力偶作用。在这对力偶的作用下，转向轴各个横截面发生绕轴线的相对转动，此时任意两横截面绕轴线相对转动一个角度，这个角度称为扭转角。使杆件产生扭转变形的外力偶称为扭力偶，其力偶矩称为扭力偶矩，也称为外力偶矩，通常用 m 表示，单位为 N·m 或 kN·m。在工程中，以扭转变形为主要变形形式的杆件，习惯上称为轴。而承受扭转的杆件大多数是圆轴，因此本章主要针对圆轴开展研究。

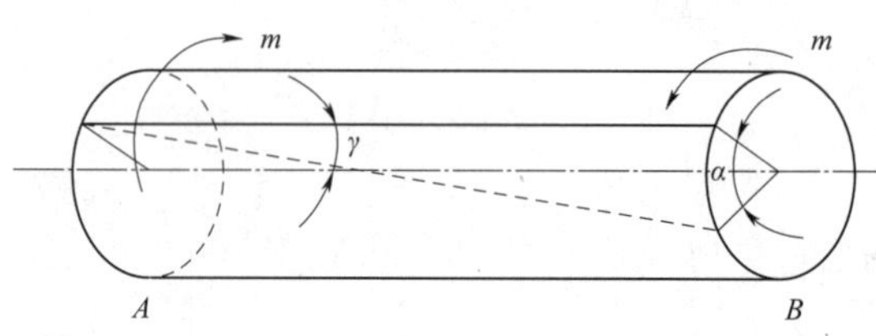

图 7.1

圆轴的内力

7.1　圆轴的内力

作用在轴上的扭力偶矩，一般可通过力的平移，并利用平衡条件确定。但是，对于传动轴等转动构件，通常只知道它们的转速与所传递的功率。因此，在分析传动轴等转动类构件的内力之前，首先需要根据转动与传递功率计算轴所承受的扭力偶矩。力偶在单位时间内所做之功称为功率 P，功率等于扭力偶矩 m 与相对角速度 ω 的乘积，即

$$P = m\omega$$

在工程实际中，功率 P 常用单位为千瓦（kW），扭力偶矩 m 常用单位为牛顿·米（N·m），转速 n 常用单位为转/分（r/min），角速度 ω 常用单位为弧度/秒（rad/s）。采用以上常用单位，则有

$$\omega = \frac{2\pi}{60}n$$

此外，又由于 1W＝1N·m/s，于是功率就是

$$P\times10^{3}=m\,\frac{2\pi}{60}n$$

由此可得扭力偶矩

$$m=9549\,\frac{P}{n}$$

7.1.1 扭矩

7.1.1.1 扭矩正负号规定

在一根等直圆截面轴两端受扭力偶矩 m，如图 7.2（a）所示。扭转变形和扭矩的正负规定，轴微段左侧截面相对向上转动，右侧截面相对向下转动的扭转变形规定为正（可简述为左上右下为正），反之为负。如图 7.2（b）、图 7.2（c）所示 C 截面处微段扭转变形为正。受扭轴截面上的内力的合力必是一个力偶，此内力偶矩称扭矩，用 M_x 表示。

扭矩的正负号还可用右手螺旋法来判断，如图 7.3（a）、图 7.3（b）所示。以右手四指顺着扭矩的转向，若拇指指向与截面外法线方向一致时，即背离截面，扭矩为正，反之为负。

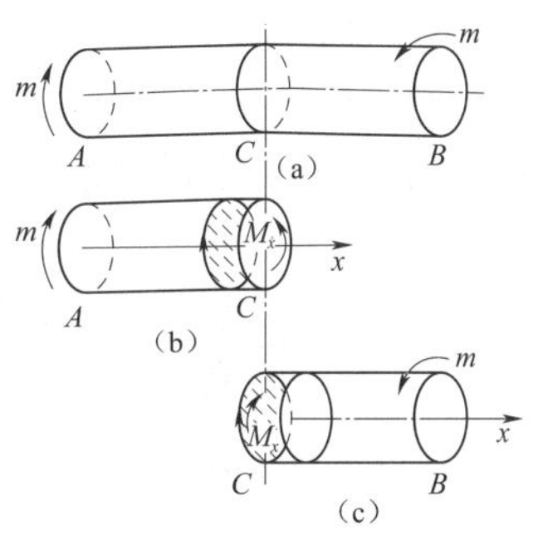

图 7.2

7.1.1.2 扭矩的计算

扭矩的计算方法同样采用截面法。在计算式通常将截面上未知扭矩设定为正向，计算结果的代数值符号就可反映扭转的转向。如图 7.2（a）所示，求 C 截面上的扭矩时，在 C 处假想将轴解开，先取左轴段为对象，受力图如图 7.2（b）所示，列平衡方程即可得到未知扭矩。同样取右轴段为对象，受力图如图 7.2（c）所示，也可求出数值相同的扭矩。

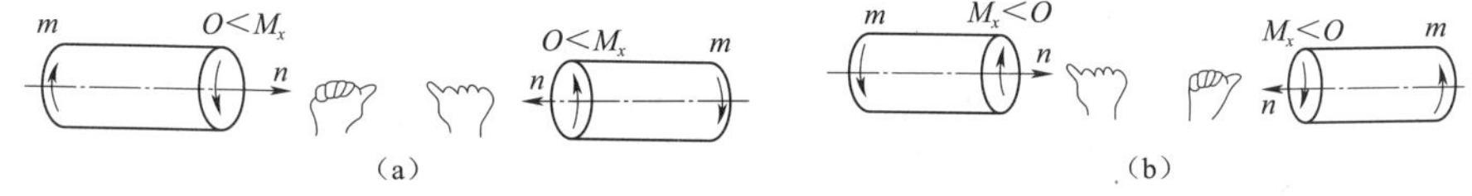

图 7.3

为了简便，可以应用截面任一侧轴段上的扭力偶矩直接求截面扭矩。显然，截面任一侧轴段上的各个扭力偶在截面上产生相应扭矩的代数和，即为截面上的扭矩。截面左侧轴段上向上转向的扭力偶，或截面右侧轴段上向下转向的扭力偶，在截面上产生相应的正扭矩（简记为左上右下为正）；反之，产生相应的负扭矩。

【例 7.1】 如图 7.4（a）所示扭转轴，已知所受扭力偶矩，计算截面 E 的扭矩。

解： 由题意可知，用假想截面将轴在 E 处截开，先取左轴段为研究对象，在截面上用正扭矩代替去掉部分的作用，其受力如图 7.4（b）所示。由平衡条件得

$$\sum M_x=0,M_x-M_1+M_2=0$$

则有

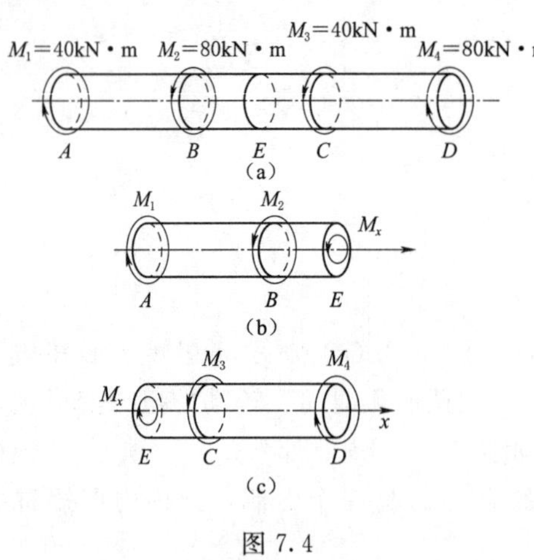

图 7.4

$$M_x=M_1-M_2=40-80=-40(\mathrm{kN\cdot m})$$

若取右段为研究对象，其受力图如图7.4（c）所示。同理可得

$$M_x=M_3-M_4=40-80=-40(\mathrm{kN\cdot m})$$

7.1.2 扭矩图

为了形象地表明轴内扭矩随截面位置的变化情况，将扭矩随截面位置的变化规律用图线表达出来的图形称为扭矩图。在多个扭力偶作用的扭转轴上，扭力偶作用处是扭矩变化处，因此，必须分段计算各轴段的扭矩。扭矩图的绘制方法与轴力图相似。

【例 7.2】 如图 7.5（a）所示传动轴，主动轮 A 轮的输入功率 $P_A=50\mathrm{kW}$，从动轮 B、C、D 输出功率分别为 $P_B=15\mathrm{kW}$、$P_C=15\mathrm{kW}$、$P_D=20\mathrm{kW}$，轴转速为 $n=300\mathrm{r/min}$，试绘制扭矩图。

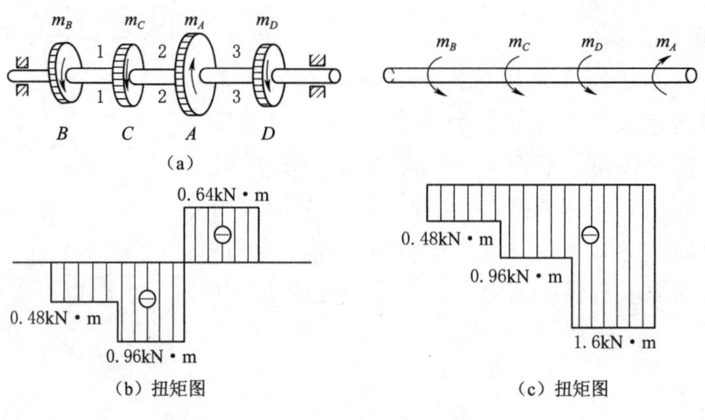

图 7.5

解： 由题意可知：

（1）计算外力偶矩。

$$m_A=9549\frac{P_A}{n}=9549\times\frac{50}{300}=1591.5(\mathrm{N\cdot m})=1.60(\mathrm{kN\cdot m})$$

$$m_B=9549\frac{P_B}{n}=9549\times\frac{15}{300}=477.45(\mathrm{N\cdot m})=0.48(\mathrm{kN\cdot m})$$

$$m_C=9549\frac{P_C}{n}=9549\times\frac{15}{300}=477.45(\mathrm{N\cdot m})=0.48(\mathrm{kN\cdot m})$$

$$m_D=9549\frac{P_D}{n}=9549\times\frac{20}{300}=636.6(\mathrm{N\cdot m})=0.64(\mathrm{kN\cdot m})$$

（2）计算扭矩。

BC 段：$M_{x1}=-m_B=-0.48\mathrm{kN\cdot m}$

CA 段：$M_{x1}=-m_B-m_C=-0.48-0.48=-0.96(\text{kN}\cdot\text{m})$

AD 段：$M_{x1}=-m_B-m_C+m_A=-0.48-0.48+1.60=0.64(\text{kN}\cdot\text{m})$

(3) 绘制扭矩图

画基线与轴 BD 等长平行，按比例画各轴段的扭矩纵标图，于是得到如图 7.5 (b) 所示的扭矩图。可以看出最大扭矩为 0.96kN·m，发生在 CA 轴段。若将该轴主动轮 A 装置在轴右端，则其扭矩图如图 7.5 (c) 所示。此时，轴的最大扭矩为 1.6kN·m。显然图 7.5 (a) 所示的轮布置比较合理。

7.2 圆轴的应力和强度

圆轴的应力和强度

7.2.1 圆轴的应力计算

为了研究圆轴扭转时横截面上的应力，先观察扭转时的变形现象。如图 7.6 (a) 所示圆轴，受扭前在表面画上等间距的圆周线和纵向线，形成多个微小方格。然后在两端施加外力偶矩 m，使其产生扭转变形，如图 7.6 (b) 所示。在小变形条件下，可以观察到以下现象：

(1) 圆周线的形状、大小、间距均未改变，只是彼此绕轴线发生相对转动。

(2) 纵向线都发生了微小角度的倾斜，原来的矩形网格变成了平行四边形。

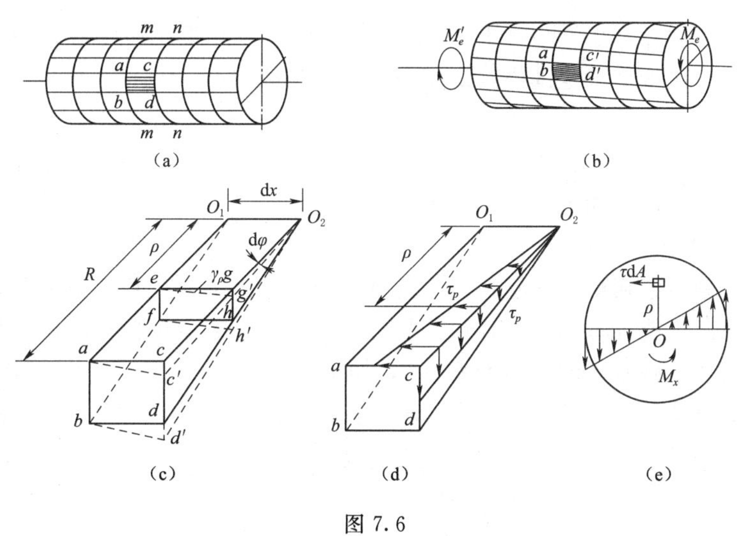

图 7.6

根据以上的变形现象，可以得出下面的推论和假设：

(1) 由于圆周线形状、大小不变，说明代表横截面的圆周线仍为平面。因此可以假设，圆轴扭转时，变形前为平面的横截面，变形后仍保持平面。这一假设，称为平面假设。

(2) 由于圆周线间距不变，且其形状、大小不变，可以推断：横截面和纵向截面上没有正应力。

(3) 由于圆周线仅绕轴线相对转动，且使纵向线有相同的倾角，说明横截面上有切应力，且同一圆周上各点的切应力相等。

(4) 由于矩形网格的直角改变方向位于圆周切线方向，说明切应力的方向是沿着圆周切线的方向。

综上所述，圆轴扭转时，横截面上将产生切应力，且切应力方向与圆周相切。

7.2.1.1 几何方面

在圆轴上取 dx 微段，再从微段中用夹角很小的两个径向截面切出楔形体，如图 7.6 (c) 所示。在圆轴扭转变形时，若截面 $n—n$ 相对截面 $m—m$ 转动 $\mathrm{d}\varphi$，由平面假设，截面 n—n 的两个半径 O_2c 和 O_2d 均旋转了同一角度 $\mathrm{d}\varphi$。圆轴表面的矩形 $abcd$ 变成了平行四边形 $a'b'c'd'$，cd 边相对 ab 边的错动为 $cc'=Rd\varphi$。圆周表面上任意点的直角改变量 γ 为该点的切应变，即

$$\gamma \approx \tan\gamma = \frac{cc'}{ac} = \frac{R\mathrm{d}\varphi}{\mathrm{d}x}$$

根据平面假设，得到距圆心为 ρ 的任意点的切应变为

$$\gamma_\rho = \frac{cc'}{ac} = \rho\frac{\mathrm{d}\varphi}{\mathrm{d}x} = \rho\theta$$

式中，$\theta = \frac{\mathrm{d}\varphi}{\mathrm{d}x}$为扭转角沿杆长的变化率，称为单位长度扭转角，rad/m。

7.2.1.2 物理方面

对于给定截面，θ 为常数，可见截面上任一点的切应变 γ_ρ 与该点到圆心的距离 ρ 成正比。在剪切比例极限范围内，根据剪切胡克定律得

$$\tau_\rho = G\gamma_\rho = G\rho\theta$$

因为 γ_ρ 是垂直于半径平面内的切应变，所以 τ_ρ 的方向应垂直于半径。切应力沿任一半径线的变化情况如图 7.6 (d) 所示。

7.2.1.3 力学关系

前述内容确定了切应力在横截面上的分布规律，因为单位长度扭转角 θ 还是个待定的参数，由此不能计算切应力，还需从力学平衡条件确定单位长度扭转角。

在横截面上距圆心处取一微面积 $\mathrm{d}A$，如图 7.6 (e) 所示。作用在微面积上的微内力为 $\tau\mathrm{d}A$，此力对 x 轴的力矩为 $\rho\tau\mathrm{d}A$。整个横截面上各点处微内力对轴之矩为

$$M_x = \int_A \rho\tau\mathrm{d}A = \int_A G\rho^2\theta\mathrm{d}A = G\theta\int_A \rho^2\mathrm{d}A$$

式中：$\int_A \rho^2\mathrm{d}A$ 为圆截面对圆心的极惯性矩 I_p。

于是

$$\theta = \frac{\mathrm{d}_\varphi}{\mathrm{d}x} = \frac{M_x}{GI_p}$$

式中：GI_p 为抗扭刚度，它反映了材料、截面形状、尺寸对扭转变形的影响。GI_p 越大，单位长度扭转角越小。将上式 θ 代入公式 $\tau_\rho = G\gamma_\rho = G\rho\theta$ 得

$$\tau = \frac{M_x\rho}{I_p}$$

该式即扭转圆轴横截面上切应力的计算公式。它反映了切应力与扭矩 M_x 成正比，且沿半径方向呈线性分布，在圆心处，切应力为零。

在横截面周边各点处，切应力达到最大值，其值为

$$\tau_{\max}=\frac{M_x R}{I_p}$$

令

$$W_p=\frac{I_p}{R}$$

则有

$$\tau_{\max}=\frac{M_x}{W_p}$$

式中：W_p 为抗扭截面系数，是反映杆件抵抗扭转变形的几何量，其单位为 m^3 或 mm^3。

对于实心圆轴

$$W_p=\frac{\pi R^3}{2}$$

对于外半径为 R，内半径为 r 的空心圆轴

$$W_p=\frac{\pi R^3}{2}(1-\alpha^4),\alpha=\frac{r}{R}$$

由于以上推导过程的前提是胡克定律，因此，这些公式适用于线弹性范围内的等直圆杆。

【例 7.3】 如图 7.7 所示传动轴，AB 段直径 $d_1=120\text{mm}$，BC 段直径 $d_2=100\text{mm}$，外力偶矩 $m_1=22\text{kN}\cdot\text{m}$、$m_2=36\text{kN}\cdot\text{m}$、$m_3=14\text{kN}\cdot\text{m}$。试求轴的最大切应力。

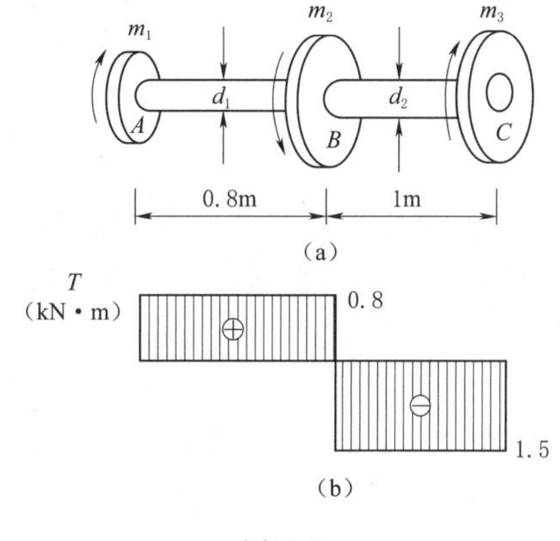

图 7.7

解：由题意可知：

(1) 作扭矩图。用截面法求得 AB 段、BC 段的扭矩分别为

$$M_{x1}=22\text{kN}\cdot\text{m}$$
$$M_{x2}=-14\text{kN}\cdot\text{m}$$

作出扭矩图，如图 7.7 (b) 所示。

(2) 计算最大切应力。由扭矩图可知，AB 段的扭矩比 BC 段的扭矩大，但因 BC 段直径较小，所以需分别计算各段轴横截面上的最大切应力，即

$$\tau_{\max}=\frac{M_{x1}}{W_{p1}}=\frac{22\times10^6}{\frac{\pi}{16}\times120^3}=64.8(\text{MPa})$$

$$\tau_{\max}=\frac{M_{x2}}{W_{p2}}=\frac{14\times10^6}{\frac{\pi}{16}\times100^3}=71.3(\text{MPa})$$

比较以上结果，该轴最大切应力位于 BC 段内任一截面的边缘各点处，即该轴最大切应力为 71.3MPa。

7.2.2 圆轴的强度计算

为了保证受扭圆轴安全可靠地工作，必须使圆轴的最大工作切应力 τ_{max} 不超过材料的扭转需用切应力 $[\tau]$。因此，圆轴的强度条件为

$$\tau_{max} \leqslant [\tau]$$

对于等直圆杆，其强度条件为

$$\frac{|M_x|_{max}}{W_p} \leqslant [\tau]$$

式中：$|M_x|_{max}$ 为扭矩图上绝对值最大的扭矩，最大切应力 τ_{max} 发生在 $|M_x|_{max}$ 所在截面的圆周边上。对于阶梯形变截面圆轴，因为 W_p 不是常量，τ_{max} 不一定发生在 $|M_x|_{max}$ 的截面上。这就要综合考虑扭矩 M_x 和抗扭截面系数 W_p 两者的变化情况来确定 τ_{max}。

在静荷载作用下，扭转许用切应力 $[\tau]$ 与许用拉应力 $[\sigma_t]$ 之间有如下关系：

对塑性材料：$[\tau]=(0.5\sim0.6)[\sigma_t]$

对脆性材料：$[\tau]=(0.8\sim1.0)[\sigma_t]$

应用强度条件可解决圆轴扭转时的三类强度计算问题：

(1) 强度校核。已知材料的许用切应力、截面尺寸，以及所受荷载，直接应用强度条件检查构件是否满足强度要求。

(2) 选择截面。已知圆轴所受的荷载及所用材料，可按强度条件计算抗扭截面系数 W_p 后，再进一步确定截面直径。此时强度条件可以改写为

$$W_p \geqslant \frac{|M_x|_{max}}{[\tau]}$$

(3) 确定许可荷载。已知构件的材料和尺寸，按强度条件计算出构件所能承担的扭矩 $|M_x|_{max}$，再根据扭矩与扭力偶的关系，计算出圆轴所能承担的最大扭力偶。此时强度条件改写为

$$|M_x|_{max} \leqslant [\tau] W_p$$

【例 7.4】 有一电机传动钢轴，直径 $d=40$mm，轴传递的效率为 30kW，转速 $n=1400$r/min，轴的许用切应力 $[\tau]=40$MPa，试校核轴的强度。

解： 由题意可知：

(1) 计算扭力偶矩和扭矩。

扭力偶矩

$$m_x = 9549\frac{P}{n} = 9549\times\frac{30}{1400}204\text{N}\cdot\text{m}$$

扭矩

$$M_x = m_x = 204\text{N}\cdot\text{m}$$

(2) 强度校核。

轴的抗扭截面系数为

$$W_p=\frac{\pi R^3}{2}=\frac{\pi\times 20^3}{2}=1.255\times 10^4\,\text{mm}^3$$

根据强度条件得

$$\tau_{\max}\frac{|M_x|_{\max}}{W_p}=\frac{204\times 10^3}{1.255\times 10^4}=16.3\text{MPa}$$

因为

$$\tau_{\max}<[\tau]=40\text{MPa}$$

所以轴满足扭转强度条件。

【例 7.5】 如图 7.8 所示汽车传动轴，轴选用无缝钢管，外半径 $R=45$mm，内半径 $r=42.5$mm。需用切应力 $[\tau]=60$MPa，根据强度条件，试求轴能承受的最大扭矩。

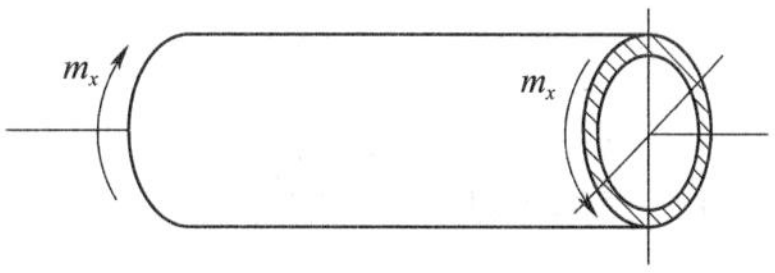

图 7.8

解：由题意可知：

按照强度条件确定最大扭矩

$$a=\frac{r}{R}=\frac{42.5}{45}=0.944$$

$$W_p=\frac{\pi R^3}{2}(1-a^4)=\frac{\pi\times 45^3}{2}(1-0.944^4)=29400(\text{mm}^3)$$

由强度条件得

$$|M_x|_{\max}\leqslant[\tau]W_p=60\times 29400=1764\times 10^3(\text{N}\cdot\text{mm})=1764(\text{N}\cdot\text{m})$$

因此，轴能承受的最大扭矩为 1764N·m。

【例 7.6】 有一传动轴，轴内的最大扭矩 $M_x=1.5$kN·m，若许用切应力 $[\tau]=50$MPa，试按下列两种方案确定轴的横截面尺寸，并比较起重量：①实心圆截面轴；②空心圆截面轴，其内、外半径的比值等于 0.9。

解：由题意可知：

(1) 确定实心圆轴的半径。

根据强度条件得

$$W_p\geqslant\frac{|M_x|_{\max}}{[\tau]}$$

将实心圆轴的抗扭截面系数 $W_p=\frac{\pi R_1^3}{2}$代入强度条件得

$$R_1\geqslant\sqrt[3]{\frac{2M_x}{\pi[\tau]}}=\sqrt[3]{\frac{2\times 1.5\times 10^6}{\pi\times 50}}26.73(\text{mm})$$

$$R_1=27\text{mm}$$

(2) 确定空心圆轴的内、外半径。将空心圆轴的抗扭截面系数 $W_p=\frac{\pi R_1^3}{2}(1-\alpha^4)$代入强度条件得

$$R_2\geqslant\sqrt[3]{\frac{2M_x}{\pi[\tau](1-a^4)}}=\sqrt[3]{\frac{2\times 1.5\times 10^6}{\pi\times 50\times(1-0.9^4)}}38.15(\text{mm})$$

其内半径相应为

$$r_2=0.9R_2=0.9\times38.15=34.34(\text{mm})$$

取

$$R_2=39\text{mm}, r_2=34\text{mm}$$

(3) 重量比较。上述空心与实心圆轴的长度与材料均相同，所以，二者的重量比 β 等于其横截面面积之比，即

$$\beta=\frac{\pi(R_2^2-r_2^2)}{\pi R_1^2}=\frac{39^2-34^2}{27^2}=0.5$$

上述数据充分说明，在强度相同条件下，空心轴远比实心轴轻。

圆轴的变形和刚度

7.3 圆轴的变形和刚度

7.3.1 圆轴的变形计算

在圆轴扭转时，各横截面之间绕轴线发生相对转动。因此，圆轴的扭转变形是用两个横截面绕轴线的相对扭转角来度量的。由抗扭刚度可知，微段 dx 的扭转变形为

$$d_{\varphi}=\frac{M_x}{GI_p}\mathrm{d}x$$

对于扭矩 M_x 及 GI_p 不随杆截面位置坐标 x 变化的圆轴，长度为 l 的轴两端截面的相对扭转角为

$$\varphi=\int_0^l\frac{M_x}{GI_p}\mathrm{d}x=\frac{M_x l}{GI_p}$$

式中：φ 的单位为 rad，其正负号与扭矩正负号一致。上式表明，扭转角 φ 与扭矩 M_x、轴长 l 成正比，与乘积 GI_p 成反比。乘积 GI_p 称为圆轴截面的抗扭转刚度。

对于扭矩、横截面面积和切变模量沿杆轴逐段变化的圆截面轴，应在扭矩变化处、截面变化处和切变模量变化处分段，分段计算截面间的相对扭转角，然后求代数和，即得整个轴两端相对扭转角，即

$$\varphi=\sum_{i=1}^{n}\left(\frac{M_x l}{GI_p}\right)_i$$

【例 7.7】 如图 7.9 所示圆轴，已知 $M_1=0.8\text{kN}\cdot\text{m}$，$M_2=2.3\text{kN}\cdot\text{m}$，$M_3=1.5\text{kN}\cdot\text{m}$，轴段 AB 的半径 $R_1=2\text{cm}$，轴段 BC 的半径 $R_2=3.5\text{cm}$，材料的切变模量 $G=80\text{GPa}$，试计算 φ_{AC} 的大小。

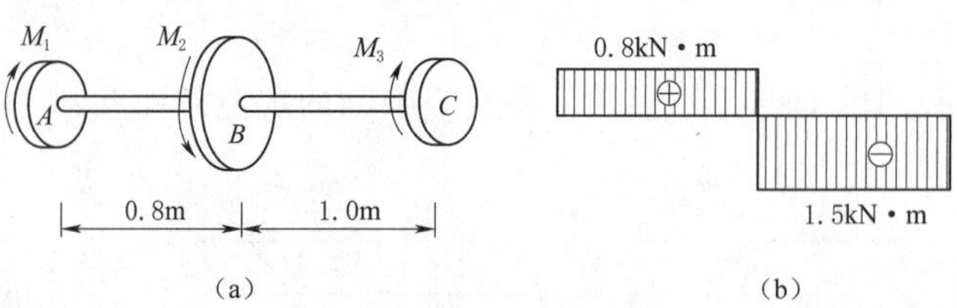

图 7.9

解： 由题意可知。

（1）做扭转图。

AB 段扭矩 $M_{x1}=\sum M_i=M_1=0.8\text{kN}\cdot\text{m}$

BC 段扭矩 $M_{x2}=\sum M_i=M_1-M_2=0.8-2.3=-1.5(\text{kN}\cdot\text{m})$

（2）计算极惯性矩。

AB 段极惯性矩 $I_{P1}=\dfrac{\pi R_1^4}{2}=\dfrac{\pi\times 20^4}{2}=2.51\times10^5(\text{mm}^4)$

BC 段极惯性矩 $I_{P2}=\dfrac{\pi R_2^4}{2}=\dfrac{\pi\times 35^4}{2}=2.36\times10^6(\text{mm}^4)$

（3）计算扭转角。由于轴段 AB 和轴段 BC 的扭转和截面尺寸都不相同，故应分段计算相对扭转角。

$$\varphi_{AB}=\left(\frac{M_x l}{GI_P}\right)_1=\frac{0.8\times10^6\times0.8\times10^3}{80\times10^3\times2.51\times10^5}=0.0319(\text{rad})$$

$$\varphi_{BC}=\left(\frac{M_x l}{GI_P}\right)_2=\frac{(-1.5)\times10^6\times1.0\times10^3}{80\times10^3\times2.36\times10^6}=-0.0079(\text{rad})$$

因此，轴 AC 两端的相对扭转角为

$$\varphi_{AC}=\varphi_{AB}+\varphi_{BC}=0.0319-0.0079=0.024(\text{rad})$$

7.3.2 圆轴的刚度计算

为了保证圆轴的正常工作，除了要求满足强度条件，还要求圆轴应有足够的刚度，即对其变形有一定的限制。在工程实际中，通常是限制扭转角沿轴线的变化率 $\dfrac{d\varphi}{dx}$，即要求轴单位长度内的扭转角不超过某一规定的许用值［θ］。扭转角的变化率为

$$\theta=\frac{d\varphi}{dx}=\frac{M_x}{GI_p}$$

圆轴扭转的刚度条件可表示为

$$\theta_{\max}=\left(\frac{M_x}{GI_p}\right)_{\max}\leqslant[\theta]$$

对于等截面圆轴，即要求

$$\frac{M_{x\max}}{GI_p}\leqslant[\theta]$$

式中：若切变模量 G 的单位用 Pa，极惯性矩 I_p 的单位用 m^4，扭矩 M_x 的单位用 N·m，则扭转角变化率 $\dfrac{d\varphi}{dx}$ 的单位为 rad/m。而单位长度许用扭转角的单位一般为（°）/m（度/米），考虑单位换算，则得

$$\frac{M_{x\max}}{GI_p}\times\frac{180}{\pi}\leqslant[\theta]$$

不同类型圆轴的单位长度许用扭转角［θ］的值，可根据有关设计规范确定。对于一般传动轴，［θ］为 0.5～1(°)/m。同样，应用刚度条件可以解决圆轴的扭转刚度

校核、截面设计及确定许用荷载等三方面的问题。

【例 7.8】 有一电机传动钢轴，半径 $R=20\text{mm}$，轴传递的功率为 30kW，转速 $n=1400\text{r/min}$。轴的需用切应力 $[\tau]=40\text{MPa}$，切变模量 $G=80\text{GPa}$，轴的许用扭转角 $[\theta]=0.7(°)/\text{m}$。试校核此轴的强度和刚度。

解： 由题意可知。

(1) 计算扭力偶矩和扭矩。

扭力偶矩 $$M_e=9549\frac{P}{n}=9549\times\frac{30}{1400}=204.6\text{N}\cdot\text{m}$$

扭矩 $$M_x=M_e=204.6\text{N}\cdot\text{m}$$

(2) 强度校核。

$$I_p=\frac{\pi R^4}{2}=\frac{\pi\times 20^4}{2}=2.51\times 10^5(\text{mm}^4)$$

$$W_p=\frac{\pi R^3}{2}=\frac{\pi\times 20^3}{2}=1.257\times 10^4(\text{mm}^3)$$

$$\tau_{\max}=\frac{M_x}{W_p}=\frac{204.6\times 10^3}{1.257\times 10^4}=16.3(\text{MPa})$$

因为 $\tau_{\max}<[\tau]=40\text{MPa}$，所以轴满足强度条件。

(3) 刚度校核。轴单位长度扭转角为

$$\theta=\frac{M_x}{GI_P}\times\frac{180}{\pi}=\frac{204.6}{80\times 10^9\times 2.51\times 10^{-7}}\times\frac{180}{\pi}=0.59(°)/\text{m}$$

因为 $\theta_{\max}<[\theta]=0.7(°)/\text{m}$，所以轴满足刚度条件。

【例 7.9】 有一空心圆截面传动轴，已知轴的内半径 $r=42.5\text{mm}$，外半径 $R=45\text{mm}$，材料的剪切许用应力 $[\tau]=60\text{MPa}$，切变模量 $G=80\text{GPa}$，轴单位长度的许用扭转角 $[\theta]=0.8(°)/\text{m}$，试求该轴所能传递的许用扭矩。

解： 由题意可知。

(1) 按强度条件计算。

轴的内外径比为

$$a=\frac{r}{R}=\frac{42.5}{45}=0.944$$

由强度条件可知

$$M_{x\max}\leqslant W_p[\tau]$$

$$M_{x\max}\leqslant\frac{\pi R^3}{2}(1-a^4)[\tau]$$

$$M_{x\max}\leqslant\frac{\pi\times 45^3}{2}(1-0.944^4)\times 60=1768\times 10^3(\text{N}\cdot\text{mm})=1768(\text{N}\cdot\text{m})$$

(2) 按刚度条件可知。

$$I_p=\frac{\pi R^4}{2}(1-a^4)=\frac{\pi}{2}\times 45^4(1-0.944^4)=1.326\times 10^6(\text{mm}^4)$$

由刚度条件可知

$$\frac{M_{x\max}}{GI_P}\times\frac{180}{\pi}\leqslant[\theta]$$

$$M_{x\max}\leqslant\frac{GI_P\pi[\theta]}{180}$$

$$M_{x\max}\leqslant\frac{80\times10^9\times1.326\times10^{-6}\times\pi\times0.8}{180}=1480(\mathrm{N\cdot m})$$

传动轴应同时满足强度条件和刚度条件，故取扭矩较小者。即传动轴所能传递的许用扭矩 $[M_x]=1480\mathrm{N\cdot m}$。

思　考　题

1. 扭力偶矩和扭矩分别指的是什么？
2. 扭转轴的破坏先从轴的表面开始还是从轴心开始？为什么？
3. 塑性材料和脆性材料的圆轴扭转破坏面是否相同？
4. 在圆轴扭转时横截面上是否有正应力？为什么？
5. 圆轴扭转强度条件可以解决哪些问题？
6. 圆轴扭转刚度条件可以解决哪些问题？

练　习　题

1. 如习题 7.1 图所示传动轴，试作轴的扭矩图。

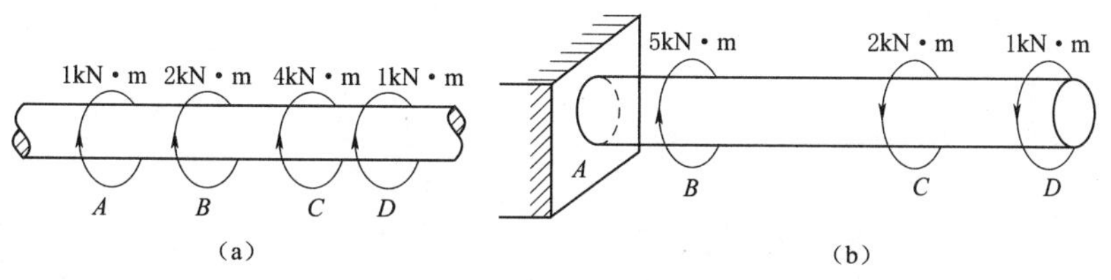

习题 7.1 图

2. 如习题 7.2 图所示传动轴，已知转速 $n=1000\mathrm{r/min}$，主动轮 2 的输入功率为 60kW，从动轮 1、3、4、5 依次输出功率为 $P_1=18\mathrm{kW}$、$P_3=12\mathrm{kW}$、$P_4=22\mathrm{kW}$、$P_5=8\mathrm{kW}$，试作轴的扭矩图。

3. 如习题 7.3 图所示圆轴，已知直径 $d=100\mathrm{mm}$，长 $l=1.0\mathrm{m}$，两端作用扭力偶 $m=14\mathrm{kN\cdot m}$，材料的剪切弹性模量 $G=80\mathrm{GPa}$，试求：(1) 图示截面上 A、B、C 三点处的切应力及方向。(2) 最大切应力。

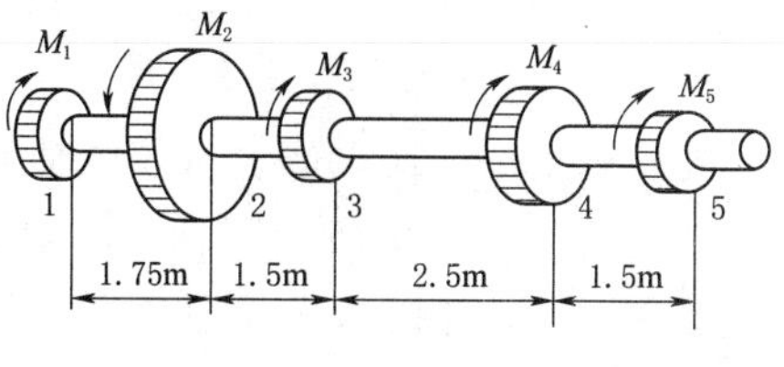

习题 7.2 图

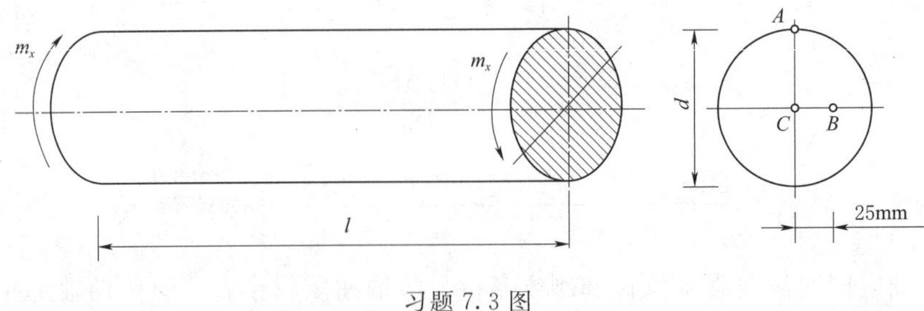

习题 7.3 图

4. 如习题 7.4 图所示空心圆轴，已知外径 $D=80$mm，内径 $d=62$mm，两端承受扭力偶矩 $m_x=1.0$kN·m 的作用，试求空心圆轴最大切应力和最小切应力。

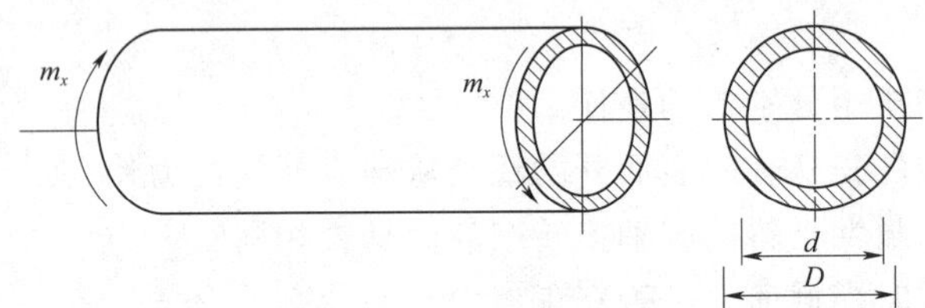

习题 7.4 图

5. 如习题 7.5 图所示圆轴，已知直径 $D=76$mm，$m_{x1}=4.5$kN·m，$m_{x2}=2.0$kN·m，$m_{x3}=1.5$kN·m，$m_{x4}=1.0$kN·m，材料的许用切应力 $[\tau]=60$MPa，试校核圆轴强度。

6. 如习题 7.6 图所示空心圆轴，已知 $M_{eB}=M_{eC}=12.5$kN·m，$l=600$mm，轴的外径 $D=21$mm，$\alpha=0.6$，材料的切变模量 $G=80$GPa。试求两端截面的相对扭转角。

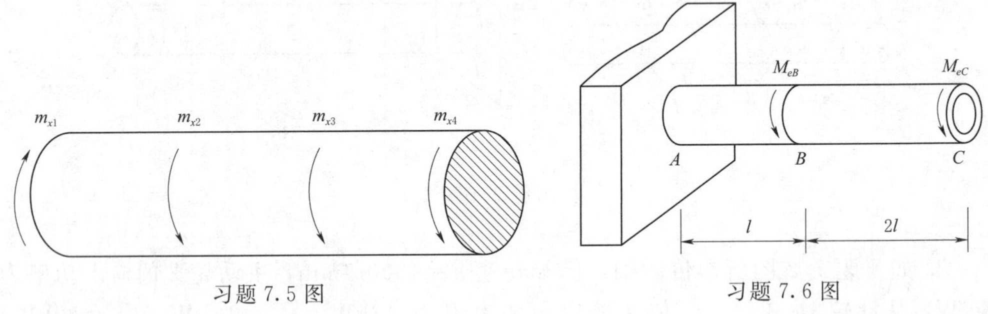

习题 7.5 图 习题 7.6 图

7. 如习题 7.7 图所示圆轴，已知 AB 段直径 $d_1=40$mm，BC 段直径 $d_2=70$mm，外力偶矩 $M_{eC}=1500$N·m，$M_{eA}=600$N·m，$M_{eB}=900$N·m，材料的切变模量，产生扭转角 $[\theta]=2(°)/$m。试校核轴的刚度。

8. 如习题 7.8 图所示圆轴，已知变截面圆轴，AB 段直径 $d_1=50$mm，BC 段直径 $d_2=35$mm，材料切变模量 $G=80$GPa，若轴的两端相对扭转角不超过 0.01rad，试求轴的许可扭转。

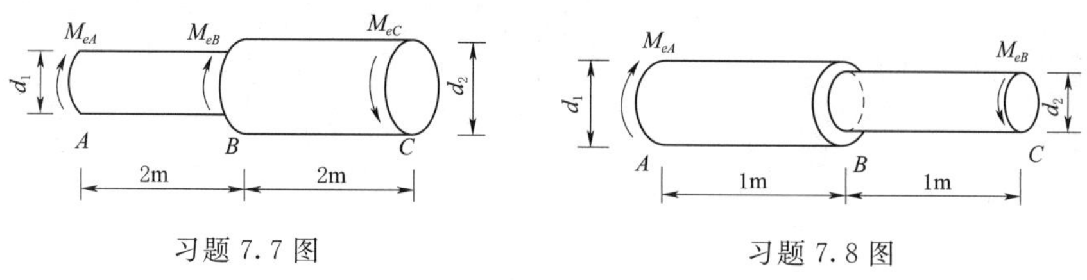

习题 7.7 图　　　　　　　　习题 7.8 图

9. 如习题 7.9 图所示圆轴，已知轴的转速 $n=400\text{r/min}$，B 轮输入功率 $P_B=60\text{kW}$，A 轮和 C 轮的输出功率 $P_A=P_C=30\text{kW}$，材料的切变模量 $G=80\text{GPa}$，$[\tau]=40\text{GPa}$，$[\theta]=0.5(°)/\text{m}$，试按照强度和刚度选择轴的直径。

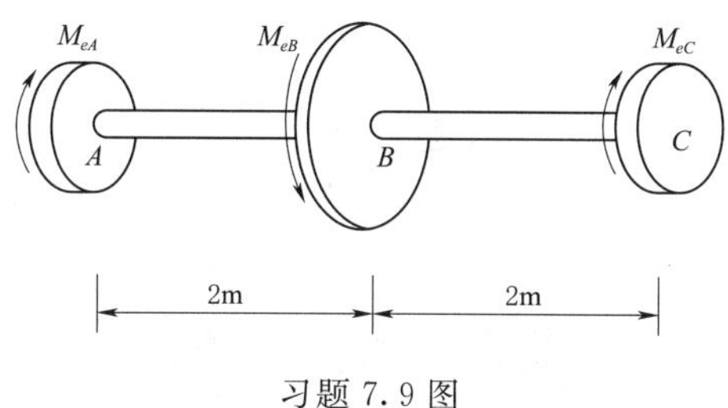

习题 7.9 图

第 8 章

组 合 变 形

前面几章研究了构件拉压、剪切和弯曲等基本变形时的强度和刚度计算，但在实际工程中，很多构件往往同时产生两种或两种以上的基本变形，这类变形形式就称为组合变形。

8.1 概　　述

图 8.1（a）所示的烟囱，除由自重引起的轴向压缩外，还有因水平方向的风力作用而产生的弯曲变形；图 8.1（b）所示的厂房柱由于受到偏心压力的作用，使得柱子产生压缩和弯曲变形；图 8.1（c）所示的屋架檩条，荷载不作用在纵向对称平面内，所以檩条的弯曲不是平面弯曲，檩条的变形是由两个互相垂直的平面弯曲组合而成。

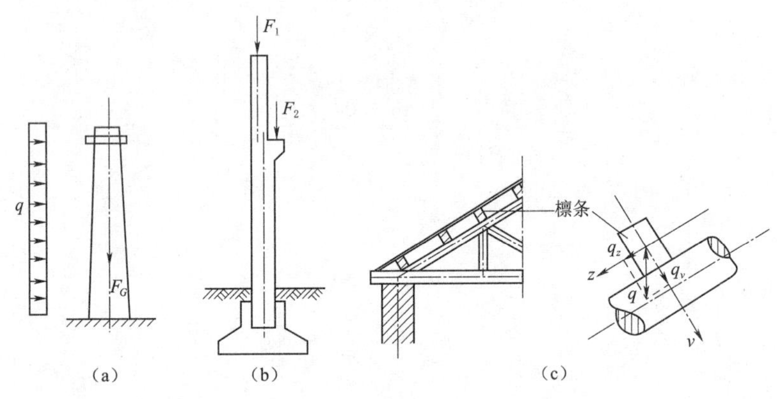

图 8.1

组合变形的形式有斜弯曲、拉压与弯曲、偏心拉压、弯曲与扭转等，其他形式组合变形，其分析方法与上述几种情况相同。

一般来说，组合变形问题的分析是比较复杂的，但在杆件服从虎克定律且为小变形的情况下，其计算可根据叠加原理简化进行。因此，组合变形的一般计算方法是：

（1）将杆件的组合变形分解为几种基本变形。

（2）计算杆件在每一种基本变形情况下所产生的变形及应力。

（3）将同一点的应力和变形叠加，可得到杆件在组合变形下任一点的应力和变形。

8.2 斜　弯　曲

8.2.1 斜弯曲的概念

工程中的有些杆件，它所受的外力虽然与杆轴垂直，而外力的作用平面却不与杆的纵向对称平面重合，实验和理论分析结果表明，在这种情况下，杆的挠曲轴所在平面与外力作用平面之间有一定夹角，即挠曲轴不在外力作用平面内。这种弯曲称为斜弯曲。

8.2.2 斜弯曲的强度计算

以图 8.2（a）所示矩形截面悬臂梁为例，讨论斜弯曲问题的特点和强度计算方法。

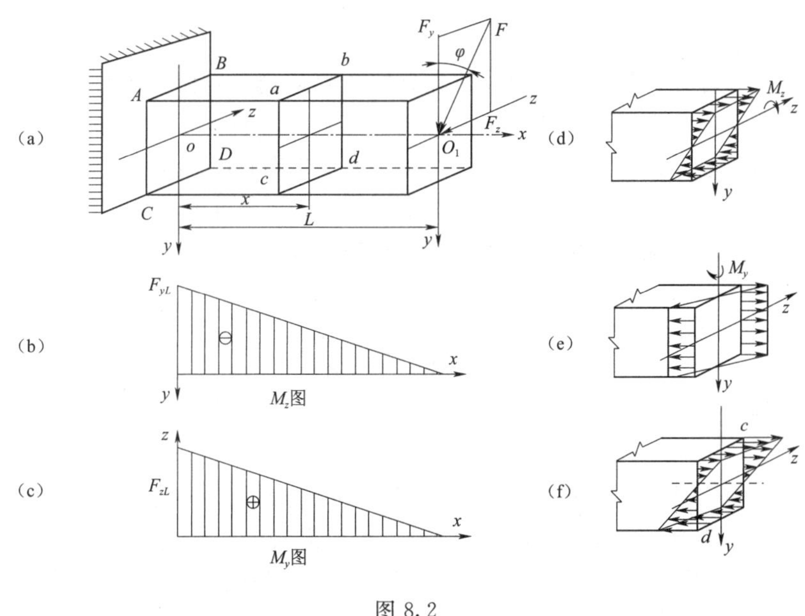

图 8.2

（1）外力分析设坐标系如图 8.2（a）所示，将力 F 沿截面的两个对称轴 y 和 z 分解为两个分力，得

$$F_y = F\cos\varphi, F_z = F\sin\varphi$$

分力 F_y 将使梁在 $x-y$ 平面内产生平面弯曲，分力 F_z 将使梁在 $x-z$ 平面内产生平面弯曲。这样，就将斜弯曲分解为两个相互垂直平面内的平面弯曲。

（2）内力分析在 $x-y$ 平面内的平面弯曲，中性轴为 z 轴，因此，此平面弯曲的弯矩记为 M_z；同理，在 $x-z$ 平面内的平面弯曲，中性轴为 y 轴，弯矩记为 M_y。两个平面弯曲的弯矩方程分别为

$$M_z = -F_y(l-x) = -F\cos\varphi(l-x) \quad (0 \leqslant x \leqslant l)$$

$$M_y=F_z(l-x)=F\sin\varphi(l-x)\quad(0\leqslant x\leqslant l)$$

每一平面弯曲，当受拉侧在坐标轴的正向一侧时，弯矩为正，反之为负。弯矩图分别为图 8.2（b）、图 8.2（c）所示。

（3）应力分析距固定端为 x 的横截面上任意一点 K 处（坐标 y、z），由 M_z 和 M_y 所引起的正应力分别为

$$\sigma_{Mz}=\frac{M_z\cdot y}{I_z}\quad\sigma_{My}=\frac{M_y\cdot z}{I_y}$$

作各平面弯曲截面上正应力分布图，作此图的目的是为了以后便于判定危险点。对于图 8.2（a）所示梁，在 $x-y$ 平面内及在 $x-z$ 平面内弯曲时，在截面上正应力分布图分别如图 8.2（d）、图 8.2（e）所示。

根据叠加原理，截面上某点的正应力 σ 为

$$\sigma=\sigma_{Mz}+\sigma_{My}=\frac{M_zy}{I_z}+\frac{M_yz}{I_y}$$

式中的弯矩（M_z、M_y）和坐标（z、y）按代数值代入，计算结果为正，说明为拉应力；反之为压应力。

（4）强度计算进行强度计算时，首先确定危险截面及危险点的位置。图 8.2（a）所示的悬臂梁，固定端截面的弯矩最大，是危险截面。由 M_z 产生的最大拉应力发生在该截面的 AB 边上；由 M_y 产生的最大拉应力发生在该截面的 BD 边上；可见，悬臂梁的最大拉应力发生在 AB 边和 BD 边的交点 B 处。同理，最大压应力发生在 C 点。此时 B、C 两点就是危险点。因为最大拉应力值等于最大压应力值，这里不再区分拉压，统称为最大应力，即

$$\sigma_{\max}=\frac{|M_z|}{W_z}+\frac{|M_y|}{W_y}$$

若材料的抗拉和抗压强度相等，则斜弯曲的强度条件为

$$\sigma_{\max}\leqslant[\sigma]$$

根据这一强度条件，同样可以进行强度校核、截面设计和确定许用荷载。在设计截面尺寸时，因为有 W_z 和 W_y 两个未知量，所以需假定一个比值 W_z/W_y。对于矩形截面，一般取 $W_z/W_y=h/b=1.2\sim2.0$；对于工字形截面，一般取 $W_z/W_y=8\sim10$；对于槽形截面，一般取 $W_z/W_y=6\sim8$。

【例 8.1】 如图 8.3 所示，采用工字钢 32a 制成的梁 AB，已知 $F=30\text{kN}$，$\varphi=15°$，$L=4\text{m}$，$[\sigma]=160\text{MPa}$，试校核工字钢梁的强度。

解：由题意可知：

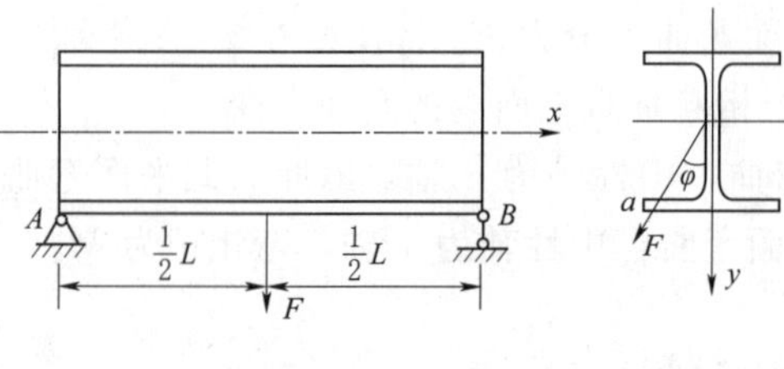

图 8.3 工字钢梁

（1）外力分析。由于外力 F 通过截面形心，且与形心主轴 y 成 $\varphi=15°$，故梁是斜弯曲。将力 F 沿形心主轴 y、z 方向分解，得

$$F_y=F\cos\varphi=30\times\cos15°=29(\text{kN})$$

$$F_z=F\sin\varphi=30\times\sin15°=7.76(\text{kN})$$

(2) 内力分析。在梁跨中截面上，由 F_y 和 F_z 在 xy 平面和 xz 平面内引起的最大弯矩分别为

$$M_{z\max}=\frac{F_y l}{4}=\frac{29\times4}{4}=29(\text{kN}\cdot\text{m})$$

$$M_{y\max}=\frac{F_z l}{4}=\frac{7.76\times4}{4}=7.76(\text{kN}\cdot\text{m})$$

(3) 校核强度。查型钢表得，32a 钢 $W_z=692.5\text{cm}^3$，$W_y=70.6\text{cm}^3$。

显然，危险点为跨中截面上的 a 和 c 点，在 a 点处为最大拉应力，在 c 点处为最大压应力，且两者数值相等，其值为

$$\sigma_{\max}=\frac{M_{z\max}}{W_z}+\frac{M_{y\max}}{W_y}=\frac{29\times10^6}{692.5\times10^3}+\frac{7.76\times10^6}{70.6\times10^3}$$

$$=41.88+109.9=151.78(\text{N/mm})^2=151.78(\text{MPa})<[\sigma]=160\text{MPa}$$

梁满足正应力强度条件。

8.3 偏 心 拉 压

偏心拉压

8.3.1 偏心拉压的概念

当作用在杆件上的外力与杆件轴线平行但不重合时，杆件所发生的变形称为偏心压缩（拉伸），简称偏心拉压，这种外力称为偏心力，偏心力的作用点到截面形心的距离称为偏心距，常用 e 表示。偏心拉压是工程实际中常见的组合变形形式。例如，混凝土重力坝刚建成还未挡水时，坝的水平截面仅受不通过形式的重力作用，此时属偏心压缩；厂房边柱，受吊车梁作用，也属于偏心压缩。

8.3.2 偏心拉压的强度计算

根据偏心力作用点位置不同，常见偏心压缩分为单向偏心压缩和双向偏心压缩两种情况，下面只对单向偏心压缩进行分析。

(1) 外力分析将偏心力 F 平移到截面形心 O 处，如图 8.4（b）所示。得到一个通过形心的轴向压力 F 和一个附加一力偶。附加力偶的矩为偏心力 F 对 z 轴的矩，记为 M_e，其大小为

$$M_e=Fe$$

(2) 内力分析图 8.4（b）所示杆的弯矩和轴力分别为

$$M_z=-M_e=-Fe \quad F_N=-F$$

注意，图 8.4（b）中，因弯曲时杆的受拉侧在设定的 y 轴负向，所以弯矩 M_z 取负值；若弯曲时杆的受拉侧在设定的 y 轴正向，弯矩 M_z 就取正值。

(3) 应力分析杆横截面上任一点的正应力应为轴向压缩时产生的正应力 σ_N 与弯曲时产生的正应力 σ_M 的叠加，如图 8.4（c）和图 8.4（d）所示，即

$$\sigma=\sigma_N+\sigma_M=\frac{F_N}{A}+\frac{M_z y}{I_z}$$

该公式在计算正应力时，F_N、M_z、y 均用代数值代入，计算结果为正，弯曲正

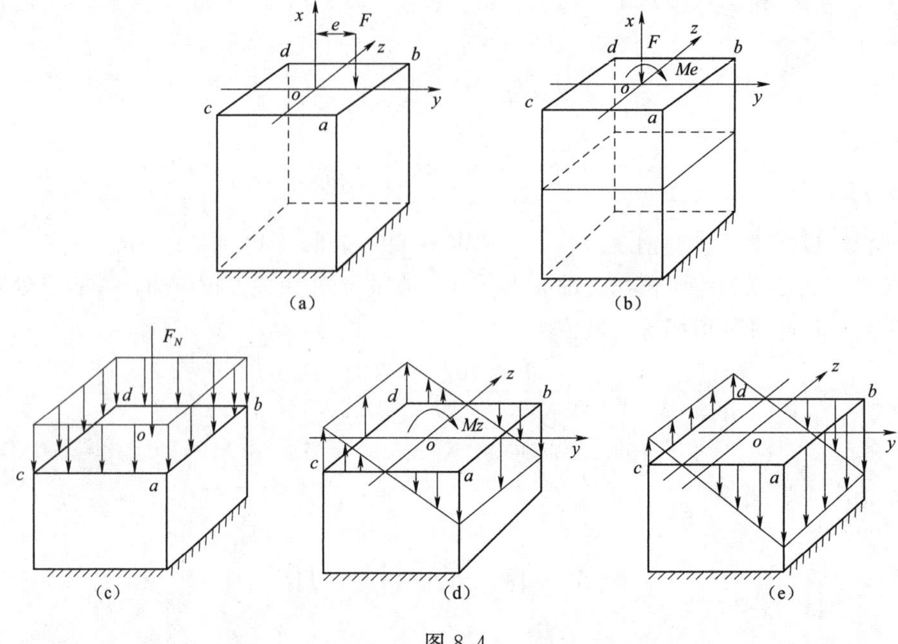

图 8.4

应力为拉应力，反之为压应力。该公式也适用于偏心拉伸。

(4) 强度条件单向偏心压缩时，横截面上最大压应力发生在纯弯曲时的受压区且距中性轴最远（$y_{y,\max}$）的各点。如图 8.4（e）中的 ab 边上。最大压应力为

$$\sigma_{\max.y}=\frac{F_{N\cdot c}}{A}+\frac{|M_z|y_{\max.y}}{I_z}$$

单向偏心压缩时，最大应力发生受拉区且距中性轴最远的作用边各点，如图 8.4（e）中的 cd 边，其计算式为

$$\sigma_{\max}=\frac{|M_z|y_{\max.l}}{I_z}-\frac{F_{Nc}}{A}$$

式中：$y_{\max.y}$ 为弯矩作用下截面的受压区高度；$y_{\max.l}$ 为弯矩作用下截面的受拉区高度；$F_{N\cdot c}$ 为受压轴力值，因用角码（$N\cdot c$）已反映了受压，因此，式中要按绝对值代入。

应用上式计算时，结果为正，即为最大拉应力；结果为负，即为最小压应力。强度条件为

$$\left.\begin{aligned}\sigma_{\max}&\leqslant[\sigma_l]\\\sigma_{\max\cdot y}&\leqslant[\sigma_y]\end{aligned}\right\}$$

对于双向偏心压缩（拉伸），是在单向偏心压缩（拉伸）的计算基础上再叠加另一向弯曲即可。这里不再详述。

【例 8.2】 如图 8.5（a）所示的牛腿柱。由屋架传来的压力 $F_1=100\text{kN}$，由吊车梁传来的压力 $F_2=30\text{kN}$，F_2 与柱子轴线有一偏心距 $e=0.2\text{m}$，如果柱横截面宽度 $b=180\text{mm}$，试求当 h 为多少时，截面才不会出现拉应力，并求柱这时的最大压应力。

解： 由题意可知。

(1) 外力分析。将 F_2 平移到柱轴线处，柱的受力如图 8.5 (b) 所示，附加力偶的矩为

$$M_e = F_2 e = 30 \times 0.2 = 6(\text{kN} \cdot \text{m})$$

(2) 内力分析。作柱的轴力图和弯矩图如图 8.5 (c)、图 8.5 (d) 所示。由内力图可知，危险面的轴力和弯矩为

$$F_N = -130\text{kN}, \quad M_{zm} = -M_e = -6\text{kN} \cdot \text{m}$$

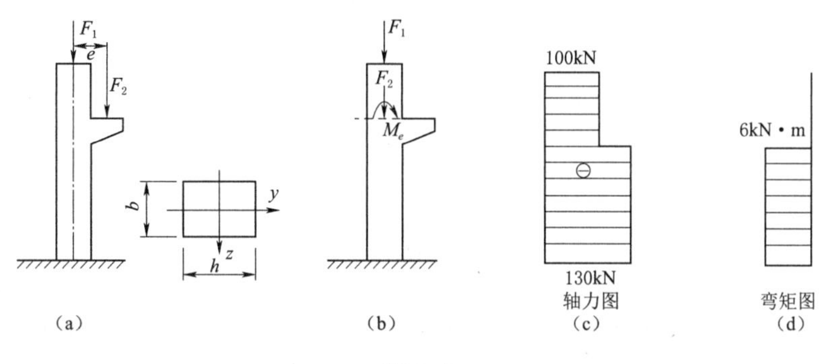

图 8.5

(3) 应力分析。使截面不出现拉应力的条件是截面上另一极值应力 $\sigma_{\max}$ 等于零，由前式可得

$$\sigma_{\max} = \frac{|M_z| y_{\max \cdot t}}{I_z} - \frac{F_{N \cdot c}}{A} = 0$$

则有

$$\frac{6 \times 10^6}{180 \times h^2} \times 6 - \frac{130 \times 10^3}{180 \times h} = 0$$

$$\frac{6 \times 10^6 \times \left(\frac{h}{2}\right)}{\frac{180 \times h^3}{12}} - \frac{130 \times 10^3}{180 \times h} = 0$$

由上式解得

$$h = \frac{6 \times 10^6 \times 6 \times 180}{180 \times 130 \times 10^3} = 277(\text{mm})$$

由前式可求柱的最大压应力

$$\sigma_{\max \cdot c} = \frac{|M_z| y_{\max \cdot c}}{I_z} + \frac{F_{N \cdot c}}{A} = \frac{6 \times 10^6 \times \frac{277}{2}}{\frac{180 \times 277^3}{12}} + \frac{130 \times 10^3}{180 \times 277} = 5.13(\text{MPa})$$

由例可知，偏心力只要作用在截面形心附近的某个区域内，截面上只出现一种性质的应力（拉应力或压应力），这个区域称之截面核心。土建工程中，大量使用的砖、石、混凝土等材料，其抗拉能力远远小于抗压能力。由这些材料制成的杆件在偏心压力作用下，截面上最好不出现拉应力，以免被拉裂。因此，要求偏心压力的作用点在截面核心之内。工程上常见的矩形截面、圆形截面、工字形截面的截面核心如图 8.6 所示。

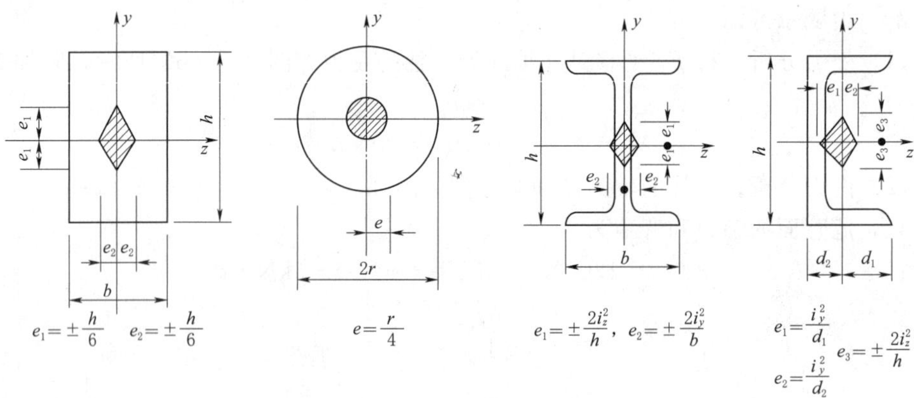

图 8.6

思　考　题

1. 什么是组合变形？如何计算组合变形杆件横截面上任一点的应力？

2. 什么是斜弯曲？它与平面弯曲有什么区别？

3. 什么是单向偏心压缩（拉伸）？它与压缩（拉伸）和弯曲的组合变形有何异同？

4. 将斜弯曲、压（拉）弯组合及偏心压缩（拉伸）分解为基本变形时，如何确定各基本变形下正应力的正负号？

5. 什么叫截面核心？

练　习　题

1. 如习题 8.1 图所示，水塔盛满水时连同基础总重为 $F_G=5000$kN，在离地面 $H=16$m 处受水平风力的合力 $F_W=50$kN 作用，圆形基础的直径 $d=6$m，埋置深度 $h=3$m，若地基土壤的许用荷载 $[\sigma]=0.3$MPa，试校核地基土壤的强度。

2. 如习题 8.2 图所示，檩条两端简支在屋架上，檩条的跨度 $l=5$m，承受均布荷载 $q=2$kN/m，矩形截面 $b\times h=15\text{cm}\times 20\text{cm}$，木材的容许应力 $[\sigma]=10$MPa。试校核檩条的强度。

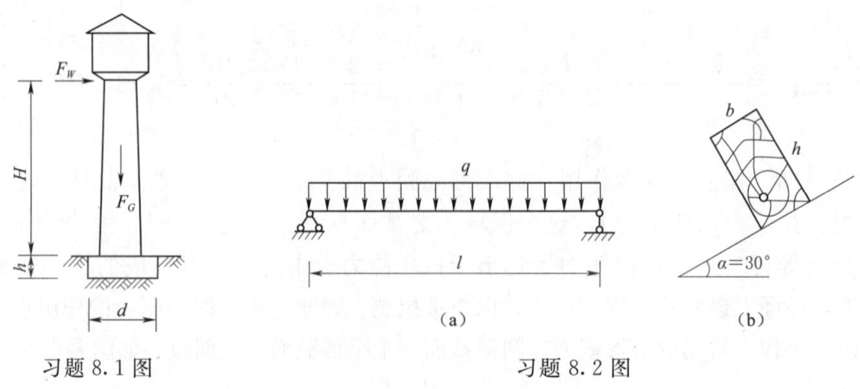

习题 8.1 图　　习题 8.2 图

3. 如习题 8.3 图所示的悬臂梁，承受荷载 $F_1=0.8\text{kN}$ 与 $F_2=1.6\text{kN}$ 作用。许用应力 $[\sigma]=160\text{MPa}$，试分别按下列要求确定截面尺寸。（1）截面为矩形，且 $h=2b$；（2）截面为圆形。

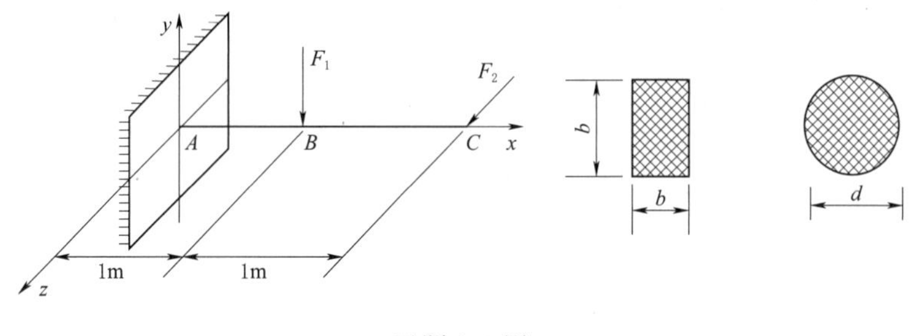

习题 8.3 图

4. 如习题 8.4 图所示，结构中杆 BC 为 18 号工字钢，已知 $[\sigma]=170\text{MPa}$。试校核 BC 杆的强度。

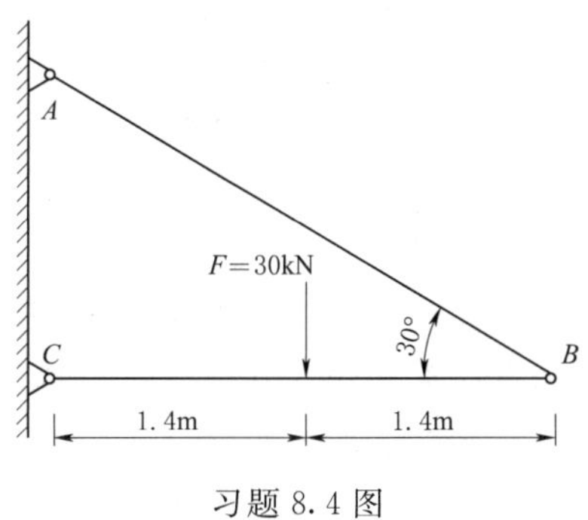

习题 8.4 图

第9章

压 杆 稳 定

压杆稳定的概念

9.1 压杆稳定的概念

为了保证杆件在各种荷载作用下能够安全正常地使用，除了需要满足强度和刚度的条件，还需要满足稳定性的要求，也就是说，要使构件能够具有保持原有平衡状态的能力。由于杆件结构的稳定性计算涉及内容比较广泛，本章仅对轴向受压杆件的稳定问题进行讨论。

9.1.1 压杆稳定的问题

工程中把承受轴向压力的直杆称为压杆。当细长压杆所受的压力达到某一个特定的值时，该压杆会丧失原有的直线平衡状态发生突然弯曲，这类问题就是压杆的稳定问题。对于粗短压杆来说，只要是横截面上的应力不超过材料的容许应力，杆件就不会被破坏。所以，轴向压杆稳定性问题的提出主要是针对细长压杆展开说明。

从宏观方面来看，压杆应有足够的强度是保证压杆正常工作的必要条件，但不是充分条件。许多工程实例和试验已经证明，在满足强度条件的情况下，压杆仍然可以发生破坏。如取一根宽 3cm，厚 1cm 的矩形截面杆，材料的抗压强度 $\sigma_c=20$MPa。当杆较短时，杆长取 3cm，对其施加轴向压力，如图 9.1（a）所示，将杆压坏所需的压力为 6kN；当杆长为 1m 时，对其施加轴向压力，如图 9.1（b）所示，则不到 40N 的压力就会使压杆突然产生弯曲变形甚至破坏。从承载能力方面考虑，两者相差甚远。工程中把这种不能保持其原有直线状态的平衡而突然变弯的现象称为丧失稳定，简称失稳。结构中的压杆决不允许其发生突然的弯曲变形，因为这种突然的弯曲变形不但影响整个结构的几何形状和刚度的要求，而且可导致压杆本身以及整个结构的破坏。

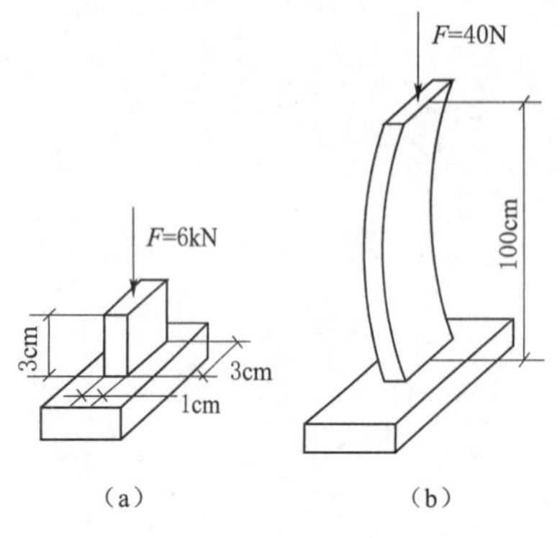

图 9.1

9.1.2 压杆稳定的概念

压杆的稳定实质上就是压杆能保持其原有直线平衡状态的能力。如图 9.2（a）所示，结合该力学模型来进行说明，并建立压杆稳定性的概念。图示竖直放置的理想刚性直杆 AB，A 端为铰支，B 端用常数为 K（使弹簧产生单位长度变形所需的力，与弹簧材料有关）的弹簧支持。该杆在竖直荷载 F 作用下在竖直位置保持平衡。现在，给杆以微小侧向干扰，使杆端产生微小侧向位移 δ，如图 9.2（b）所示。这时，外力 F 对 A 点的力矩为 $K\delta$，有使杆更加偏离竖直位置的作用，而弹簧反力 $K\delta$ 对 A 点的力矩为 $K\delta l$，则有使杆恢复其初始竖直平衡位置的作用。如果 $F\delta < K\delta l$，即 $F < Kl$，则在上述干扰解除后，杆将自动恢复至初始竖直平衡位置，说明在该荷载作用下，杆在竖直位置的平衡是稳定的。如果 $F\delta > K\delta l$，即 $F > Kl$，则在干扰解除后，杆不仅不能自动返回其初始竖直位置，而且将继续偏转，说明在该荷载作用下，杆在竖直位置的平衡是不稳定的。如果 $F\delta = K\delta l$，即 $F = Kl$，则杆既可在竖直位置保持平衡，也可在微小偏斜状态保持平衡。由此可见，当杆长 l 与弹簧常数 K 一定时，杆 AB 在竖直位置的平衡状态，是由荷载 F 的大小而定。

对于受压的细长弹性直杆也存在类似情况。图 9.3（a）为等截面中心受压直杆。此杆与图 9.2（a）不同的是，它本身具有弹性，不需在杆端设置弹簧。若杆件是理想直杆，则杆受力后将保持直线受压形状。为了便于观察压杆的不同特征，在压杆上施加微小侧向干扰力，使其产生弹性弯曲变形，如图 9.3（b）所示。若再接触干扰力，会观察到以下情况：

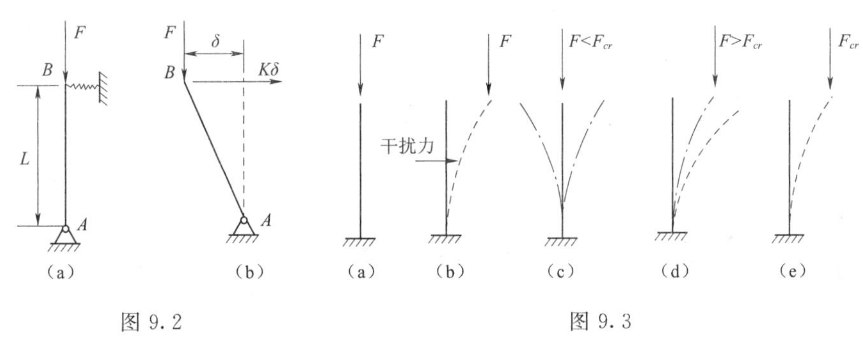

图 9.2　　图 9.3

（1）如图 9.3（c）所示：当轴向压力 F 较小时，压杆将在直线平衡位置附近左、右摇摆，压杆最终能恢复到原来的直线受压形状。

（2）如图 9.3（d）所示：当轴向压力 F 较大时，则压杆不仅不能恢复直线受压形状，而且将继续弯曲，产生显著的弯曲变形。

（3）如图 9.3（e）所示：当轴向压力 F 在某一值时，压杆不能恢复到原有的直线状态，而是处于微弯曲状态下的平衡。

9.1.3　压杆受压的状态

上述内容表明，在轴向压力逐渐增大的过程中，压杆经历了两种不同性质的平衡。压杆既可在直线状态下保持平衡，当受到干扰后又可在微弯状态下保持平衡，这种受压称为临界受压状态，此时的轴向压力称为临界荷载，用 $F_{cr}r$ 表示。当压杆的轴向压力 F 小于临界荷载 F_{cr} 时，压杆将始终保持直线受压，这种受压称为稳定受压状态。当轴向压力 F 大于临界荷载 F_{cr} 时，压杆只有在不受干扰的情况下是直线受压，当受到干扰后将产生弯曲而破坏，这种受压称为不稳定受压状态，这种破坏称压杆失稳。

压杆的临界荷载

9.2 压杆的临界荷载

由压杆的稳定性概念可知，压杆是否会丧失稳定，主要取决于压力是否达到临界荷载值。因此，确定临界荷载是解决压杆稳定问题的关键。

9.2.1 两端铰支细长压杆的临界荷载

由上节讨论可知，当轴向压力 F 达到临界荷载 F_{cr} 时，压杆既可保持在直线状态的平衡，又可保持在微弯状态的平衡。因此，使压杆在微弯状态保持平衡的最小轴向压力，即为压杆的临界荷载。

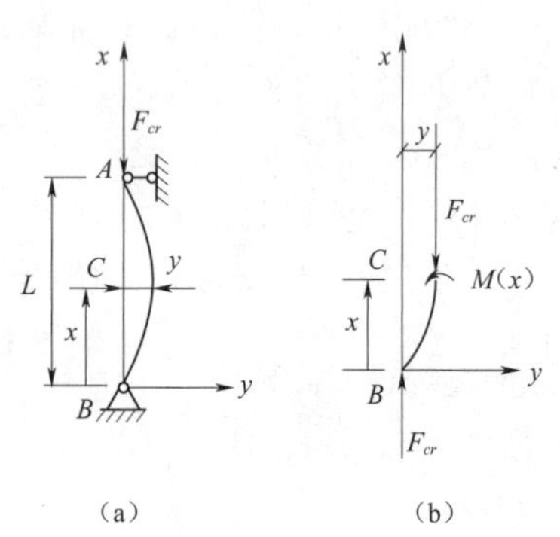

图 9.4

现令压杆在临界荷载 F_{cr} 作用下处于微弯状态的平衡，如图 9.4 (a) 所示。此时，在任一横截面上存在弯矩 $M(x)$，如图 9.4 (b) 所示，其值为

$$M(x)=F_{cr}y$$

当杆内应力不超过材料的比例极限时，压杆挠曲轴方程 $y=y(x)$ 应满足公式

$$\frac{d^2y}{dx^2}=-\frac{M(x)}{EI}$$

将式 $M(x)=F_{cr}y$ 代入上式中，得

$$\frac{d^2y}{dx^2}=-\frac{F_{cr}}{EI}y$$

令 $K^2=\frac{F_{cr}}{EI}$，代入上式中，可得一个二阶常系数线性齐次微分方程

$$\frac{d^2y}{dx^2}+K^2y=0$$

微分方程式的通解为 $y=A\sin(Kx)+B\cos(Kx)$，式中，常数 A、B 与 K 均为未知，其值由压杆的位移边界条件与变形状态确定。将位移边界条件 $x=0$，$y=0$ 代入式中，可得：$B=0$。于是得

$$y=A\sin(Kx)$$

将位移边界条件 $x=L$，$y=0$ 代入上式中，可得 $A\sin(Kl)=0$。此方程有两组可能的解，或者 $A=0$，或者 $\sin(Kl)=0$。显然，如果 $A=0$，由公式可知，各截面的挠度均为零，即压杆的轴线始终为直线，而这与微弯状态的前提不符。因此，由其变形状态可知，其解应为 $\sin(Kl)=0$。若要满足此条件，则要求 $Kl=n\pi(n=0,1,2,3,\cdots)$ 代入式 $K^2=\frac{F_{cr}}{EI}$，于是得 $F_{cr}=\frac{n^2\pi^2EI}{l^2}(n=0,1,2,3,\cdots)$ 使压杆在微弯状态下保持平衡的最小轴向压力为压杆的临界荷载，因此，式中取 $n=1$，即得两端铰支细长压杆的临界荷载为

$$F_{cr}=\frac{\pi^2EI}{l^2}$$

该公式称临界荷载的欧拉公式，该荷载又称为欧拉临界荷载。当压杆在各个方向的支承相同时，惯性矩 I 应为压杆横截面的最小惯性矩。在临界荷载作用下，则有 $K=\pi/l$，由式 $y=A\sin(Kx)$ 得

$$y=A\sin\frac{\pi x}{l}$$

由该式可知，两端铰支细长压杆临界状态时的挠曲轴为一半波正弦曲线，如图 9.4（a）所示，其最大挠度 A 取决于压杆微弯的程度。

9.2.2 其他支承细长压杆的临界荷载

对于其他支承形式细长压杆的临界荷载，同样可按上述方法求得，见表 9.1。从表中可看到，这几种细长压杆的临界荷载公式基本相似，只是分母中杆长的系数不同。为应用方便，可以写成统一形式，即

$$F_{cr}=\frac{\pi^2 EI}{(\mu l)^2}$$

式中：乘积 μl 称为压杆的相当长度或计算长度；系数 μ 称为长度因数，其代表支承方式对临界荷载的影响。不同支承下的长度因数见表 9.1。

表 9.1　各种支承情况下等截面细长压杆的临界荷载公式

杆端约束情况	两端铰支	一端固定 一端自由	一端固定 一端铰支	两端固定
挠曲轴形状	F_{cr}，L	F_{cr}，L，$2L$	F_{cr}，L，$0.7L$	F_{cr}，L，$0.5L$
临界荷载公式	$F_{cr}=\frac{\pi^2 EI}{(l)^2}$	$F_{cr}=\frac{\pi^2 EI}{(2l)^2}$	$F_{cr}=\frac{\pi^2 EI}{(0.7l)^2}$	$F_{cr}=\frac{\pi^2 EI}{(0.5l)^2}$
长度因数 μ	1.0	2.0	0.7	0.5

从表 9.1 中各支承情况下压杆的弹性曲线的形状可以看到，各压杆的相当长度 μl 相当于两端铰支压杆的长度，或压杆挠曲轴拐点间的距离。对于有些压杆，将其挠曲轴与两端铰支细长压杆的挠曲轴比较，即可确定其相当长度，这种方法称类比法。

【例 9.1】 如图 9.5（a）所示，矩形截面的细长木柱，木柱轴向受压，轴线长度 $l=8\text{m}$，材料的弹性模量 $E=10\text{MPa}$。柱的支承情况为：在最大刚度平面（xy 平面内，z 为中性轴）内弯曲时为两端铰支；在最小刚度平面（xz 平面内，y 为中性轴）

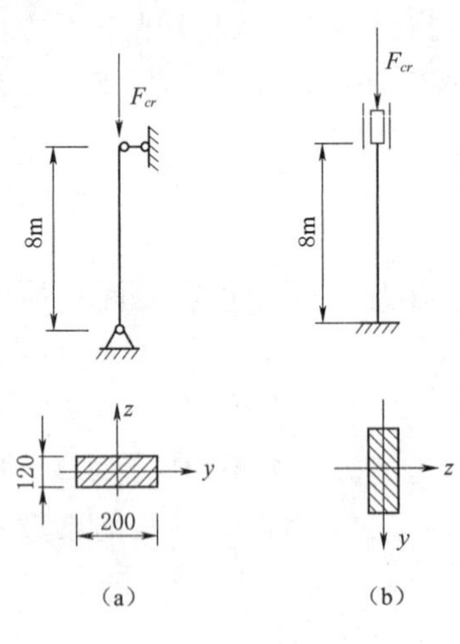

图 9.5

内弯曲时为两端固定。求木柱的临界荷载。

解： 由于最大与最小刚度平面内的支承情况不同，所以需要分别计算。

(1) 计算最大刚度平面内的临界荷载。

$$I_z=\frac{120\times200^3}{12}=8\times10^7(\mathrm{mm}^4)$$

由于两端铰支，长度因数 $\mu=1$，代入前式得

$$F_{cr}=\frac{\pi^2 EI_Z}{(\mu l)^2}=\frac{3.14^2\times10\times10^3\times8\times10^7}{(1\times8\times10^3)^2}=123\times10^3(\mathrm{N})$$

(2) 计算最小刚度平面内的临界荷载。

$$I_y=\frac{200\times120^3}{12}=2.88\times10^7(\mathrm{mm}^4)$$

由于两端固定，长度因数 $\mu=0.5$，代入前式得

$$F_{cr}=\frac{\pi^2 EI_y}{(\mu l)^2}=\frac{3.14^2\times10\times10^3\times2.88\times10^7}{(0.5\times8\times10^3)^2}=177.5\times10^3(\mathrm{N})$$

比较计算结果可知，第一种情况的临界力小，压杆失稳时将在最大刚度平面内发生。

压杆的临界应力

9.3 压杆的临界应力

9.3.1 欧拉临界应力公式

当压杆处于临界状态时，横截面上的平均应力称为压杆的临界应力，用 σ_{cr} 表示。由前式可知，细长压杆的临界应力为

$$\sigma_{cr}=\frac{F_{cr}}{A}=\frac{\pi^2 EI}{(\mu l)^2 A}$$

令 $i=\sqrt{\dfrac{I}{A}}$，i 称为惯性半径，代入上式得

$$\sigma_{cr}=\frac{\pi^2 E}{(\mu l)^2}i^2=\frac{\pi^2 E}{(\mu l/i)^2}$$

令 $\lambda=\dfrac{\mu l}{i}$，式中，λ 称为压杆的柔度或长细比，是一个无量纲的量。它集中反映了压杆的长度、支撑情况、截面形状及尺寸等因素对临界应力的影响。代入上式得

$$\sigma_{cr}=\frac{\pi^2 E}{\lambda^2}$$

该公式称为欧拉临界应力公式，它实际上是欧拉公式的另一种表达形式。此式表明，细长压杆的临界应力与柔度的平方成反比，柔度愈大，临界应力愈小，则压杆愈容易失稳。由式 $\lambda=\dfrac{\mu l}{i}$ 可知，柔度 λ 综合反映了压杆长度 l、支承方式 μ 与截面几何性质 i 对临界应力的影响。

9.3.2 欧拉公式的适用范围

欧拉公式是根据挠曲轴近似微分方程建立的，而近似微分方程仅适用于杆内应力不超过材料比例极限 σ_P 的情况。因此，应用欧拉公式求出的临界应力是不能超过材料的比例极限，即 $\sigma_{cr}=\dfrac{\pi^2 E}{\lambda^2}\leqslant\sigma_P$，或要求

$$\lambda\geqslant\pi\sqrt{\frac{E}{\sigma_P}}$$

令 $\lambda_P=\pi\sqrt{\dfrac{E}{\sigma_P}}$，代入上式得

$$\lambda\geqslant\lambda_P$$

该公式是用柔度表示的欧拉公式适用条件。λ_P 为极限柔度，其值仅与材料的弹性模量及比例极限有关。所以，λ_P 值仅随材料而异。当压杆的柔度 λ 满足此条件时，压杆的临界应力一定不大于材料的比例极限，这时压杆的临界应力可用欧拉临界应力公式求得。将符合这种条件称为大柔度杆或细长杆，也就是前面提到的细长压杆。

对于 Q235 钢，$E=200\text{GPa}$，$\sigma_P=200\text{MPa}$，将其代入式 $\lambda_P=\pi\sqrt{\dfrac{E}{\sigma_P}}$ 后，可求得 $\lambda_P=100$。单从理论分析，由 Q235 钢制成的压杆，当其柔度 $\lambda\geqslant100$ 时，才能应用欧拉公式计算其临界应力。

9.3.3 临界应力的经验公式

上述内容说明，当压杆满足条件 $\lambda\geqslant\lambda_P$ 时，这类杆件的临界应力由欧拉公式计算。若杆件柔度不满足条件时，则有以下两种情况：

(1) 当压杆的柔度满足小于 $\lambda_s<\lambda<\lambda_P$ 时，这类压杆工程上称为中柔度杆或中长杆，λ_s 为对应于屈服极限 σ_s 的柔度值，这类压杆属于临界应力超过材料的比例极限的压杆稳定问题。这类压杆的临界应力可以通过解析方法求得，但通常采用经验公式进行计算。对于由结构钢与低合金结构钢等材料制成的中柔度压杆，可采用抛物线型经验公式计算临界应力，该公式的一般表达式为

$$\sigma_{cr}=a-b\lambda^2\quad(0<\lambda<\lambda_P)$$

式中：a、b 为与材料有关的常数。

对于 Q235 钢和 Q345 钢分别有：

$$\sigma_{cr}=(235-0.00668\lambda^2)\text{MPa}$$

$$\sigma_{cr}=(345-0.0142\lambda^2)\text{MPa}$$

(2) 当压杆的柔度满足 $\lambda<\lambda_s$ 时，称为小柔度杆或短粗杆，这类压杆属于强度问题，即

$$\sigma_{cr}=\sigma_s\text{（塑性材料）}$$

$$\sigma_{cr}=\sigma_b\text{（脆性材料）}$$

9.3.4 临界应力总图

由上述讨论可知，压杆不论是大柔度杆还是中柔度杆，压杆的临界应力均为压杆柔度的函数，临界应力 σ_{cr} 与柔度 λ 的函数曲线称为临界应力总图。

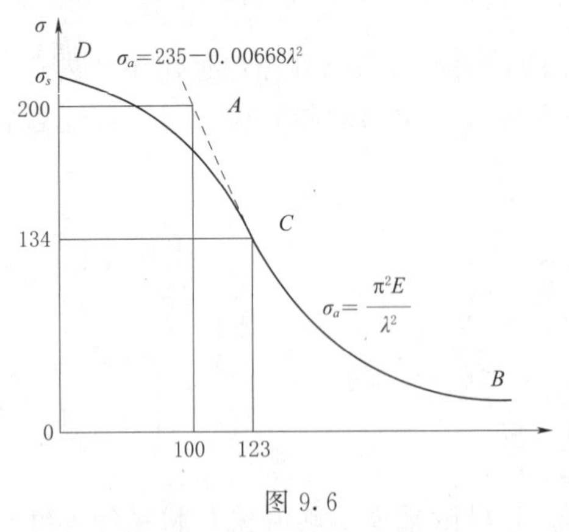

图 9.6

图 9.6 为 Q235 钢的临界应力总图。图中曲线 ACB 是按欧拉临界应力公式绘制出的双曲线；曲线 DC 是按临界应力的抛物线经验公式绘制。两曲线交点 C 的横坐标为 $\lambda_c=123$，纵坐标为 $\sigma_c=134\text{MPa}$。这里以 $\lambda_c=123$ 而不是 $\lambda_P=100$ 作为两曲线的分界点，这是因为欧拉公式是由理想的中心受压杆导出，与实际存在着差异，因而将分界点作以修正。在实际应用中，由 Q235 钢制成的压杆，当 $\lambda\geqslant\lambda_c$ 时，才按欧拉公式计算临界应力；当 $\lambda<123$ 时，用经验公式计算临界应力。

压杆的稳定计算

9.4 压杆的稳定计算

9.4.1 压杆稳定计算的方法

9.4.1.1 安全系数法

在工程中，为了保证压杆在轴向压力作用下不致失稳，必须使其横截面上的工作应力满足下述条件

$$\sigma\leqslant\frac{\sigma_{cr}}{n_{st}}=[\sigma_{st}]$$

式中：σ 为压杆的工作应力；$[\sigma_{st}]$ 为稳定容许应力；n_{st} 为稳定安全系数。

在选择稳定安全系数时，除应遵循确定强度安全系数的一般原则外，还应考虑加载偏心与压杆原本存在弯曲现象等不利因素。因此，稳定安全系数一般大于强度安全系数。其值可从有关设计规范中查得。对于金属结构中的压杆，稳定安全系数 n_{st} 一般取 1.8～3.0。

9.4.1.2 折减系数法

为了计算上的方便，在工程实际中，常采用折减系数法进行稳定计算。将稳定容许应力值写成下列形式 $[\sigma_{st}]=\varphi[\sigma]$，则稳定条件为

$$[\sigma]\leqslant\varphi[\sigma] \quad 或 \quad \frac{F_N}{A}\leqslant\varphi[\sigma]$$

式中：$[\sigma]$ 为强度计算时的容许压应力；F_N 为压杆轴力；A 为压杆横截面的面积，截面的局部削弱对整体刚度的影响甚微，因而不考虑面积的局部削弱，但要对削弱处进行强度验算；φ 是一个小于 1 的系数，称为稳定系数或折减系数。因为临界应力 σ_{cr} 和稳定安全因数 n_{st} 总是随柔度 λ 的改变而改变，故稳定系数与压杆的柔度、所用材料、截面类型等有关，其值可从有关设计规范中查得。

在《钢结构设计规范》（GB 50017—2017）中，根据工程中常用构件的截面形式、尺寸和加工条件等因素，把截面归并为 a、b、c、d 四类，表 9.2、表 9.3 仅列出了三

类。表 9.4、表 9.5、表 9.6 给出了钢对应 a、b、c 三类截面在不同柔度 λ 下的 φ 值。在《木结构设计规范》（GB 5005—2017）中，按树种的强度等级分别给出 φ 的两组计算公式，如下所示：

（1）树种强度等级为：TC15、TC17 及 TB20

$$\varphi=\begin{cases}\dfrac{1}{1+\left(\dfrac{\lambda}{80}\right)^{2}} & (\lambda\leqslant 75)\\[2ex] \dfrac{3000}{\lambda^{2}} & (\lambda>75)\end{cases}$$

（2）树种强度等级为：TC11、TC13、TB11、TB13、TB15 及 TB17

$$\varphi=\begin{cases}\dfrac{1}{1+\left(\dfrac{\lambda}{65}\right)^{2}} & (\lambda\leqslant 91)\\[2ex] \dfrac{2800}{\lambda^{2}} & (\lambda>91)\end{cases}$$

表 9.2　　轴心受压构件的截面分类（板厚 $t<40$mm）

截面形式			对 x 轴	对 y 轴
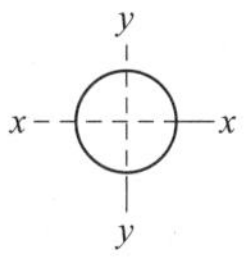 轧制			a 类	a 类
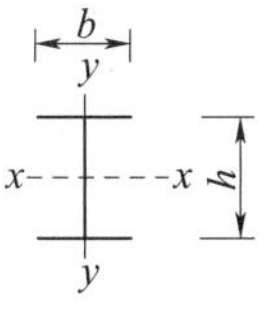 轧制，$\dfrac{b}{h}\leqslant 0.8$			a 类	b 类
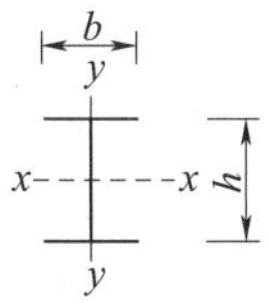 轧制，$\dfrac{b}{h}>0.8$	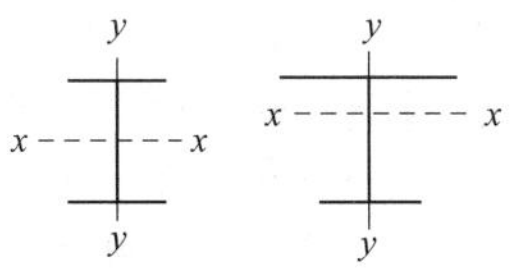 焊接，翼缘为焰切边	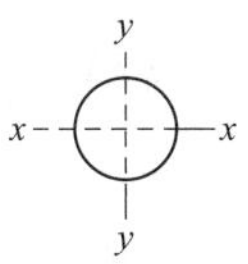 焊接	b 类	b 类
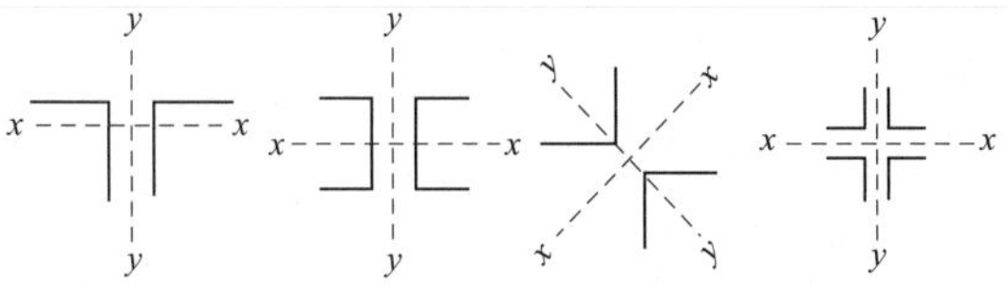 轧制		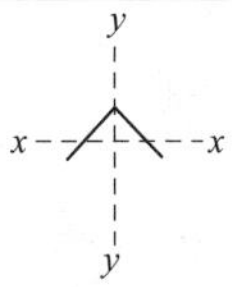 轧制等边角钢		

续表

截 面 形 式		对 x 轴	对 y 轴
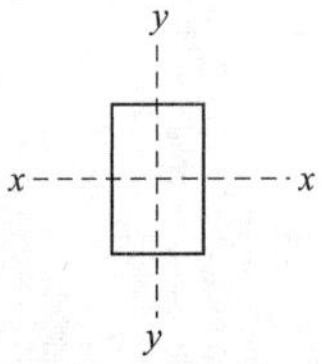 轧制，焊接（板件宽厚比>20）	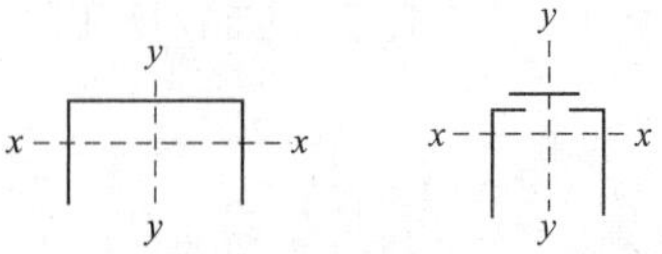 轧制或焊接	b类	b类
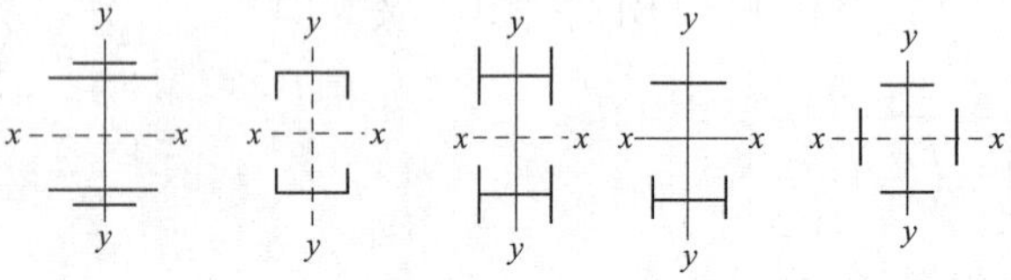 焊接	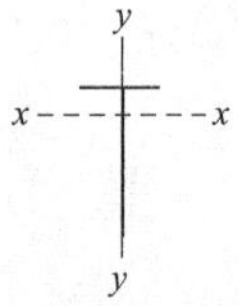 轧制截面和翼缘为焰切边的焊接截面	b类	b类
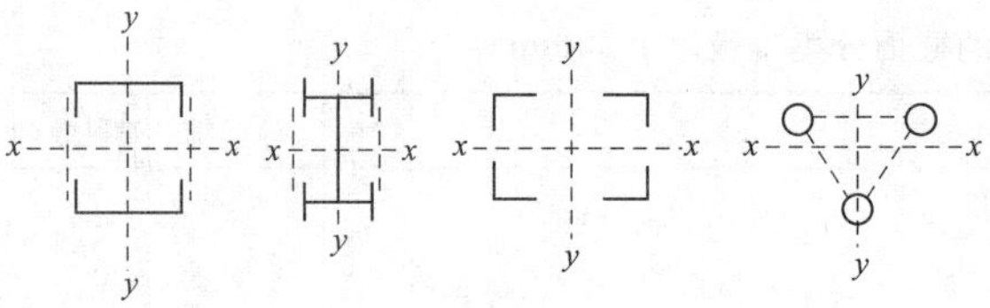 格构式	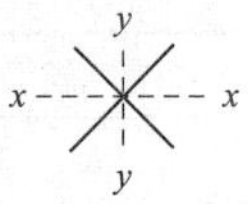 焊接，板件边缘焰切		
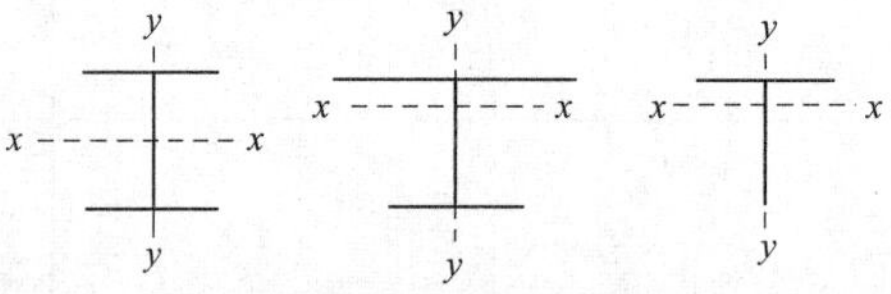 焊接，翼缘为轧制或剪切边		b类	c类
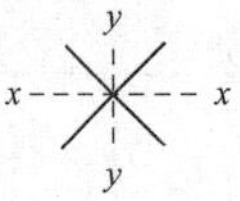 焊接，板件边缘为轧制或剪切	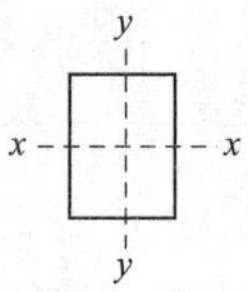 焊接，板件宽厚比≤20	c类	c类

表 9.3　　心受压构件的截面分类（板厚 $t \geqslant 40$mm）

截 面 形 式		对 x 轴	对 y 轴
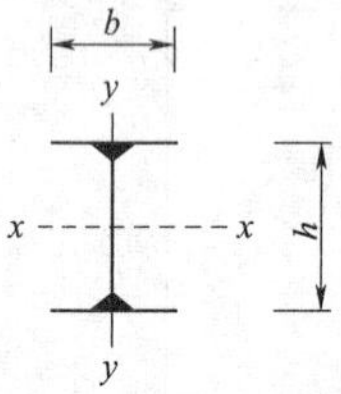 轧制工字形或 H 形截面	$t<80$mm	b类	c类

续表

截面形式		对 x 轴	对 y 轴
轧制工字形或H形截面	$t \geqslant 80\text{mm}$	c类	d类
焊接工字形截面	翼缘为焰切边	b类	b类
	翼缘为轧制或剪切边	c类	d类
焊接箱形截面	板件宽厚比>20	b类	b类
	板件宽厚比≤20	c类	c类

表 9.4　Q235 钢 a 类截面轴心受压构件稳定系数 φ

λ	0	1	2	3	4	5	6	7	8	9
0	1.000	1.000	1.000	1.000	0.999	0.999	0.998	0.998	0.997	0.996
10	0.995	0.994	0.993	0.992	0.991	0.989	0.988	0.986	0.985	0.983
20	0.981	0.979	0.977	0.976	0.974	0.972	0.970	0.968	0.966	0.964
30	0.963	0.961	0.959	0.957	0.955	0.952	0.950	0.948	0.946	0.944
40	0.941	0.939	0.937	0.934	0.932	0.929	0.927	0.924	0.921	0.919
50	0.916	0.913	0.910	0.907	0.904	0.900	0.897	0.894	0.890	0.886
60	0.883	0.879	0.875	0.871	0.867	0.863	0.858	0.854	0.849	0.844
70	0.839	0.834	0.829	0.824	0.818	0.813	0.807	0.801	0.795	0.789
80	0.783	0.776	0.770	0.763	0.757	0.750	0.743	0.736	0.728	0.721
90	0.714	0.706	0.699	0.691	0.684	0.676	0.668	0.661	0.653	0.645
100	0.638	0.630	0.622	0.615	0.607	0.600	0.592	0.585	0.577	0.570
110	0.563	0.555	0.548	0.541	0.534	0.527	0.520	0.514	0.507	0.500
120	0.494	0.488	0.481	0.475	0.469	0.463	0.457	0.451	0.445	0.440
130	0.434	0.429	0.423	0.418	0.412	0.407	0.402	0.397	0.392	0.387

续表

λ	0	1	2	3	4	5	6	7	8	9
140	0.383	0.378	0.373	0.369	0.364	0.360	0.356	0.351	0.347	0.343
150	0.339	0.335	0.331	0.327	0.323	0.320	0.316	0.312	0.309	0.305
160	0.302	0.298	0.295	0.292	0.289	0.285	0.282	0.279	0.276	0.273
170	0.270	0.267	0.264	0.262	0.259	0.256	0.253	0.251	0.248	0.246
180	0.243	0.241	0.238	0.236	0.233	0.231	0.229	0.226	0.224	0.222
190	0.220	0.218	0.215	0.213	0.211	0.209	0.207	0.205	0.203	0.201
200	0.199	0.198	0.196	0.194	0.192	0.190	0.189	0.187	0.185	0.183
210	0.182	0.180	0.179	0.177	0.175	0.174	0.172	0.171	0.169	0.168
220	0.166	0.165	0.164	0.162	0.161	0.159	0.158	0.157	0.155	0.154
230	0.153	0.152	0.150	0.149	0.148	0.147	0.146	0.144	0.143	0.142
240	0.141	0.140	0.139	0.138	0.136	0.135	0.134	0.133	0.132	0.131
250	0.130	—	—	—	—	—	—	—	—	—

表 9.5　　Q235 钢 a 类截面轴心受压构件稳定系数 φ

λ	0	1	2	3	4	5	6	7	8	9
0	1.000	1.000	1.000	0.999	0.999	0.998	0.997	0.996	0.995	0.994
10	0.992	0.991	0.989	0.987	0.985	0.983	0.981	0.978	0.976	0.973
20	0.970	0.967	0.963	0.960	0.957	0.953	0.950	0.946	0.943	0.939
30	0.936	0.932	0.929	0.925	0.922	0.918	0.914	0.910	0.906	0.903
40	0.899	0.895	0.891	0.887	0.882	0.878	0.874	0.870	0.865	0.861
50	0.856	0.852	0.847	0.842	0.838	0.833	0.828	0.823	0.818	0.813
60	0.807	0.802	0.797	0.791	0.786	0.780	0.774	0.769	0.763	0.757
70	0.751	0.745	0.739	0.732	0.726	0.720	0.714	0.707	0.701	0.694
80	0.688	0.681	0.675	0.668	0.661	0.655	0.648	0.641	0.635	0.628
90	0.621	0.614	0.608	0.601	0.594	0.588	0.581	0.575	0.568	0.561
100	0.555	0.549	0.542	0.536	0.529	0.523	0.517	0.511	0.505	0.499
110	0.493	0.487	0.481	0.475	0.470	0.464	0.458	0.453	0.447	0.442
120	0.437	0.432	0.426	0.421	0.416	0.411	0.406	0.402	0.397	0.392
130	0.387	0.383	0.378	0.374	0.370	0.365	0.361	0.357	0.353	0.349
140	0.345	0.341	0.337	0.333	0.329	0.326	0.322	0.318	0.315	0.311
150	0.308	0.304	0.301	0.298	0.295	0.291	0.288	0.285	0.282	0.279
160	0.276	0.273	0.270	0.267	0.265	0.262	0.259	0.256	0.254	0.251
170	0.249	0.246	0.244	0.241	0.239	0.236	0.234	0.232	0.229	0.227
180	0.225	0.223	0.220	0.218	0.216	0.214	0.212	0.210	0.208	0.206
190	0.204	0.202	0.200	0.198	0.197	0.195	0.193	0.191	0.190	0.188

续表

λ	0	1	2	3	4	5	6	7	8	9
200	0.186	0.184	0.183	0.181	0.180	0.178	0.176	0.175	0.173	0.172
210	0.170	0.169	0.167	0.166	0.165	0.163	0.162	0.160	0.159	0.158
220	0.156	0.155	0.154	0.153	0.151	0.150	0.149	0.148	0.146	0.145
230	0.144	0.143	0.142	0.141	0.140	0.138	0.137	0.136	0.135	0.134
240	0.133	0.132	0.131	0.130	0.129	0.128	0.127	0.126	0.125	0.124
250	0.123	—	—	—	—	—	—	—	—	—

表 9.6　　Q235 钢 a 类截面轴心受压构件稳定系数 φ

λ	0	1	2	3	4	5	6	7	8	9
0	1.000	1.000	1.000	0.999	0.999	0.998	0.997	0.996	0.995	0.993
10	0.992	0.990	0.988	0.986	0.983	0.981	0.978	0.976	0.973	0.970
20	0.966	0.959	0.953	0.947	0.940	0.934	0.928	0.921	0.915	0.909
30	0.902	0.896	0.890	0.884	0.877	0.871	0.865	0.858	0.852	0.846
40	0.839	0.833	0.826	0.820	0.814	0.807	0.801	0.794	0.788	0.781
50	0.775	0.768	0.762	0.755	0.748	0.742	0.735	0.729	0.722	0.715
60	0.709	0.702	0.695	0.689	0.682	0.676	0.669	0.662	0.656	0.649
70	0.643	0.636	0.629	0.623	0.616	0.610	0.604	0.597	0.591	0.584
80	0.578	0.572	0.566	0.559	0.553	0.547	0.541	0.535	0.529	0.523
90	0.517	0.511	0.505	0.500	0.494	0.488	0.483	0.477	0.472	0.467
100	0.463	0.458	0.454	0.449	0.445	0.441	0.436	0.432	0.428	0.423
110	0.419	0.415	0.411	0.407	0.403	0.399	0.395	0.391	0.387	0.383
120	0.379	0.375	0.371	0.367	0.364	0.360	0.356	0.353	0.349	0.346
130	0.342	0.339	0.335	0.332	0.328	0.325	0.322	0.319	0.315	0.312
140	0.309	0.306	0.303	0.300	0.297	0.294	0.291	0.288	0.285	0.282
150	0.280	0.277	0.274	0.271	0.269	0.266	0.264	0.261	0.258	0.256
160	0.254	0.251	0.249	0.246	0.244	0.242	0.239	0.237	0.235	0.233
170	0.230	0.228	0.226	0.224	0.222	0.220	0.218	0.216	0.214	0.212
180	0.210	0.208	0.206	0.205	0.203	0.201	0.199	0.197	0.196	0.194
190	0.192	0.190	0.189	0.187	0.186	0.184	0.128	0.181	0.179	0.178
200	0.176	0.175	0.173	0.172	0.170	0.169	0.168	0.166	0.165	0.163
210	0.162	0.161	0.159	0.158	0.157	0.156	0.154	0.153	0.152	0.151
220	0.150	0.148	0.147	0.146	0.145	0.144	0.143	0.143	0.140	0.139
230	0.138	0.137	0.136	0.135	0.134	0.133	0.132	0.131	0.130	0.129
240	0.128	0.127	0.126	0.125	0.124	0.124	0.123	0.122	0.121	0.120
250	0.119	—	—	—	—	—	—	—	—	—

9.4.2 稳定计算方法的应用

压杆稳定计算与强度计算类似，也可以解决常见的三类问题，即稳定校核、确定容许荷载及设计截面。对于前两种计算相对较简单，而在设计截面时，由于稳定条件中截面尺寸未知，所以柔度 λ 和稳定系数 φ 也未知，因而要采用试算的方法确定截面。试算时可按图9.7所示的流程进行。一般先假设 $\varphi_1=0.5$，由式 $\frac{F_N}{A}\leqslant\varphi[\sigma]$，求得截面积 A_1，用式 $i=\sqrt{\frac{I}{A}}$ 及 $\lambda=\frac{\mu l}{i}$，求得 λ，再由 λ 查出 φ_1'；若与假设的 φ_1 值相差较大，再进行第二次试算。第二次试算可假设 $\varphi_2=\frac{\varphi_1+\varphi_1'}{2}$，重复以上步骤，可查出 φ_2'，当 φ_2' 与 φ_2 值相差较小，可停止试算。否则可重复试算，直至 φ_i 与 φ_i' 相差不大，最后再进行稳定校核。

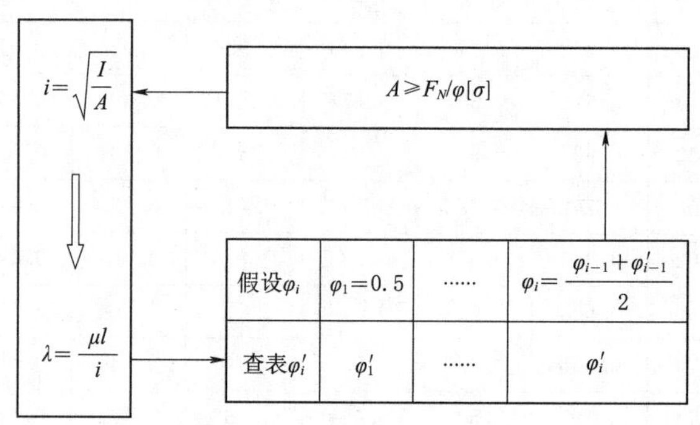

图9.7

【**例9.2**】 如图9.8（a）所示，结构是由两根直径相同的轧制圆杆组成，材料为Q235钢。已知 h 为0～4m，直径 $d=20\text{mm}$，材料的容许应力 $[\sigma]=170\text{MPa}$，荷载 $F=15\text{kN}$。试校核两杆的稳定性。

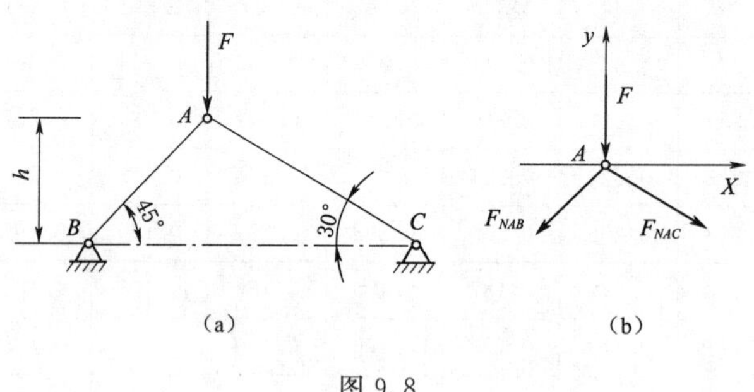

图9.8

解： 分别对 AB 和 AC 两杆进行计算。

（1）求每根杆所承受的压力。取结点 A 为研究对象作受力图，如图9.8（b）所示。由平衡条件得

$$\sum F_x=0 \quad -F_{NAB}\cos45°+F_{NAC}\cos30°=0 \qquad F_{NAB}=-13.44\text{kN}$$

$\sum F_y=0 \quad -F_{NAB}\sin45°-F_{NAC}\sin30°-F=0 \qquad F_{NAC}=-10.98\text{kN}$

（2）求各杆的工作应力。

$$\sigma_{AB}=\frac{F_{NAB}}{A}=\frac{-13.44\times10^3}{3.14\times10^2}=-42.8\text{MPa}$$

$$\sigma_{AC}=\frac{F_{NAC}}{A}=\frac{-10.98\times10^3}{3.14\times10^2}=-34.9\text{MPa}$$

（3）计算柔度，查稳定系数。

$$i=\sqrt{\frac{I}{A}}=\sqrt{\frac{\frac{\pi}{4}R^4}{\pi R^2}}=\frac{R}{2}=\frac{10}{2}=5\text{mm}$$

二杆的长度分别为 $l_{AB}=0.566\text{m}$，$l_{AC}=0.8\text{m}$

二杆的柔度分别为 $\lambda_{AB}=\frac{\mu l_{AB}}{i}=\frac{1\times566}{5}=113$

$$\lambda_{AC}=\frac{\mu l_{AC}}{i}=\frac{1\times800}{5}=160$$

由表 9.2 查得：该二杆为 a 类截面；

由表 9.4 查得：$\varphi_{AB}=0.541$，$\varphi_{AC}=0.302$。

（4）求各杆的稳定容许应力，进行稳定校核。AB 和 AC 杆的稳定容许应力分别是

$$AB\text{ 杆}:[\sigma_{st}]=\varphi_{AB}[\sigma]=0.541\times170=92\text{MPa}$$

$$AC\text{ 杆}:[\sigma_{st}]=\varphi_{AC}[\sigma]=0.302\times170=51.3\text{MPa}$$

因为

$$AB\text{ 杆}:\sigma_{AB.c}=42.8(\text{MPa})<[\sigma_{st}]=92\text{MPa}$$

$$AC\text{ 杆}:\sigma_{AC.c}=34.9(\text{MPa})<[\sigma_{st}]=51.3\text{MPa}$$

所以，二杆满足稳定条件。

【例 9.3】 如图 9.9（a）所示，杆 BD 为正方形截面木杆，$a=0.1\text{m}$。木材的强度等级为 TC13，容许应力 $[\sigma]=10\text{MPa}$。试从 BD 杆的稳定考虑，计算该结构所能承受的最大荷载 F_{max}。

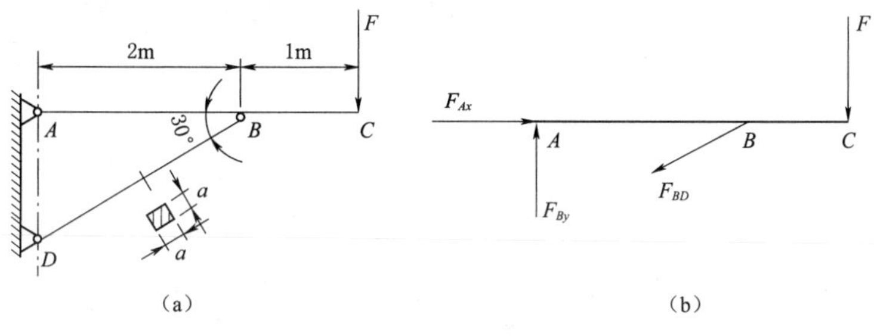

图 9.9

解： 由题意可知：

（1）求压杆 BD 的轴力 F_N 与 F 荷载的函数关系。取 ABC 杆为对象作受力图，

如图 9.9 (b) 所示，由平衡条件得

$$\sum M_A(F)=0 \quad -F_N \sin 30^\circ \times 2-F\times 3=0, F_N=-3F$$

(2) 计算压杆柔度，确定折减系数 φ。

$$l_{BD}=\frac{2}{\cos 30^\circ}=2.31\text{m}$$

$$i=\sqrt{\frac{I}{A}}=\sqrt{\frac{a^4}{12\times a^2}}=\frac{0.1\times 10^3}{\sqrt{12}}=28.87\text{mm}$$

$$\lambda=\frac{\mu l_{BD}}{i}=\frac{1\times 2.31\times 10^3}{28.87}=80$$

因为 $\lambda<91$，可得

$$\varphi=\frac{1}{1+\left(\frac{\lambda}{65}\right)^2}=\frac{1}{1+\left(\frac{80}{65}\right)^2}=0.398$$

(3) 计算结构承受的最大荷载。由 BD 杆的稳定条件可得

$$\frac{F_{N.c}}{A}\leqslant\varphi[\sigma]$$

$$3F\leqslant A\varphi[\sigma]$$

$$F\leqslant\frac{A\varphi[\sigma]}{3}=\frac{0.1^2\times 10^6\times 0.396\times 10}{3}=13.27\times 10^3\text{N}$$

即结构所能承受的最大荷载。

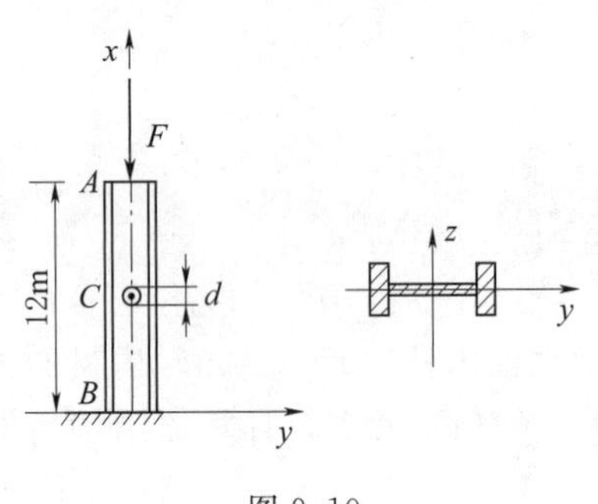

图 9.10

【例 9.4】 如图 9.10 所示，立柱下端固定，上端承受轴向压力 $F=200$kN 作用。立柱用工字钢制成，材料为 Q235 钢，容许应力 $[\sigma]=160$MPa。在立柱中点横截面 C 处，因构造需要开一直径为 $d=70$mm 的圆孔。试选择工字钢型号。

解： 由题意可知。

由于压杆在 $x-y$ 与 $x-z$ 平面内两端支承条件相同，所以采用最小惯性矩 I_y 确定工字钢型号。

(1) 第一次试算。

设 $\varphi_1=0.5$，则由式 $\frac{F_N}{A}\leqslant\varphi[\sigma]$ 得

$$A\geqslant\frac{200\times 10^3}{0.5\times 160}=2.5\times 10^3(\text{mm}^2)$$

从型钢表中查得 16 号工字钢的横截面面积 $A=2.61\times 10^3\text{mm}^2$，最小惯性半径 $i_{\min}=18.9$mm。如果选用该型钢作立柱，则其柔度为 $\lambda=\frac{\mu l}{i_{\max}}=\frac{2\times 2000}{18.9}=211$。由 b 类截面表 9.5 查得相应于 $\lambda=211$ 的折减系数为 $\varphi_1'=0.169$。显然 φ_1' 与假设的 φ_1 值相差较大，必须进一步试算。

(2) 第二次试算。

设 $\varphi_2=\frac{\varphi_1+\varphi_1'}{2}=\frac{0.5+0.169}{2}=0.335$，则由式$\frac{F_N}{A}\leqslant\varphi[\sigma]$ 得

$$A\geqslant\frac{200\times10^3}{0.335\times160}=3.731\times10^3\,\text{mm}^2$$

从型钢表中查得，22a 工字钢的横截面面积 $A=4.21\times10^3\,\text{mm}^2$，最小惯性半径 $i_{\min}=23.1\text{mm}$。如果选用该型钢作立柱，则其柔度为 $\lambda=\frac{2\times2000}{23.1}=173$，由此得 $\varphi_2'=0.241$。显然 φ_2' 与 φ_2 值相差还较大，仍需作进一步试算。

(3) 第三次试算。

设 $\varphi_3=\frac{\varphi_2+\varphi_2'}{2}=\frac{0.335+0.241}{2}=0.288$，则由式$\frac{F_N}{A}\leqslant\varphi[\sigma]$ 得

$$A\geqslant\frac{200\times10^3}{0.288\times160}=4.34\times10^3\,\text{mm}^2$$

从型钢表中查得，25a 工字钢的横截面面积 $A=4.854\times10^3\,\text{mm}^2$，最小惯性半径 $i_{\min}=24\text{mm}$。如果选用该型钢作立柱，则其柔度为 $\lambda=\frac{2\times2000}{24}=166.7$，由此得 $\varphi_3'=0.258$。显然 φ_3' 与 φ_3 值比较接近。因此，可进一步进行稳定性校核。

工作应力为

$$\sigma=\frac{F}{A}=\frac{200\times10^3}{4.854\times10^3}=41.2(\text{MPa})$$

稳定容许应力为

$$[\sigma_{st}]=\varphi[\sigma]=0.258\times160=41.28(\text{MPa})$$

则有 $\sigma<[\sigma_{st}]$，压杆满足稳定条件。

(4) 强度校核。从型钢表中查得，25a 工字钢的腹板厚度 $\delta=8\text{mm}$，横截面 C 的净面积为

$$A_c=A-\delta d=4.85\times10^3-8\times70=4.29\times10^3(\text{mm}^2)$$

截面的工作应力为

$$\sigma=\frac{F}{A_c}=\frac{200\times10^3}{4.29\times10^3}=46.6(\text{MPa})$$

则有 $\sigma<[\sigma]$，由此可见，选用 25a 工字钢作立柱，其强度也符合要求。

9.5 提高压杆稳定的措施

提高压杆稳定的措施

提高压杆的临界应力或临界荷载，也就相对地提高了压杆的稳定性。由临界应力的计算公式可知，影响临界应力的主要因素是柔度。减小柔度即可大幅度提高临界应力。因此，提高压杆稳定性必须从减小柔度入手。

9.5.1 减小压杆长度

从柔度计算式 $\lambda=\mu l/i$ 中可以看出，减小压杆的长度 l 是降低压杆柔度提高压杆

稳定性的有效方法之一。在条件允许的情况下，应尽量使压杆的长度减小，或者在压杆中间增加支撑，如图 9.11 所示。例如，对建筑施工中的塔吊，每隔一定高度将塔身与已成建筑物用铰链相连，可大大提高塔身的稳定性。

9.5.2 选择合理截面

在截面面积不变的情况下，增大惯性矩 I，从而达到增大惯性半径 i，减小压杆柔度 λ。如图 9.12 所示，在截面积相同的情况下，圆环形截面比实心圆截面合理。例如，在建筑施工中，都采用空心圆钢管搭脚手架。

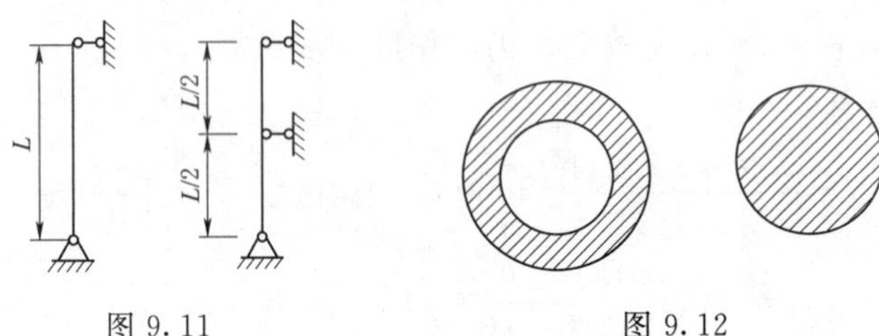

图 9.11　　图 9.12

对于压杆在各个弯曲平面内的支承条件相同时，压杆的临界应力由最小惯性半径 $i_{\min}$ 方向所控制。因此，应尽量使两向的惯性半径接近，这样可使压杆在各个弯曲平面内有接近的柔度。如由两根槽钢组合而成的压杆，采用图 9.13（a）的形式比图 9.13（b）的形式好。

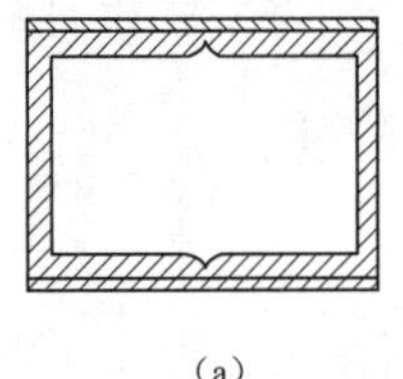

(a)

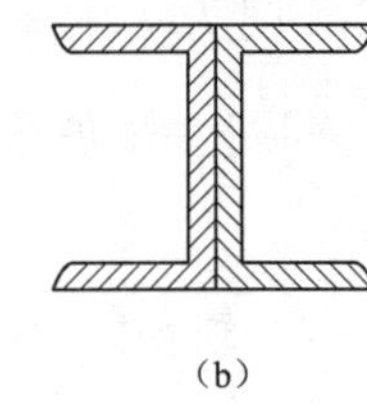

(b)

图 9.13

对于压杆在各个弯曲平面内的支承条件不同时 $[(\mu l)_z \neq (\mu l)_y]$，可采用 $I_z \neq I_y$ 的截面来与相应的支承条件配合，使压杆在两相互垂直平面的柔度值相等，即

$$\frac{(\mu l)_z}{\sqrt{\frac{I_z}{A}}} = \frac{(\mu l)_y}{\sqrt{\frac{I_y}{A}}} \quad 或 \quad \frac{\mu_z}{\sqrt{I_z}} = \frac{\mu_y}{\sqrt{I_y}}$$

在满足该公式时，就可保证压杆在这两个方向上具有相同的稳定性。

9.5.3 加强杆端约束

由于压杆两端固定得越牢固，μ 值越小，计算长度 μl 就越小，它的临界压力就越大，故采用 μ 值小的支座形式，可以提高压杆的稳定性。如将两端铰支的压杆改为两端固定时，其计算长度会减少一半，临界压力为原来的 4 倍。但杆端支座约束形式往往要根据使用的要求来决定。

9.5.4 合理选择材料

由式 $\sigma_{cr} = \frac{\pi^2 E}{\lambda^2}$ 可以看出，细长压杆的临界应力与材料的弹性模量 E 有关。因此，选择高弹模材料，显然可以提高细长压杆的稳定性。但是，就钢而言，由于各种钢的弹模大致相同，因此，如果从稳定性考虑，选用高强度钢作细长压杆是不必要的。由式 $\sigma_{cr} = a - b\lambda^2 (0 < \lambda < \lambda_P)$ 可以看出，中柔度压杆的临界应力与材料的强度有关，强

度越高的材料，临界应力越高。所以，选用高强度材料作中柔度压杆显然有利于稳定性的提高。

思 考 题

1. 工程中对压杆的应用非常广泛，如脚手架中的竖杆、建筑结构中的柱子等。根据压杆受到干扰后的工作状况将压杆的工作状态分为哪三类?

2. 压杆失稳产生的弯曲与梁的弯曲有何区别?

3. 把其他支承条件的细长压杆与两端铰支的细长压杆，通过什么类比可以得出不同支承条件下压杆长度因数 μ。

4. 压杆的柔度 λ 和材料的力学性质决定着压杆的临界应力值。压杆的柔度是对压杆的哪几个几何条件的综合反映?

5. 应用欧拉公式的条件是什么? 如果超过范围继续使用欧拉公式求压杆临界应力，则计算结果是偏于安全还是偏于危险?

6. 有一圆截面细长压杆，试问：杆长 l 增加一倍与直径 d 增加一倍对临界力的影响如何?

7. 对于两端铰支，由 Q235 钢制成的圆截面压杆，问杆长 l 应比直径 d 大多少倍时，才能应用欧拉公式?

8. 每一种材料的压杆都可以作出相应的临界应力总图，在此图中，将经验曲线与欧拉曲线的切点 C 对应的柔度 λ_c 作为细长压杆与中长压杆的实际划分点，为什么不用理论推导的划分值 λ_P?

9. 压杆稳定条件与强度条件的表达形式是相同的，但二者的根本区别在什么地方?

10. 在施工中用已有的钢管搭建脚手架，为了提高脚手架的稳定性，你可以在哪几个方面采取措施?

11. 采用高强度钢材能有效地提高中长压杆的临界应力，而不能够有效地提高细长压杆的临界应力，这种说法对吗?

12. 为什么梁通常采用矩形截面，而压杆则采用方形或圆形截面?

13. 对压杆进行稳定分析时，是用什么量值来判定压杆在哪一个平面内首先失稳?

练 习 题

1. 如习题 9.1 图所示，两端在 $x-y$ 和 $x-z$ 平面内都为铰支的 22a 工字钢细长压杆，材料为 Q235 钢，其弹性模量 $E=200\text{GPa}$。试求压杆的临界力。

2. 如习题 9.2 图所示，一端固定一端铰支的圆截面细长压杆，$d=50\text{mm}$，材料为 Q235 钢，其弹性模量 $E=200\text{GPa}$。试求压杆的临界力。

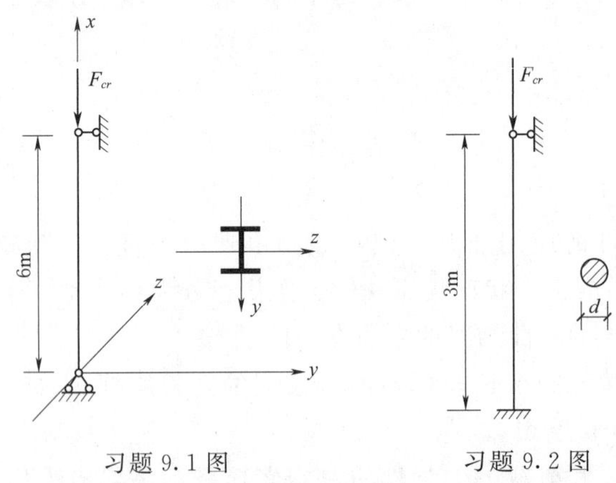

习题 9.1 图　　　　习题 9.2 图

3. 如习题 9.3 图所示的正方形桁架，各杆的抗弯刚度均为 EI，各杆也是细长杆。试问当荷载 F 为何值时，结构中的哪一杆件将失稳？如果将荷载 F 的方向改为向内，则使杆件失稳的荷载 F 又为何值？

4. 如习题 9.4 图所示，结构由两个圆截面杆组成，两杆的直径及所用材料均相同，且两杆均为细长杆。当 F 从零开始逐渐增加时，哪杆首先失稳？

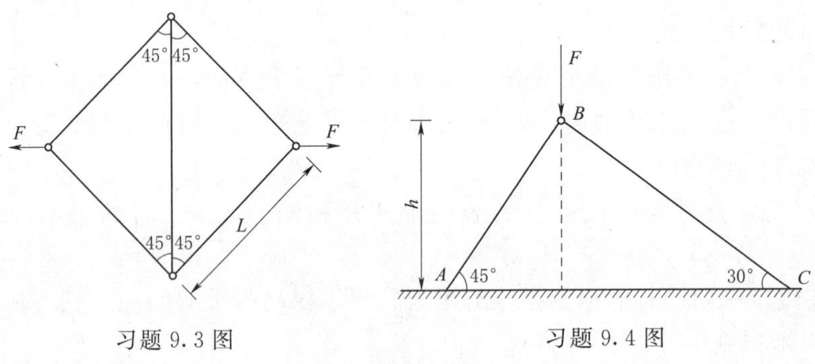

习题 9.3 图　　　　习题 9.4 图

5. 如习题 9.5 图所示，压杆由 Q235 钢制成，材料的弹性模量 $E=200\text{GPa}$，在 $x-y$ 平面内，两端为铰支；在 $x-z$ 平面内，两端固定，两个方向均为细长压杆。试求该压杆的临界力。

6. 如习题 9.6 图所示的压杆，横截面为 $b\times h$ 的矩形，试从稳定方面考虑，b/h 为何值最佳。当压杆在 $x-z$ 平面内失稳时，可取长度因数 $\mu_y=0.7$。当压杆在 $x-y$ 平面内失稳时，可取长度因数 $\mu_z=1.0$。

7. 如习题 9.7 图所示，托架的斜撑 BC 为圆截面木杆，材料的强度等级 TC13，容许压应力 $[\sigma]=10\text{MPa}$，试确定斜撑 BC 所需直径 d。

8. 如习题 9.8 图所示，已知柱的上端在两个方向都为铰支，下端为固定支座，外径 $D=200\text{mm}$，内径 $d=100\text{mm}$，材料为 Q235 钢，弹性模量 $E=200\text{GPa}$，容许应力 $[\sigma]=160\text{MPa}$，求柱的容许荷载 $[F]$。

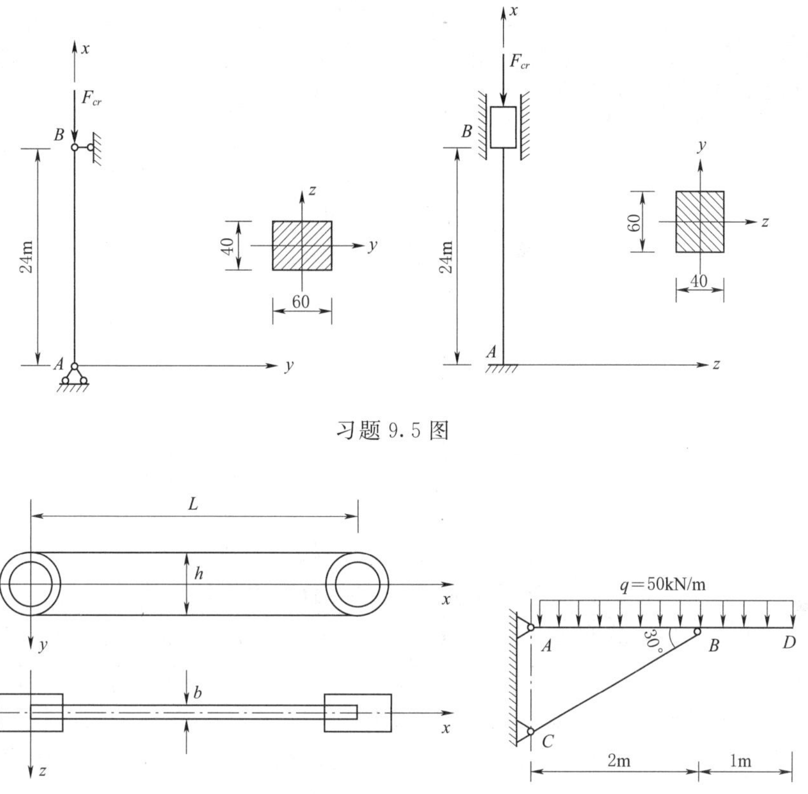

习题 9.5 图

习题 9.6 图

习题 9.7 图

9. 如习题 9.9 图所示，结构中的钢梁 AC 及柱 BD 分别由 10 号工字钢和圆木构成，梁的材料为 Q235 钢，容许应力 $[\sigma]=160\text{MPa}$；柱的材料为松木，强度等级为 TC13，直径 $d=160\text{mm}$，容许应力 $[\sigma]=11\text{MPa}$，两端铰支。试校核梁的强度和立柱的稳定性。

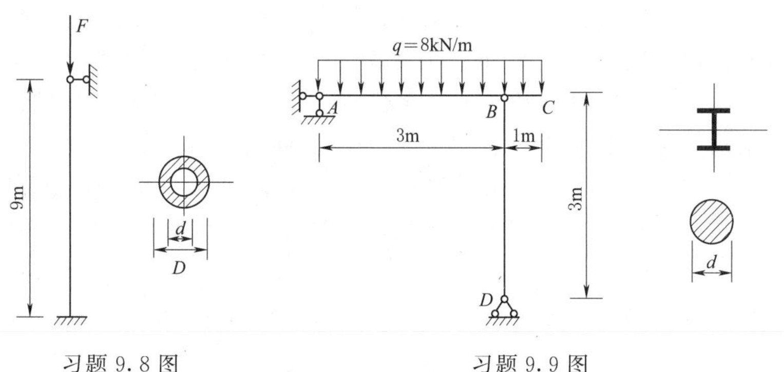

习题 9.8 图

习题 9.9 图

第 10 章

结构力学基础知识

平面体系的结构计算简图

10.1 平面体系的结构计算简图

实际结构其实是很复杂的，根本无法按照结构的真实情况进行力学计算。因此，在对结构进行力学分析时，首先将实际结构进行抽象和简化，然后选用一个合理并能够反映结构主要工作特性的模型来代替真实结构，这样的简化模型称为结构计算简图。结构计算简图略去了真实结构的许多次要因素，是真实结构的简化，便于分析和计算；结构计算简图保留了真实结构的主要性能和特点，是真实结构的代表，能够给出满足精度要求的分析结果。合理地选取结构的计算简图是结构计算中必须首先解决的问题，占有相当重要的地位，它直接影响着计算工作量的大小和分析结构与实际之间的差异。因此，计算简图的选用需要较深厚的力学基础和丰富的工程实践经验，并且需要实践的检验。

10.1.1 计算简图的简化内容

10.1.1.1 结构的简化

按照空间特点，结构可以分为平面结构和空间结构。一般的工程结构都是空间结构，例如，房屋建筑是由许多纵向梁柱和横向梁柱组成的。工程中常将其简化成由若干个纵向梁柱组成的纵向平面结构和由若干个横向梁柱组成的横向平面结构。简化后的荷载与梁、柱各轴线位于同一平面内，即略去了纵、横向的联系作用，把原来的空间结构简化为若干个平面结构来分析。同时，在平面简化过程中，用梁、柱的轴线来代替实体杆件，忽略截面形状和尺寸的影响，以各杆轴线所形成的几何轮廓代替原结构。这种从空间到平面，从实体到杆件轴线的几何轮廓的简化称为结构体系的简化。例如图 10.1（a）所示的钢筋混凝土空间刚架，在图示荷载作用下，就可以简化成为图 10.1（b）、图 10.1（c）所示的两个方向的平面刚架来计算。

10.1.1.2 结点的简化

在杆件结构中，杆件相互连接的区域称为结点。根据连接处的构造和结构的受力特点，可将其简化为铰结点、刚结点和组合结点三种，如图 10.2 所示。

（1）铰结点的特征是汇交于结点的各杆件都可绕结点自由转动，但不能相对移

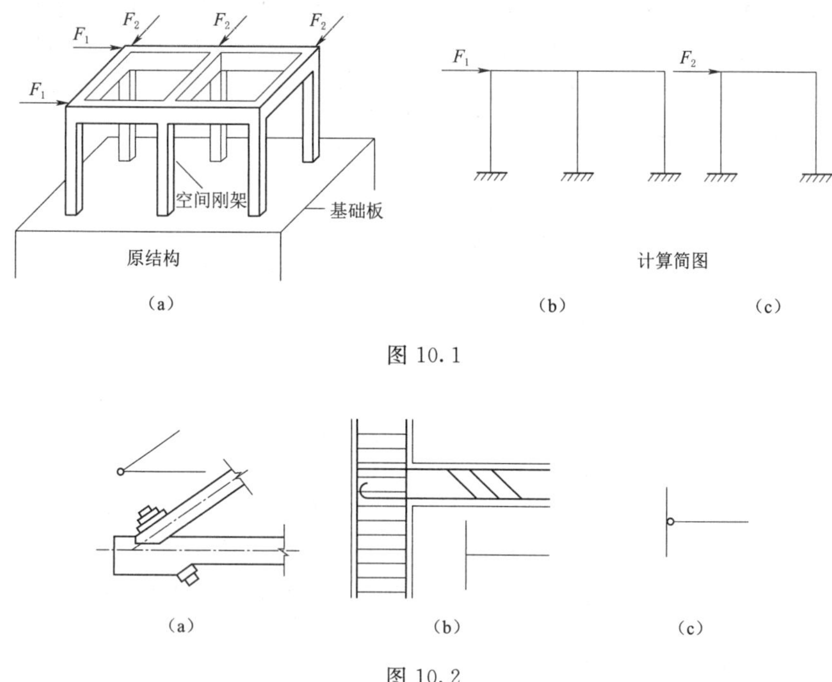

图 10.1

图 10.2

动。如图 10.2（a）所示，木屋架结点上的杆件并不能任意自由移动，但由于联结不可能十分严密牢固，杆件可作微小的转动，所以在结构计算中假定为铰结点。

（2）刚结点的特征是汇交于结点的各杆件不能发生相对转动和移动。如图 10.2（b）所示，建筑物中的横梁和边柱浇筑在一起，两部分不能发生任何的相对位移。所以在结构计算中假定为刚结点。

（3）组合结点是由铰结点和刚结点这两种不同的结点组合而成的结点，这种结点的一部分具有铰结点的特点，而另一部分具有刚结点的性质。如图 10.2（c）所示。

10.1.1.3 支座的简化

结构构件与基础间的连接装置就是支座。支座的实际构造是多种多样的，就其对结构的约束作用，常简化为固定铰支座、可动铰支座和固定端支座三种基本形式。其中，固定铰支座的几何特征是结构可以绕铰链中心自由转动，但是不能水平和垂直移动；可动铰支座的几何特征是结构可绕铰链中心自由转动，并可沿支撑面水平移动，但不能竖向移动。固定端支座的几何特征是结构与支座联结处既不能发生转动，也不能发生移动。

10.1.1.4 荷载的简化

在结构上作用的主动力产生的支座反力称为被动力，主动力和被动力都是结构的外力。结构所承受的荷载可分为体力和面力两类。物体内每一个质点上都作用的力称体力，结构的自重或惯性力都是体力。面力是通过物体表面接触而传递的作用力，如土压力、水压力及车辆的轮压力等均属于面力。在杆系结构的计算中，因杆件是用其轴线来代表的，所以不论体力和面力都简化作用在杆轴线上。根据其作用的具体情况，主动力可简化为集中荷载和分布荷载。真正的集中荷载是不存在的，因为任何荷载都必须分布在一定的面积上或一定的体积内。但是，如果荷载分布的面积或体积很小，为简化计算起见，可以把它作为集中荷载来处理。

10.1.2 平面杆系的结构类型

平面杆系结构是由若干杆件通过一定方式连接而成的结构体系，按照杆件的连接方式和布置形式可将杆系结构分为以下几种类型。

（1）梁。梁是一种受弯构件，轴线通常为直线。梁可以是单跨，如图 10.3（a）所示，也可以是多跨，如图 10.3（b）所示。

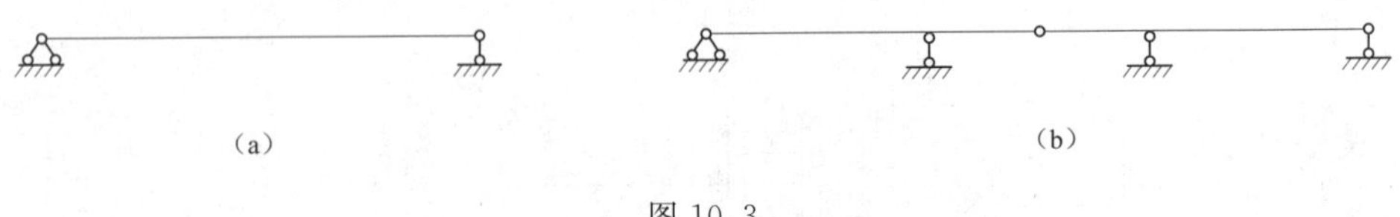

图 10.3

（2）拱。拱的轴线为曲线，且在竖向荷载作用下产生水平反力，如图 10.4 所示。这种水平反力将使拱内弯矩小于其跨度、荷载及支撑情况相同的梁的弯矩。

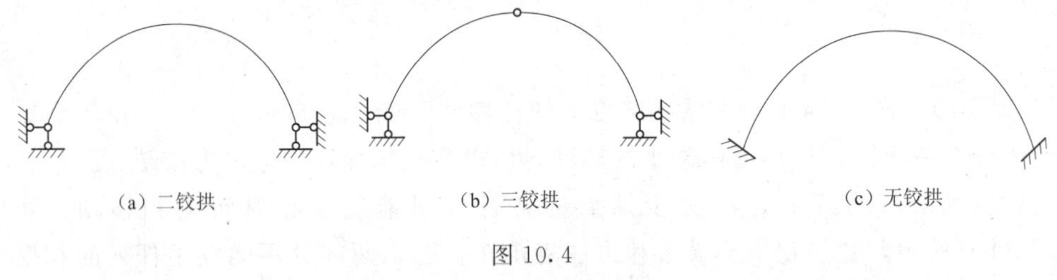

图 10.4

（3）刚架。刚架是由梁、柱通过结点连接起来的结构，如图 10.5 所示。结点多数为刚结点和铰接点。

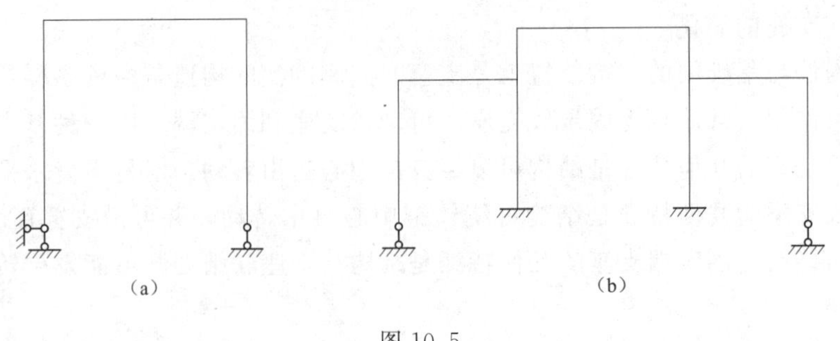

图 10.5

（4）桁架。桁架是由若干杆件通过铰结点连接起来的结构，支撑常为固定铰支座或可动铰支座，各杆轴线为直线，如图 10.6 所示。当荷载只作用于桁架结点上时，各杆都是二力杆件。

（5）组合结构。组合结构中部分是链杆，部分是梁或刚架，如图 10.7 所示。

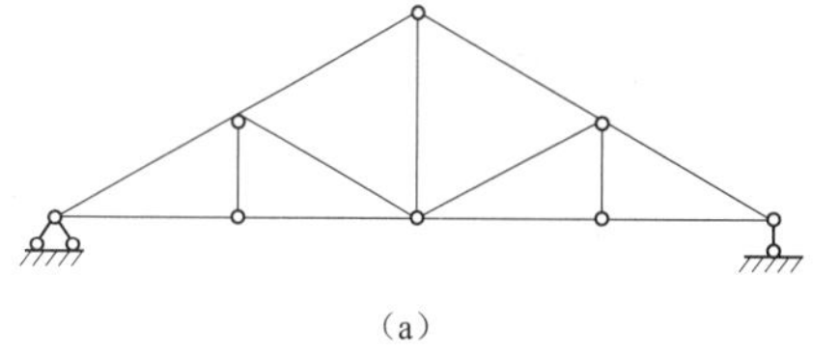
(a)

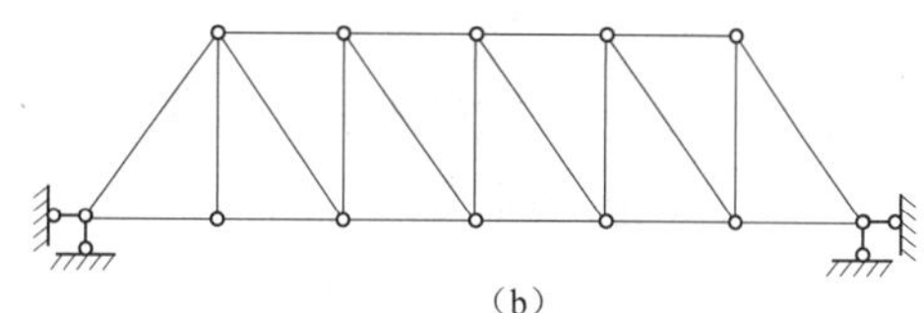
(b)

图 10.6

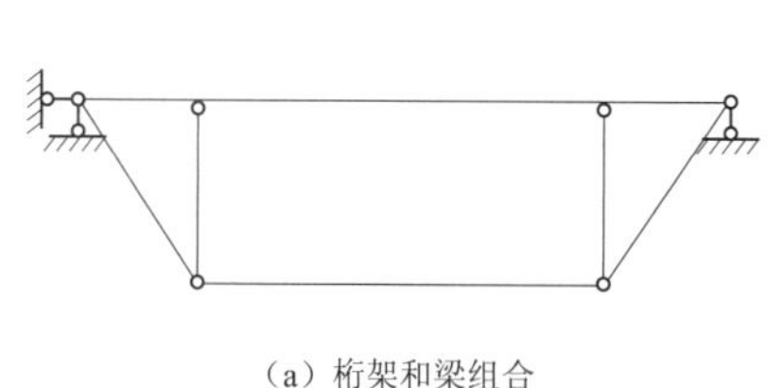
(a) 桁架和梁组合

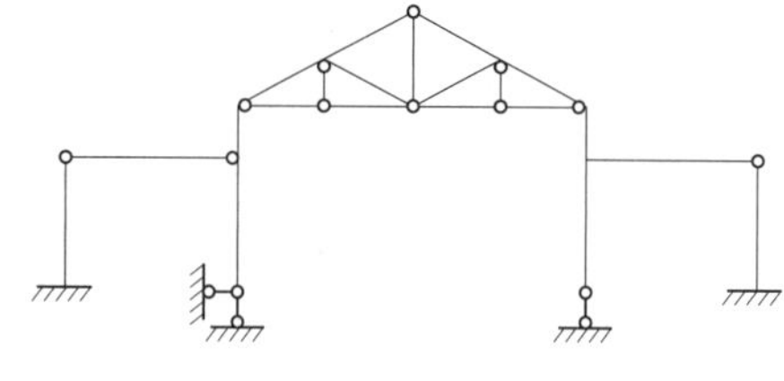
(b) 桁架式杆件和刚架组合

图 10.7

10.2 平面体系的几何组成分析

10.2.1 几何组成分析的基本概述

平面体系的几何组成分析

10.2.1.1 几何不变体系和几何可变体系

由于材料应变引起的形变相比结构本身几何形态的变化一般很小，可以忽略不计，因此在几何组成分析时不考虑材料应变。图 10.8 (a) 所示体系，在很小的水平干扰力作用下，体系将发生侧移倾倒，虚线表示可能发生的形状改变，原有的几何形状和位置不能维持，这种体系称为几何可变体系。如图 10.8 (b) 所示，若在体系中沿着对角方向增设一根链杆，此时体系具有抵抗变形的能力，在很小的水平干扰力作用下，体系不会发生侧移倾倒，原有的几何形状和位置可以维持，这种体系称为几何不变体系。如图 10.8 (c) 所示，若在体系下方增设一根链杆，并未代替几何中变长的对角线，则几何形状仍为可变。因此，在几何组成分析时，有助于判定体系是否变化，若体系不变则可用于工程结构设计，若体系可变则可采取有效措施阻止变形，使之成为工程要求的结构设计状态。

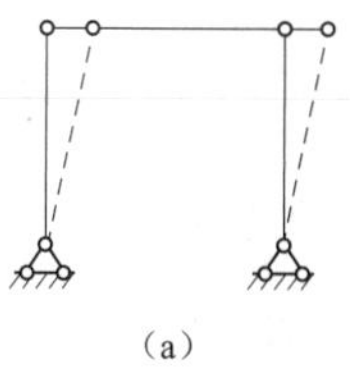
(a)

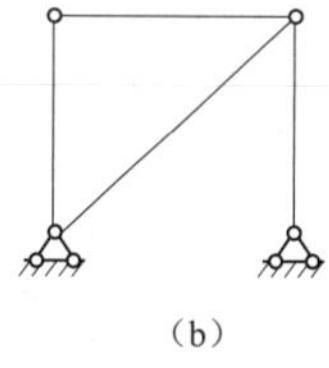
(b)

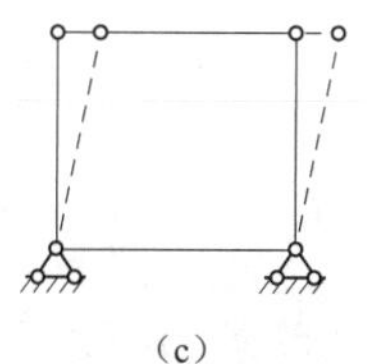
(c)

图 10.8

10.2.1.2 自由度和约束

(1) 自由度。

体系的自由度就是在体系运动时可以独立变化的几何参数的数目，也就是确定体系位置所需独立坐标的数目。平面上一个点由 A 点移到 A'，有左右和上下（Δx、Δy）两个独立的运动方式，如图 10.9（a）所示，所以说平面上一个点有两个自由度。平面内一刚片由 AB 移动 $A'B'$，有左右、上下、转动（Δx、Δy、$\Delta\theta$）三种独立的运动方式，如图 10.9（b）所示，所以说平面上一刚片有 3 个自由度。

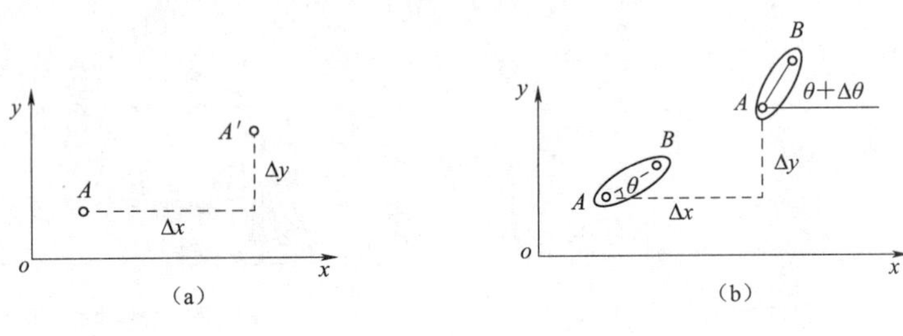

图 10.9

(2) 约束。

体系的约束就是减少自由度的装置，这里也可称为联系。常见的约束类型有链杆、铰结点、刚结点三种。

1) 链杆。如图 10.10 所示，刚片 AB 通过一根链杆 AC 与基础相连。连接之前刚片 AB 有三个自由度。连接之后刚片能绕 A 点转动和沿着垂直链杆轴线方向移动，但不能沿着链杆轴线方向移动，约束效果与理论力学的可动铰支座一致，刚片的自由度由原来的 3 个减少到 2 个。因此，一根链杆相当于一个约束。

2) 铰结点。铰可分为单铰、复铰和虚铰。

a. 单铰，指的是同时连接两个刚片的铰。如图 10.11 所示，刚片 Ⅰ 和刚片 Ⅱ 通过一个单铰相连。连接之前，两个刚片各有 3 个自由度，共 6 个自由度。连接之后两个刚片组成了一个可以绕单铰转动的大刚片，加之大刚片本身 3 个自由度，共有 4 个自由度。因此，一个单铰相当于两个约束。

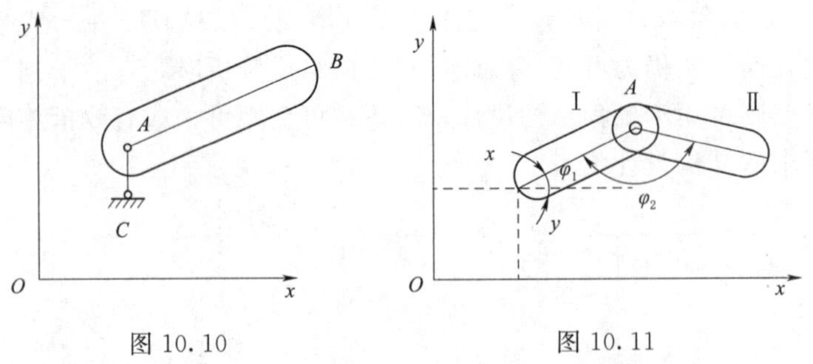

图 10.10

图 10.11

b. 复铰，指的是同时连接三个及以上刚片的铰。如图 10.12 所示，刚片 Ⅰ、刚片 Ⅱ、刚片 Ⅲ 通过一个复铰相连。连接之前，三个刚片各有 3 个自由度，共 9 个自由度。连接之后三个刚片组成了一个可以各自独立绕复铰转动的大刚片，如果固定其中一个刚片，那么另外两个刚片只能绕复铰转动，有 2 个自由度，加之大刚片本身的 3 个自由度，共有 5 个自由度。因此，一个复铰相当于 $2(n-1)$ 个约束。

c. 虚铰，指的是连接两个刚片的两根链杆的延长线相交于点。如图 10.13（a）所示，固定其中一个刚片，另外一个刚片只能绕虚铰 A 转动。如图 10.13（b）所示，连接两个刚片的两根链杆相交于一个实点 A，该实点则是实铰，固定其中一个刚片，另外一个刚片只能绕实铰 A 转动，该铰相当于固定端支座。如图 10.13（c）所示，连接两刚片的两根链杆相交于无穷远点，该远点则是无穷铰，固定其中一个刚片，另外一个刚片只能绕无穷铰转动，运动状态类似于平动，该铰相当于定向铰支座。

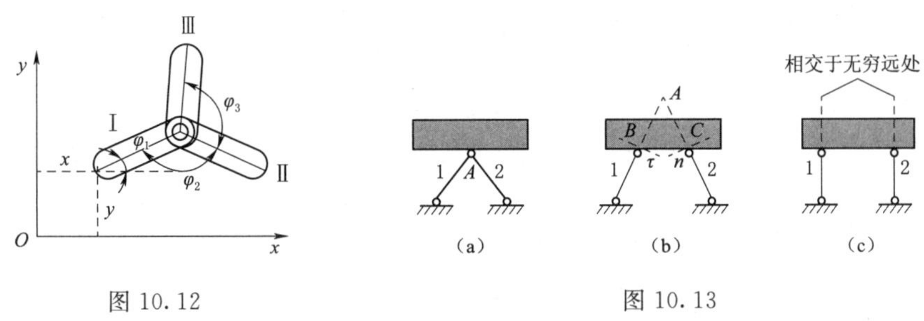

图 10.12　　图 10.13

3）刚结点。可分为单刚结点和复刚结点。

a. 单刚结点，指的是同时连接两个刚片的刚结点。如图 10.14（a）所示，刚片Ⅰ和刚片Ⅱ通过一个单刚结点相连。连接之前，两个刚片都处于自由状态，各自都有 3 个自由度，共有 6 个自由度。连接之后，两个刚片合成为一个整体，只有 3 个自由度，单刚结点减少了 3 个自由度，相当于固定端支座。因此，一个单刚结点相当于 3 个约束。

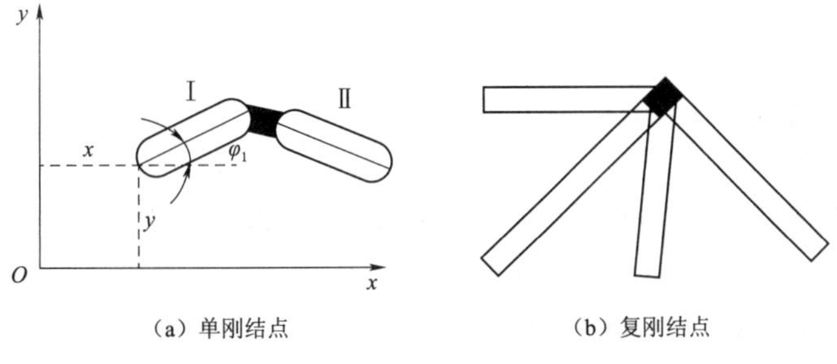

（a）单刚结点　　（b）复刚结点

图 10.14

b. 复刚结点，指的是同时连接三个及以上的刚片的刚结点。如图 10.14（b）所示，四个刚片通过一个复刚结点相连。连接之前，四个刚片都处于自由状态，各自都有 3 个自由度，共 12 个自由度。连接之后，四个刚片合成为一个整体，只有 3 个自由度，复刚结点减少了 9 个自由度。因此，一个复刚结点相当于 $3(n-1)$ 个约束。

10.2.1.3　必要约束和多余约束

（1）必要约束。

当去除约束后，原体系变成几何可变体系，去除的约束就被称为必要约束。如图

10.15（a）所示，平面内 A 点有 2 个自由度，通过链杆 1 和链杆 2 连接于基础而被固定。若去除任意一根链杆之后，则 A 点就会通过剩余的一根链杆绕基础转动。因此，链杆 1 和链杆 2 都是 A 点的必要约束。

（2）多余约束。

当去除约束后，原体系仍为几何不变体系，去除的约束就被称为多余约束。如图 10.15（b）所示，平面内 A 点有 2 个自由度，通过链杆 1、链杆 2、链杆 3 连接于基础而被固定。若去除任意一根链杆之后，则 A 点仍然会被剩余的两根链杆固定。因此，去除的那根链杆则是 A 点的多余约束。

这里需要特别说明，存在多余约束的结构称为超静定结构，多余约束的数量就是超静定结构的次数，多余约束的数量等于结构的全部约束数量减去原本所需的基本自由度。如图 10.16（a）为例，平面内简支梁 AC 有 3 个自由度，通过具有 2 个约束的固定铰支座 A 和具有 1 个约束的可动铰支座 C 固定于基础上，则简支梁 AC 有 3 个约束，那么 AC 就是静定结构。如图 10.16（b）所示，在 AC 梁跨中增加一个可动铰支座（增加一根链杆），简支梁 AC 就有 4 个约束，存在多余约束，此时 AC 就是超静定结构。由于多余约束的数量等于全部约束数量 4 减去原本自由度 3，有 1 个多余约束，那么也可以称 AC 杆为 1 次超静定结构。

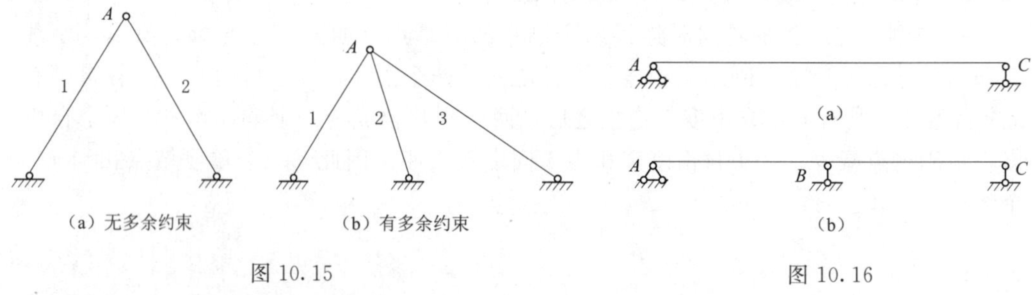

（a）无多余约束　（b）有多余约束

图 10.15　图 10.16

10.2.2 几何不变体系的组成规则

10.2.2.1 二元体规则

内容：一个点与一个刚片用两根不共线的链杆相联结，组成几何不变体系，且无多余约束，如图 10.15 所示。

推论：在一个几何不变体系中增加或拆除一个二元体，体系仍然是几何不变体系。

二元体是指由两根不在同一直线上的链杆连接一个新结点的装置。如图 10.17 所示，在刚片Ⅰ上增加一个二元体（AC、CB），形成的组合体是几何不变体系，然后拆除二元体（AC、CB），刚片Ⅰ仍然是几何不变体系。

10.2.2.2 两刚片规则

内容：两个刚片之间用不全交于一点也不全平行的三根链杆相联结，则组成几何不变体系，且无多余约束，如图 10.18（a）所示。

推论：两个刚片之间用一个铰和一根不通过铰的链杆相联结，则组成几何不变体系，且无多余约束，如图 10.18（b）和图 10.18（c）所示。

如图 10.18（a）所示，若将刚片Ⅰ和Ⅱ只用两根链杆 1 和 2 相连，则会发生相对转动，若再增加一根链杆 3，且其延长线不通过 o 点，它就能阻止刚片Ⅰ和Ⅱ的相对转动，因此，这时所组成的体系是无多余约束的几何不变体系。

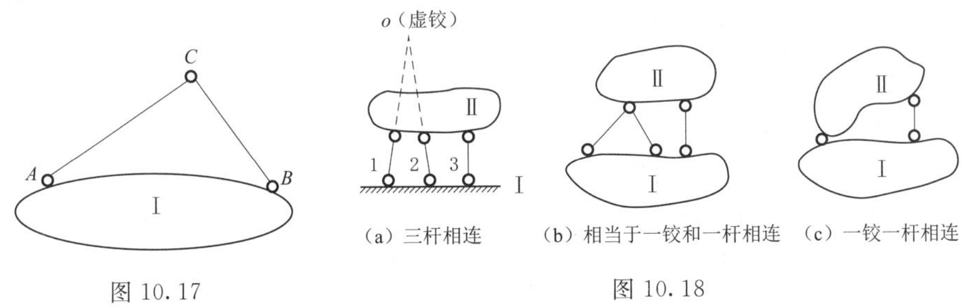

图 10.17　　图 10.18

这里需要探讨的是当两刚片的连接形式不符合规则时，如图 10.19 所示，两刚片究竟会发生怎样的运动。

如图 10.19（a）所示，当 1、2、3 三根链杆交于一个实铰且不全平行时，因为 O 点与刚片Ⅱ组成几何不变体系且有一个多余约束的超静定结构，而超静定结构与刚片Ⅰ只有一个单铰相连，因此，刚片Ⅰ和刚片Ⅱ会在 O 点发生相对转动，属于几何可变体系。该体系也可称为常变体系。

如图 10.19（b）所示，当 1、2、3 三根链杆交于一个虚铰且不完全平行时，根据虚铰特点可知，假如刚片Ⅱ不动，刚片Ⅰ会绕虚铰 O 点相对刚片Ⅱ有转动趋势，由于三杆不等长，在发生转动时，三杆虽有相同线位移，但倾斜角不同，因此，一旦发生转动虚铰就会消失，此时就会满足两刚片规则，成为几何不变体系。我们把这种有可变条件但初始发生就会停止的体系称为瞬变体系。

如图 10.19（c）所示，当 1、2、3 三根链杆不交于一点且全平行时，由于三根链杆等长，在发生运动时，三杆始终会保持相同的线位移和倾斜角，因此，该体系为几何可变体系，属于常变体系。

如图 10.19（d）所示，当 1、2、3 三根链杆不交于一点且全平行时，三根链杆有发生运动的趋势。由于三根链杆不等长，当初始发生运动时，三杆虽保持相同的线位移，但不会保持相同的倾斜角，一旦发生运动三杆就不全平行，此时就会满足两刚片规则，成为几何不变体系，因此，该体系属于瞬变体系。

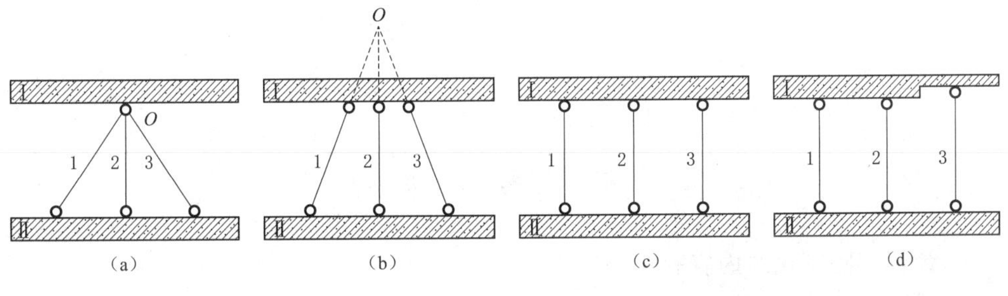

图 10.19

10.2.2.3 三刚片规则

（1）内容：三个刚片之间用不在同一条直线上的三个铰两两相连，则组成结合不变体系，且无多余约束。如图 10.20（a）所示。

（2）推论：三个刚片之间用不在同一条直线上的三个虚铰两两相连，则组成结合不变体系，且无多余约束。如图 10.20（b）和图 10.20（c）所示。

如图 10.20（a）所示，刚片Ⅰ、Ⅱ、Ⅲ用不在同一直线上的三个铰 A、B、C 两两相连。若将刚片Ⅰ固定不动，则刚片Ⅱ只能绕 A 点转动，其上点 C 必在半径为 AC 的圆弧上运动，刚片Ⅲ则只能绕 B 点转动，其上点 C 又必在半径为 BC 的圆弧上运动。现在因为在点 C 用铰把刚片Ⅱ、Ⅲ相连，这样点 C 不可能同时在两个不同的圆弧上运动，故刚片Ⅰ、Ⅱ、Ⅲ之间不可能发生相对运动，它们所组成的体系是没有多余约束的几何不变体系。

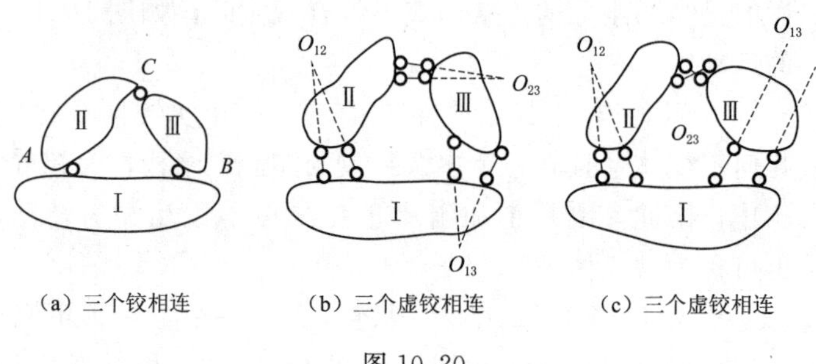

图 10.20

这里需要探讨的是当三刚片的三个铰在同一直线上时，如图 10.21（a）所示。刚片Ⅰ、Ⅱ、Ⅲ通过同一直线上的三铰 1、2、3 两两相连，由于 1、2 和 2、3 在一条直线上，刚片Ⅱ的 2 铰绕 1 铰转动的切线方向与刚片Ⅲ2 铰绕 3 铰运动的切线方向一致，因此，刚片Ⅱ和刚片Ⅲ在 2 铰发生相对转动，如图 10.21（b）所示。但由于刚片Ⅰ、Ⅱ、Ⅲ不可变形，因此，一旦发生相对转动就会停止，成为几何不变体系，因此，该体系为瞬变体系。

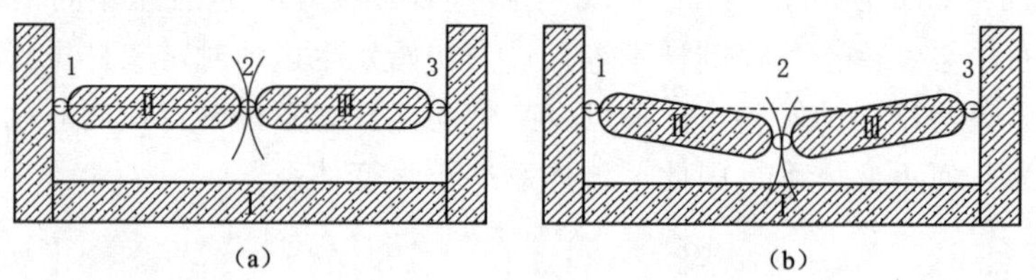

图 10.21

思 考 题

1. 计算简图简化的内容有哪些？

2. 平面杆系结构的类型有哪些？

3. 自由度的概念是什么？如何确定数量？

4. 约束的概念是什么？如何确定数量？
5. 几何组成分析的目的是什么？
6. 简述二元体、两刚片、三刚片规则。
7. 什么是实铰？什么是虚铰？
8. 什么是常变体系？什么是瞬变体系？

练　　习　　题

1. 如习题 10.1 图所示，分析并计算结构多余约束的数目。

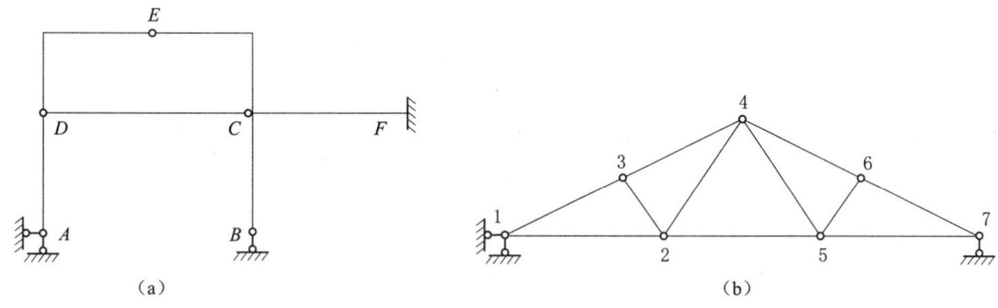

习题 10.1 图

2. 如习题 10.2 图所示，对图 1～图 30 进行几何组成分析，若存在多余约束，需指出多余约束的数目。

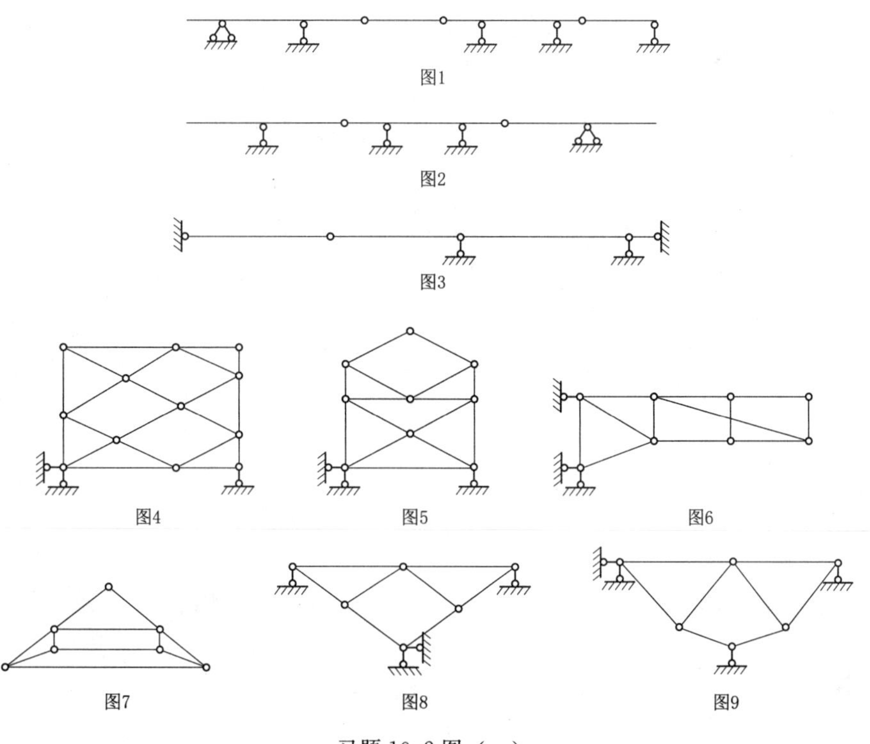

习题 10.2 图（一）

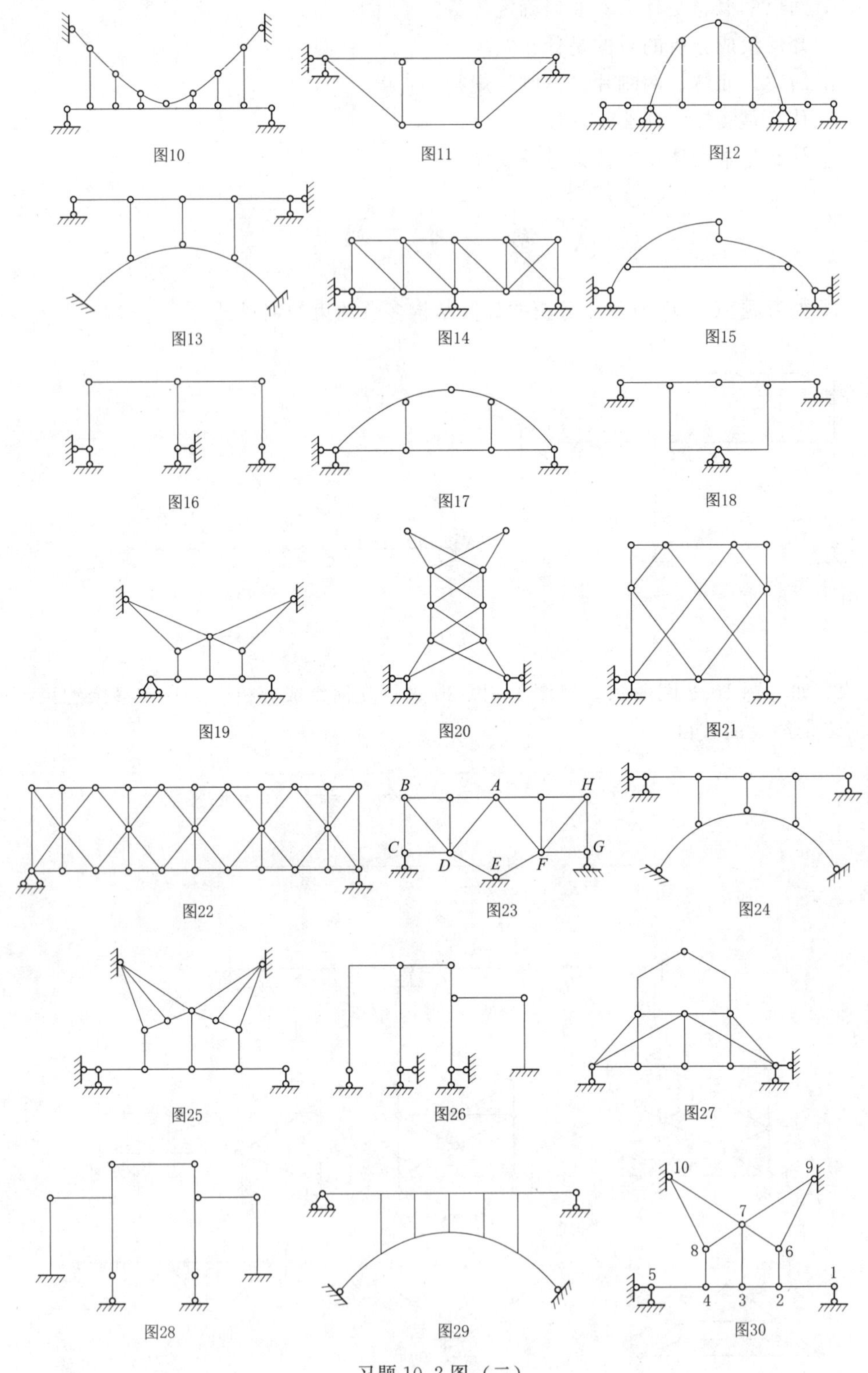
图10
图11
图12
图13
图14
图15
图16
图17
图18
图19
图20
图21
图22
B
A
H
C
D
E
F
G
图23
图24
图25
图26
图27
图28
图29
10
9
7
8
6
5
1
4
3
2
图30

习题 10.2 图（二）

第 11 章

静定结构内力计算

11.1 多跨静定梁

多跨静定梁

在理论力学部分介绍了物体系统的平衡计算，在材料力学部分又讲述了单跨静定梁的内力计算及其内力图的绘制。本节将深化延续以上内容，对多跨静定梁的内力计算及其内力图的绘制进行介绍。

11.1.1 多跨静定梁的类型

多跨静定梁是工程实际中比较常见的结构，它是由若干根单跨静定梁用铰联结而成的静定结构。这种结构常用于道路桥梁和房屋建筑的檩条中。如图 11.1（a）所示为一多跨木檩条的构造。在檩条接头处采用斜搭接的形式，中间用一个螺栓系紧。这种接头不能抵抗弯矩，故可看到铰接点。计算简图如图 11.1（b）所示。

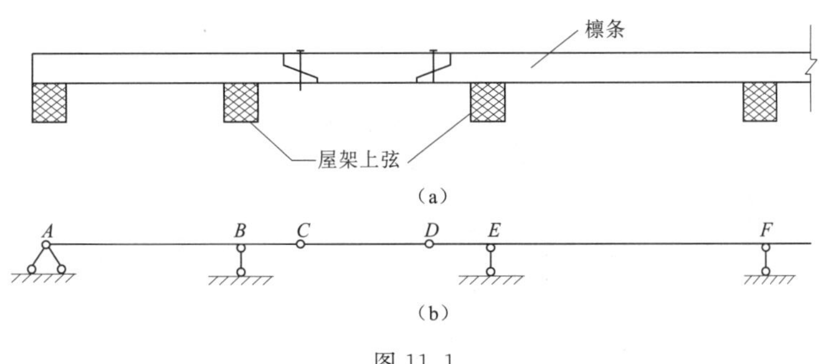

图 11.1

常见的多跨静定梁有三种不同的组成方式：

（1）如图 11.2（a）所示，除左边第一跨无铰外，其他各跨皆有一铰，即在伸臂梁 AC 上依次加上 CE、EG、GH 三根梁，这种类型属于连续简支型。

（2）如图 11.2（c）所示，无铰跨与有两个铰的跨交替出现，即在伸臂梁 AC、DG、HJ 中间各架上一小悬跨 CD、HG，这种类型属于间隔搭接型。

（3）如图 11.2（e）所示，即在伸臂梁 AC、DG 中间加一小悬跨 CD 后，再依次加上 GI、IJ 两根梁，这种类型属于混合型。

通过几何组成分析可知，它们都是几何不变且无多余约束体系，所以均为静定结构。

根据多跨静定梁的几何组成规律，可以将它的各个部分区分为基本部分和附属部分。例如图 11.2（a）所示梁中，*AC* 是通过三根既不完全平行也不相交于一点的三根链杆与基础联结，所以它是几何不变的，*CE* 梁是通过铰 *C* 和 *D* 支座链杆联结在 *AC* 梁和基础上；*EG* 梁又是通过铰 *E* 和 *F* 支座链杆联结在 *CE* 梁和基础上；*GH* 梁又是通过铰 *G* 和 *H* 支座链杆联结在 *EG* 梁和基础上。由此可知，*AC* 梁直接与基础组成一几何不变部分，它的几何不变性不受 *CE*、*EG* 和 *GH* 影响，故 *AC* 梁称为该多跨静定梁的基本部分。而 *CE* 梁要依靠 *AC* 梁才能保证其几何不变性，故 *CE* 梁为 *AC* 梁的附属部分；同理，*EG* 梁相对于 *AC* 和 *CE* 组成的部分来说，它是附属部分，*GH* 梁相对 *AC*、*CE*、*EG* 组成的部分来说，也是附属部分；而 *AC*、*CE* 梁组成的部分相对于 *EG* 来说是基本部分，*AC*、*CE*、*EG* 组成的梁相对于 *GH* 来说，也是基本部分。为清晰可见，它们之间的支承关系可用图 11.2（b）来表示。这种表示力的传递路线的图形称为层次图，它是按照附属部分支承于基本部分之上来作出的。基本部分可不依靠于附属部分而能保持其几何不变性，而附属部分则必须依靠基本部分才能保持其几何不变性。这一部分的内容在物体系统里面已经介绍，在这里就层次图的形成过程再次予以强调。

对图 11.2（c）所示的梁，如果仅承受竖向荷载作用，则不但 *AC* 梁能独立承受荷载维持平衡，*DG*、*HJ* 梁也能独立承受荷载维持平衡。这时 *AC* 梁、*DG* 梁和 *HJ* 梁可分别视为基本部分，而 *CD* 梁和 *GH* 梁则为附属部分。其层次图如图 11.2（d）所示。对图 11.2（e）所示梁，在仅承受竖向荷载作用下，*AC* 梁和 *DG* 梁能够独立承受荷载维持平衡，故 *AC* 梁和 *DG* 梁为基本部分，其层次图如图 11.2（e）所示。

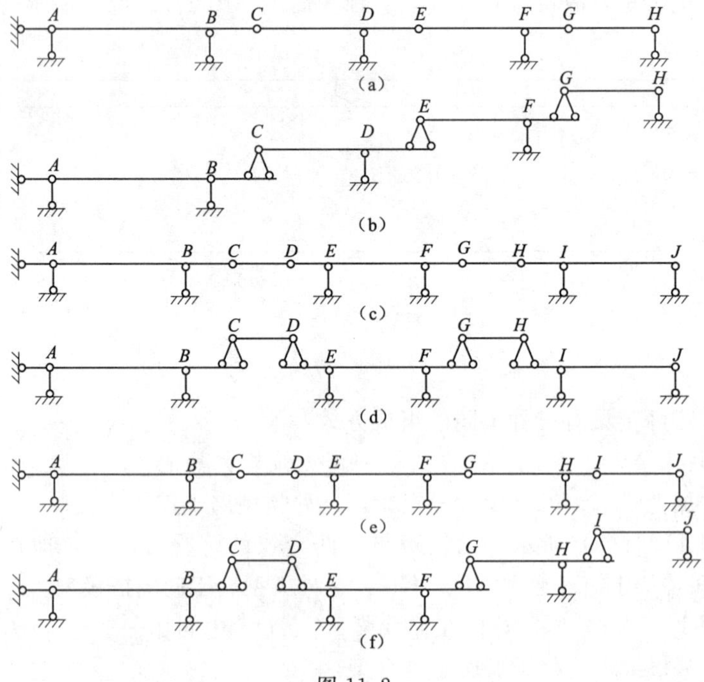

图 11.2

11.1.2 多跨静定梁的计算

把多跨静定梁的基本部分和附属部分用层次图表示，从力的传递来看，作用在基本部分上的荷载，将只对基本部分有影响，而附属部分不受影响。作用在附属部分上的荷载，则不仅对附属部分有影响，而且基本部分也受影响。因此，多跨静定梁的计算顺序应该是先附属部分，后基本部分，即与几何组成分析的顺序相反。这种先附属部分后基本部分的计算顺序，也适用于由基本部分和附属部分组成的其他类型的结构。

计算多跨静定梁的步骤可归纳为以下四步：

（1）对结构进行几何组成分析，按几何组成分析中刚片的选取次序确定基本部分和附属部分，作出层次图。

（2）根据所作层次图，从上层向下层依次选取研究对象，计算各梁的约束力。

（3）按照作单跨梁内力图的方法，分别作出各梁段的内力图，然后再按原顺序连在一起，即得多跨静定梁的内力图。

（4）利用整体平衡条件校核反力，利用微分关系校核内力图。

【例 11.1】 如图 11.3（a）所示的多跨简支梁，试绘制其内力图。

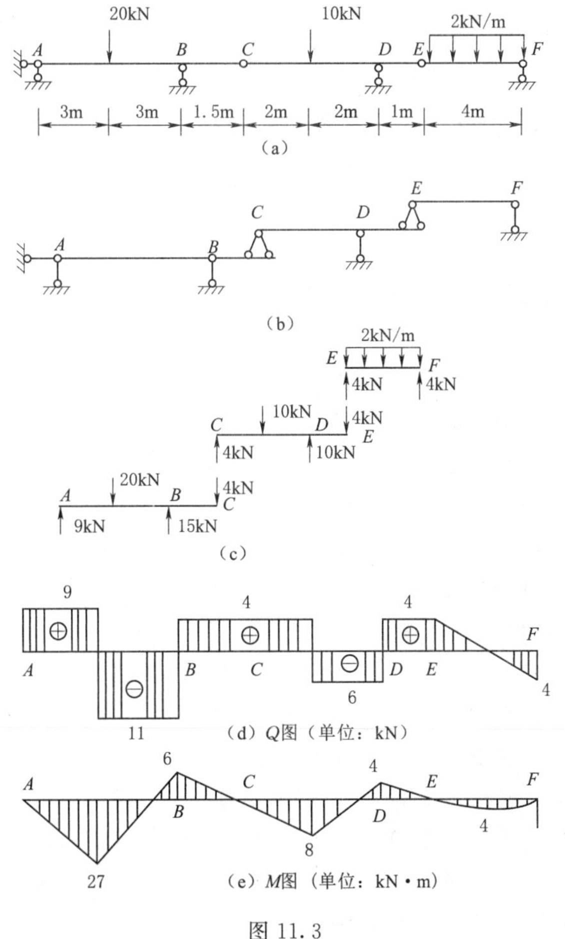

图 11.3

解：由题意可知：

（1）作层次图。设地基为刚片Ⅰ，*ABC* 梁为刚片Ⅱ，*CDE* 梁为刚片Ⅲ，*EF* 梁为刚片Ⅳ，对其进行几何组成分析，并作层次图，如图 11.3（b）所示。

（2）计算反力。先取 *EF* 梁为研究对象，再取 *CDE* 梁为研究对象，后取 *ABC* 梁为研究对象。如图 11.3（c）所示各梁的受力图。应用平衡条件依次求出各梁的约束力。

（3）绘内力图。根据各梁的荷载及反力情况，应用截面法求出各特征结点的内力值，结合内力图分布特征，分别画出各梁的弯矩图和剪力图，如图 11.3（d）、图 11.3（e）所示。

（4）结果校核。应用作用力与反作用力公理（主动荷载等于被动荷载），列出 *Y* 方向的平衡等式：$\sum Fy=9+15+10+4-20-10-2\times4=0$，由结果可知计算准群无误。应用内力图特征检查弯矩图和剪力图，其中集中荷载作用点位为尖角，均布荷载作用范围为抛物线，并且两图闭合，因此结果准确无误。

三铰拱

11.2 三　铰　拱

11.2.1 三铰拱的类型

拱式结构是一种重要的结构形式，在房屋建筑、桥梁建筑和水利工程建筑中常被采用。拱结构的计算简图通常有三种，如图 11.4 所示。其中三铰拱是静定结构，后两种是超静定结构。

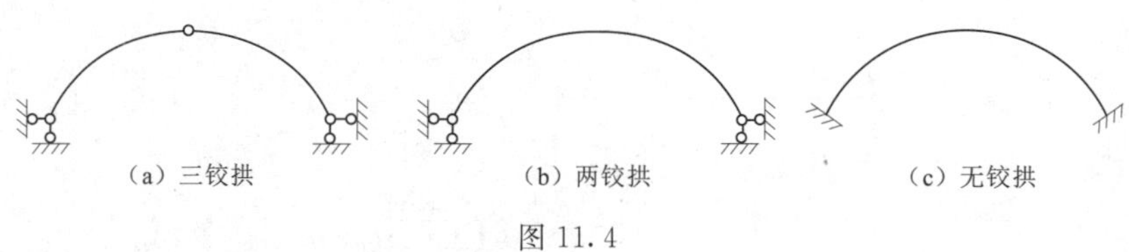

（a）三铰拱　（b）两铰拱　（c）无铰拱

图 11.4

拱结构的杆轴为曲线，在竖向荷载作用下支座会产生水平反力。这种水平反力又称推力。拱结构与梁结构的区别不仅在于外形不同，更重要的还在于受竖向荷载作用时是否会产生水平推力。如图 11.5 所示的两个结构，虽然它们的杆轴都是曲线，但在如图 11.5（a）所示结构在竖向荷载作用下不产生水平推力，其弯矩与相应的（同跨度、同荷载）简支梁的弯矩相同，所以这种结构不是拱结构而是曲梁。如图 11.5（b）所示结构，由于其两端都有水平支座链杆，在竖向荷载作用下将产生水平推力，所以属于拱结构。由于水平推力的存在，拱中各截面的弯矩将比相应的曲梁或简支梁的弯矩要小，并且会使整个拱体主要承受压力。除此之外，将拱轴线的曲线换为直线，同样在拱顶或拱圈受力时支座处也会产生水平反力，这类拱称为折线拱，如图 11.5（c）所示。

构成拱的曲杆称为拱圈，也称拱肋或拱梁。拱的两端支座称为拱趾或拱脚。拱中间最高点称为拱顶。三铰拱的拱顶通常是布置铰的地方，两拱趾间的水平距离称为拱的跨度，若两拱趾的连线为水平线，则该拱称为水平拱或等高拱；若两拱趾的连线为

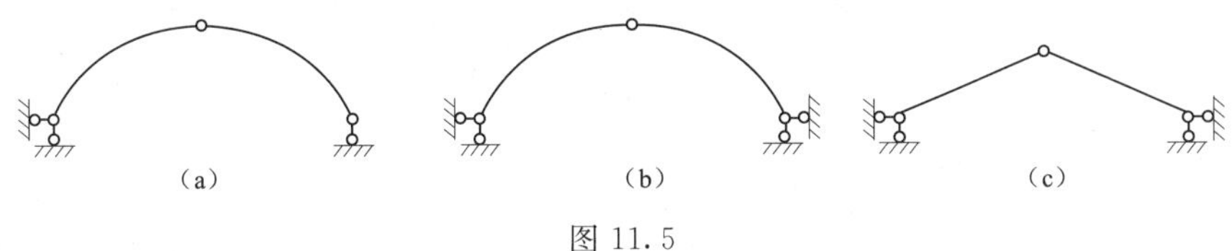

图 11.5

斜线，则该拱称为斜拱或不等高拱。拱顶到两拱趾连线的竖向距离 f 称为矢高。矢高 f 与跨度 l 之比，称为拱的矢跨比或高跨比，它是影响拱的受力性能的重要参数。这个比值的变化范围是 0.1～1.0，如图 11.6（a）所示。

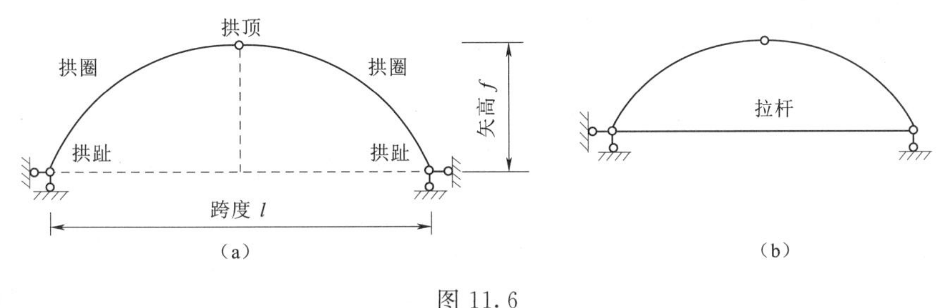

图 11.6

拱的轴线常采用抛物线或圆弧，在实际应用中，可以根据荷载及采用建材的情况进行选择。需要说明的是，在拱结构中，有时在支座铰之间连一水平拉杆，如图 11.6（b）所示。拉杆内产生的拉力代替了支座推力的作用，使在竖向荷载作用下支座只产生竖向反力，但是这种结构内部的受力性能与拱并无区别，故称为带拉杆的拱。它的优点在于消除了推力对支撑结构的影响。因此带拉杆的三铰拱常用于屋面支撑结构。

11.2.2 三铰拱的计算

三铰拱为静定结构，其全部反力和内力都可由静力平衡方程求出。在讨论竖向荷载作用下三铰拱的内力时，常与同跨度、同荷载的简支梁（称为对应拱结构的代梁）的内力加以比较，找出二者的内力关系，以进一步说明拱的受力特性。现以等高拱为例说明三铰拱内力计算的方法。

【例 11.2】 如图 11.7（a）所示的三铰拱，已知拱轴方程 $y=\frac{4f}{l^2}(l-x)x$，试绘制其内力图。

解： 由题意可知：

（1）计算支反力。

$$F_{Ay}=F_{Ay}^0=\frac{50\times9+10\times6\times3}{12}=52.5(\text{kN})$$

$$F_{By}=F_{By}^0=\frac{50\times3+10\times6\times9}{12}=57.5(\text{kN})$$

$$F_H=\frac{M_C^0}{f}=\frac{52.5\times6-50\times3}{4}=41.25(\text{kN})$$

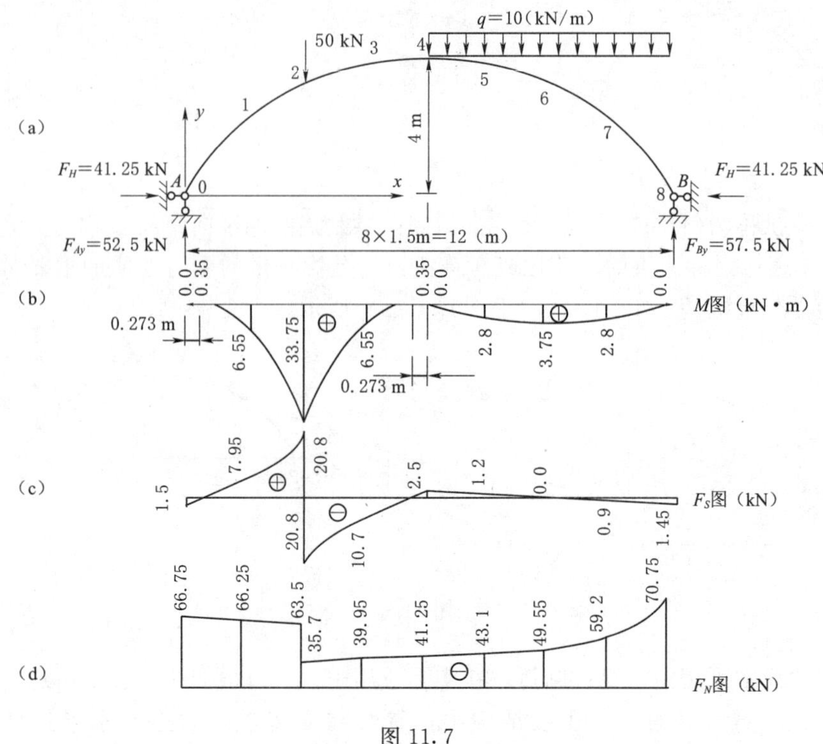

图 11.7

(2) 内力计算。为计算方便，将拱沿跨度方向分成八等份，如图 11.7 (a) 所示，可以求出任一截面的内力。详细计算数据如表 11.1 所示。

表 11.1　　　　　　　　　　　**三铰拱内力计算表**

拱轴等分点	y/m	$\tan\varphi_k$	$\sin\varphi_k$	$\cos\varphi_k$	F_{SK}^0/kN	M/(kN·m)			F_S/kN			F_N/kN		
						M_K^0	$-F_H y_K$	M_K	$F_{SK}^0\cos\varphi_k$	$-F_H\sin\varphi_k$	F_{SK}	$F_{SK}^0\sin\varphi_k$	$F_H\cos\varphi_k$	F_{NK}
0	0	1.333	0.800	0.599	52.5	0	0	0	31.5	−33.0	−1.5	42.0	24.75	66.75
1	1.75	1.000	0.707	0.707	52.5	78.75	−72.2	6.55	37.1	−29.15	7.95	37.1	29.15	66.25
2_R^L	3	0.667	0.555	0.832	52.5 2.5	157.5	−123.75	33.8	43.7 2.1	−22.9	20.8 −20.8	29.2 1.4	34.3	63.5 35.7
3	3.75	0.333	0.316	0.948	2.5	161.25	−154.7	6.55	2.35	−13.05	−10.7	0.8	39.15	39.95
4	4	0.000	0.000	1.000	2.5	165.0	−165.0	0	2.5	0	2.5	0	41.25	41.25
5	3.75	−0.333	−0.316	0.948	−12.5	157.5	−154.7	2.8	−11.85	13.5	1.2	3.95	39.15	43.1
6	3	−0.667	−0.555	0.832	−27.5	127.5	−123.75	3.75	−22.9	22.9	0	15.25	34.3	49.55
7	1.75	−1.000	−0.707	0.707	−42.5	75.0	−72.2	2.8	−30.05	29.15	−0.9	30.05	29.15	59.2
8	0	−1.333	−0.800	0.599	−57.5	0	0	0	−34.45	33.0	−1.45	46.0	24.75	70.75

截面 1 处的几何参数：$x_1=1.5\text{m}$，由拱轴方程求得

$$y_1=\frac{4f}{l^2}(l-x)x=\frac{4\times4}{12^2}\times1.5\times(12-1.5)=1.75$$

截面 1 处的切线斜率：

$$\tan\varphi_1=\left(\frac{\mathrm{d}y}{\mathrm{d}x}\right)_1=\frac{4f}{l}\left(1-\frac{2x}{l}\right)=\frac{4\times4}{12}\left(1-\frac{2\times1.5}{12}\right)=1$$

由此可得：$\varphi_1=45°$，$\sin\varphi_1=0.707$，$\cos\varphi_1=0.707$

截面 1 处的内力：

$$M_1=M_1^0-F_Hy_1=52.5\times1.5-41.25\times1.75=6.55(\mathrm{kN\cdot m})$$

$$F_{S1}=F_{S1}\cos\varphi_1-F_H\sin\varphi_1=52.5\times0.707-41.25\times0.707=7.95(\mathrm{kN})$$

$$F_{N2}=-F_{S1}^0\sin\varphi_1-F_H\cos\varphi_1=-52.5\times0.707-41.25\times0.707=-66.25(\mathrm{kN})$$

在截面 2 处有集中力作用，该截面两边的剪力和轴力不相等，此处 F_S 和 F_N 图将发生突变。该截面的内力计算如下

$x_2=3\mathrm{m}$ 时，$y_2=3\mathrm{m}$，$\tan\varphi_2=0.667$，$\varphi_2=30.7°$，并有

$$\sin\varphi_2=0.555,\cos\varphi_2=0.832$$

$$M_2=M_2^0-F_Hy_2=52.5\times3-41.25\times3=33.75(\mathrm{kN\cdot m})$$

$$F_{S2}^L=F_{S2}^{0L}\cos\varphi_2-F_H\sin\varphi_2=52.5\times0.832-41.25\times0.555=20.8(\mathrm{kN})$$

$$F_{S2}^R=F_{S2}^{0R}\cos\varphi_2-F_H\sin\varphi_2=2.5\times0.832-41.25\times0.555=-20.8(\mathrm{kN})$$

$$F_{N2}^L=-F_{S2}^{0L}\sin\varphi_2-F_H\cos\varphi_2=-52.5\times0.555-41.25\times0.832=-63.5(\mathrm{kN})$$

$$F_{N2}^R=-F_{S2}^{0R}\sin\varphi_2-F_H\cos\varphi_2=-2.5\times0.832-41.25\times0.555=-35.7(\mathrm{kN})$$

根据表 11.1 计算出的各等份点的内力，绘出拱的内力图，如图 11.7（b）、图 11.7（c）、图 11.7（d）所示。在绘 M 图时应注意在剪力为零的截面上将出现弯矩极值，如在 0～1 分段上，根据 $Fs=0$ 的条件，可求得 $r=0.273\mathrm{m}$，相应处 $y=0.356\mathrm{m}$，利用截面法算得

$$M_{\min}=52.5\times0.273-41.25\times0.356=-0.35(\mathrm{kN\cdot m})$$

若荷载不是竖向作用或三铰拱为斜拱（两拱趾不等高），如图 11.8 所示，上述方法不再适用，此时应根据平衡条件直接计算其反力和内力。求反力时可由整体平衡习 $\sum M_B=0$ 及左半拱 $\sum M_C=0$ 两方程联解求出反力 F_{Ay} 和 F_H，然后可求得 F_{By}。反力求出后，才可进行内力计算。

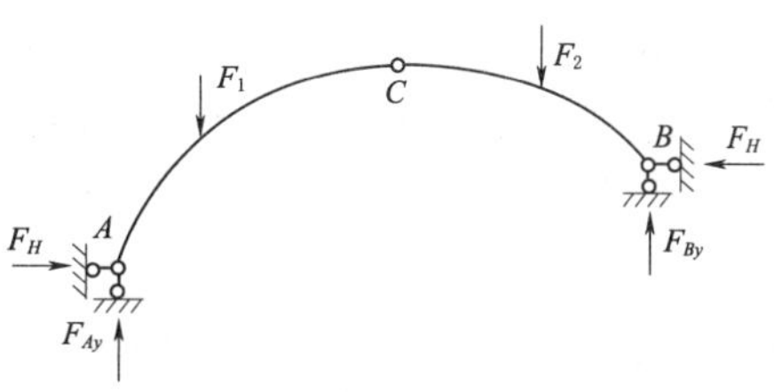

图 11.8

11.2.3 三铰拱的合理拱轴线

由前可知，三铰拱的内力不但与荷载及三个铰的位置有关，而且与各铰间拱轴线的形状有关。在一般情况下截面上因有弯矩、剪力和轴力作用而处于偏心受压状态，其正应力分布不均匀。但是，若在给定的荷载作用下，可以选取一根适当的拱轴线尽量使弯矩为零，而只产生轴力。这时，任一截面上正应力将是均匀分布的，因而拱体材料能够得到充分利用，这样的拱轴线称为合理拱轴线，这也是通常将合理拱轴线作用拱的设计轴线的原因。由上述例题知道，任意截面 K 的弯矩为

$$M_K=M_K^0-F_Hy_K$$

在竖向荷载作用下，三铰平拱任一横截面的弯矩 M_K 是对应代梁的弯矩 M_K^0 和

$F_H y_K$ 叠加而成，而后者与拱的轴线有关，合理选择轴线，就有可能使拱处于无弯矩状态。若使拱轴为合理拱轴线，必须使得 $M_K=0$，于是得出三铰拱的合理拱轴方程为

$$y_K=\frac{M_K^0}{F_H}$$

公式表明，合理拱轴线的纵坐标 y 与代梁相应截面的弯矩竖标成正比，当拱上所受荷载已知时，只需要求出相应代梁的弯矩方程，然后除以推力 F_H，即得到拱的合理拱轴方程。

【例 11.3】 如图 11.9（a）所示的三铰拱，试求合理拱轴线。

解： 由题意可知：

三铰拱的代梁，如图 11.9（b）所示，其弯矩方程为

$$M^0=\frac{1}{2}qx(l-x)$$

荷载作用下的水平推力为

$$F_H=\frac{M_C^0}{f}=\frac{\frac{1}{8}ql^2}{8f}=\frac{ql^2}{8f}$$

拱的合理拱轴线方程为

$$y=\frac{M^0}{F_H}=\frac{4f}{l^2}x(l-x)$$

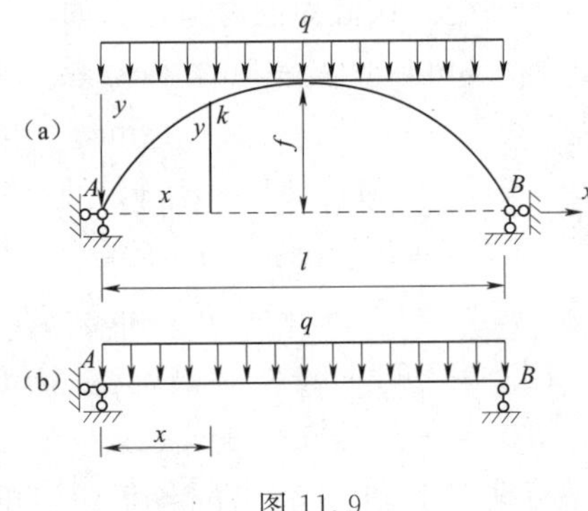

图 11.9

由此可知，三铰拱在水平均布竖向荷载作用下，合理拱轴线为一抛物线，并且是随着跨高不同而不同的一组抛物线，该拱轴形式常用于房屋建筑中。需要注意的是，三铰拱的合理拱轴线只有在已知静荷载的作用下才能确定，静荷载的大小、作用位置不同，合理拱轴线方程也不同。对于动荷载作用下的拱并不能得到真正意义上的合理拱轴线，而只是使拱轴相对的合理些。

刚架

11.3 刚　　架

11.3.1 刚架的类型

刚架是由若干直杆组成，直杆杆端主要用刚性结点连接。所谓刚性结点是指相交于该结点的各根杆件不能相对移动和转动，因此，从变形角度来看，各杆件的夹角始终保持不变；从受力角度来看，刚性结点可以承受和传递弯矩。刚结点增加了结构的刚度，使结构的整体刚性加强，内力分布比较均匀，杆件少并且可以组成较大的空间，制作施工较方便，工程上使用较多。刚架中各杆轴线、支座反力、外荷载均作用于同一平面内，称为平面刚架，否则称为空间刚架。平面刚架分为静定平面刚架和超静定平面刚架，静定平面刚架如图 11.10（a）～（d）所示，超静定平面刚架如图 11.10（e）～（f）所示。

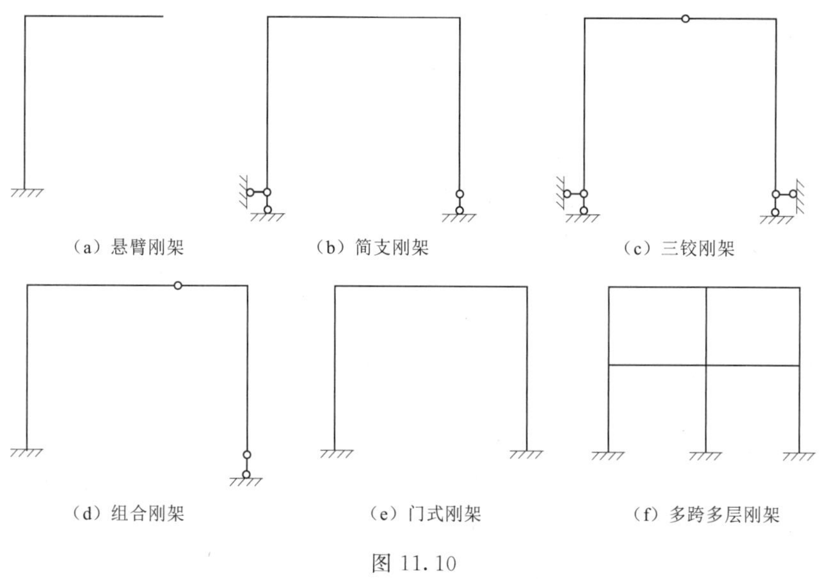

（a）悬臂刚架　（b）简支刚架　（c）三铰刚架

（d）组合刚架　（e）门式刚架　（f）多跨多层刚架

图 11.10

11.3.2 刚架的计算

静定平面刚架内力计算的基本方法也是截面法。利用截面法可以求出刚架任一截面的内力，作内力图时以各杆杆端作为控制截面，利用平衡条件求出各控制截面的内力，再根据内力分布特征，画出各杆的内力图。为了表示刚架上不同截面的内力，在内力符号后引用两个脚标：第一个下标表示内力所在杆端截面，第二个表示另一端。如 M_{AB} 表示 AB 杆 A 端截面的弯矩，F_{BA} 表示 AB 杆 B 端截面的剪力等。

【例 11.4】 如图 11.11（a）所示的静定平面刚架，试绘制其内力图。

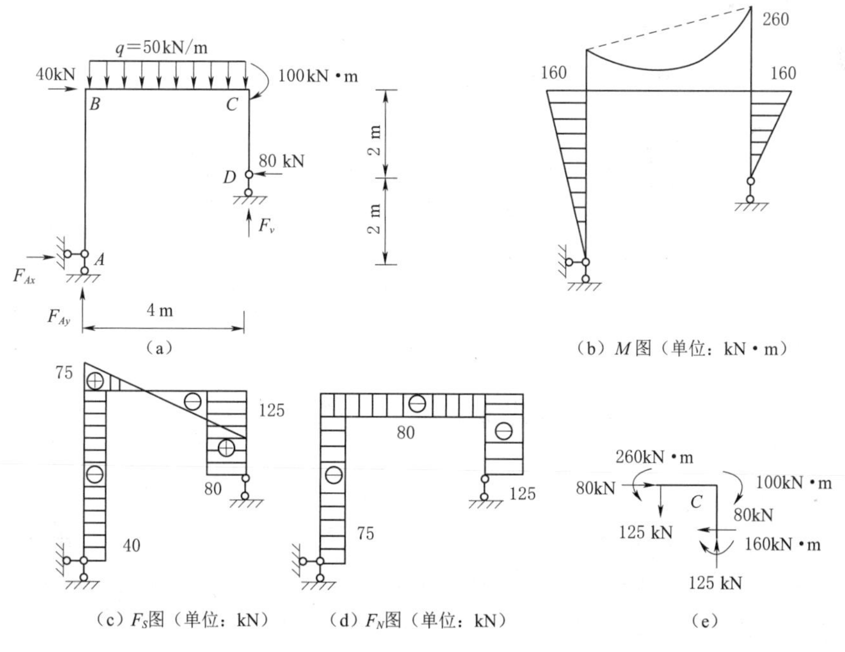

（a）　（b）M图（单位：kN·m）

（c）F_S图（单位：kN）　（d）F_N图（单位：kN）　（e）

图 11.11

解：由题意可知：

(1) 计算支反力。

$$\sum Fx=0, F_{Ax}=40\text{kN}(\rightarrow)$$
$$\sum M_A=0, F_D=125\text{kN}(\uparrow)$$
$$\sum Fy=0, F_{Ay}=75\text{kN}(\uparrow)$$

(2) 绘制弯矩图。

AB 段： $M_{AB}=0$

$M_{BA}=-40\times4=-160\text{kN}\cdot\text{m}$

BC 段： $M_{BC}=-160\text{kN}\cdot\text{m}$

$M_{CB}=-80\times2-100=-260\text{kN}\cdot\text{m}$

这里需要说明的是，在 *BC* 段剪力为零处弯矩应有极值。极值的计算首先要在剪力图上应用三角形相似原理确定极值位置，然后应用截面法计算极值位置的弯矩大小。具体过程可参考材料力学平面弯曲单跨简支梁的内力计算。

CD 段： $M_{DC}=0$

$M_{CD}=-80\times2=-160\text{kN}\cdot\text{m}$

由上可得整个刚架的弯矩图，如图 11.11 (b) 所示。

(3) 绘制剪力图。

AB 段： $Q_{AB}=Q_{BA}=-40\text{kN}$

BC 段： $Q_{BC}=F_{Ay}=75\text{kN}$

$Q_{CB}=-F_D=-125\text{kN}$

CD 段： $Q_{DC}=Q_{CD}=80\text{kN}$

由上可得整个刚架的剪力图，如图 11.11 (c) 所示。

(4) 绘制轴力图。

用同样方法可绘出轴力图，如图 11.11 (d) 所示。

(5) 内力值校核。

如取代表结点 *C*，如图 11.11 (e) 所示，则有

$$\sum Fx=80-80=0$$
$$\sum Fy=125-125=0$$
$$\sum Mc=260-160-100=0$$

故知此点计算无误。

桁架

11.4 桁　　架

11.4.1 桁架的类型

桁架是由若干直杆在两端以铰连接而成的一种结构，在土木工程中应用广泛。例如，屋架、跨度和吨位较大的吊车梁、桥梁、水工闸门构架、输电塔架及其他大跨度结构都可采用桁架结构。图 11.12 (a) 所示为一工业厂房中木屋架构造示意图是桁架结构。

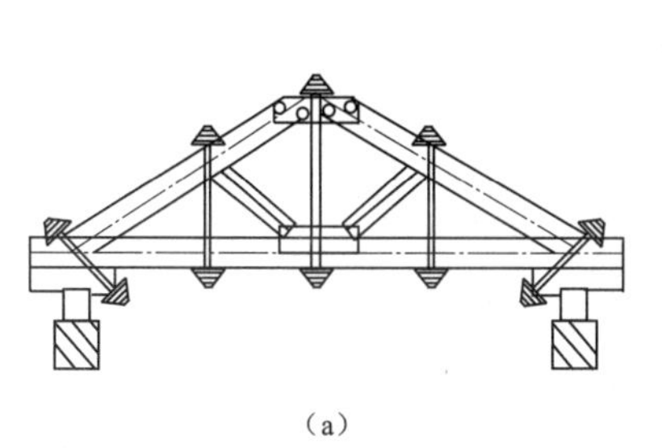

(a)

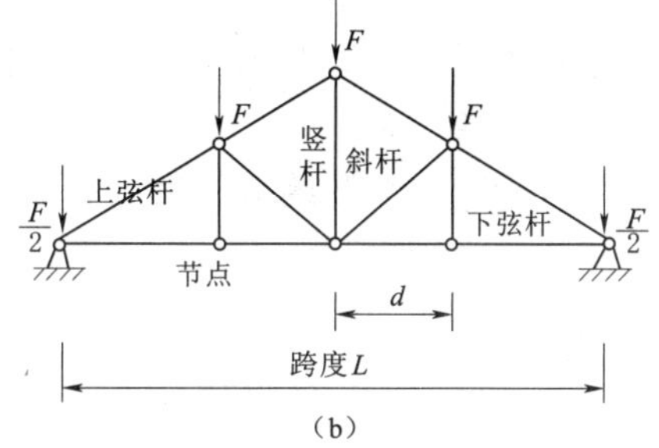

(b)

图 11.12

桁架结构不同于梁和刚架，它的各杆以承受轴力为主，但是实际桁架的受力情况是比较复杂的。因此，在分析它时，必须选取既能反映这种结构的本质又便于计算的计算简图。通常对桁架的计算简图采用以下假定：

(1) 桁架的各结点都是光滑无摩擦的理想铰结点。

(2) 各杆的轴线都是直线并通过铰的中心。

(3) 荷载和支座反力都作用在结点上并位于桁架的平面内。

符合上述假设的桁架称为理想桁架。图 11.12 (b) 所示就是根据上述假定作出的实际桁架图 11.12 (a) 的计算简图。图中，桁架上、下各杆叫作弦杆，上边的叫上弦杆，下边的叫下弦杆；位于上下弦之间的叫腹杆，腹杆又分为竖腹杆和斜腹杆；各杆端的连接点叫结点。桁架各杆只产生轴向力。在轴向受拉或受压的杆件中，由于其截面上的应力为均匀分布，故材料的效用能得到充分发挥。因此，桁架与截面应力不均匀的梁相比，材料的使用经济合理、自重较轻、能跨越更大的跨度。桁架的缺点是结点多、施工复杂。

根据桁架的外形特征，平面桁架可作如下分类。

(1) 平行弦桁架。多用于桥梁、吊车梁和托架梁等，如图 11.13 (a) 所示。

(2) 折弦桁架。多用于跨度较大的桥梁和民用建筑中。当上弦结点位于一抛物线上时，则称为抛物线弦桁架，如图 11.13 (b) 所示。

(3) 三角形桁架。多用于民用房屋的屋架，如图 11.13 (c) 所示。

(4) 梯形桁架。多用于工业厂房的屋架，如图 11.13 (d)、(e) 所示。

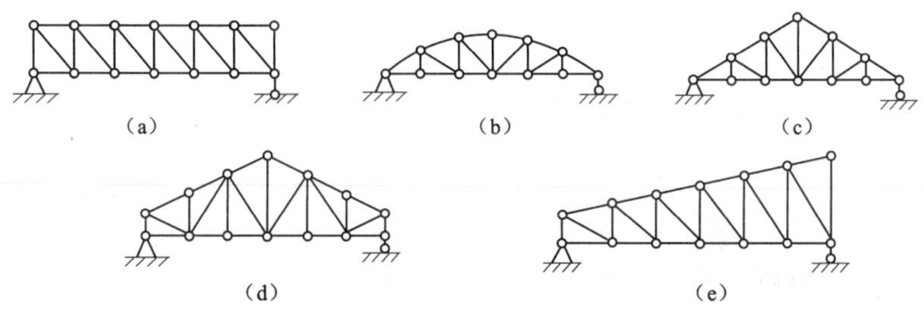

(a) (b) (c) (d) (e)

图 11.13

将实际结构简化为桁架，并不完全符合实际情况。其差别是由以上假设造成的。如：

(1) 结点本身有一定的刚性，实际结构的结点为铆接、拴接、焊接、榫接等，并不完全符合理想铰约束。

(2) 各杆轴线也无法绝对平直，有些荷载如自重也不是直接作用在结点上。

(3) 结构的空间作用。

因此，实际桁架结构在荷载作用下必将产生弯曲应力，并不像理想情况下只产生轴向均匀分布的应力。在实际设计中，通常把按桁架的理想情况计算出的轴力称为主内力，与此对应的应力称为主应力；把不符合上述假定而产生的附加内力称为次内力（其中主要是弯矩），由次内力产生的应力称为次应力。在实际设计中，应采用相应的措施，使实际结构和理想情况尽可能地相符合。如采取必要的施工措施，尽量使各杆轴保持平直，把非结点荷载转化为结点荷载等。

11.4.2 桁架的计算

11.4.2.1 结点法

结点法就是截取桁架的结点作为脱离体，利用各结点的静力平衡条件求解各杆内力的方法称为结点法。由于桁架各杆都是二力杆，且承受结点荷载，故作用于任一结点的各力（包括荷载、反力和杆件轴力）组成一平面汇交力系，故每一结点可列出两个平衡方程进行计算。为了避免解算联立方程，应从未知力不超过两个的结点开始，依次推算。由于简单桁架是从一个基本铰接三角形开始，依次增加二元体所构成，其最后一个结点只包括两根杆件。因此，用结点法计算简单桁架时，先由整体平衡求出约束反力，然后按桁架组成的相反顺序依次取各结点为脱离体，就可以顺利地求出全部轴力。在实际计算时，通常先假定各杆的轴力为拉力，若计算结果为负，则说明实际内力为压力。

【例 11.5】 如图 11.14（a）所示的平面桁架，试绘制其内力图。

解： 由题意可知：

(1) 计算反力。取整体为对象，利用整体平衡方程求得支座反力，如图 11.14（a）所示

$$F_{1x}=0, F_{1y}=F_{8y}=\frac{1}{2}\times(2\times5+3\times10)=20(\text{kN})$$

(2) 计算内力。结点 1：取脱离体为对象，如图 11.14（b）所示

由 $\sum F_y=0$，$F_{N13y}+20-5=0$，$F_{N13y}=-15\text{kN}$

利用相似三角形原理，求得 $F_{N13x}=\frac{2}{1}F_{N13y}=-30\text{kN}$，$F_{N13}=\frac{\sqrt{5}}{1}F_{N13y}=-33.54\text{kN}$

由 $\sum F_x=0$，$F_{N12}+F_{N13x}=0$，$F_{N12}=-F_{N13x}=30\text{kN}$

结点 2：取脱离体为对象，如图 11.14（c）所示

由 $\sum F_x=0$，$F_{N25}=30\text{kN}$

由 $\sum F_y=0$，$F_{N23}=0$

结点 3：取脱离体为对象，如图 11.14（d）所示

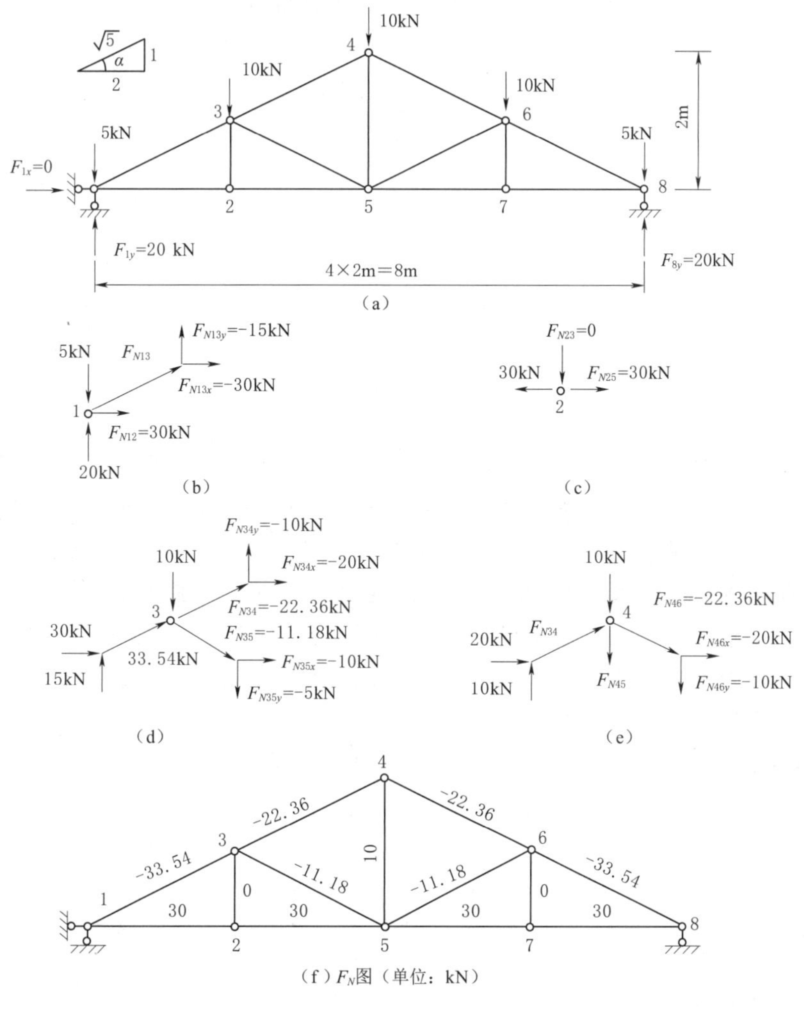

图 11.14

由$\sum F_x=0$，$F_{N34x}+F_{N35x}-30=0$

由$\sum F_y=0$，$F_{N34y}-F_{N35y}+15-10=0$

联立方程解得：$F_{N34x}=-20\text{kN}$，$F_{N34y}=10\text{kN}$，$F_{N35x}=-10\text{kN}$，$F_{N35y}=-5\text{kN}$

利用相似三角形原理，求得 $F_{N34}=-22.36\text{kN}$，$F_{N35}=-11.18\text{kN}$

结点 4：取脱离体为对象，如图 11.14（e）所示，计算过程不再赘述。

至此，桁架左半边各杆的轴力均已求出，继续取 5、6、7 结点为对象，可求得桁架右半边各杆的内力。最后利用结点 8 的平衡条件作校核。各杆的轴力如图 11.14（f）所示。

利用结点法计算桁架内力时，应注意以下两点：

（1）静定结构的对称性。静定结构的几何形状和支承情况对某一轴线对称，称为对称静定结构。对称静定结构在正对称或反对称荷载作用下，其内力和变形必然正对称或反对称，这称为静定结构的对称性。利用此性质，可以只计算对称轴一侧杆件的

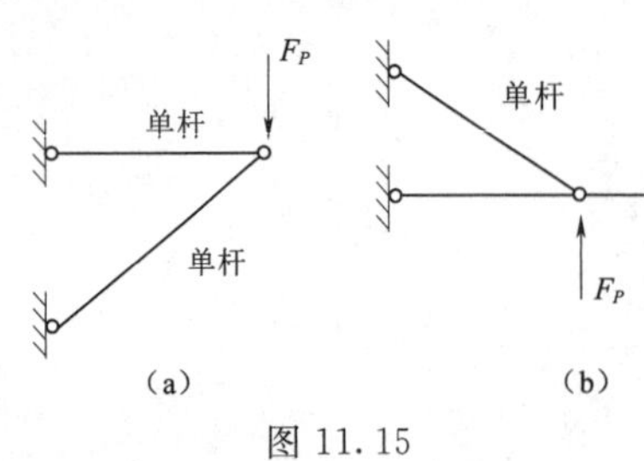

图 11.15

内力，另一侧杆件的内力可由对称性直接得到。

(2) 结点单杆。汇交于某结点的所有内力未知的各杆中，除其中一杆外，其余各杆都共线，则该杆称为此结点的单杆。结点单杆有以下两种情况：第一，结点只包含两个未知力杆，且此二杆不共线，如图 11.15 (a) 所示，则两杆都是单杆。第二，结点只包含三个未知力杆，其中有两杆共线，如图 11.15 (b) 所示，则第三杆为单杆。结点单杆的内力，可由该结点的平衡条件直接求出，而非结点单杆的内力不能由该结点的平衡条件直接求出。

11.4.2.2 截面法

在桁架分析中，有时仅需求出某一指定杆件的内力，这时利用结点法求解相当烦琐，此时，可选择一适当截面，把桁架截开成两部分，取其中一部分为脱离体，其上作用有外荷载、支座反力，另一部分对留取部分的作用力，共同构成一平面任意力系，利用脱离体的平衡条件求出指定杆件的内力，这种方法称为截面法。利用截面法求解桁架内力时，脱离体上的未知力一般不多于三个，但特殊情况除外。计算时，仍先假设未知力为拉力，计算结果为正，则实际轴力就是拉力，反之则是压力。为了避免求解联立方程，应选择平衡方程。

【例 11.6】 如图 11.16 (a) 所示的平面桁架，试求 a、b、c 三杆内力。

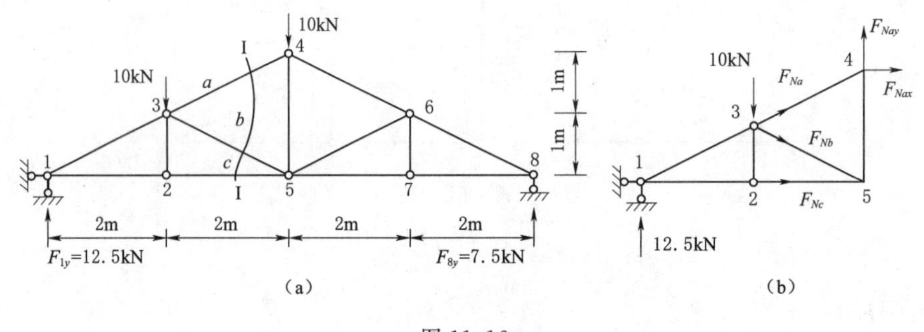

图 11.16

解： 由题意可知：

取整体为对象，由平衡方程求得

$$F_{1y}=12.5\text{kN},\ F_{8y}=7.5\text{kN}$$

用Ⅰ—Ⅰ截面把桁架在图示位置切开分成两部分，取左半部分为对象，如图 11.16 (b) 所示，为了避免求解联立方程，将杆 a 的轴力 F_{Na} 在 4 结点处分解为 F_{Nax} 和 F_{Nay} 两个分量。

由 $\sum M_5=0$，$F_{Nax}\times 2+12.5\times 4-10\times 2=0$，$F_{Nax}=-15\text{kN}$

由相似三角形原理，求得 $F_{Nay}=-7.5\text{kN}$，$F_{Na}=-16.8\text{kN}$

由 $\sum M_3=0$，$F_{Nc}\times 1-12.5\times 2=0$，$F_{Nc}=25\text{kN}$

由$\sum M_y=0$，$F_{Nay}-10-F_{Nby}=0$，$F_{Nby}=-17.5\text{kN}$

由相似三角形原理，求得$F_{Nb}=-39.1\text{kN}$

如果某个截面所截的内力未知的各杆中，除某一杆外，其余各杆都交于一点，则称此杆为该截面的截面单杆。截面单杆的内力可以利用本截面相应脱离体的平衡条件直接求出，由此可以利用截面法求未知力大于3的特殊情况下脱离体上某截面单杆的内力。如图11.17（a）所示的桁架，取Ⅰ—Ⅰ截面左部分或右部分为脱离体，这时虽然截面上有5个未知轴力，但除a杆外，其余各杆都汇交于C点，故a杆为截面单杆，利用$\sum M_C=0$可直接求出单杆a的轴力。如图11.17（b）所示的桁架，取Ⅰ—Ⅰ截面的下部为脱离体，虽然截断四根杆件，但除a杆外，其余各杆都相互平行，故a杆为该截面的单杆，利用沿其余各杆垂直方向的投影方程可直接求出a杆的轴力。

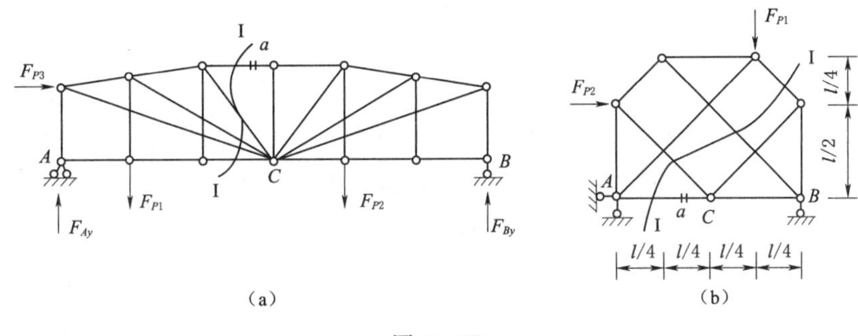

图11.17

11.5 组合结构

组合结构是由只承受轴力的二力杆和承受弯矩、剪力、轴力的梁式杆件所组成的，常用于房屋建筑中的屋架、吊车梁及桥梁的承重结构。如图11.18（a）所示的三铰屋架，如图11.18（b）所示的下撑式五角形屋架，两者就是较常见的静定组合结构，称为组合式屋架。其上弦杆都是由钢筋混凝土制成，主要承受弯矩和剪力，下弦及腹杆则用型钢做成，主要承受轴力。计算组合结构时，一般都是先求出支座反力和各链杆的轴力，然后再计算梁式杆件的内力并作出其M、F_S、F_n图。这里需要指出的是，在计算组合结构时，必须特别注意区分只受轴力的二力杆和兼有轴力、剪力和弯矩的梁式杆。在平衡计算中，要避免截取由这两者相连的结点。

组合结构

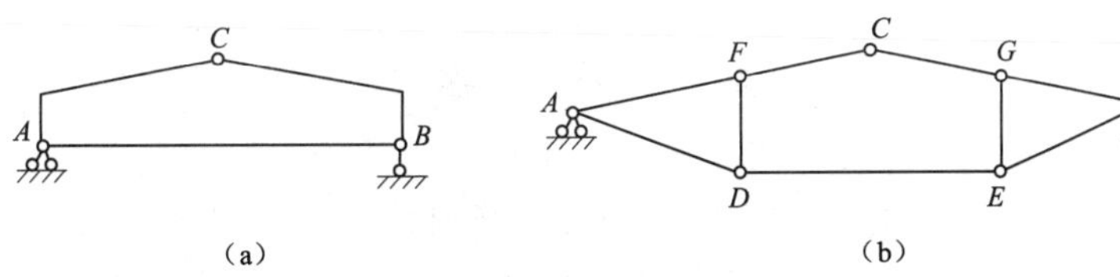

图11.18

【例 11.7】 如图 11.19（a）所示的组合结构，试求内力。

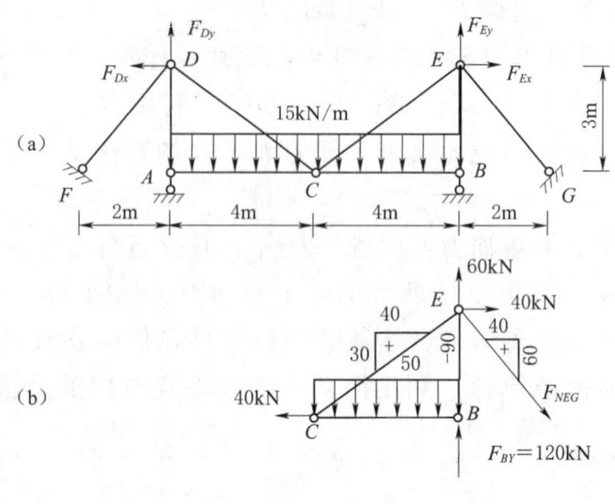

图 11.19

解：图中支撑情况较为复杂，应从结构几何组成分析入手。两个铰结三角形 ACD、BCE 与基础采用铰 C 和分别由支座链杆 A、B 与链杆 CF、EG 所构成的虚铰 D、E 两两相连，且 C、D、E 三铰不在一条直线上。将虚铰处的反力分别用水平和竖直反力表示，用三角拱反力的求法进行计算。

先根据整体平衡条件求支座反力

由 $\sum M_D=0$，$8F_{Ey}-\frac{1}{2}\times15\times8^2=0$，$F_{Ey}=60\text{kN}$

同理，由 $\sum M_E=0$，$F_{Dy}=60\text{kN}$

再取铰 C 右侧为对象

由 $\sum M_E=0$，$3F_{Ex}+\frac{1}{2}\times15\times4^2-60\times5=0$，$F_{Ex}=F_{Dx}=40\text{kN}$

同理，由 $\sum F_x=0$，$F_{Cx}=40\text{kN}$

同理，由 $\sum F_y=0$，$F_{Cy}=0$

虚铰的反力由链杆支座 EG 和 B 产生，如图 11.19（b）所示，故 $F_{NEG}=F_{Ex}$，即 $\frac{2}{\sqrt{2^2+3^2}}F_{NEG}=F_{Ex}$，可得 $F_{NEG}=72.1\text{kN}$，再由铰结点 E 的平衡，求得链杆 EC 中 $F_{NEC}=50\text{kN}$，链杆 EC $F_{NEB}=-90\text{kN}$。因 $F_{NEGy}+F_{By}=F_{Ey}$，故链杆支座 B 处 $F_{By}=120\text{kN}$，结点 B 的平衡必须考虑梁式杆 BC 在 B 端的剪力，BC 相当于简支梁，结构左半部分受力与右半部分受力对称，请读者自己完成。

思 考 题

1. 结构的基本部分与附属部分如何划分？当荷载作用在基本部分时，附属部分是否引起内力？反之，当荷载作用在附属部分时，基本部分是否引起内力？为什么？

2. 绘制三铰拱内力图的方法与绘制静定梁和静定刚架内力图时所采用的方法有

何不同?

3. 什么是拱的合理拱轴线?拱的合理拱轴线与哪些因素有关?
4. 在荷载作用下,刚架的弯矩图在刚结点处有何特点?
5. 悬臂刚架的特点是什么?
6. 什么是结点单杆和截面单杆?它们各有什么特点?
7. 桁架的计算简图做了哪些假设?
8. 结点法和截面法的区别是什么?

练 习 题

1. 如习题 11.1 图所示多跨静定梁,试算内力。

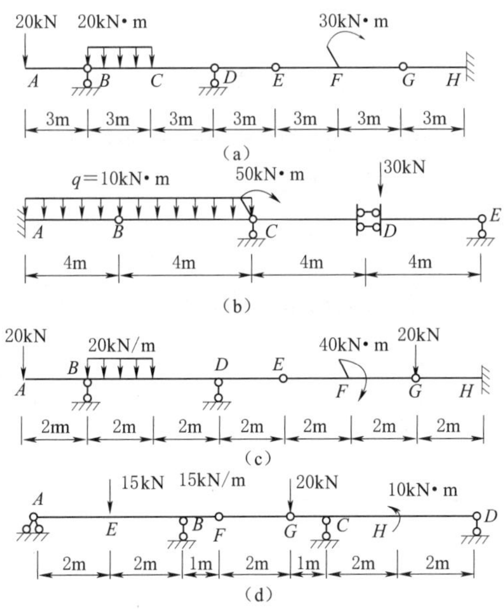

习题 11.1 图

2. 如习题 11.2 图所示刚架,试算内力。

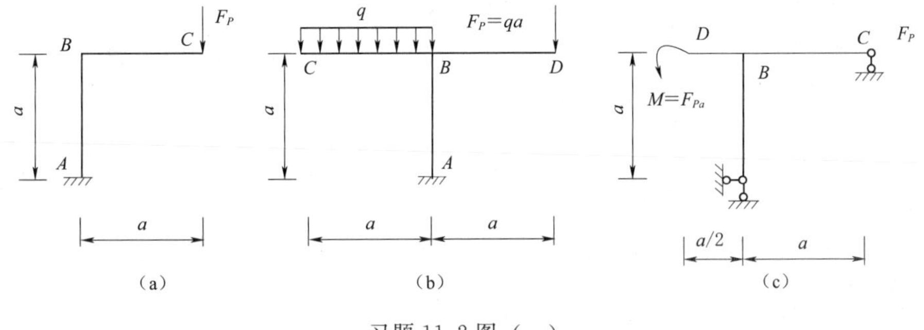

习题 11.2 图(一)

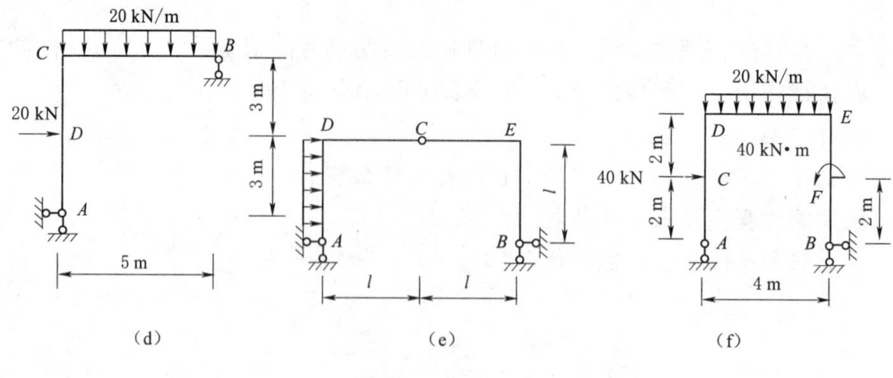

(d) (e) (f)

习题 11.2 图（二）

3. 如习题 11.3 图所示三铰拱，试算 D 和 E 处的内力。

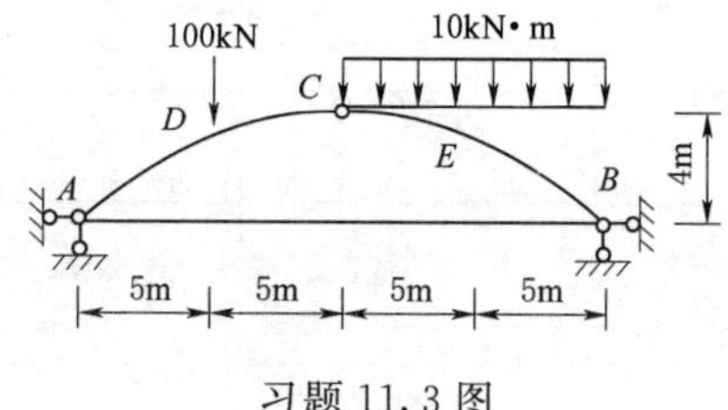

习题 11.3 图

4. 如习题 11.4 图所示桁架，试用节点法计算各杆内力。

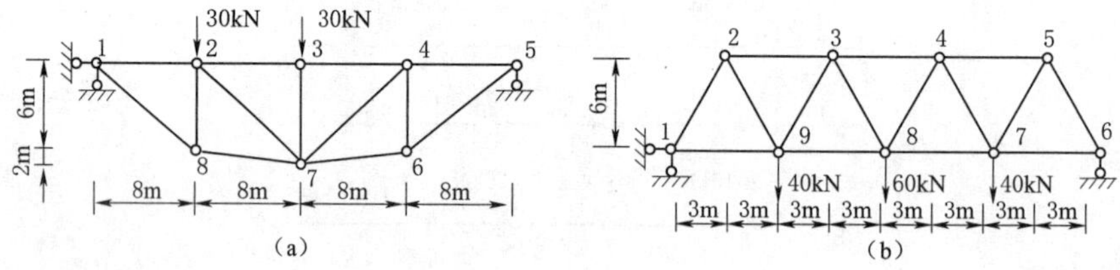

(a) (b)

习题 11.4 图

5. 如习题 11.5 图所示桁架，试用截面法计算指定杆件的内力。

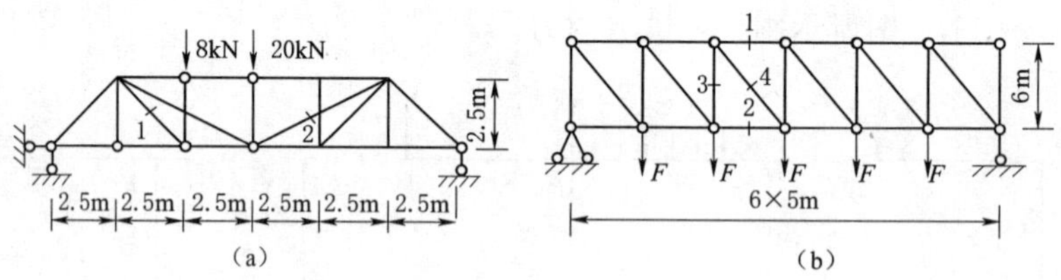

(a) (b)

习题 11.5 图

第 12 章

静定结构位移计算

12.1 位 移 概 述

12.1.1 位移的基本类型

结构在荷载作用下产生应力和应变，因而将发生尺寸和形状的改变，这种改变称为变形。由于这种变形，使结构各处的位置产生移动，亦即产生了位移。如图 12.1（a）所示刚架，在荷载作用下发生如虚线所示的变形，使 A 点移动到了 A' 点，A 点移动的距离（线段 AA'）称为 A 点的线位移，记为 Δ_A，可见结构上各点产生的移动即为线位移，线位移也可以用水平线位移和竖向线位移两个分量来表示，如图 12.1（a）所示，将 A 点的总位移沿水平和竖向分解，它的两个分量 Δ_{Ax} 和 Δ_{Ay} 为分别称为 A 点的水平线位移和竖向线位移。同时，截面 A 还转动了一个角度，称为截面 A 的角位移，记为 θ_A，可见结构上杆件横截面的转角即为角位移。

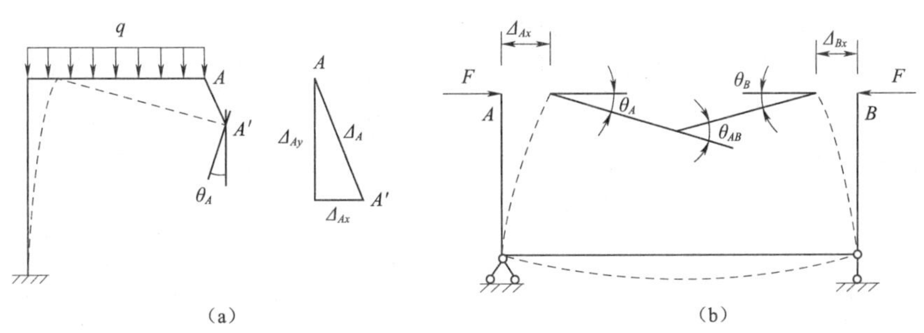

图 12.1

上述各位移都属于绝对位移，即为一个点（或一个截面）相对于自身位置产生的移动。此外还有相对位移，如图 12.1（b）所示刚架，在荷载作用下发生图中虚线所示的变形。A、B 两点的水平位移分别为 Δ_{Ax} 和 Δ_{Bx}，它们之和 $(\Delta_{AB})_x = \Delta_{Ax} + \Delta_{Bx}$，称为 A、B 两点的水平相对线位移。A、B 两个截面的转角分别为 θ_A 及 θ_B，它们之和 $\theta_{AB} = \theta_A + \theta_B$，称为两个截面的相对角位移。可见相对位移即为一个点（或一个截面）相对于另一个点（或另一个截面）产生的移动。所有各种位移，无论是线位移还是角位移，无论是绝对位移还是相对位移，都统称为广义位移。

12.1.2 位移的产生因素

除荷载作用使结构发生变形从而产生位移外，温度改变、支座移动、材料收缩、制造误差等因素，虽不一定使结构产生变形，但都将使结构产生位移。如图 12.2 所示的梁，由于支座 B 处地基的沉陷，梁将移动到虚线所示的位置，此时截面 Δ_C 将产生竖向位移和角位移 θ_C。这种结构并未发生变形而产生的位移，称为刚体位移。而图 12.1 所示刚架中的各位移是结构由于变形而产生的位移，称为变形位移。

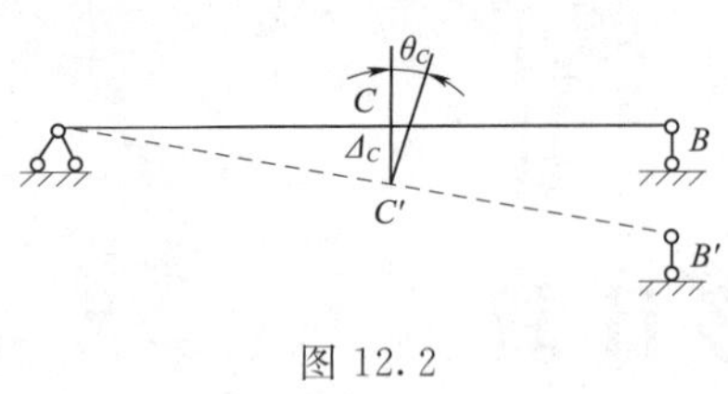

图 12.2

12.1.3 位移的计算目的

在结构设计中，除了必须使结构满足强度要求，还必须要求结构具有足够的刚度，即保证结构在使用过程中不致产生过大的变形，以符合工程中使用的要求。因此，为了验算结构的刚度，需要计算结构的位移。其次，在以后计算超静定结构的反力和内力时，单用静力平衡条件不能唯一地确定它们，还必须考虑位移条件。因此，位移计算是超静定结构受力分析的基础。此外，在结构的施工过程中，也往往需要预先知道结构的变形情况，以便采取一定的施工措施，以及在结构的动力分析和稳定计算中，也需要计算结构的位移。

12.1.4 位移的假定条件

在求结构的位移时，为了使计算简化，常采用如下的假定：

(1) 结构的材料服从虎克定律，即应力和应变成线性关系。

(2) 结构变形很小，属小变形，它不致影响荷载的作用，在建立平衡方程式时，仍然应用结构变形前的原有几何尺寸即可。

(3) 结构各部分之间都是理想连接，不需考虑摩擦阻力等影响。

满足上述假定的理想化体系，称为线性变形体系。线性变形体系的位移与荷载之间为线性关系。当荷载全部卸除后，位移即全部消失。对于此种体系，计算位移时可以应用叠加原理。位移与荷载之间呈非线性关系的体系，称为非线性变形体系。线性变形体系和非线性变形体系统称为变形体系。本书仅讨论线性变形体系的位移计算。

结构力学中位移计算的一般方法是以虚功原理为基础的。本章将先介绍虚功原理，然后讨论静定结构的位移计算。至于超静定结构的位移计算，在学习了超静定结构的受力分析后，仍可用这一章的方法进行。

12.2 虚 功 原 理

12.2.1 功、实功、虚功

设一物体受外力 F 作用产生位移，则力乘以在该力方向上发生的位移即为该力对物体所做的功，以 W 表示力 F 所做的功。一般来说，力所做的功与其作用点的路线形状和路程长短有关。但对于大小和方向都不变的常力，它所做的功则只与其作用点的起止位置有关。

为了以后讨论方便，可以将 F 理解为广义力，Δ 理解为与其相应的广义位移。例如，若 F 代表作用于体系一截面上的力偶，则 Δ 即代表该截面发生的相应角位移；若 F 代表一对力偶，则 Δ 即代表两个作用面所发生的相应相对角位移。广义力与广义位移的乘积具有功的量纲。

在定义功时，对产生位移的原因并未给予任何限制。也就是说，位移可以是由力 F 产生的，也可以是由其他原因引起的，将这两种情况下所做的功分别称为实功和虚功。我们可以这样定义，力在其自身引起的位移上所做的功称为实功，由力自身所引起的位移总是与力的作用方向是一致的，所以一定为正值。力在其他因素产生的位移上所做的功称为虚功。所谓虚功并不是不存在的意思，即可理解为力作用方向上结构的位移是因其他因素引起的移动，而非原力本身引起的位移。对于虚功，当其他原因所引起的相应位移与力的方向一致时为正值，反之为负值。

12.2.2 虚功原理

如图 12.3 所示简支梁，AB 在第一组荷载 F_1 作用下，在 F_1 作用点沿 F_1 方向产生的位移记为 Δ_{11}。位移 Δ 的第一个下标表示位移的地点，第二个下标表示引起位移的原因。Δ_{11} 的两个下标，表示作用点 1 在 F_1 作用下的位移；Δ_{12} 的两个下标，表示作用点 1 在 F_2 作用下的位移。

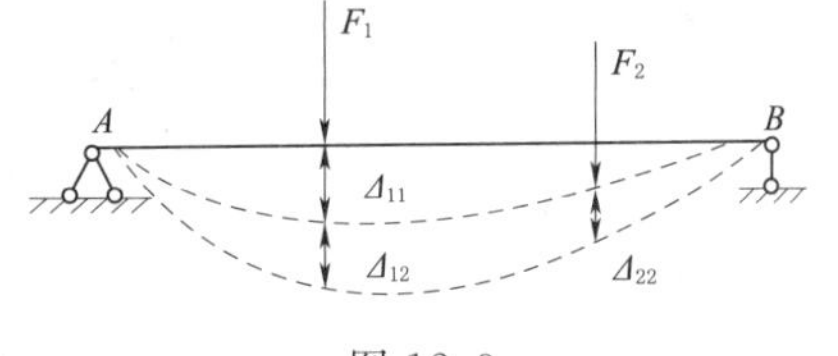

图 12.3

当第一组荷载 F_1 作用于结构，并达到稳定平衡以后，再加上第二组荷载 F_2，这时结构将继续变形，由于 F_2 引起的在 F_1 作用点沿 F_1 方向上的位移为 Δ_{12}，同时 F_2 作用点沿 F_2 方向产生位移 Δ_{22}，因而，F_1 将在 Δ_{12} 位移上做功，以 W_{12} 表示，同样位移 Δ_{12} 由零增加至最终值 Δ_{12} 的过程，F_1 已经是作用在结构上的一个不变的常力，其所做的功应为

$$W_{12}=F_1\times\Delta_{12}$$

式中，W_{12} 是力 F_1 在由于 F_2 所引起的在 F_1 作用点的位移上做的功，这种外力在其他因素（如其他力系、温度变化、支座位移、制造误差等）引起的位移上所做的功，称为外力虚功。

在 F_2 加载过程中，简支梁 AB 由于第一组荷载 F_1 作用产生的内力亦将在第二组荷载作用产生的内力所引起的相应变形上做功，称为内力虚功，用 W'_{12} 表示。

变形体虚功原理表明，结构的第一组外力在第二组外力所引起的位移上所做的外力虚功等于第一组内力在第二组内力所引起的变形上所做的内力虚功。即

$$\text{外力虚功 } W_{12}=\text{内力虚功 } W'_{12}$$

上式又称为变形体系的虚功方程。在讨论过程中，并没有涉及材料的物理性质，因此无论对于弹性和非弹性、线性和非线性的变形体系，虚功原理都适用。

虚功原理中的力系与位移系相互独立无关，因此不仅可以把位移系看作是虚设的，而且也可以把力系看作是虚设的。根据虚设对象的不同选择，虚功原理主要有两种应用形式：虚设位移，求未知力；虚设力系，求位移

12.3 位 移 计 算

12.3.1 静定结构在荷载作用时的位移计算

12.3.1.1 荷载法

现在讨论结构在荷载作用下的位移计算。本节中只讨论静定结构，而且仅限于研究线性变形体系，即结构的位移与荷载是成正比的，当荷载全部撤除后位移也会完全消失，因而计算结构在荷载作用下的位移时，可以应用叠加原理。

如图 12.4（a）所示结构，平面刚架由于荷载作用、温度变化及支座移动等因素引起了如图所示虚线的变形，现在要求任一指定点 K 沿任一指定方向 $K-K'$ 上的位移 Δ_K。

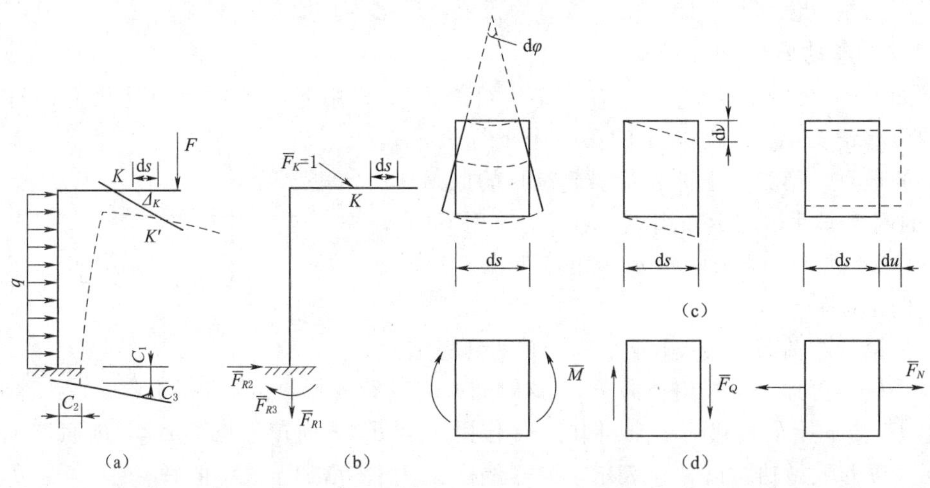

图 12.4

现在要求的位移是由给定的荷载作用、温度变化及支座移动等因素引起的，故应以此作为结构的位移状态，也称实际状态。为了使力状态中的外力能在位移状态中的所求位移 Δ_K 上作虚功，在 K 点沿 $K-K'$ 方向加一个单位集中力 $\overline{F}_K=1$，其指向可任意假定，如图 12.4（b）所示，以此作为结构的力状态。这个力状态由于是虚设的，故称为虚拟状态。

让力状态在位移状态上作虚功。外力虚功包括单位集中力 $\overline{F}_K=1$，由单位集中力引起的支座约束力 $\overline{F}_{R1}$、$\overline{F}_{R2}$、$\overline{F}_{R3}$ 在各自相应的位移 Δ_K、C_1、C_2、C_3 上所做的虚功之和，即

$$W_{外}=\overline{F}_K\Delta_K+\overline{F}_{R1}C_1+\overline{F}_{R2}C_2+\overline{F}_{R3}C_3=\Delta_K+\sum\overline{F}_RC$$

单位集中力 $\overline{F}_K=1$（量纲为 1）所做的虚功在数值上恰好等于所要求的位移 Δ_K。式中 $\sum\overline{F}_RC$ 表示单位力引起的支座约束力所做虚功之和。

计算内力虚功时，实际状态中 ds 微段相应的变形 $d\varphi$、$d\upsilon$、du，如图 12.4（c）所示；设虚拟状态中由单位集中力 $\overline{F}_K=1$ 作用所引起的 ds 微段上的内力为 $\overline{M}$、$\overline{F}_Q$、

$\overline{F}_N$，如图 12.4（d）所示。则内力虚功为

$$W_{内}=\sum\int\overline{M}\mathrm{d}\varphi+\sum\int\overline{F}_Q\mathrm{d}\upsilon+\sum\int\overline{F}_N\mathrm{d}u$$

由虚功原理得

$$\Delta_K+\sum\overline{F}_RC=\sum\int\overline{M}\mathrm{d}\varphi+\sum\int\overline{F}_Q\mathrm{d}\upsilon+\sum\int\overline{F}_N\mathrm{d}u$$

$$\Delta_K=\sum\int\overline{M}\mathrm{d}\varphi+\sum\int\overline{F}_Q\mathrm{d}\upsilon+\sum\int\overline{F}_N\mathrm{d}u-\sum\overline{F}_RC$$

这就是变形体在荷载作用下位移计算的一般公式。它只要求结构处于平衡状态和变形是微小的两个条件。它既适用于弹性材料，也适用于非弹性材料。它可以用于静定的或超静定的梁、刚架、桁架、拱等结构的位移计算。这种用虚设单位荷载计算结构位移的方法，称为单位荷载法。在虚设单位荷载时，单位力作用线与所求位移方位一致，其指向可以任意假设，如计算结果为正，即表示实际位移方向与所设单位力指向相同，否则相反。

【例 12.1】 如图 12.5（a）所示的刚架。已知各杆材料相同，其中 I、A 均为常数，试算 A 处的竖向位移为 Δ_{Ay}。

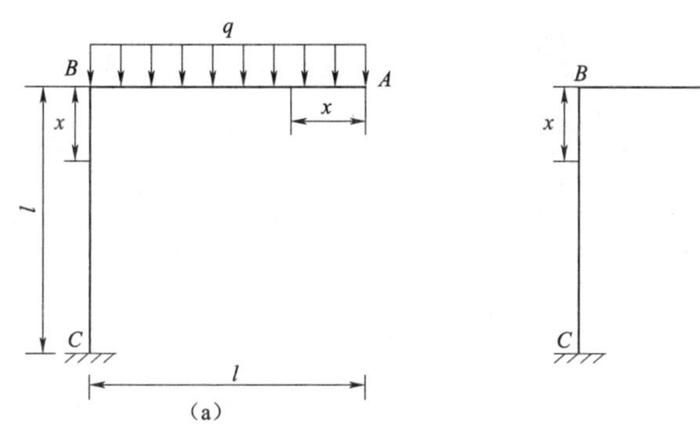

图 12.5

解：由题意可知：

（1）建立虚拟力状态，如图 12.5（b）所示，并分别设各杆的 x 坐标，则虚拟力状态中各杆内力方程为

AB 段：$\overline{M}=x$、$\overline{Q}=0$、$\overline{N}=1$

BC 段：$\overline{M}=-l$、$\overline{Q}=-1$、$\overline{N}=0$

（2）在实际状态中各杆内力方程为

AB 段：$M_P=-\dfrac{qx^2}{2}$、$N_P=0$、$Q_P=qx$

BC 段：$M_P=-\dfrac{ql^2}{2}$、$N_P=-ql$、$Q_P=0$

（3）代入一般公式进行积分，即可求得 A 点的竖向位移

$$\Delta_{Ay}=\sum\int\frac{M_F\overline{M}}{EI}\mathrm{d}s+\sum\int k\frac{Q_F\overline{Q}}{GA}\mathrm{d}s+\sum\int\frac{N_F\overline{N}}{EA}\mathrm{d}s$$

$$=\int_0^l(-x)\left(-\frac{qx^2}{2}\right)\frac{\mathrm{d}x}{EI}+\int_0^l(-l)\left(-\frac{ql^2}{2}\right)\frac{\mathrm{d}x}{EI}+\int_0^l(-1)(-ql)\frac{\mathrm{d}x}{EA}+\int_0^l k(+1)(qx)\frac{\mathrm{d}x}{GA}$$

$$=\frac{5}{8}\frac{ql^4}{EI}+\frac{ql^2}{EA}+\frac{kql^2}{2GA}=\frac{5}{8}\frac{ql^4}{EI}\left(1+\frac{8}{5}\frac{I}{Al^2}+\frac{4}{5}\frac{kEI}{GAl^2}\right)$$

（4）下面讨论轴力与剪力对位移的影响，若设杆件的截面为矩形，其宽度为 b，高度为 h，则有 $A=bh$，$I=\frac{bh^3}{12}$，$k=\frac{6}{5}$，代入上式得

$$\Delta_{Ay}=\frac{5}{8}\frac{ql^4}{EI}\left[1+\frac{2}{15}\left(\frac{h}{l}\right)^2\frac{I}{l^2}+\frac{2}{25}\frac{E}{G}\left(\frac{h}{l}\right)^2\right]$$

可以看出，杆件截面高度与杆长之比越大，则轴力和剪力影响所占的比重越大，反之，则所占比重越小。例如当 $h/l=1/10$，取 $G=0.4E$，可算得

$$\Delta_{Ay}=\frac{5}{8}\frac{ql^4}{EI}\left(1+\frac{1}{750}+\frac{1}{500}\right)$$

可见轴力和剪力在细长杆情况下影响是很小的，通常可以略去。

【例12.2】 如图12.6（a）所示桁架。已知图中括号内数值为截面面积 A（单位为 $10^{-4}\mathrm{m}^2$），$E=210\mathrm{GPa}$，试算 D 处的竖向位移为 Δ_{Dy}。

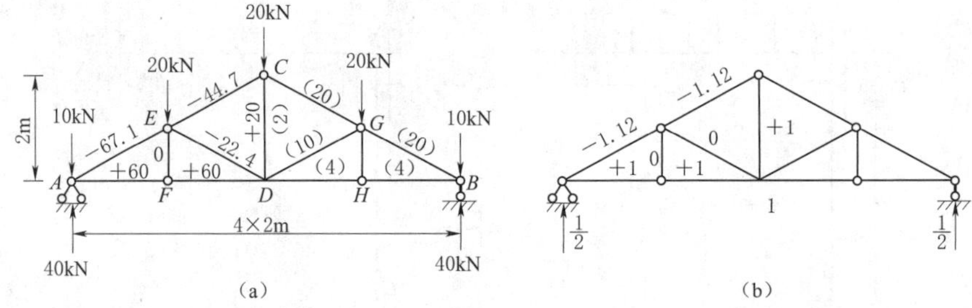

图12.6

解： 建立虚拟力状态，如图12.6（b）所示。实际状态和虚拟状态的各杆内力分别如图12.6（a）、图12.6（b）所示。根据前式，可把计算列成表格进行，由于对称，可只计算半个桁架的杆件，详见表12.1。最后，计算时将表中的求和总值乘2，但由于 CD 杆只有一根，故应减去一根 CD 杆的数值即可。由此可求得

$$\Delta_{Dy}=\sum\frac{\overline{F}_N F_{NP} l}{EA}=\frac{(2\times 940300-200000)\times 10^3}{210\times 10^9}=0.008(\mathrm{m})=8\mathrm{mm}(\downarrow)$$

表12.1　　各杆参数表

杆件		l/m	A/m^2	l/A/(1/m)	$\overline{F}_N$	F_{NP}/kN	$\frac{\overline{F}_N F_{NP} l}{E}$/(kN/m)
上弦	AE	2.24	20×10^{-4}	1120	−1.12	−67.1	84200
	EC	2.24	20×10^{-4}	1120	−1.12	−44.7	56100
下弦	AD	4.00	4×10^{-4}	10000	1	60	600000
斜杆	ED	2.24	10×10^{-4}	2240	0	−22.4	0
竖杆	EF	1.00	1×10^{-4}	10000	0	0	0
	CD	2.00	2×10^{-4}	10000	1	20	200000
合计							940300

12.3.1.2 图乘法

在计算荷载作用下的位移时，先要逐杆建立 $\overline{M}$ 和 M_F 的方程式，再进行积分运算。当杆件数目较多且荷载情况较复杂时，积分的计算工作是比较麻烦的。但是，当结构的各杆段符合杆轴线为直线，EI 为常数，$\overline{M}$ 和 M_F 两个弯矩图中至少有一个是直线图形，则可用下述图乘法来代替积分运算，从而简化计算工作。

如图 12.7 所示，若结构上 AB 段为等截面直杆，EI 为常数，其 $\overline{M}$ 和 M_F 是符合上述三个条件的。取 $\overline{M}$ 的基线为 x 轴，以 $\overline{M}$ 图的延长线与 x 轴的交点 O 为坐标原点建立 xOy 坐标系。则下列积分式中的 ds 可用 dx 代替，EI 可提出积分号外，并且因 $\overline{M}$ 为一直线图，其上的任一纵坐标 $\overline{M}=x\tan\alpha$，且 $\tan\alpha$ 为常数。

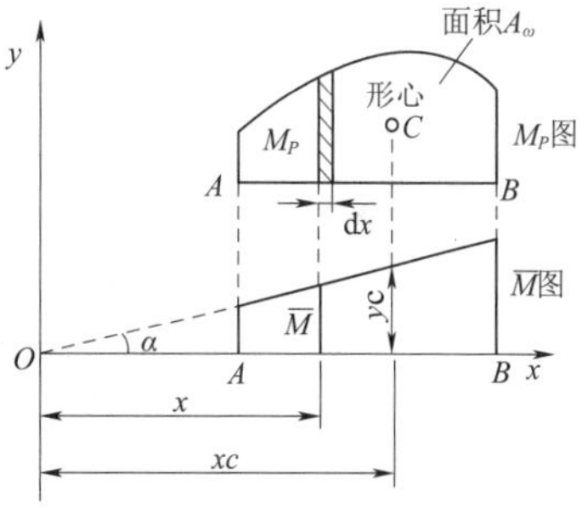

图 12.7

$$\Delta_K=\int_A^B\frac{M_F\overline{M}}{EI}ds$$

则积分式可演变为

$$\int_A^B\frac{M_F\overline{M}}{EI}ds=\frac{1}{EI}\int_A^B x\tan\alpha M_F\,dx=\frac{\tan\alpha}{EI}\int_A^B xM_F\,dx=\frac{\tan\alpha}{EI}\int_A^B x\,d\omega$$

式中，$d\omega=M_F\,dx$，是 $\overline{M}$ 图中阴影线部分的微面积，$x\,d\omega$ 是该微面积对 y 轴的静距，$\int_A^B x\,d\omega$ 便是整个 M_F 图形的面积对 y 轴的静矩。根据合力矩定理，它应等于 M_F 图的面积乘以其形心到 y 轴的距离 x_C，即

$$\int x\,d\omega=\omega x_C$$

代入上述公式则有

$$\int_A^B\frac{M_F\overline{M}}{EI}ds=\frac{\tan\alpha}{EI}\int_A^B x\,d\omega=\frac{\tan\alpha}{EI}\omega x_C=\frac{1}{EI}\omega y_C$$

式中：$x_C\tan\alpha$ 是 M_F 图的形心 C 处所对应的 $\overline{M}$ 图的纵坐标。这样，计算位移的积分式等于一个弯矩图的面积 ω 乘以其形心所对应的另一个直线弯矩图上的竖标 y_C，再除以 EI。这种计算位移的方法称为图乘法。

如果结构的所有各段均可图乘，则位移公式可写为

$$\Delta_K=\int_A^B\frac{M_F\overline{M}}{EI}ds=\sum\frac{\omega y_C}{EI}$$

根据上述推证过程可知，在应用图乘法时应注意下列各点：

(1) 必须符合上述三个适用条件。

(2) 竖标 y_C 只能取自直线图形。

(3) 若面积 ω 与 y_C 在杆件的同侧则乘积取正号，异侧则取负号。

在应用图乘法时，需要知道某一图形的面积 A 及该图形面积的形心位置以便确定与之相对应的另一图形的竖标。现将常用的几种常见图形的面积及形心位置表达式列入图 12.8 中。在所示的各抛物线图形中，抛物线顶点处的切线都是与基线平行的，

这种图形可称为抛物线标准图形。当图形比较复杂，面积或形心位置不易直接确定时，可采用叠加的方法。先分解几个简单的图形，然后分别与另一个图形相乘，最后把所得结果相叠加即可。

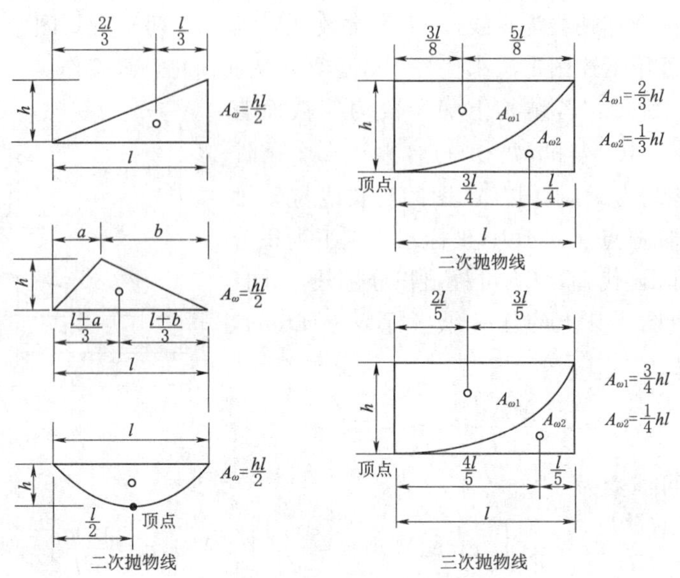

图 12.8

【例 12.3】 如图 12.9（a）所示的简支梁。EI 为常数，试算 C 处的竖向位移为 Δ_{Cy} 和 B 处角位移为 θ_B。

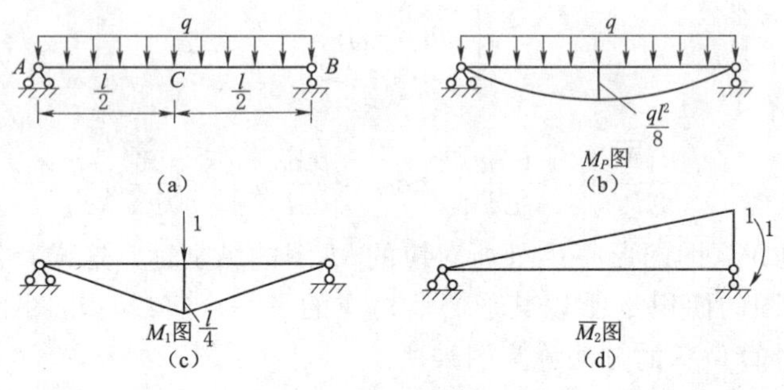

图 12.9

解： 首先作出实际状态下的弯矩图 M_P 图，如图 12.9（b）所示，然后分别建立求 Δ_{Cy} 和 θ_B 的虚拟力状态，并作出 $\overline{M}$ 图，如图 12.9（c）、图 12.9（d）所示。

为了计算 C 点的竖向位移，需将图 12.9（b）与图 12.9（c）相乘，由于旧图是折线，故需分段进行图乘，然后叠加。因两个弯矩图均为对称，故只需取一半进行计算再乘 2 即可，图乘可求得 C 点竖向位移为

$$\Delta_{Cy}=\frac{1}{EI}\times 2\left[\left(\frac{2}{3}\times\frac{l}{2}\times\frac{1}{8}ql^2\right)\times\left(\frac{5}{8}\times\frac{l}{4}\right)\right]=\frac{5ql^4}{384EI}$$

将图 12.9（b）与图 12.9（d）相乘，求得 B 端角位移 θ_B 为

$$\theta_B=-\frac{1}{EI}\times\left(\frac{2}{3}l\times\frac{1}{8}ql^2\right)\times\frac{1}{2}=-\frac{ql^3}{24EI}\theta_B=-\frac{1}{EI}\times\left(\frac{2}{3}l\times\frac{1}{8}ql^2\right)\times\frac{1}{2}=-\frac{ql^3}{24EI}$$

式中最初所用的负号是因为相乘的两个图形在基线的两侧，最后结果中的负号表示 θ_B 实际转动方向与所加单位力偶的方向相反，即为逆时针方向转动。

【例 12.4】 如图 12.10（a）所示的外伸梁。$EI=115\times10^5\text{kN}\cdot\text{m}^2$，试算 A 处的角位移 θ_A 和 C 处的竖向位移 Δ_{Cy}。

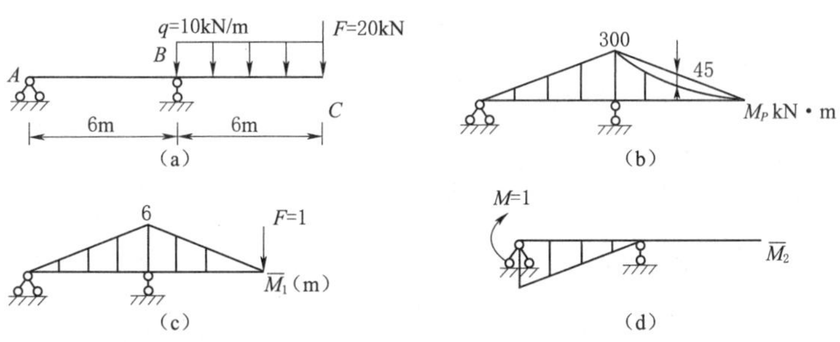

图 12.10

解：首先作出实际状态下的弯矩图 M_P，如图 12.10（b）所示，然后分别建立求 Δ_{Cy} 和 θ_A 的虚拟力状态，并作出 $\overline{M}$ 图，如图 12.10（c）、图 12.10（d）所示。

为了计算 C 点的竖向位移，需将图 12.10（b）与图 12.10（c）相乘，此时，应分段进行。在 AB 段，M_P 和 $\overline{M}$ 图均为三角形；在 BC 段，M_P 图中点 C 不是抛物线的顶点，但可将它看作是由 B、C 两端的弯矩竖标所连成的三角形图形与相应简支梁在均布荷载作用下的标准抛物线图形。图乘可求得 C 点的竖向位移为

$$\Delta_{Cy}=\frac{1}{EI}\left(2\times\frac{1}{2}\times6\times300\times\frac{2}{3}\times6-\frac{2}{3}\times6\times45\times\frac{1}{2}\times6\right)=\frac{6660}{1.5\times10^5}=0.0444(\text{m})$$

将图 12.10（b）与图 12.10（d）相乘，求得 A 端的角位移 θ_A 为

$$\theta_A=-\frac{1}{EI}\times\left(2\times\frac{1}{2}\times6\times300\times\frac{1}{3}\right)=-\frac{300}{EI}=\frac{-300}{1.5\times10^5}=-0.002(\text{rad})$$

12.3.2 静定结构在支座移动时的位移计算

静定结构在支座移动时不引起任何内力和变形，杆件只产生刚体位移。因此，根据虚功原理，内力虚功等于零，则位移计算一般式简化为

$$\Delta_{KC}=-\sum\overline{F}_K C$$

这就是静定结构在支座移动时的位移计算公式，$\sum\overline{F}_K C$ 为反力虚功之和。式中，$\overline{F}_K$ 为单位荷载作用下的支座反力，C 为 $\overline{F}_K$ 相应实际的支座位移。当 C 和 $\overline{F}_K$ 的方向一致时，两者乘积为正，反之为负。

【例 12.5】 如图 12.11 所示静定刚架，若支座 A 发生位移，即 $a=1.0\text{cm}$，$b=1.5\text{cm}$。试求 C 点的水平位移 Δ_{Cx}、竖向位移 Δ_{Cy} 及其总位移。

解：由题意可知：

在 C 点分别加水平单位力和竖向单位力，求其支座反力，如图 12.11（b）、图 12.11（c）所示。

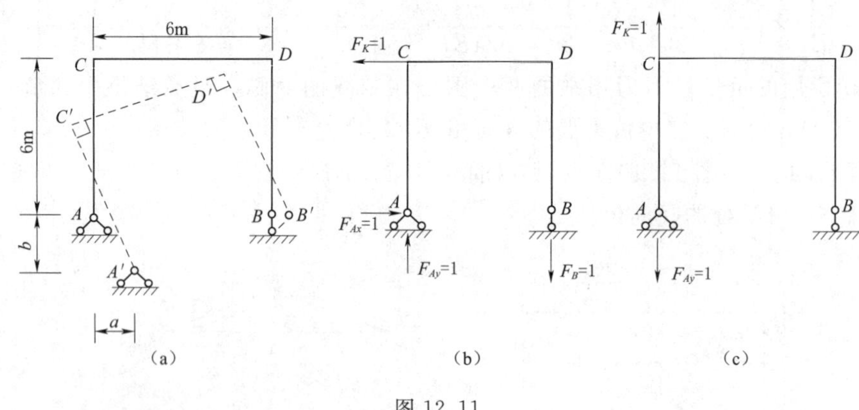

图 12.11

由式 $\Delta_{KC}=-\sum\overline{F}_K C$ 可知：

$$\Delta_{Cx}=-(1\times1.0-1\times1.5)=0.5(\text{cm})$$

$$\Delta_{Cy}=-1\times1.5=-1.5(\text{cm})$$

$$\Delta=\sqrt{\Delta_{Cx}^2+\Delta_{Cy}^2}=\sqrt{0.5^2+1.5^2}=1.58(\text{cm})$$

故 C 点的水平向左位移为 0.5cm、竖向向下位移为 1.5cm，总位移为 1.58cm。

12.3.3 静定结构在温度改变时的位移计算

静定结构在温度改变时不引起任何内力，但由于材料的热胀冷缩，因而会使结构产生变形和位移。

下面应用平面杆件结构位移计算的一般公式来导出温度改变引起位移的计算公式。当结构只受到温度改变作用时，由于没有支座移动，故一般公式中的 $\sum\overline{F}_R C$ 一项为零，因而位移计算公式为

$$\Delta_K=\sum\int\overline{M}\mathrm{d}\varphi+\sum\int\overline{F}_Q\mathrm{d}\upsilon+\sum\int\overline{F}_N\mathrm{d}u$$

式中：$\mathrm{d}\varphi$、$\mathrm{d}\upsilon$、$\mathrm{d}u$ 为实际状态中微段由于温度改变引起的变形。只要先求出各微段变形的表达式，而后代入上式即可得到温度改变引起的位移计算公式。

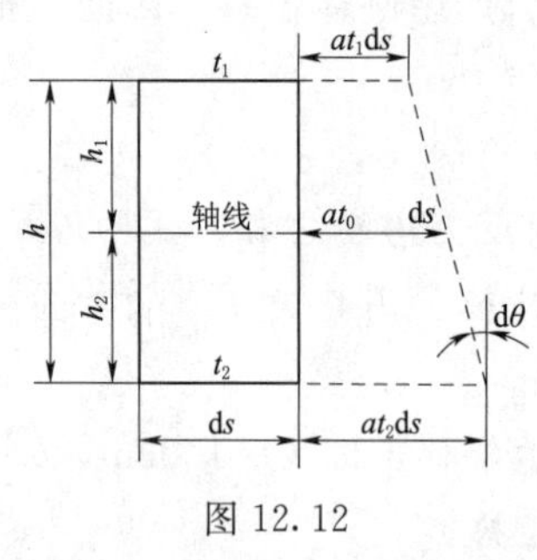

图 12.12

从结构的某一杆件上任取一微段 ds，设微段上侧的温度升高 t_1，下侧升高 t_2，而 $t_2>t_1$，则微段的变形如图 12.12 所示，微段的上、下侧纤维的伸长分别为 $at_1\mathrm{d}s$ 和 $at_2\mathrm{d}s$，这里 a 为材料的线膨胀系数。为了简化计算，假定温度沿截面的高度 h 按直线规律变化，即温度变化时横截面仍保持为平面。设以 h_1 和 h_2 分别表示截面形心轴线至上、下边缘的距离，表示轴线处温度的升高值。

则微段 ds 由于温度改变所产生的轴向变形为 $\mathrm{d}u=at_0\mathrm{d}s$

式中，轴线处温度的升高值 t_0 按比例关系可得为 $t_0=\dfrac{h_1t_2+h_2t_1}{h}$

若杆件的截面对称于形心轴，即 $h_1=h_2=\dfrac{h}{2}$，则 $t_0=\dfrac{t_1+t_2}{2}$

而微段两个截面的相对转角为 $d\varphi=\dfrac{at_2ds-at_1ds}{h}=a\dfrac{t_2-t_1}{h}ds=a\dfrac{\Delta t}{h}ds$

式中：$\Delta t=t_1-t_2$ 为杆件上下侧温度改变之差。

此外，对于杆件结构，温度改变并不引起剪切变形，即 $d\upsilon=0$。

将 du、$d\varphi$、$d\upsilon$ 各式代入式 $\Delta_K=\sum\int\overline{M}d\varphi+\sum\int\overline{F}_Q d\upsilon+\sum\int\overline{F}_N du$ 中，可得

$$\Delta_K=\sum(\pm)\int\overline{F}_N at_0 ds+\sum(\pm)\int\overline{M}_a\frac{\Delta t}{h}ds$$

该式即为计算结构由于温度改变所引起位移的一般式。式中正负号是因为温度改变产生的变形与虚内力的方向有相同和相反两种情况，则变形虚功有正有负。

如果每一根杆件沿其全长温度改变相同且截面高度不变，则上式可改写为

$$\Delta_K=\sum(\pm)at_0\int\overline{F}_N ds+\sum(\pm)a\frac{\Delta t}{h}\int\overline{M}ds=\sum(\pm)at_0 A_{\omega\overline{F}_N}+\sum(\pm)a\frac{\Delta t}{h}A_{\omega\overline{M}}$$

$$A_{\omega\overline{F}_N}=\int\overline{F}_N ds$$

$$A_{\omega\overline{M}}=\int\overline{M}ds$$

式中：$A_{\omega\overline{F}_N}$ 为 $\overline{F}_N$ 图的面积；$A_{\omega\overline{M}}$ 为 $\overline{M}$ 图的面积。

在应用位移一般公式时，右边两项的正负号按如下规定来选取：若虚力状态中由于虚内力所引起的变形与由于温度改变所引起的变形方向一致时取正号，反之则取负号。

在温度变化时，杆件的轴向变形与其截面大小无关，即使截面很大的杆件，同样可能产生显著的轴向变形。因此，在计算梁和刚架由温度变化引起的位移时，一般不能忽略受弯杆件的轴向变形对位移的影响，必须同时考虑轴向变形和弯曲变形的影响。

对于桁架，由于温度改变引起的位移计算公式为

$$\Delta_{Kt}=\int(\pm)\overline{F}_N at_0 l$$

对于桁架，当杆件长度因制造误差而与设计长度不符时，由此引起的位移计算与温度变化时相类似。设各杆长度的误差为 Δl，则位移计算公式为

$$\Delta_k=\sum(\pm)\overline{F}_N\Delta l$$

【例 12.6】 如图 12.13（a）所示刚架施工时温度为 20℃，试求冬季当外侧温度为−10℃，内侧温度为 0℃时 A 点的竖向位移 Δ_{Ay}。已知 $l=4$m，$\alpha=10^{-5}$，各杆均为矩形截面，高度 $h=0.4$m

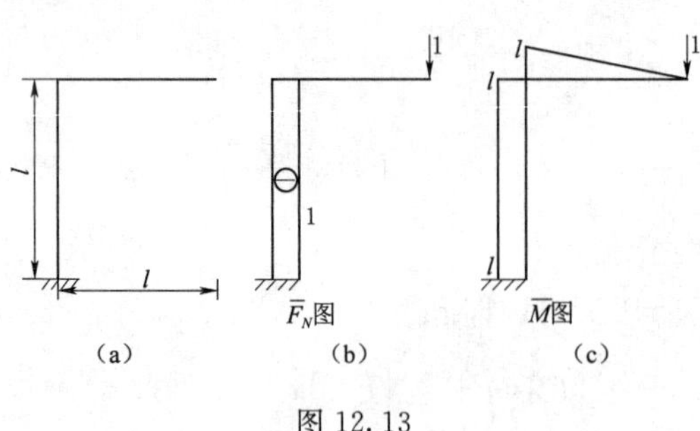

图 12.13

解：外侧温度变化为 $t_1=-10-20=-30$℃，内侧温度变化为 $t_2=0-20=-20$（℃），故有

$$t_0=\frac{t_1+t_2}{2}=\frac{-30-20}{2}=-25(℃)$$

$$\Delta_t=t_2-t_1=-20-(-30)=10(℃)$$

建立虚拟力状态，并作出 $\overline{F}_N$、$\overline{M}$ 图，如图 12.13（b）、图 12.13（c）所示，可求得

$$A_{\omega\overline{F}_N}=1\times l=l$$

$$A_{\omega\overline{M}}=l\times l+\frac{1}{2}\times l\times l=\frac{3}{2}l^2$$

即可求得 A 点的竖向位移 Δ_{Ay} 为

$$\begin{aligned}\Delta_{Ay}&=\sum(\pm)at_0A_{\omega\overline{F}_N}+\sum(\pm)_aA_{\omega\overline{M}}\\&=a\times25\times l-\frac{a\times10}{h}\times\frac{3}{2}l^2=25al-\frac{15al^2}{h}=25\times10^{-5}\times4-\frac{15\times10^{-5}\times4^2}{0.4}\\&=-0.005(\text{m})=-5\text{mm}(\uparrow)\end{aligned}$$

12.4 互 等 定 理

12.4.1 功的互等定理

如图 12.14 所示结构的两种状态，分别作用 F_1 和 F_2，称之为第一状态和第二状态。如果把第一状态作为力状态，把第二状态作为位移状态，根据虚功原理，第一状态的外力在第二状态相应位移上所作的外力虚功，等于第一状态的内力在第二状态相应变形上所作的内力虚功。

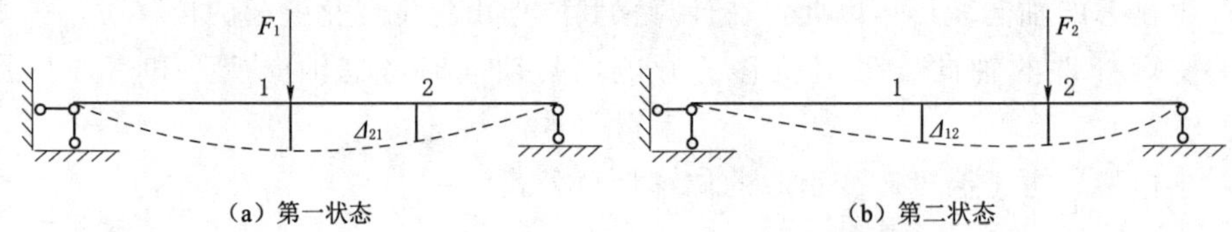

图 12.14

$$F_1\Delta_{12}=\int\frac{F_{N1}F_{N2}\mathrm{d}s}{EA}+\int\frac{kF_{Q1}F_{Q2}\mathrm{d}s}{GA}+\int\frac{M_1M_2\mathrm{d}s}{EI}$$

如果以第二状态为力状态，第一状态为位移状态，则第二状态的外力在第一状态的相应位移上所作的外力虚功，等于第二状态的内力在第一状态相应变形上所作的内力虚功。即

$$F_2\Delta_{21}=\int\frac{F_{N2}F_{N1}\mathrm{d}s}{EA}+\int\frac{kF_{Q2}F_{Q1}\mathrm{d}s}{GA}+\int\frac{M_2M_1\mathrm{d}s}{EI}$$

由此可得到 $F_1\Delta_{12}=F_2\Delta_{21}$

一般形式为： $\sum F_k\Delta_{ki}=\sum F_i\Delta_{ik}$

一般形式表明，在弹性结构中，第一状态的外力在第二状态的相应位移上所作的外力虚功，等于第二状态的外力在第一状态的相应位移上所作的外力虚功，这就是功的互等定理。

12.4.2 位移互等定理

由功的互等定理可知，当结构的两个状态中 $F_1=F_2$ 时，则有 $\Delta_{12}=\Delta_{21}$。当结构的两种状态中 $F_1=F_2=1$ 时，公式 $\Delta_{12}=\Delta_{21}$ 可记为

$$\delta_{12}=\delta_{21}$$

该式则为位移互等定理表达式，此式表明，在一线性弹性结构中，第二个单位力所引起的第一个单位力作用点沿其方向的位移，等于第一个单位力所引起的第二个单位力作用点沿其方向的位移，如图 12.15（a）和图 12.15（b）所示。

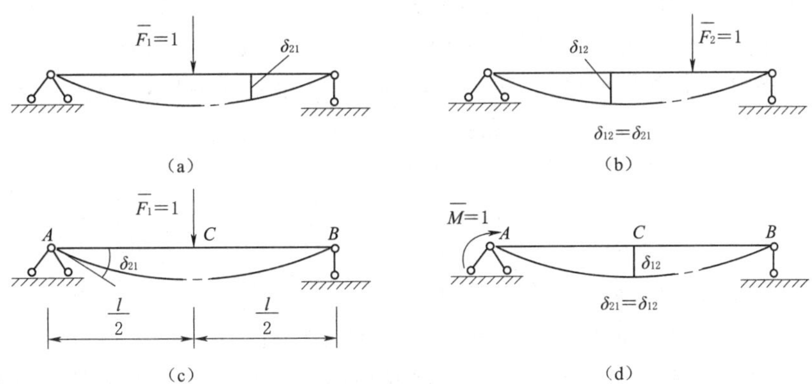

图 12.15

位移互等定理是功的互等定理的一种应用。单位荷载可以是广义单位力，相应的位移亦为广义位移。δ_{12} 与 δ_{21} 可能含义不同，但二者数值相等，如图 12.15（c）和图 12.15（d）所示。

12.4.3 反力互等定理

反力互等定理也是功的互等定理的一种应用，它反映在超静定结构中，如果两个支座分别发生单位位移时，两个状态中相应支座反力的互等关系。

图 12.16（a）所示连续梁中，支座 1 发生单位位移 $\Delta_1=1$，此时在支座 2 处将产生反力 r_{21}；当图 12.16（b）所示，支座 2 发生单位位移 $\Delta_2=1$ 时，支座 1 处产生的反力为 r_{12}。单位位移所引起的支座反力称为反力系数，用 r_{ij} 表示。第一个下标 i 表示反力的作用位置和性质，第二个下标 j 表示引起此反力的原因。根据功的互等定理，有

$$r_{21}\times1=r_{12}\times1$$

即

$$r_{21}=r_{12}$$

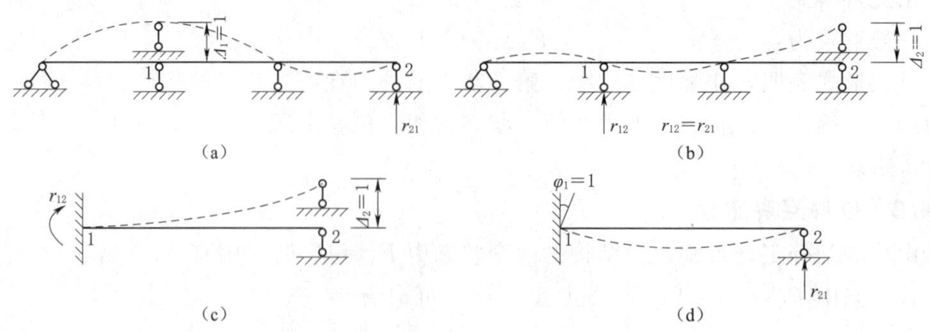

图 12.16

该式则为反力互等定理的表达式，表明在一线性弹性超静定结构中，支座 1 发生单位位移所引起的支座 2 的反力，等于支座 2 发生单位位移所引起的支座 1 的反力。应注意的是，支座的位移与该支座的反力在做功关系上的对应关系，即线位移与集中力相对应，角位移与集中力偶相对应。可能 r_{12} 与 r_{21} 一个是反力偶，另一个是反力，但二者的数值相等，如图 12.16（c）和图 12.16（d）所示。

思　考　题

1. 为什么是虚功原理？

2. 应用虚功原理求位移时，怎样选择虚设的单位荷载？

3. 求结构位移时虚设了单位荷载，这样求出的位移会等于原来的实际位移吗？它是否包括虚设单位荷载引起的位移？

4. 为什么说结构位移计算的一般式同样适用于静定结构和超静定结构？

5. 荷载作用下的位移计算公式中各项的物理意义是什么？其适用条件是什么？

6. 图乘法的适用条件和注意点是什么？变截面杆及曲杆可否用图乘法？如果为分段等截面杆，能否用图乘法？

7. 在温度变化引起的位移计算公式中，如何确定各项的正负号？

8. 在支座位移引起的位移计算公式中，如何确定各项的正负号？

9. 反力互等定理可否用于静定结构？为什么？

练　习　题

1. 如习题 12.1 图所示静定梁，已知 EI 为常数，试用位移法计算各图中 A 点的转角和 C 截面的竖向位移。

2. 如习题 12.2 图所示刚架，已知 EI 为常数，试用位移法计算各图中 C 点的竖向位移。

3. 如习题 12.3 图所示结构，已知 EI 为常数，试用图乘法计算各图指定位移。

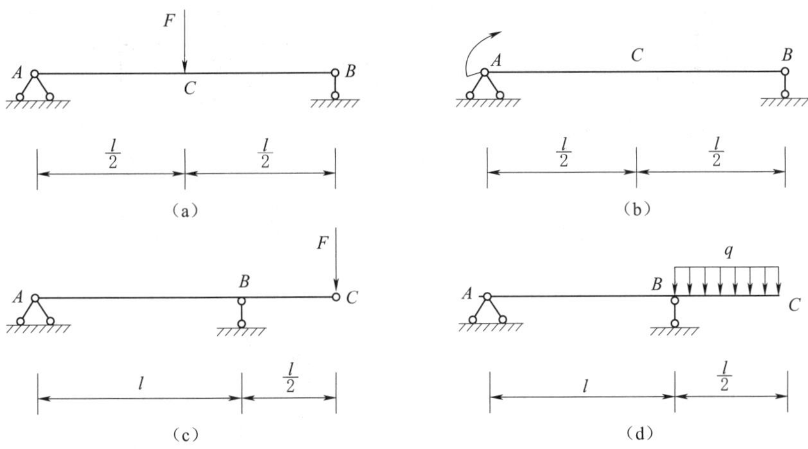

习题 12.1 图

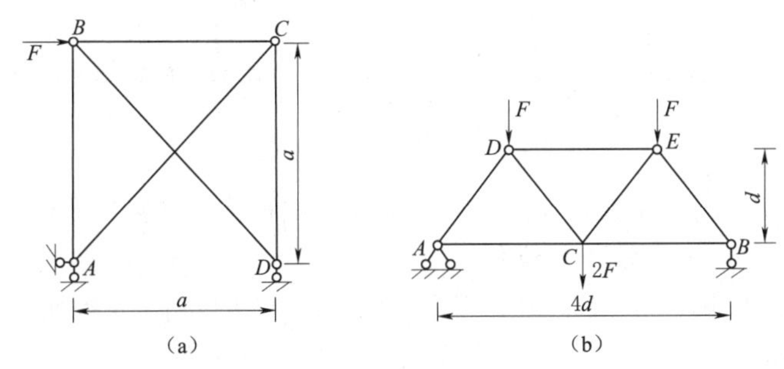

习题 12.2 图

4. 如习题 12.4 图所示刚架，已知刚架各杆外侧温度无变化，内侧温度上升 10℃，刚架各杆截面相同且对称于形心轴，高度为 h，材料的线膨胀系数为 a，试计算 C 点的水平位移。

5. 如习题 12.5 图所示结构，已知各杆截面相同且对称于形心轴，其厚度为 $h = l/10$，材料的线膨胀系数为 a，试计算 C 点的竖向位移。

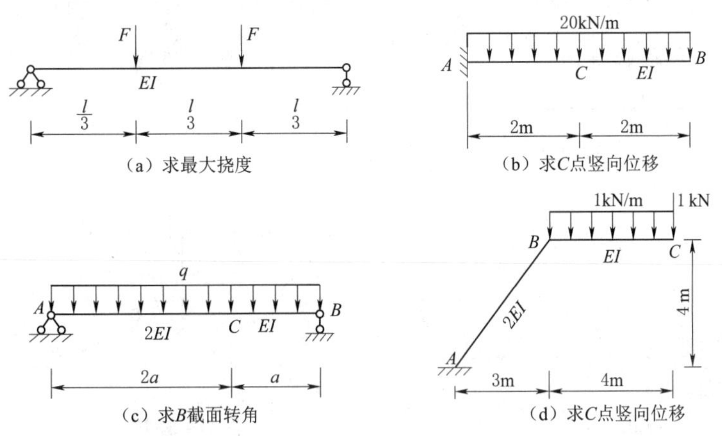

习题 12.3 图（一）

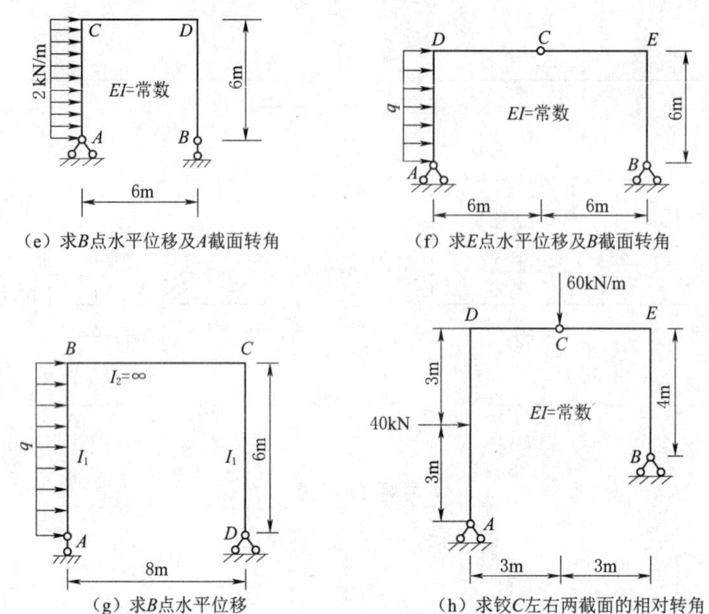

习题 12.3 图（二）

6. 如习题 12.6 图所示结构，已知 B 的水平位移为 a，竖向位移为 b，试计算 C 左右两侧的相对转角及 C 处竖向位移。

7. 如习题 12.7 图所示简支梁，已知 A、B、C 的沉降分别为 $a=40\text{mm}$、$b=100\text{mm}$、$c=80\text{mm}$。试计算 B 铰左右两侧截面的相对转角。

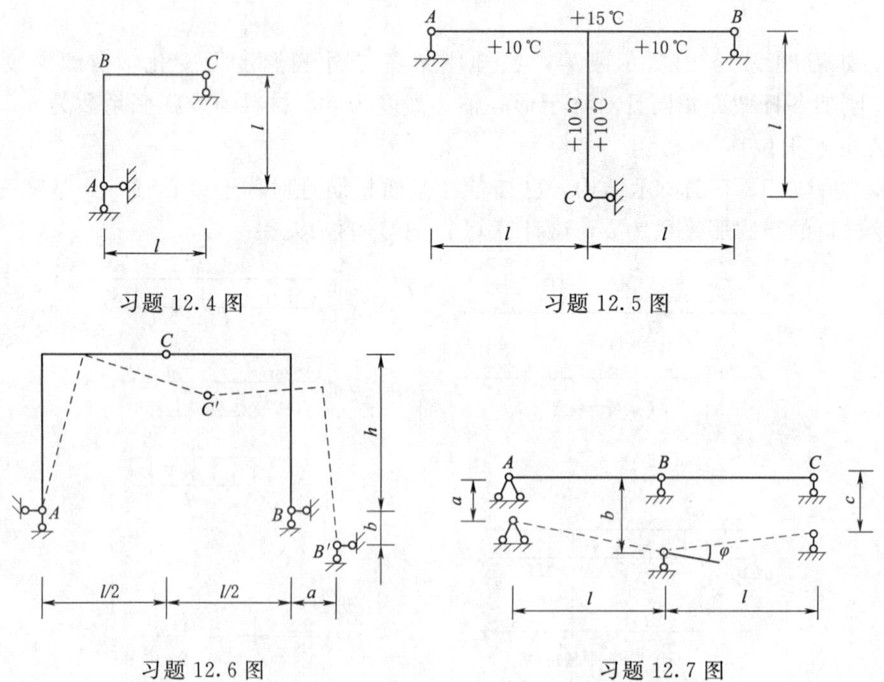

第 13 章

超静定结构内力计算

13.1　力　　法

13.1.1　力法的基本概念

对于有多余约束的超静定结构来说，无论是未知的反力还是内力，其数量多过方程的数量，因此，无法采用基本平衡方程予以解决。然而，力法就是将未知的超静定问题转化为已知的静定问题，实现超静定结构内力的分析计算。

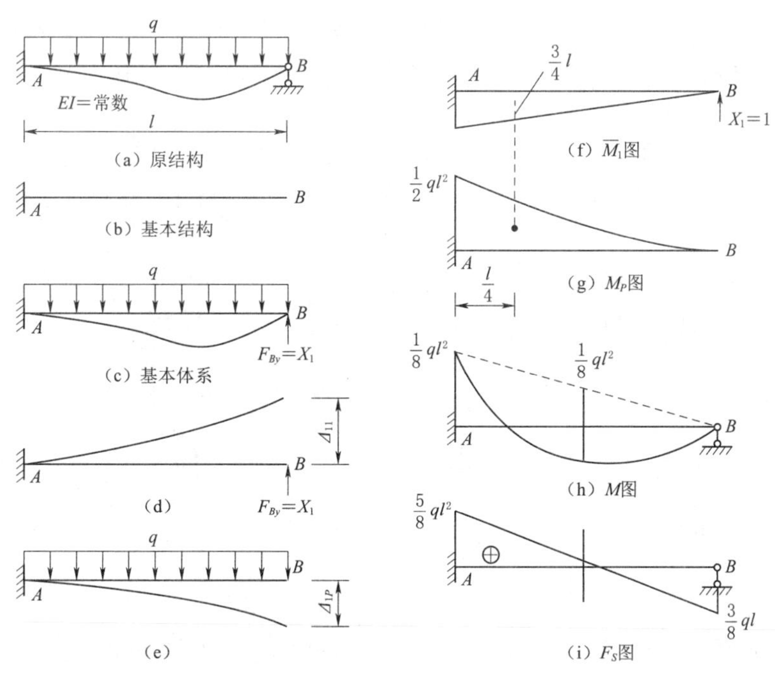

图 13.1

13.1.1.1　力法的基本结构

如图 13.1 (a) 所示，一端固定、一端可动铰支座的梁，且承受均布荷载，通过几何组成分析，该梁是一个具有多余约束的超静定结构。如果将右侧铰支座作为多余约束，解除后可得一个只有右侧固定端支座的静定悬臂梁，如图 13.1（b）所示，该静定结构称为力法的基本结构。由于拆除的多余约束具有任意性，因此，一个超静定结构可以有多个基本结构。

13.1.1.2 力法的基本体系

由超静定结构简化为基本结构，并非是直接减少未知量，而是将多余约束的未知力显露出来，并建立其他平衡方程加以解决。在基本结构上加上原有均布荷载和多余约束力 X_1，如图 13.1（c）所示，该结构就称为力法的基本体系，而 X_1 就是力法的基本未知量。

13.1.1.3 力法的基本方程

由于原结构受竖向铰支座的约束，那么 B 点位移为零，因此，只有多余约束力 X_1 与 F_{BY} 相等且方向相同，方可符合实际效应。对于基本体系来说，在 B 处由多余约束力产生的位移与原均布荷载产生的位移应相等，才能符合原结构的平衡状态。

假设多余约束力在 B 处以引起的位移为 Δ_{11}，原均布荷载在 B 处引起的位移为 Δ_{1P}，如图 13.1（d）和图 13.1（e）所示。根据叠加原理得

$$\Delta_{11}+\Delta_{1P}=0$$

假设多余约束力为单位力，即 $X_1=1$，那么 X_1 将引起 X_1 方向上的位移，即 $\Delta_{11}=\delta_{11}X_1$，于是公式可写成

$$\delta_{11}X_1+\Delta_{1P}=0$$

式中：δ_{11} 为基本体系在未知力 $X_1=1$ 作用下沿 X_1 方向上的位移；Δ_{1P} 为基本体系在原荷载作用下沿 X_1 方向上的位移。

由于 δ_{11} 和 Δ_{1P} 都是静定结构在已知外力作用下的位移，均可由前述位移的计算方法求得，然后解方程即可求出多余未知力 X_1 的大小，因此，该公式也称为力法的基本方程。

这里采用图乘法计算 δ_{11} 和 Δ_{1P}。先分别绘出 $X_1=1$ 和原荷载 q 单独作用在基本结构上的弯矩图 $\overline{M}_1$ 和 M_P，求得

$$\delta_{11}=\frac{1}{EI}\times\frac{l^2}{2}\times\frac{2l}{3}=\frac{l^3}{3EI}$$

$$\Delta_{1P}=-\frac{1}{EI}\left(\frac{1}{3}\times l\times\frac{ql^2}{2}\right)\times\frac{3l}{4}=-\frac{ql^4}{8EI}$$

代入基本方程可得

$$X_1=-\frac{\Delta_{1P}}{\delta_{11}}=\frac{ql^4}{8EI}\times\frac{l^3}{3EI}=\frac{3}{8}ql$$

多余未知力求得后，就如同多了一个荷载的静定结构，完全由叠加法 $M=\overline{M}_1X_1+M_P$ 来确定其反力和内力，最后得到弯矩图和剪力图，如图 13.1（h）和图 13.1（i）所示。

13.1.2 力法的典型方程

如前所述，用力法计算超静定结构是以多余未知力作为基本未知量，并根据相应

的位移条件来求解多余未知力；待多余未知力求出后，即可按静力平衡条件求其反力和内力。因此，用力法解算一般超静定结构的关键在于根据位移条件建立力法方程以求解多余未知力。下面拟通过一个三次超静定的刚架来说明如何建立力法方程。

如图 13.2（a）所示刚架为三次超静定结构，分析时必须去掉它的三个多余约束。设去掉固定支座 B，并以相应的多余未知力 X_1、X_2 和 X_3 代替所去约束的作用，得到如图 13.2（b）所示的基本体系。在原结构中，由于 B 端为固定端，所以没有水平位移、竖向位移和角位移。因此，承受荷载 F_{P1}、F_{P2} 和三个多余未知力 X_1、X_2、X_3 作用的基本体系上，也必须保证同样的位移条件，即 B 点沿 X_1 方向的位移 Δ_1、沿 X_2 方向的位移 Δ_2、沿 X_3 方向的位移 Δ_3 都应等于零，即

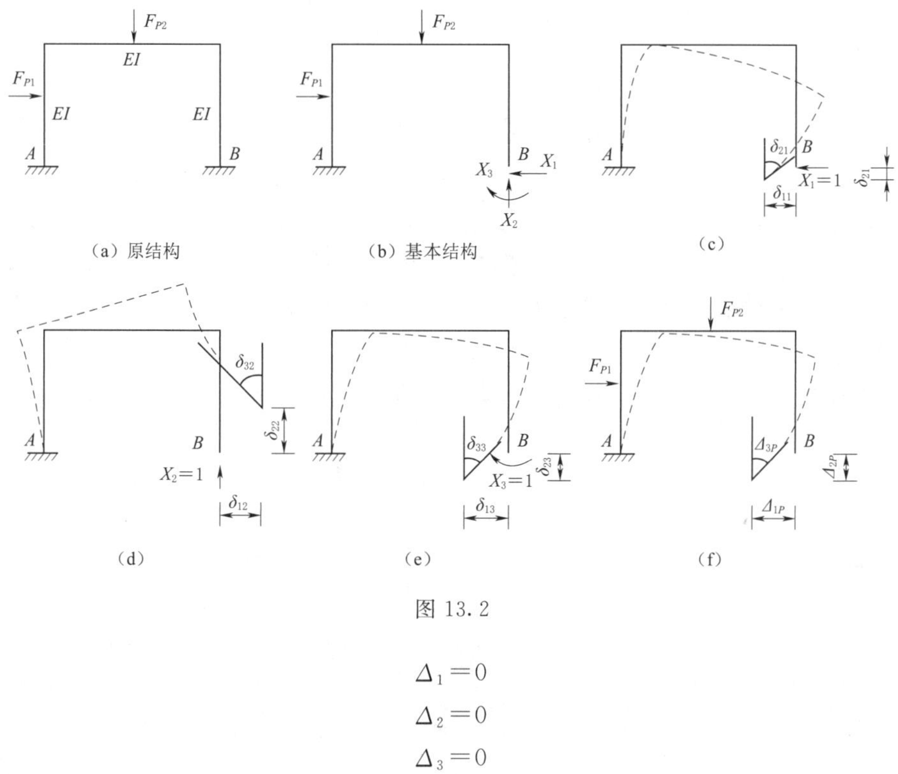

图 13.2

$$\Delta_1=0$$
$$\Delta_2=0$$
$$\Delta_3=0$$

令：δ_{11}、δ_{21}、δ_{31} 分别表示当 $X_1=1$ 单独作用时，基本结构上 B 点沿 X_1、X_2、X_3 方向的位移，如图 13.2（c）所示；

δ_{12}、δ_{22}、δ_{32} 分别表示当 $X_2=1$ 单独作用时，基本结构上 B 点沿 X_1、X_2、X_3 方向的位移，如图 13.2（d）所示；

δ_{13}、δ_{23}、δ_{33} 分别表示当 $X_3=1$ 单独作用时，基本结构上 B 点沿 X_1、X_2、X_3 方向的位移，如图 13.2（e）所示；

Δ_{1P}、Δ_{2P}、Δ_{3P} 分别表示当荷载（F_{P1}、F_{P2}）单独作用时，基本结构上 B 点沿 X_1、X_2、X_3 方向的位移，如图 13.2（f）所示。

根据叠加原理，则位移条件可写成

$$\Delta_1=0 \quad \delta_{11}X_1+\delta_{12}X_2+\delta_{12}X_2+\Delta_{1P}=0$$

$$\Delta_2=0 \quad \delta_{21}X_1+\delta_{22}X_2+\delta_{23}X_2+\Delta_{2P}=0$$
$$\Delta_3=0 \quad \delta_{31}X_1+\delta_{32}X_2+\delta_{33}X_2+\Delta_{3P}=0$$

这就是根据位移条件建立的求解多余未知力 X_1、X_2、X_3 的方程组。

对于 n 次超静定结构来说，共有 n 个多余未知力，而每一个多余未知力对应着一个多余约束，也就对应着一个已知的位移条件，故可按 n 个已知的位移条件建立 n 个方程。当已知多余未知力作用处的位移为零时，则力法典型方程可写为

$$\begin{gathered}
\delta_{11}X_1+\delta_{12}X_2+\cdots+\delta_{1i}X_i+\cdots+\delta_{1n}X_n+\Delta_{1P}=0\\
\delta_{21}X_1+\delta_{22}X_2+\cdots+\delta_{2i}X_i+\cdots+\delta_{2n}X_n+\Delta_{2P}=0\\
\vdots\\
\delta_{i1}X_1+\delta_{i2}X_2+\cdots+\delta_{ii}X_i+\cdots+\delta_{in}X_n+\Delta_{iP}=0\\
\vdots\\
\delta_{n1}X_1+\delta_{n2}X_2+\cdots+\delta_{ni}X_i+\cdots+\delta_{nn}X_n+\Delta_{nP}=0
\end{gathered}$$

这组方程的物理意义为：在基本体系中，由于全部多余未知力和已知荷载的作用，在去掉多余约束处的位移应与原结构中相应的位移相等。在上列方程中，主斜线（从左上方的 δ_{11} 至右下方的 δ_{nn}）上的系数 δ_{ii} 称为主系数，其余的系数 δ_{ij} 称为副系数，Δ_{iP}（如 Δ_{1P}、Δ_{2P} 和 Δ_{3P}）则称为自由项。所有系数和自由项，都是基本结构中在去掉多余约束处沿某一多余未知力方向的位移，并规定与所设多余未知力方向一致的为正。所以，主系数总是正的，且不会等于零，而副系数则可能为正、为负或为零。根据位移互等定理可以得知，副系数有互等关系，即

$$\delta_{ij}=\delta_{ji}$$

式中各系数和自由项都是基本结构的位移，因而可根据求位移的方法计算。对于平面结构，这些位移的计算式可写为

$$\delta_{ii}=\sum\int\frac{\overline{M}_i^2\,\mathrm{d}s}{EI}+\sum\int\frac{\overline{F}_{Ni}^2\,\mathrm{d}s}{EA}+\sum\int\frac{k\overline{F}_{si}^2\,\mathrm{d}s}{GA}$$

$$\delta_{ij}=\delta_{ji}=\sum\int\frac{\overline{M}_i\overline{M}_j\,\mathrm{d}s}{EI}+\sum\int\frac{\overline{F}_{Ni}\overline{F}_{Nj}\,\mathrm{d}s}{EA}+\sum\int\frac{k\overline{F}_{Si}\overline{F}_{Sj}\,\mathrm{d}s}{GA}$$

$$\Delta_{iP}=\sum\int\frac{\overline{M}_iM_P\,\mathrm{d}s}{EI}+\sum\int\frac{\overline{F}_{Ni}F_{NP}\,\mathrm{d}s}{EA}+\sum\int\frac{k\overline{F}_{Si}F_{SP}\,\mathrm{d}s}{GA}$$

计算各系数和自由项时，对于梁和刚架通常可略去轴力和剪力的影响而只考虑弯矩项。

系数和自由项求得后，即可解算典型方程以求得各多余未知力，然后再按照分析静定结构的方法求原结构的内力。

【例 13.1】 如图 13.3（a）所示的单跨超静定梁，并画出内力图。

解： 由题意可知：

（1）取悬臂梁为基本结构。基本未知量为 X_1，如图 13.3（b）所示。

（2）建立力法方程。

$$\delta_{11}X_1-\Delta_{1F}=0$$

（3）求系数和自由项。首先作出基本结构的 $\overline{M}_1$ 和 M_F 图，如图 13.3（c）、图

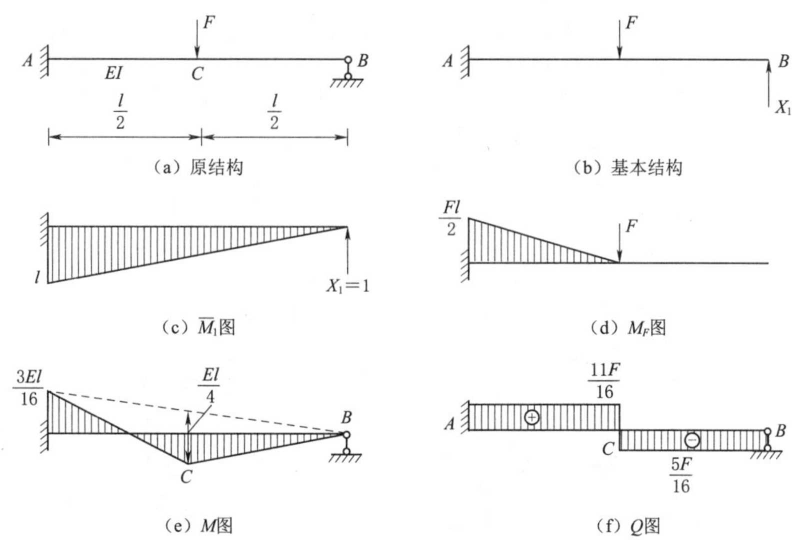

图 13.3

13.3(d)所示，而后用图乘法计算系数和自由项

$$\delta_{11}=\frac{1}{EI}\times\left(\frac{1}{2}l\times l\right)\times\frac{2}{3}l=\frac{l^3}{3EI}$$

$$\Delta_{1F}=-\frac{1}{EI}\left(\frac{1}{2}\times\frac{1}{2}l\times\frac{1}{2}l\times\frac{1}{3}\times\frac{Fl}{2}\times\frac{1}{2}l\times\frac{1}{2}l\times\frac{2}{3}\times\frac{Fl}{2}\right)=-\frac{5Fl^3}{48EI}$$

（4）解方程求基本未知量。

$$X_1=-\frac{\Delta_{1F}}{\delta_{11}}=\frac{5Fl^3}{48EI}\times\frac{3EI}{l^3}=\frac{5F}{16}(\uparrow)$$

（5）绘出内力图。利用 $M=\overline{M}_1X_1+M_F$ 可得

$$M_A=l\times\frac{5F}{16}+\left(\frac{-Fl}{2}\right)=-\frac{3}{16}Fl(\text{上侧受拉})$$

（6）用叠加法画出弯矩图，如图 13.3（e）所示。

（7）再由平衡条件得

$$Q_{AC}=F-X_1=\frac{11}{16}F,Q_{CB}=-X_1=-\frac{5F}{16}$$

（8）画出剪力图，如图 13.3（f）所示。

【例 13.2】 如图 13.4（a）所示超静定刚架，已知刚架各杆 EI 均为常数，试作内力图。

解：由题意可知：

（1）取基本结构。基本未知量为 X_1 和 X_2，如图 13.4（b）所示。

（2）建立力法方程。

$$\delta_{11}X_1+\delta_{12}X_2+\Delta_{1F}=0$$
$$\delta_{21}X_1+\delta_{22}X_2+\Delta_{2F}=0$$

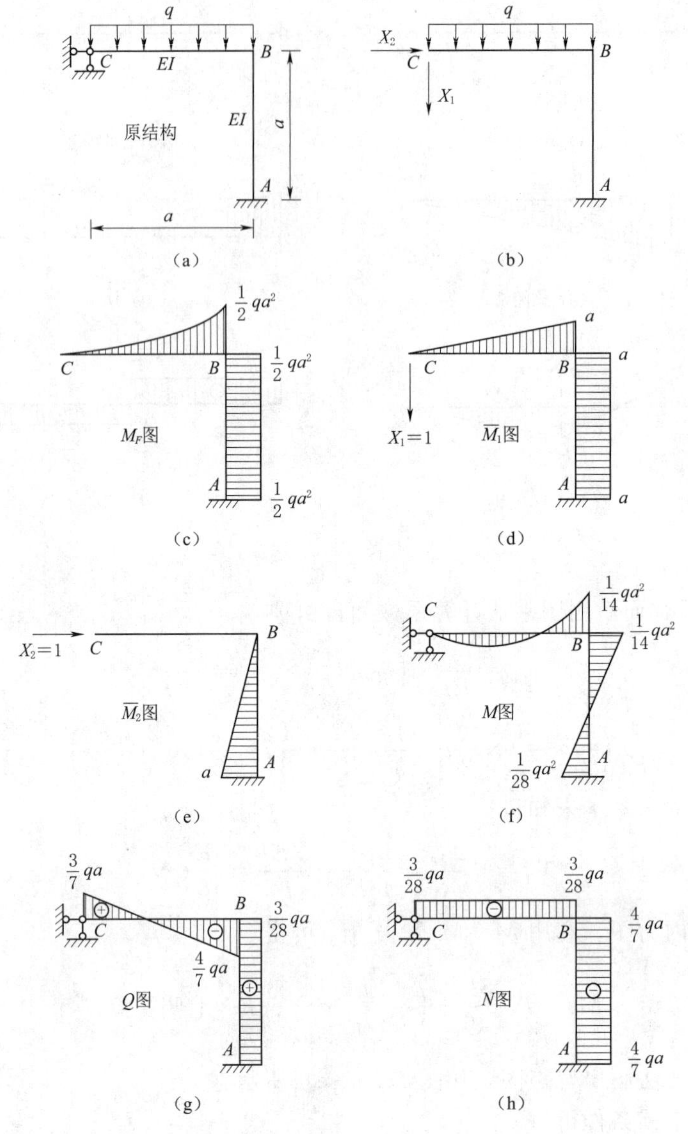

图 13.4

(3) 计算系数和自由项。作 M_1 图、M_2 图、M_F 图分别如图 13.4 (d)、图 13.4 (e)、图 13.4 (c) 所示，用图乘法计算各系数和自由项。

$$\delta_{11}=\frac{1}{EI}\left(\frac{1}{2}\times a^2\times\frac{2}{3}a+a\times a\times a\right)=\frac{4a^3}{3EI}$$

$$\delta_{22}=\frac{1}{EI}\left(\frac{1}{2}\times a^2\times\frac{2}{3}\times a\right)=\frac{a^3}{3EI}$$

$$\delta_{12}=\delta_{21}=-\frac{1}{EI}\left(\frac{1}{2}\times a^2\times a\right)=-\frac{a^3}{2EI}$$

$$\Delta_{1F}=\frac{1}{EI}\left(\frac{1}{3}\times\frac{qa^2}{2}\times a\times\frac{3}{4}a+\frac{qa^2}{2}\times a\times a\right)=\frac{5qa^4}{8EI}$$

$$\Delta_{2F}=-\frac{1}{EI}\left(\frac{1}{2}a^2\times\frac{qa^2}{2}\right)=-\frac{qa^4}{4EI}$$

（4）求基本未知量。将系数和自由项代入力法方程

$$X_1=-\frac{3}{7}qa(\uparrow),\ X_2=\frac{3}{28}qa(\rightarrow)$$

其中，X_1 为负值，说明 C 支座的竖向反力的实际方向与假设的相反，即应向上。

（5）作出内力图，如图 13.4（f）、图 13.4（g）、图 13.4（h）所示。

【例 13.3】 试计算如图 13.5（a）所示超静定桁架，设各杆 EA 为常数。

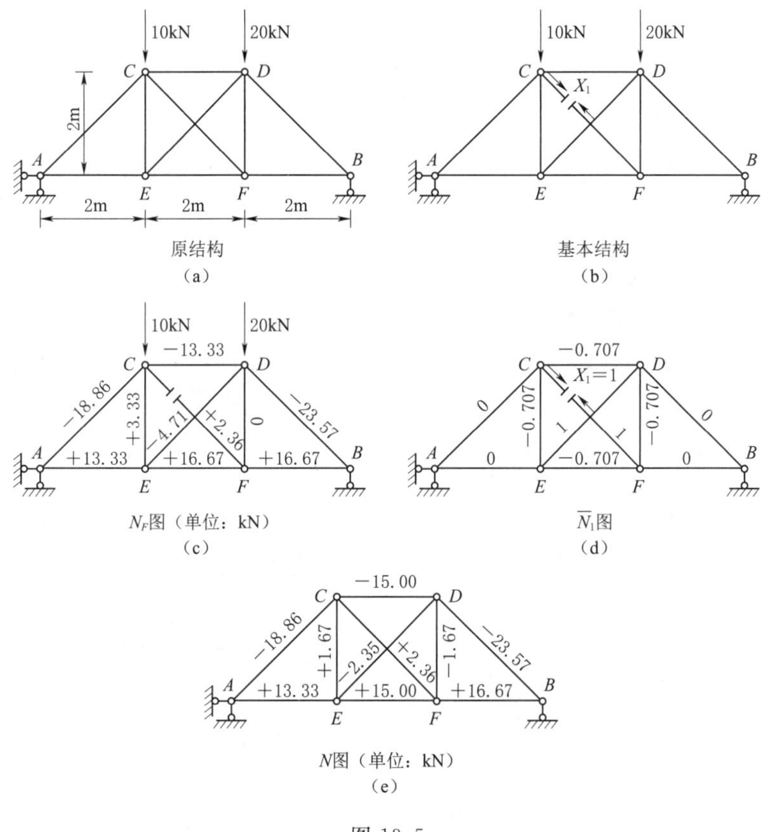

图 13.5

解： 由题意可知：

（1）此桁架为一次超静定，截断 CF 杆，基本未知量 X_1 为该杆轴力，基本结构如图 13.5（b）所示。

（2）建立力法方程。$\delta_{11}X_1+\Delta_{1F}=0$

（3）计算系数和自由项。桁架各杆内力及有关的计算详见表 13.1，可得

$$\Delta_{1F}=\sum\overline{N}_1N_Fl/EA=-22.76/EA,\delta_{11}=\sum\overline{N}_1^2l/EA=9.66/EA$$

（4）求基本未知量。

$$X_1=-\frac{\Delta_{1F}}{\delta_{11}}=-\frac{\sum\overline{N}_1N_Fl}{\sum\overline{N}_1^2l}=-\frac{-22.76}{9.66}=2.36(\text{kN})$$

表 13.1　　　　桁架计算表

杆件	l/m	N_F/kN	$\overline{N}_1$	$\overline{N}_1N_Fl$	$\overline{N}_1^2l$	$X_1\overline{N}_1$	$N=X_1\overline{N}_1+N_F$/kN
AC	2.83	−18.86	0	0	0	0	−18.86
BD	2.83	−23.57	0	0	0	0	−23.57
AE	2	13.33	0	0	0	0	13.33
BF	2	16.67	0	0	0	0	16.67
EF	2	16.67	−0.707	−23.57	1	−1.67	15.00
CD	2	−13.33	−0.707	18.85	1	−1.67	−15.00
CF	2.83	0	1	0	2.83	2.36	2.36
DE	2.83	−4.71	1	−13.33	2.83	2.36	−2.35
DF	2	0	−0.707	0	1	−1.67	−1.67
CE	2	3.33	−0.707	−4.71	1	−1.67	1.67
Σ	—	—	—	−22.76	9.66	—	—

13.1.3　力法的对称性质

13.1.3.1　对称结构的概念

对称结构是指几何形状、支撑情况、截面形状、截面尺寸、材料特性都对称于某坐标轴的结构。如图 13.6（a）和图 13.6（b）所示。若结构的支座不对称，但支座反力的数量和大小一致，则也可看作是对称结构。

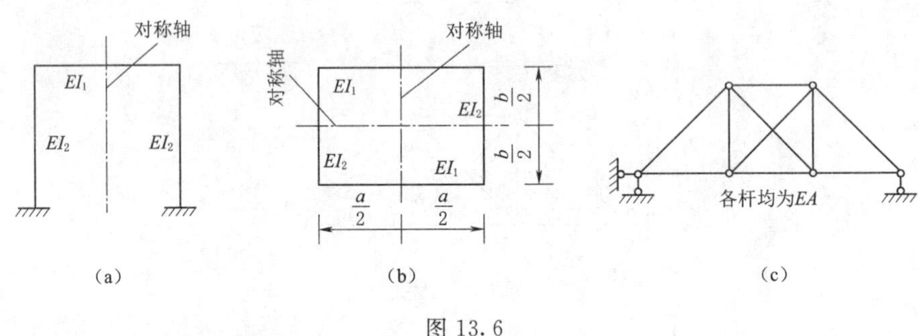

图 13.6

13.1.3.2　对称结构的类型

对称结构按照荷载分布可分为正对称结构和反对称结构。将结构绕对称轴折叠后，对称轴两边的荷载彼此重合，即为正对称结构，如图 13.7（b）所示；将结构绕对称轴折叠后，对称轴两边的荷载正好相反，即为反对称结构，如图 13.7（c）所示。对称结构在正对称荷载作用下，其变形、位移、反力、内力等也是对称状态；对称结构在反对称荷载作用下，其变形、位移、反力、内力等也是反对称状态。因此，对于结构对称但荷载不对称的，如图 13.7（a）所示，通常利用加减平衡力系公理，在荷载对称位置施加一对大小相等、方向相反的力，然后对其拆分，使其原力和新拆分力形成两个受力图，一个是正对称结构，一个是反对称结构。这样一来，就可能将原结构拆分为两个简单的对称结构，然后利用叠加原理将其内力、应力、位移进行叠加即可得到原结构在原荷载作用下的计算结果。

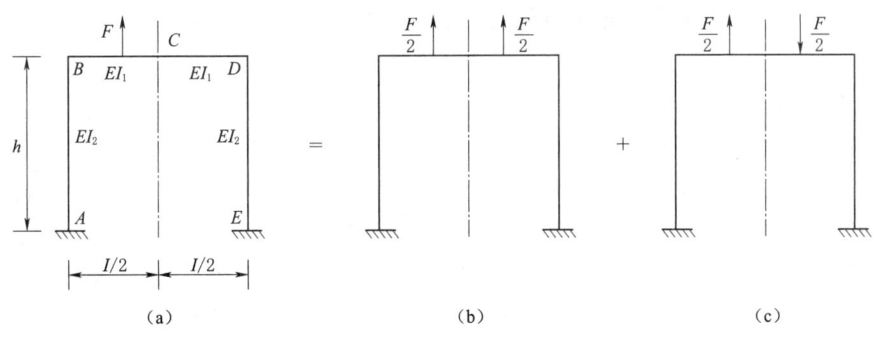

图 13.7

13.1.3.3 对称结构的简化

对称结构的简化就是利用对称性质将复杂的超静定结构进行取半处理，对整体结构的一半进行计算。选取半结构的原则是在对称轴截面或位于对称轴的结点处，按照原结构静力和位移条件设置相应的支撑形式，使得半结构和原结构的对应部分内力和变形完全等效。半结构的取法有以下四种：

(1) 奇数跨对称结构在正对称荷载作用下：将结构沿对称轴切开，在保留部分的切口处用定向铰支座代替，如图 13.8 (a) 所示。

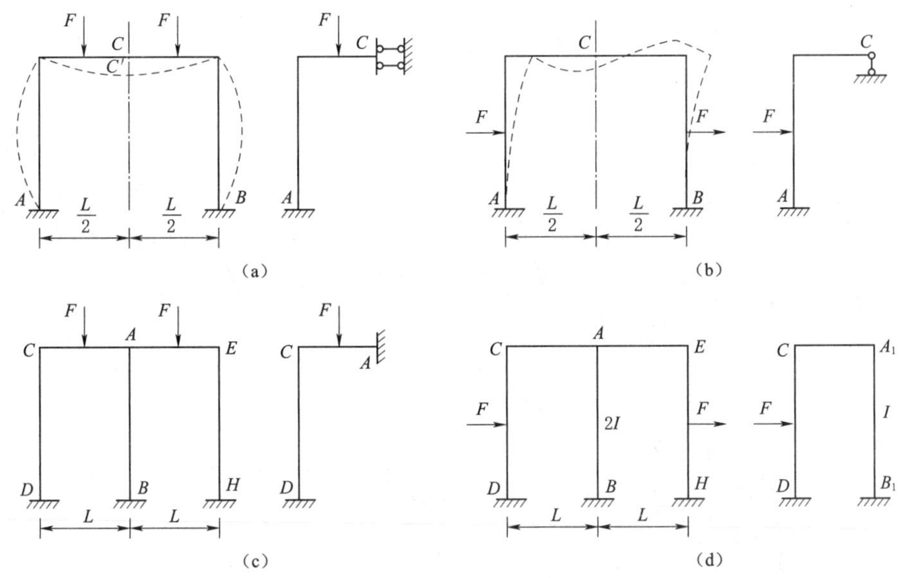

图 13.8

(2) 奇数跨对称结构在反对称荷载作用下：将结构沿对称轴切开，在保留部分的切口处用可动铰支座代替，如图 13.8 (b) 所示。

（3）偶数跨对称结构在正对称荷载作用下：将结构沿对称轴切开，对称轴处的中柱也去掉，在保留部分的切口处用固定端支座代替，如图 13.8（c）所示。

（4）偶数跨对称结构在反对称荷载作用下：将结构沿对称轴切开，对称轴处的中柱须保留一半，此时保留部分的切口处为一根抗弯刚度 EI 减半的中柱，如图 13.8（d）所示。

13.1.3.4 对称结构的计算

利用结构对称性取半结构进行简化计算，在作出半结构的内力图后，要利用正对称荷载产生正对称内力和反对称荷载产生反对称内力的特点，判定另一半结构内力的方向。由此判定可得，正对称荷载作用下，弯矩图的图形是正对称的；轴力的符号是正对称的；剪力的符号是反对称的。反对称荷载作用下，弯矩图的图形是反对称的；轴力的符号是反对称的；剪力的符号是正对称的。另外，对于偶数跨对称结构，要注意判定中间对称轴柱的内力（正对称荷载，中间对称轴柱上无剪力和弯矩，而轴力等于半结构的固定端支座处竖向约束力的两倍；反对称荷载，中间对称柱上无轴力，剪力和弯矩是半结构中半竖柱的剪力和弯矩的两倍）。

【例 13.4】 如图 13.9（a）所示三次超静定刚架，已知刚架各杆的 EI 为常数，试绘弯矩图。

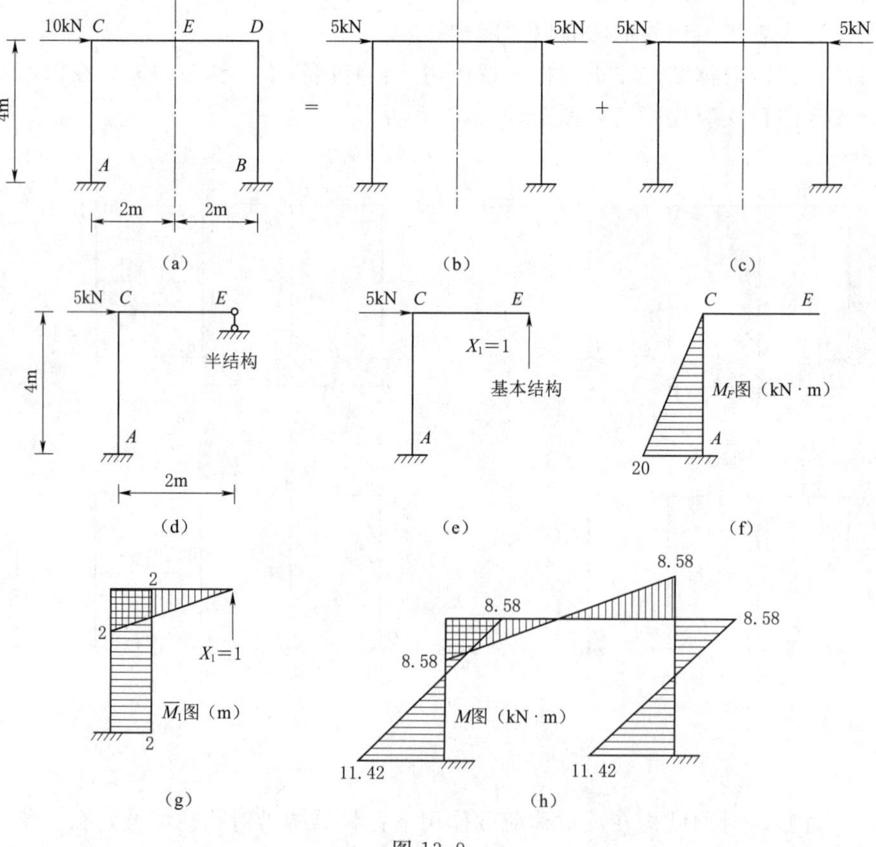

图 13.9

解： 由题意可知。

（1）取半结构及其基本结构。

1）分解荷载。为简化计算，首先将如图 13.9（a）所示荷载分解为对称和反对称荷载叠加，分别如图 13.9（b）、图 13.9（c）所示。其中，在如图 13.9（b）所示的对称荷载作用下，由于荷载通过 CD 杆轴，故只有 CD 杆有轴力，各杆均无弯矩和剪力。因此，只作反对称荷载作用下的弯矩图即可。

2）取半刚架。由于图 13.9（c）是对称结构在反对称荷载作用下，故可沿对称轴截面切开，加活动铰支座，取半结构如图 13.9（d）所示。该结构为一次超静定结构。

3）取基本结构。取如图 13.9（e）所示的悬臂刚架作为基本结构，以支座反力 X_1 为基本未知量。

（2）建立力法典型方程。

$$\delta_{11}X_1+\Delta_{1F}=0$$

（3）计算系数和自由项。

画出如图 13.9（f）、图 13.9（g）所示的弯矩图并图乘计算系数和自由项

$$\delta_{11}=\frac{1}{EI}\left(\frac{1}{2}\times2\times2\times\frac{4}{3}+2\times4\times2\right)=\frac{56}{3EI}$$

$$\Delta_{1F}=-\frac{1}{EI}\left(\frac{1}{2}\times4\times20\times2\right)=-\frac{80}{EI}$$

（4）求多余未知力。将 δ_{11}、Δ_{1F} 代入力法方程得

$$X_1=4.29\text{kN}$$

（5）作弯矩图。根据叠加原理作 ACE 半刚架弯矩图，如图 13.9（h）所示。BDE 半刚架弯矩图可根据反对称荷载作用下的弯矩图为反对称的规律画出。

【例 13.5】 如图 13.10（a）所示刚架结构，已知刚架各杆的 EI 为常数，试绘弯矩图。

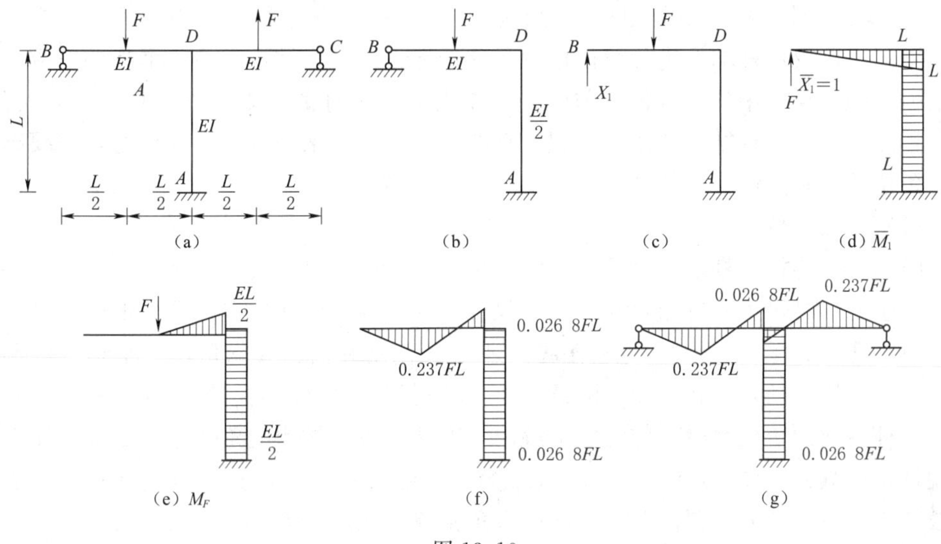

图 13.10

解： 由题意可知：

该刚架结构对称，且承受反对称荷载，可取如图 13.10（b）所示一半作为等代结构。

（1）选基本体系。如图 13.10（c）所示，为一次超静定结构。

（2）力法典型方程。

$$\delta_{11}X_1+\Delta_{1F}=0$$

（3）求主系数和自由项。绘出如图 13.10（d）、图 13.10（e）所示的 $\overline{M}_1$、M_F 图，则有

$$\delta_{11}=\frac{1}{EI}\left(\frac{1}{2}\times L\times L\times\frac{2L}{3}\right)+\frac{2}{EI}(L\times L\times L)=\frac{7L^3}{3EI}$$

$$\Delta_{1F}=-\frac{1}{EI}\left(\frac{L}{2}\times\frac{FL}{2}\times\frac{L}{2}\times\frac{5L}{6}\right)-\frac{2}{EI}\left(\frac{FL}{2}\times L\times L\right)=-\frac{106FL^3}{96EI}$$

（4）求多余未知力。

$$X_1=-\frac{\Delta_{1F}}{\delta_{11}}=\frac{106}{224}F$$

（5）绘最后弯矩图。按叠加法 $M=\overline{M}_1\cdot X_1+M_F$，可得左半刚架的弯矩图，如图 13.10（f）所示。在绘全刚架弯矩图时，应考虑在反对称荷载作用下弯矩应呈反对称分布，且中柱弯矩值应为其 2 倍，故最后弯矩图如图 13.10（g）所示。

位移法

13.2 位 移 法

13.2.1 位移法的概念

13.2.1.1 位移法基本未知量

结构中杆件的杆端力是由两部分组成，即杆端不发生相对位移时只在荷载作用下的固端力以及由杆端发生相对位移引起的杆端力。因为结构中的各个杆的杆端位移不是孤立的，结构中的结点位移与汇交于结点处各个杆的杆端位移是相等的，所以，在位移法中是以结构结点的角位移和独立线位移为基本未知量。在计算时，先要确定结点角位移和独立线位移数目。

（1）结点角位移

结构中一些杆的杆端直接受铰支座约束或与其他杆以杆端铰链相连，这些杆端在结构发生变形时，虽然有角位移产生，但杆端的弯矩是已知的（杆端铰链处无外力偶作用时，弯矩为零），因此，这些角位移不是我们现在所需要求解的。结构中的刚结点要发生整体转动，并且刚结于刚结点处各杆端的角位移相同，这些杆的杆端弯矩未知，这种杆端的角位移是我们需要求解的。因此，整个结构的角位移数目应等于结构中刚结点的数目。图 13.11（a）所示结构，B 处为刚结点，有一角位移；C 处为完全铰结点，虽然杆 CB 和杆 CD 在 C 端有角位移，但两杆 C 端的弯矩为零，因此，C 处角位移是约束所允许的，不需要求解。

（2）独立线位移

平面结构的每个结点如不受约束，则每个结点有两个自由度。为了简化计算，直杆在发生弯曲、剪切和轴向变形时，通常对杆件轴向方向的变形可以先忽略不计，每个杆的两端相对线位移就只能发生在垂直于杆轴方向；这时，每一个杆对杆端结点的约束作用相当于一个刚性链杆，在垂直于杆轴方向的位移相当于刚性链杆绕杆端铰链转动产生。因此，判定结点的线位移个数时，可以把所有杆视为刚性链杆（杆的两端都变为铰结点，允许杆件绕杆端结点发生转动），从而使结构变成一个铰接体系。当铰接体系为几何不变时，结构无线位移；当铰接体系为几何可变时，在可移动的结点处增设附加链杆支座使其不动，使整个铰接体系成为几何不变体系，最后计算出所需增设的附加链杆总数，即为结构的独立线位移个数。将图 13.11（a）所示结构进行铰化，其铰接体系如图 13.11（b）所示，显然，此铰接体系为几何可变；若在此铰接体系的结点 C 处增加一水平链杆约束，此铰接体系转变成为几何不变体系，如图 13.11（c）所示。因此，这个结构只有一个独立线位移。有的结构无线位移，有的虽有多个，但其中有些不具独立性。图 13.11（a）所示结构，虽然 B 和 C 结点都发生了水平线位移，它们分别为 Δ_B 和 Δ_C，但两个线位移量相等，则此结构只有一个独立线位移。

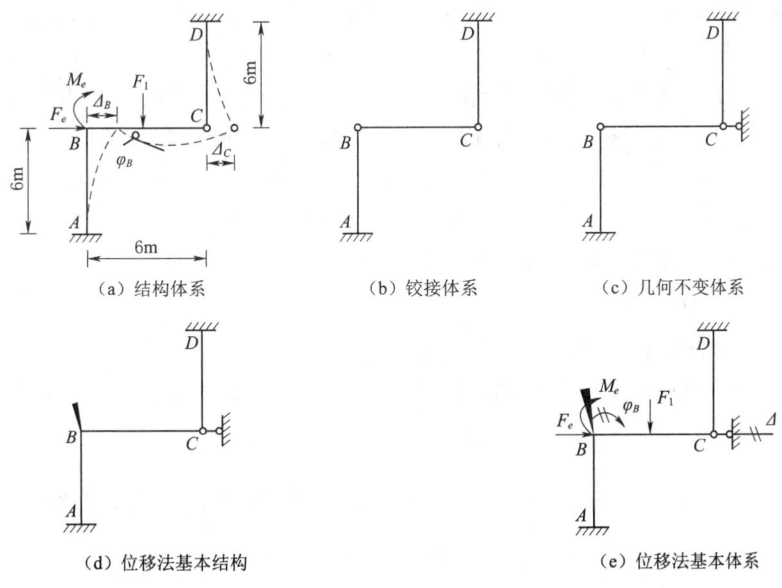

图 13.11

位移法基本未知量个数等于结构角位移个数与独立线位移个数之和。为了叙述的方便和表达的统一性，无论是角位移还是线位移，位移法基本未知量都用 Z_i 符号表示，以右下角数字角码来区分位移的方向和序号。

13.2.1.2 位移法的基本结构

在结构中有角位移的刚结点上附加一个只能控制转动的约束，这种约束称为附加刚臂；在有独立线位移的结点上附加一个只控制移动的约束，这种约束称为附加链杆。通过增加附加约束，把整个结构变换成为若干个单跨超静定梁的组合体。这样的组合体称为位移法基本结构。如图 13.11（a）所示结构体系，在刚结点 B 处附加刚臂控制结点转动，在完全铰 C 处再附加链杆，控制各个结点的线位移。其位移法基本结构如图 13.11（d）所示，即将结构变换成三个单跨超静定梁的组合体。

13.2.1.3 位移法的基本体系

在位移法基本结构上加上原荷载作用；并让附加刚臂发生与原结点相等的角位移，让附加链杆发生与原结点相等的线位移；但附加刚臂上的约束力偶矩为零，附加链杆上的约束力等于零。将这种体系称为原体系的位移法基本体系。图 13.11（a）所示结构体系的位移法基本体系如图 13.11（e）所示。

13.2.1.4 位移法的基本原理

位移法基本原理就是位移法基本体系与原结构体系完全等效。特别关注的是，原结构体系的任一结点无附加约束，位移法基本体系有些结点处虽有附加约束，但附加约束力等于零。图 13.11（a）所示结构体系与位移法基本体系图 13.11（e）是完全等效的。

13.2.1.5 位移法的基本方程

将位移法基本原理用方程表达，即得位移法基本方程。位移法是利用其基本体系中附加约束力等于零的条件来建立方程。为便于建立方程，我们将位移法基本体系分解为固定状态和位移状态；最后再将两种状态进行叠加。位移法的基本思路是“先固定后恢复”：“先固定”是指在原结构产生位移的结点上设置附加约束，使结点固定，从而得到基本结构；“后恢复”是指人为地迫使原先被固定的结点恢复到结构应有的位移状态。通过上述两个步骤，使基本结构与原结构的受力和表现完全相同，从而可以通过基本结构计算原结构的内力和变形。

13.2.2 转角位移方程

13.2.2.1 杆端位移和杆端内力的正负号规定

如图 13.12 所示等截面直杆的隔离体，直杆的 EI 为常数，AB' 表示杆端发生变形后的位置。其中 φ_A 和 φ_B 表示杆件 A 端和 B 端的转角位移，Δ_{AB} 表示 AB 两端的相对线位移，$\beta_{AB}=\dfrac{\Delta_{AB}}{l}$ 表示直线 AB' 与 AB 的平行线的交角，称它为弦转角。杆端 A 和 B 的弯矩和剪力分别为 M_{AB}、M_{BA} 和 F_{SAB}、F_{SBA}。

在位移法中采用以下正负号规定：

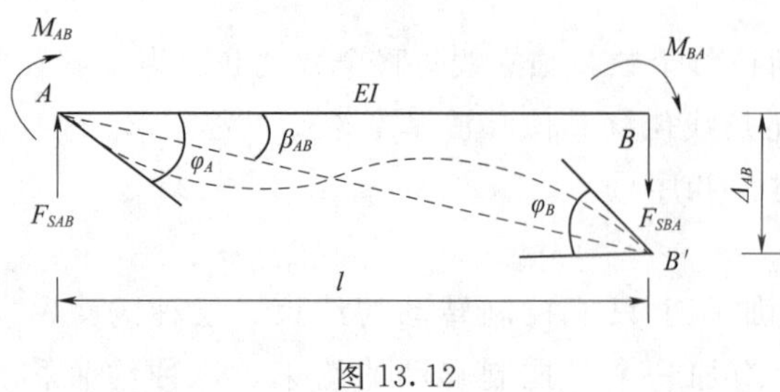

图 13.12

（1）杆端位移：杆端转角位移 φ_A、φ_B 以顺时针方向为正；杆件两端相对线位移 Δ_{AB}，弦转角 β_{AB}，以使杆产生顺时针方向转动者为正。

（2）杆端力：杆端弯矩 M_{AB}、M_{BA} 以顺时针转向为正；杆端剪力

F_{SAB}、F_{SBA} 以对作用截面产生顺时针转向者为正。

13.2.2.2 不同支座等截面直杆的转角位移方程

（1）两端固定等截面直杆的转角位移方程。

用力法来导出图 13.13（a）所示超静定梁的杆端弯矩计算公式。取简支梁为力法基本结构，多余未知力为杆端弯矩 X_1、X_2 和轴力 X_3，如图 13.13（b）所示。X_3 对梁的弯矩没有影响，可不考虑，所以只需求解 X_1、X_2。

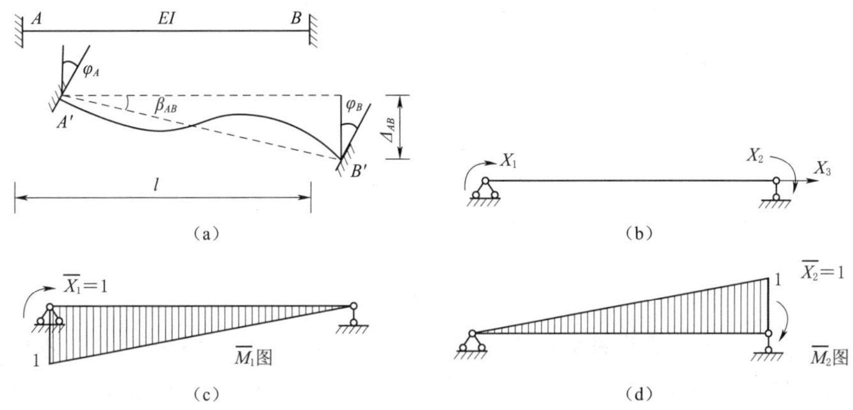

图 13.13

根据 X_1、X_2 方向的位移条件，建立力法方程

$$\delta_{11}X_1+\delta_{12}X_2+\Delta_{1\Delta}=\varphi_A$$

$$\delta_{21}X_1+\delta_{22}X_2+\Delta_{2\Delta}=\varphi_B$$

式中的系数和自由项按力法的方法求出

$$\delta_{11}=\frac{l}{3EI}, \ \delta_{22}=\frac{l}{3EI}$$

$$\delta_{12}=\delta_{21}=-\frac{l}{6EI}$$

自由项 $\Delta_{1\Delta}$ 和 $\Delta_{2\Delta}$ 表示由支座位移引起的基本结构两端的转角，支座转动不使基本结构产生任何转角；而支座的相对线位移所引起的杆端的转角为

$$\Delta_{1\Delta}=\Delta_{2\Delta}=\beta_{AB}=\frac{\Delta_{AB}}{l}$$

将系数和自由项代入力法方程，得

$$X_1=\frac{4EI}{l}\varphi_A+\frac{2EI}{l}\varphi_B-\frac{6EI}{l^2}\Delta_{AB}$$

$$X_2=\frac{4EI}{l}\varphi_B+\frac{2EI}{l}\varphi_A-\frac{6EI}{l^2}\Delta_{AB}$$

令

$$i=\frac{EI}{l}$$

i 称为杆件的线刚度。若用 M_{AB} 代替 X_1，用 M_{BA} 代替 X_2，则上式可写成

$$M_{AB}=4i\varphi_A+2i\varphi_B-\frac{6i}{l}\Delta_{AB}$$

$$M_{BA}=4i\varphi_B+2i\varphi_A-\frac{6i}{l}\Delta_{AB}$$

梁除了有支座位移作用，还受到了荷载及温度变化等外因的作用，则最后弯矩为上述杆件位移引起的弯矩再叠加上荷载及温度变化等外因引起的弯矩，即

$$M_{AB}=4i\varphi_A+2i\varphi_B-\frac{6i}{l}\Delta_{AB}+M_{AB}^F$$

$$M_{BA}=4i\varphi_B+2i\varphi_A-\frac{6i}{l}\Delta_{AB}+M_{BA}^F$$

杆端弯矩求出后，杆端剪力便可由平衡条件求出，杆端剪力为

$$F_{SAB}=-\frac{6i}{l}\varphi_A-\frac{6i}{l}\varphi_B+\frac{12i}{l^2}\Delta_{AB}+M_{SAB}^F$$

$$F_{SBA}=-\frac{6i}{l}\varphi_A-\frac{6i}{l}\varphi_B+\frac{12i}{l^2}\Delta_{AB}+M_{SBA}^F$$

该公式是两端固定等截面直杆的杆端弯矩和杆端剪力的一般计算公式，称为转角位移方程。式中 M_{AB}^F、M_{BA}^F 和 M_{SAB}^F、M_{SBA}^F 为此两端固定梁在荷载及温度变化等外因作用下的 M 端弯矩和杆端剪力，称为固端弯矩和固端剪力，其正负的规定也以顺时针转向为正。它们也可以通过力法求出。

（2）一端固定一端铰支等截面直杆的转角位移方程。

对于一端固定一端铰支的等截面直杆，设 B 端为铰支，在支座转角 φ_A、相对线位移 Δ_{AB} 和荷载共同作用下，其转角位移方程亦可根据力法求得

$$M_{AB}=3i\varphi_A-\frac{3i}{l}\Delta_{AB}+M_{AB}^F$$

$$M_{BA}=0$$

$$F_{SAB}=-\frac{3i}{l}\varphi_A+\frac{3i}{l^2}\Delta_{AB}+M_{SAB}^F$$

$$F_{SBA}=-\frac{3i}{l}\varphi_A+\frac{3i}{l^2}\Delta_{AB}+M_{SBA}^F$$

（3）一端固定一端定向的等截面直杆的转角位移方程。

对于一端固定一端为定向支承的等截面直杆，设 B 端为定向支承。在支座转角 φ_A、相对线位移 Δ_{AB} 和荷载共同作用下，其转角位移方程为

$$M_{AB}=i\varphi_A+M_{AB}^F$$

$$M_{BA}=-i\varphi_A+M_{AB}^F$$

$$F_{SAB}=M_{SAB}^F$$

$$F_{SBA}=0$$

现将以上三种等截面直杆在外荷载、支座移动 $\varphi_A=1$ 和相对线位移 $\Delta_{AB}=1$ 单独作用下的杆端内力列于表 13.2 中，以方便应用。

表 13.2　单跨超静定梁杆端弯矩和杆端剪力计算成果（形常数和载常数）

编号	简图	弯矩图（绘于受拉边）	杆端弯矩值 M_{AB}	杆端弯矩值 M_{BA}	杆端剪力值 Q_{AB}	杆端剪力值 Q_{BA}
1	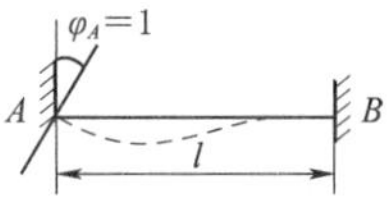 $\varphi_A=1$, A, B, l	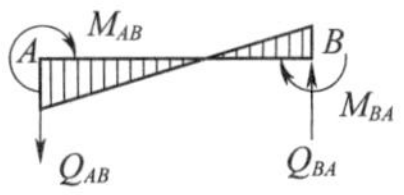 M_{AB}, M_{BA}, A, B, Q_{AB}, Q_{BA}	$\frac{4EI}{l}=4i$	$\frac{2EI}{l}=2i$	$-\frac{6EI}{l^2}=-\frac{6i}{l}$	$-\frac{6EI}{l^2}=-\frac{6i}{l}$
2	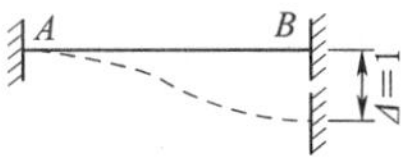 A, B, $\Delta=1$	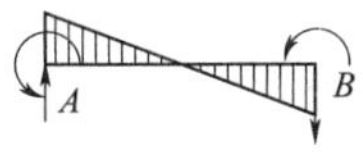 A, B	$-\frac{6EI}{l^2}=-\frac{6i}{l}$	$-\frac{6EI}{l^2}=-\frac{6i}{l}$	$\frac{12EI}{l^3}=\frac{12i}{l^2}$	$\frac{12EI}{l^3}=\frac{12i}{l^2}$
3	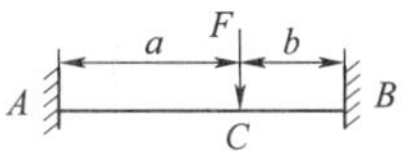 A, a, F, b, B, C	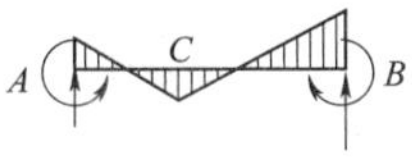 A, C, B	$-\frac{Fab^2}{l^2}$	$+\frac{Fa^2b}{l^2}$	$\frac{Fb^2}{l^2}\left(1+\frac{2a}{l}\right)$	$-\frac{Fa^2}{l^2}\left(1+\frac{2b}{l}\right)$
4	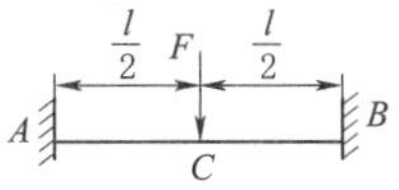 $\frac{l}{2}$, F, $\frac{l}{2}$, A, B, C	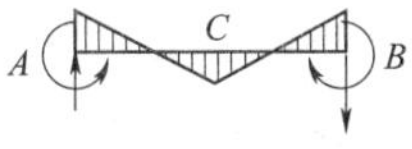 A, C, B	$-\frac{Fl}{8}$	$\frac{Fl}{8}$	$\frac{F}{2}$	$-\frac{F}{2}$
5	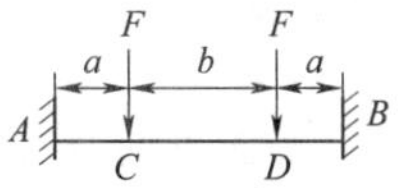 F, F, a, b, a, A, B, C, D	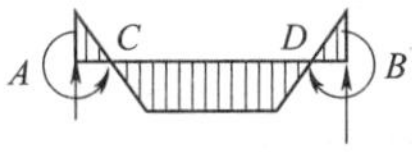 A, C, D, B	$-Fa\left(1-\frac{a}{l}\right)$	$Fa\left(1-\frac{a}{l}\right)$	F	$-F$
6	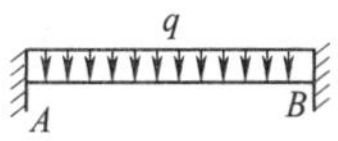 q, A, B	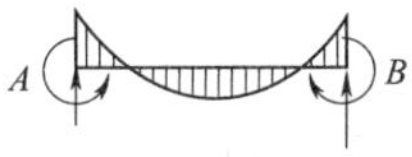 A, B	$-\frac{ql^2}{12}$	$\frac{ql^2}{12}$	$\frac{ql}{2}$	$-\frac{ql}{2}$
7	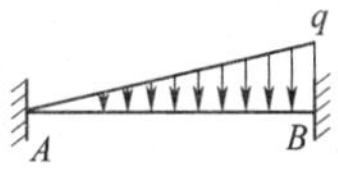 q, A, B	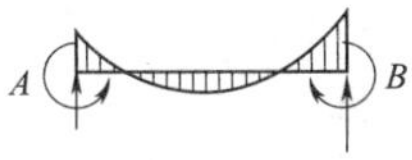 A, B	$-\frac{ql^2}{30}$	$\frac{ql^2}{20}$	$\frac{3ql}{20}$	$-\frac{7ql}{20}$
8	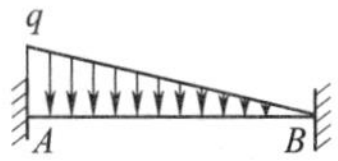 q, A, B	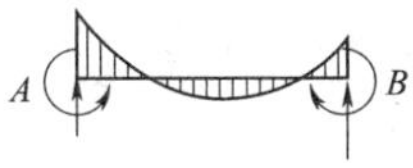 A, B	$-\frac{ql^2}{20}$	$\frac{ql^2}{30}$	$\frac{7ql}{20}$	$-\frac{3ql}{20}$
9	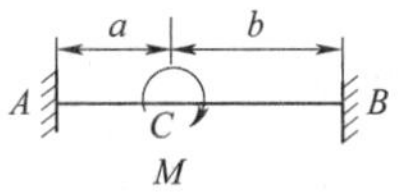 a, b, A, B, C, M	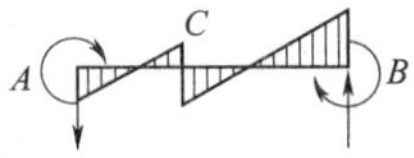 A, C, B	$\frac{Mb}{l^2}(2l-3b)$	$\frac{Ma}{l^2}(2l-3a)$	$-\frac{6ab}{l^3}M$	$-\frac{6ab}{l^3}M$
10	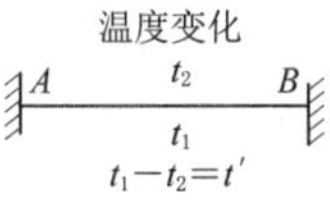 温度变化, A, t_2, B, t_1, $t_1-t_2=t'$	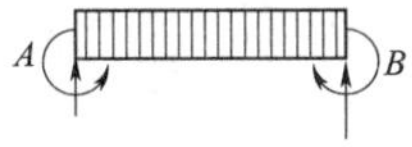 A, B	$-\frac{EI\alpha t'}{h}$ h——横截面高度 α——线膨胀系数	$\frac{EI\alpha t'}{h}$	0	0

续表

编号	简图	弯矩图（绘于受拉边）	杆端弯矩值		杆端剪力值	
			M_{AB}	M_{BA}	Q_{AB}	Q_{BA}
11	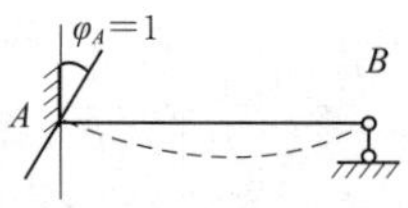	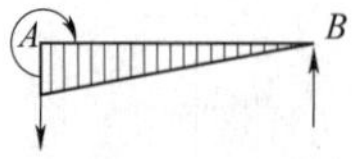	$\frac{3EI}{l}=3i$	0	$-\frac{3EI}{l^2}=-\frac{3i}{l}$	$-\frac{3EI}{l^2}=-\frac{3i}{l}$
12	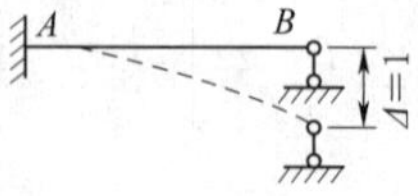	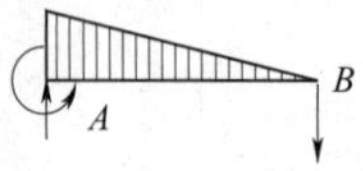	$-\frac{3EI}{l^2}=-\frac{3i}{l}$	0	$\frac{3EI}{l^3}=\frac{3i}{l^2}$	$\frac{3EI}{l^3}=\frac{3i}{l^2}$
13	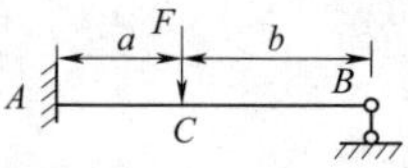	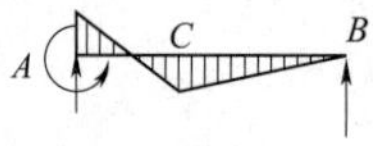	$-\frac{Fb(l^2-b^2)}{2l^2}$	0	$\frac{Fb(3l^2-b^2)}{2l^3}$	$-\frac{Fa^2(3l-a)}{2l^3}$
14	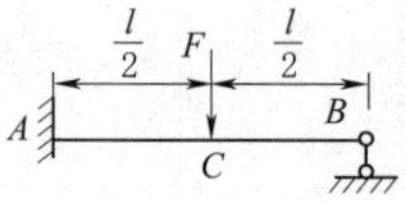	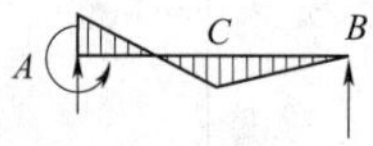	$-\frac{3Fl}{16}$	0	$\frac{11}{16}F$	$-\frac{5}{16}F$
15	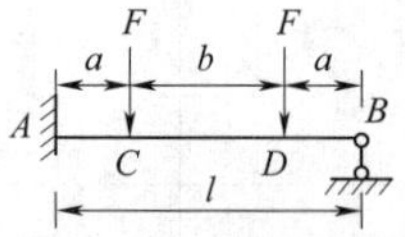	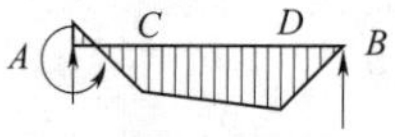	$-\frac{3Fa}{2}\left(1-\frac{a}{l}\right)$	0	$F+\frac{3Fa(l-a)}{2l^2}$	$-F+\frac{3Fa(l-a)}{2l^2}$
16	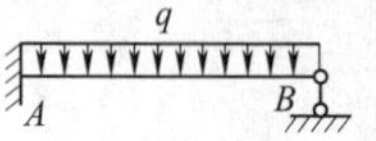	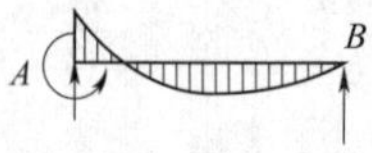	$-\frac{ql^2}{8}$	0	$\frac{5}{8}ql$	$-\frac{3}{8}ql$
17	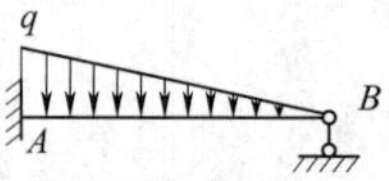	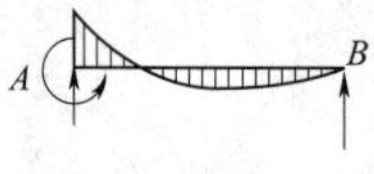	$-\frac{ql^2}{15}$	0	$\frac{2}{5}ql$	$-\frac{1}{10}ql$
18	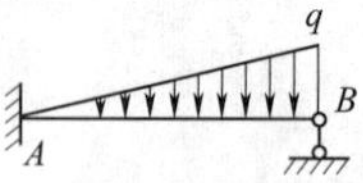	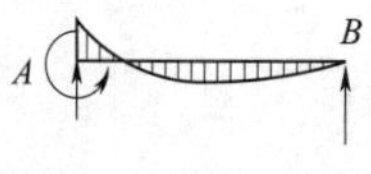	$-\frac{7ql^2}{120}$	0	$\frac{9}{40}ql$	$-\frac{11}{40}ql$
19	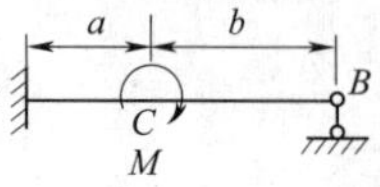	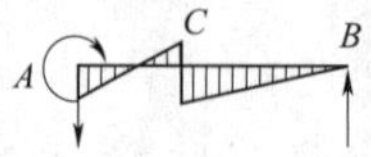	$\frac{M(l^2-3b^2)}{2l^2}$	0	$-\frac{3M(l^2-b^2)}{2l^3}$	$-\frac{3M(l^2-b^2)}{2l^3}$
20	温度变化 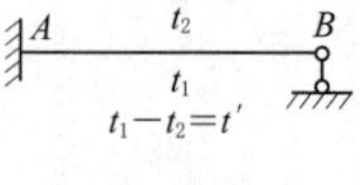 t_2 t_1 $t_1-t_2=t'$	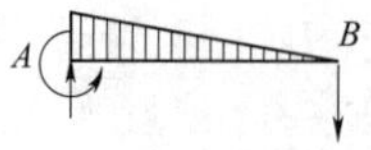	$-\frac{3EI\alpha t'}{2h}$ h——横截面高度 α——线膨胀系数	0	$\frac{3EI\alpha t'}{2hl}$	$\frac{3EI\alpha t'}{2hl}$

续表

编号	简图	弯矩图（绘于受拉边）	杆端弯矩值		杆端剪力值	
			M_{AB}	M_{BA}	Q_{AB}	Q_{BA}
21	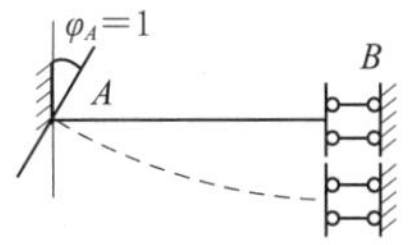 $\varphi_A=1$ A B	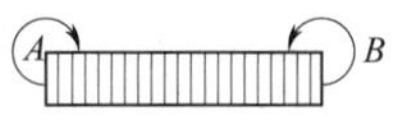 A B	$\frac{EI}{l}=i$	$-\frac{EI}{l}=-i$	0	0
22	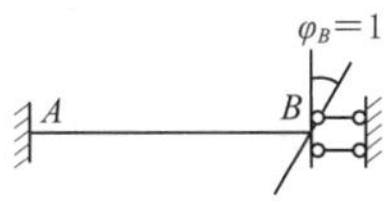 $\varphi_B=1$ A B	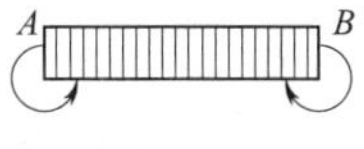 A B	$-\frac{EI}{l}=-i$	$\frac{EI}{l}=i$	0	0
23	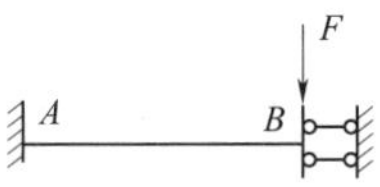 F A B	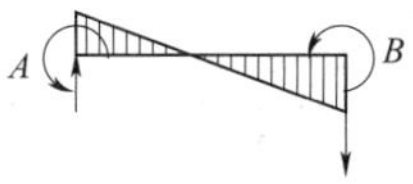 A B	$-\frac{Fl}{2}$	$-\frac{Fl}{2}$	F	F
24	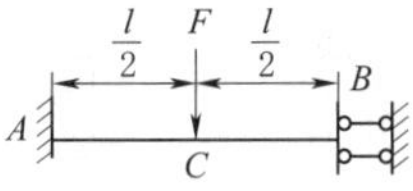 $\frac{l}{2}$ F $\frac{l}{2}$ A B C	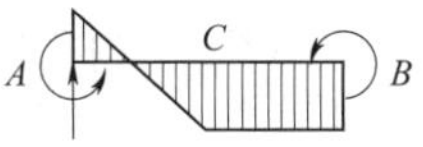 A C B	$-\frac{3Fl}{8}$	$-\frac{Fl}{8}$	F	0
25	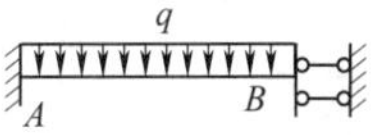 q A B	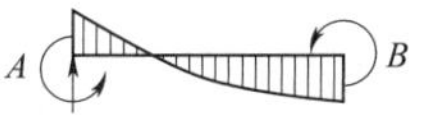 A B	$-\frac{ql^2}{3}$	$-\frac{ql^2}{6}$	ql	0
26	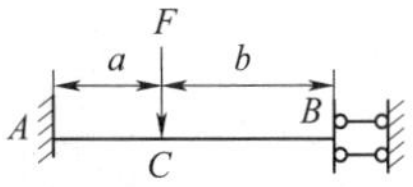 F a b A B C	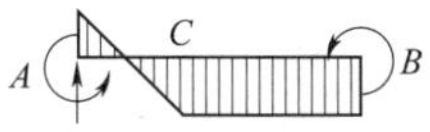 A C B	$-\frac{Fa(l+b)}{2l}$	$-\frac{Fa^2}{2l}$	F	0
27	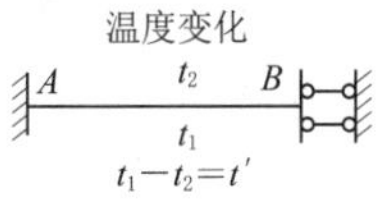 温度变化 A t_2 B t_1 $t_1-t_2=t'$	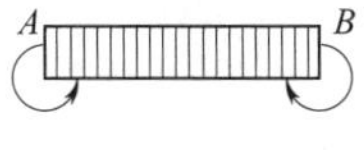 A B	$-\frac{EI\alpha t'}{h}$ h——横截面高度 α——线膨胀系数	$\frac{EI\alpha t'}{h}$	0	0
28	 F A B	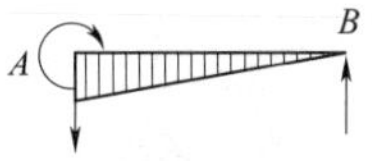 A B	Fl	0	$-F$	$-F$
29	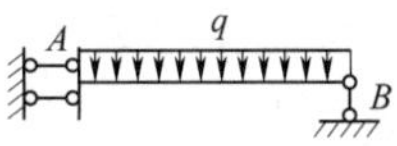 A q B	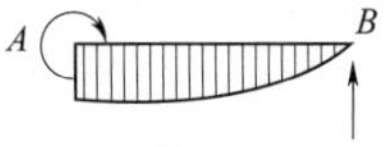 A B	$\frac{ql^2}{2}$	0	0	$-ql$

13.2.3 位移法的应用

13.2.3.1 无结点线位移结构

如果结构的各结点只有转角而没有线位移，则为无结点线位移结构。用位移法计算时，只有结点转角基本未知量，故仅需建立刚结点处的力矩平衡方程，就可求解出全部未知量，进而计算杆端弯矩，绘内力图。下面举例说明具体计算过程。

【例 13.6】 如图 13.14（a）所示刚架，已知 EI 为常量，试用位移法作内力图。

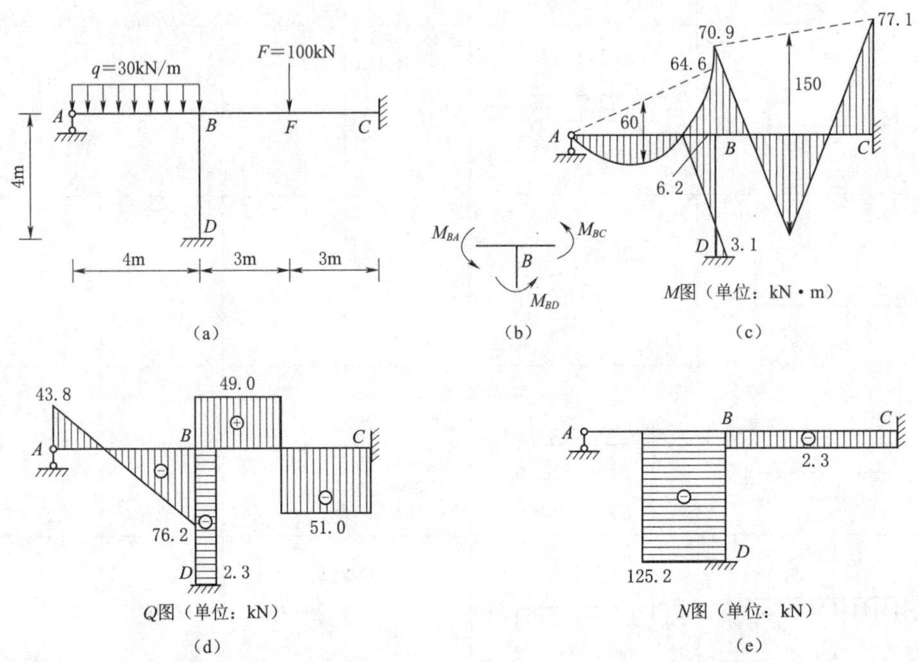

图 13.14

解： 由题意可知：

（1）确定基本未知量。

基本未知量为刚结点 B 的转角 θ_B。

（2）列各杆杆端弯矩的计算式。

各杆线刚度取相对值，为方便计算，设 $EI=12$，则

$$i_{AB}=i_{BD}=\frac{EI}{4}=3$$

$$i_{BC}=\frac{EI}{6}=2$$

查表 13.2 并利用叠加原理写出各杆杆端弯矩的计算式为

AB 杆：
$$M_{AB}=0$$

$$M_{BA}=3i_{AB}\theta_B+\frac{1}{8}ql_{AB}^2=9\theta_B+60$$

BC 杆：

$$M_{BC}=4i_{BC}\theta_B-\frac{1}{8}Fl_{BC}=8\theta_B-75$$

$$M_{CB}=2i_{BC}\theta_B+\frac{1}{8}Fl_{BC}=4\theta_B+75$$

BD 杆：

$$M_{BD}=4i_{BD}\theta_B=12\theta_B$$

$$M_{DB}=2i_{BD}\theta_B=6\theta_B$$

（3）建立位移法基本方程，求解基本未知量。取结点 B 为脱离体，如图 13.14（b）所示，由力矩平衡方程：

即 $$\sum M_B=0 \quad M_{BA}+M_{BC}+M_{BD}=0$$

$$9\theta_B+60+8\theta_B-75+12\theta_B=0$$

解得

$$\theta_B=0$$

（4）计算杆端弯矩。

$$M_{AB}=0$$

$$M_{BA}=9\times0.517+60=64.6(\text{kN}\cdot\text{m})$$

$$M_{BC}=8\times0.517-75=-70.9(\text{kN}\cdot\text{m})$$

$$M_{CB}=4\times0.517+75=77.1(\text{kN}\cdot\text{m})$$

$$M_{BD}=12\times0.517=6.2(\text{kN}\cdot\text{m})$$

$$M_{DB}=6\times0.517=3.1(\text{kN}\cdot\text{m})$$

（5）作内力图。

1）作弯矩图。根据杆端弯矩值和杆上荷载情况，应用叠加法可直接画出各杆弯矩图。整个刚架的弯矩图如图 13.14（c）所示。

2）计算杆端剪力，作剪力图。各杆脱离体如图 13.14 所示。

AB 杆：剪力图为斜直线。由图 13.14（a）得

$$\sum M_B=0 \quad Q_{AB}\times4+64.6-\frac{30}{2}\times4^2$$

$$\sum M_A=0 \quad Q_{BA}\times4+64.6+\frac{30}{2}\times4^2$$

求得 $$Q_{AB}=43.8\text{kN} \quad Q_{BA}=-76.2\text{kN}$$

BC 杆：剪力图为两段水平线，由图 13.14（b）得

$$\sum M_C=0 \quad Q_{BC}\times6+(77.1-70.9)-100\times3=0$$

$$\sum M_B=0 \quad Q_{CB}\times6+(77.1-70.9)+100\times3=0$$

求得 $$Q_{BC}=49.0\text{kN}\quad Q_{BA}=-51.0\text{kN}$$

BD 杆：剪力为常量，由图 13.14（c）得

$$\sum M_D=0 Q_{BD}\times 4+(6.2+3.1)=0$$

求得 $$Q_{BD}=Q_{DB}=-2.3\text{kN}$$

整个刚架的剪力图，如图 13.14（d）所示。

3）计算各杆轴力，作轴力图：取结点 *B* 为脱离体，如图 13.14（d）所示，已知 *BA* 杆的轴力等于零。

由 $$\sum F_y=0\quad N_{BD}+76.2+49.0=0$$

$$\sum F_x=0\quad N_{BC}+2.3=0$$

求得 $$N_{BD}=-125.2\text{kN}\quad N_{BC}=-2.3\text{kN}$$

整个刚架的轴力图，如图 13.14（e）所示。

13.2.3.2 有结点线位移结构

如果结构的结点有线位移，则称为有结点线位移结构。用位移法计算有结点线位移结构时，基本步骤与计算无结点线位移结构基本相同，其区别在于：

（1）在基本未知量中，含有结点线位移，故在写杆端弯矩计算式时要考虑线位移影响。

（2）在建立基本方程时，与线位移对应的平衡方程是截取线位移所在层为脱离体，建立沿其方向的投影平衡方程。因此，还须补充写出有关杆端剪力的计算式。

一般地，用位移法计算有结点线位移结构时，基本未知量包括刚结点的角位移和独立的结点线位移。对应于每一个角位移，取其所在结点为脱离体，建立力矩平衡方程；对应于每一个独立结点线位移，取其所在的层为脱离体，建立投影平衡方程。平衡方程的个数与基本未知量的个数相等，故可求解出全部基本未知量。

【例 13.7】 如图 13.15（a）所示刚架，试作刚架的内力图。

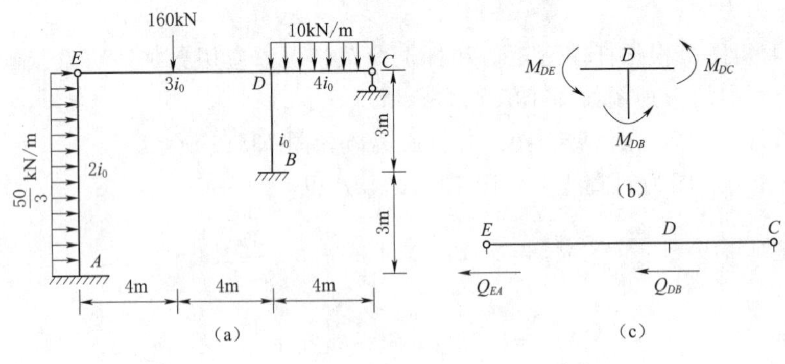

图 13.15

解：由题意可知：

（1）确定基本未知量。基本未知量为刚结点 *D* 的转角 θ_B 和结点 *E*、*D*、*C* 共同的线位移 Δ。

（2）列各杆杆端弯矩和有关杆端剪力计算式。

$$M_{BE}=-\frac{3}{6}\times 2i_0\Delta-\frac{1}{8}\times\frac{50}{3}\times 36=-i_0\Delta-75$$

$$M_{DE}=3\times 3i_0\theta_D+\frac{3}{16}\times 160\times 8=9i_0\theta_D+240$$

$$M_{DC}=3\times 4i_0\theta_D-\frac{1}{8}\times 10\times 16=12i_0\theta_D-20$$

$$M_{DB}=4i_0\theta_D-\frac{6}{3}i_0\Delta=4i_0\theta_D-2i_0\Delta$$

$$M_{BD}=2i_0\theta_D-2i_0\Delta$$

$$Q_{EA}=\frac{3}{36}\times 2i_0\Delta-\frac{3}{8}\times\frac{50}{3}\times 6=\frac{1}{6}i_0\Delta-37.5$$

$$Q_{DB}=-\frac{6}{3}i_0\theta_D+\frac{12}{9}i_0\Delta$$

（3）建立位移法基本方程求解基本未知量。

取结点 D，如图 13.15（b）所示，由

$$\sum M_D=0\quad M_{BE}+M_{DB}+M_{DC}=0$$

杆端弯矩代入后得

$$25i_0\theta_D-2i_0\Delta+220=0$$

取柱顶以上横梁为脱离体，如图 13.15（c）所示。

由
$$\sum X=0\quad Q_{EA}+Q_{DB}=0$$

杆端剪力代入后得

$$-2i_0\theta_D+1.5i_0\Delta-37.5=0$$

联立杆端弯矩和杆端剪力两式得

$$\theta_D=-\frac{7.61}{i_0},\Delta=\frac{14.85}{i_0}$$

（4）计算杆端弯矩。

$$M_{AE}=-i_0\times\left(\frac{14.85}{i_0}\right)-75=-89.8\text{kN}\cdot\text{m}$$

$$M_{DE}=9i_0\times\left(-\frac{7.61}{i_0}\right)+240=171.5\text{kN}\cdot\text{m}$$

$$M_{DC}=12i_0\times\left(-\frac{7.61}{i_0}\right)-20=-111.3\text{kN}\cdot\text{m}$$

$$M_{DC}=4i_0\times\left(-\frac{7.61}{i_0}\right)-2i_0\times\left(-\frac{14.85}{i_0}\right)=-60.1\text{kN}\cdot\text{m}$$

$$M_{BD}=2i_0\times\left(-\frac{7.61}{i_0}\right)-2i_0\times\left(-\frac{14.85}{i_0}\right)=-44.9\text{kN}\cdot\text{m}$$

（5）作内力图。由杆端弯矩作出的 M 图，如图 13.16（a）所示。

取每一杆为脱离体，用平衡条件计算杆端剪力，然后作剪力图，如图 13.16（b）所示。

取结点 E、D 为脱离体，如图 13.16（d）和图 13.16（e）所示，由结点的平衡条件计算各杆轴力，然后作轴力图，如图 13.16（c）所示。

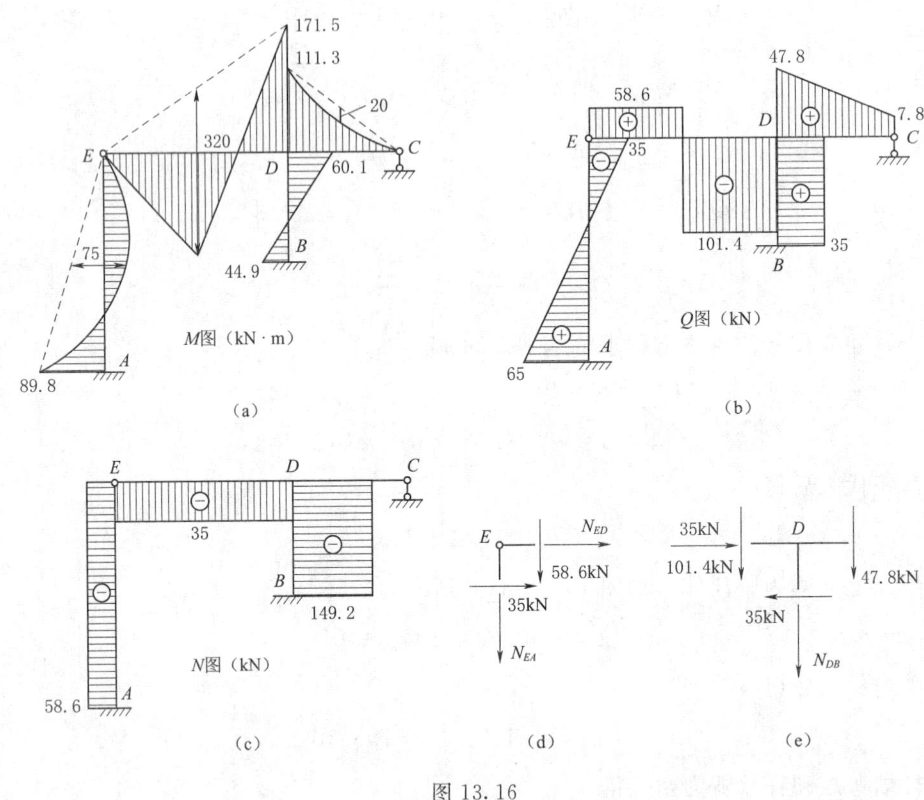

图 13.16

13.3 力矩分配法

力矩分配法

力矩分配法是以杆端弯矩为计算对象，针对的是连续梁和无结点线位移刚架，在位移法的基础上逐步修正并逼近精确结果的一种渐近计算方法，杆端弯矩的正负号规定与位移法相同，其特点是不用建立基本方程求解结点位移而直接计算各杆杆端弯矩。

13.3.1 力矩分配法的参数

杆端转动刚度表示杆端抵抗转动的能力。杆端的转动刚度用 S 表示，它在数值上等于使杆端发生单位转角时施加在该杆端的弯矩。杆端转动刚度的大小取决于杆件本身的线刚度 $i=\dfrac{EI}{l}$ 和另一端的支承情况。如图 13.17 所示杆件，A 段（又称近端）的弯矩 M_{AB} 称为该杆端的转动刚度，用 S_{AB} 表示。当杆件 AB 的 A 端转动时，B 端也产生一定的弯矩，B 端的转动刚度为 S_{BA}，B 端弯矩与 A 端弯矩之比称为由 A 端向

B 端的传递系数，用 C_{AB} 表示。等截面直杆的转动刚度和传递系数，如表 13.3 所示。

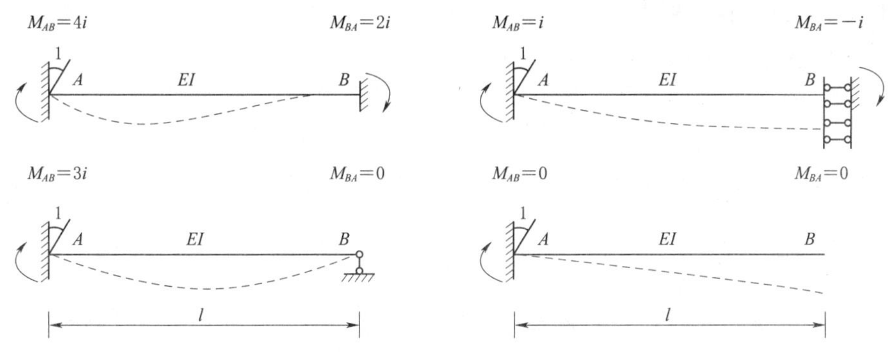

图 13.17

表 13.3　　　　等截面直杆的转动刚度和传递系数

远端支承	转动刚度	传递系数
固定	$4i$	0.5
铰支	$3i$	0
定向	i	-1
自由	0	0

13.3.2 力矩分配法的原理

力矩分配法就其本质来说是属于位移法的范畴，故我们用位移法来分析力矩分配法的解题思路。

现以图 13.18（a）所示刚架为例来说明力矩分配法的基本原理。此刚架用位移法计算时，只有一个基本未知量即结点转角 Z_1，则可列位移法典型方程为

$$r_{11}Z_1+R_{1P}=0$$

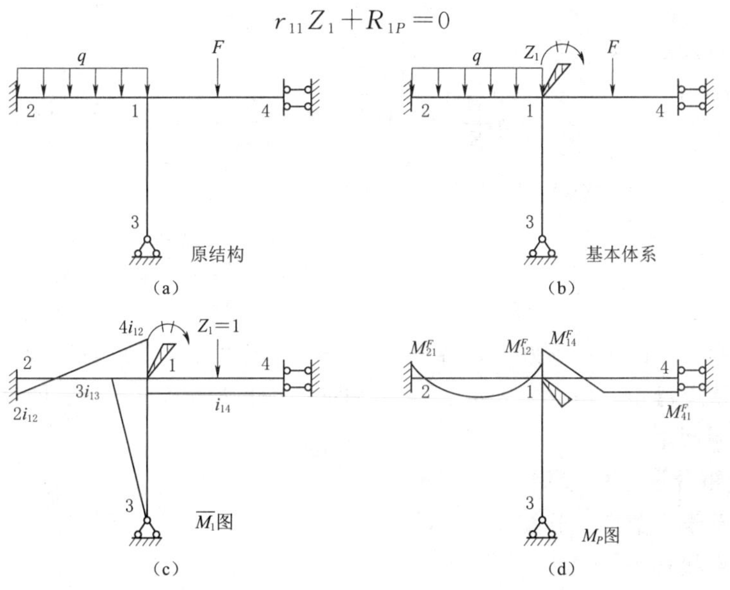

图 13.18

作出基本体系、$\overline{M}_1$ 图、M_P 图，如图 13.18（b）、图 13.18（c）、图 13.18（d）所示，可求得系数和自由项为

$$r_{11}=4i_{12}+3i_{13}+i_{14}=S_{12}+S_{13}+S_{14}=\sum S_{1j}$$

式中：$\sum S_{1j}$ 表示汇交于结点 1 的各杆端转动刚度的总和。

$$R_{1P}=M_{12}^F+M_{13}^F+M_{14}^F=\sum M_{1j}^F$$

式中：$\sum M_{1j}^F$ 表示结点 1 上的不平衡力矩，它等于汇交于结点 1 的各杆端的固端弯矩的代数和。

解典型方程可得

$$Z_1=-\frac{R_{1P}}{r_{11}}=-\frac{\sum M_{1j}^F}{\sum S_{1j}}$$

最后由 $M=\overline{M}_1 Z_1+M_P$ 计算各杆端弯矩。各杆中 1 端为近端，另一端为远端。则可得各近端弯矩为

$$\begin{aligned}M_{12}&=S_{12}\left(-\frac{\sum M_{1j}^F}{\sum S_{1j}}\right)+M_{12}^F=\frac{S_{12}}{\sum S_{1j}}(-\sum S_{1j})+M_{12}^F\\&=\mu_{12}(-\sum M_{1j}^F)+M_{12}^F\end{aligned}$$

同理可得

$$M_{13}=\mu_{13}(-\sum M_{1j}^F)+M_{13}^F$$
$$M_{14}=\mu_{14}(-\sum M_{1j}^F)+M_{14}^F$$

式中，$\mu_{12}=\dfrac{S_{12}}{\sum S_{1j}}$，$\mu_{13}=\dfrac{S_{13}}{\sum S_{1j}}$，$\mu_{14}=\dfrac{S_{14}}{\sum S_{1j}}$，均为分配系数。

显然，同一结点各杆端分配系数之和应等于 1，即 $\sum\mu_{1j}=1$。

各近端弯矩中的第一项相当于把不平衡力矩反号后按转动刚度大小的比例分给各近端，故称为分配弯矩，用 M^μ 表示。第二项即为该杆端的固端弯矩，即近端弯矩=分配弯矩+固端弯矩。

各远端弯矩为

$$\begin{aligned}M_{21}&=C_{12}S_{12}\left(-\frac{\sum M_{1j}^F}{\sum S_{1j}}\right)+M_{21}^F=C_{12}\frac{S_{12}}{\sum S_{1j}}(-\sum M_{1j}^F)+M_{21}^F\\&=C_{12}\mu_{12}(-\sum M_{1j}^F)+M_{21}^F\end{aligned}$$

同理可得

$$M_{31}=C_{13}\mu_{13}(-\sum M_{1j}^F)+M_{31}^F$$
$$M_{41}=C_{14}\mu_{14}(-\sum M_{1j}^F)+M_{41}^F$$

各远端弯矩中的第一项好比将各近端的分配弯矩以传递系数的比例传到各远端一样，故称为传递弯矩，用 M^C 表示。第二项即为该杆端的固端弯矩，即远端弯矩=传递弯矩+固端弯矩。

13.3.3 力矩分配法的应用

13.3.3.1 单结点的力矩分配

（1）固定状态。

如图 13.19（a）所示连续梁，在荷载作用之前，先在刚结点 B 上加一个阻止转

动的约束，称为附加刚臂，使结点 B 不能转动，由此各杆可分别视 B 端为固定端的单跨超静定梁。然后作用荷载，由形常数表和载常数表可查出荷载作用下各杆的杆端弯矩，称为固端弯矩，用 M^F 表示。设附加刚臂的约束力矩用 M_B 表示，以顺时针转为正。取结点 B 为脱离体，如图 13.19（c）所示，由力矩平衡条件 $\sum M_B=0$ 得

$$M_B=M_{BA}^F+M_{BC}^F=\sum M_{Bj}^F$$

即附加刚臂的约束力矩等于结点处各杆端的固端弯矩的代数和。由此也可看出，附加刚臂对如图 13.19（a）所示连续梁的影响相当于在结点 B 处加了一个外力矩 M_B。

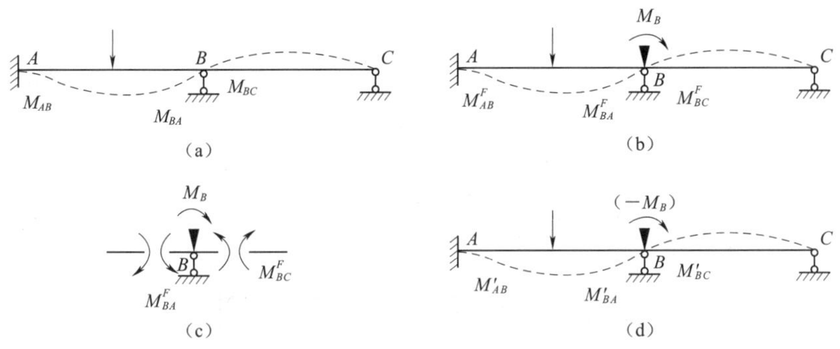

图 13.19

（2）放松状态。

如图 13.19（b）所示的计算结果实际上是在荷载和约束力矩 M_B 共同作用下产生的，而原连续梁的结点 B 处，本来没有约束，也不存在约束力矩 M_B，所以必须将 M_B 影响消除。为此，只须在结点 B 上再加一个与 M_B 等值、反向的外力矩 $-M_B$ 就行了。为了便于计算，根据叠加原理，将其单独画出，如图 13.19（d）所示。在此情况下，只在结点 B 处受外力矩 $-M_B$，可通过力矩的分配与传递进行计算。分配弯矩与传递弯矩用 M'表示。将图 13.19（b）和图 13.19（d）两种情况叠加，就消除了附加刚臂的影响。对应的杆端弯矩 M^F、M'叠加即得杆端弯矩。

$$M_{AB}=M_{AB}^F+M'_{AB}$$

概括以上所述内容，对于只具有一个刚结点的无结点线位移结构，受一般荷载作用时，其计算过程分为以下三步：

第一，在刚结点 B 上附加刚臂将每一杆改造为单跨梁，计算固端弯矩，并由刚结点力矩平衡条件计算附加刚臂处的约束力矩；

第二，单独在附加刚臂处加与约束力矩反向的力偶矩进行分配与传递，以消除附加刚臂的影响；

第三，叠加各杆端的固端弯矩与分配弯矩（或传递弯矩）的代数和即为实际的杆端弯矩。这种计算方法称为力矩分配法。

【例 13.8】 如图 13.20（a）所示刚架，试用力矩分配法作弯矩图。

解： 由题意可知：

（1）计算各杆端分配系数、固端弯矩以及结点 A 的不平衡力矩。

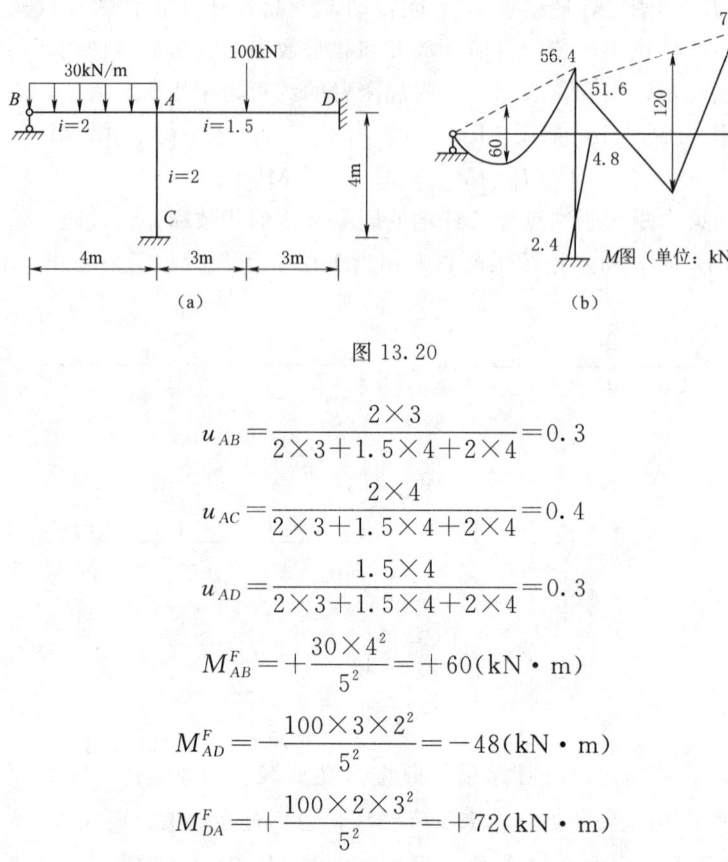

图 13.20

$$u_{AB}=\frac{2\times 3}{2\times 3+1.5\times 4+2\times 4}=0.3$$

$$u_{AC}=\frac{2\times 4}{2\times 3+1.5\times 4+2\times 4}=0.4$$

$$u_{AD}=\frac{1.5\times 4}{2\times 3+1.5\times 4+2\times 4}=0.3$$

$$M_{AB}^{F}=+\frac{30\times 4^{2}}{5^{2}}=+60(\text{kN}\cdot\text{m})$$

$$M_{AD}^{F}=-\frac{100\times 3\times 2^{2}}{5^{2}}=-48(\text{kN}\cdot\text{m})$$

$$M_{DA}^{F}=+\frac{100\times 2\times 3^{2}}{5^{2}}=+72(\text{kN}\cdot\text{m})$$

$$M_{AC}^{F}=M_{CA}^{F}=M_{BA}^{F}=0$$

$$\sum M_{1j}^{F}=M_{AB}^{F}+M_{AC}^{F}+M_{AD}^{F}=+60-48=+12(\text{kN}\cdot\text{m})$$

（2）计算分配弯矩及传递弯矩。将结点 A 的不平衡力矩反号后按分配系数分配到各近端得到分配弯矩，同时各自按传递系数向远端传递得到传递弯矩。

$$M_{AB}^{\mu}=0.3\times(-12)=-3.6(\text{kN}\cdot\text{m})$$

$$M_{AD}^{\mu}=0.3\times(-12)=-3.6(\text{kN}\cdot\text{m})$$

$$M_{AC}^{\mu}=0.4\times(-12)=-4.8(\text{kN}\cdot\text{m})$$

$$M_{BA}^{C}=0$$

$$M_{CA}^{C}=\frac{1}{2}\times(-4.8)=-2.4(\text{kN}\cdot\text{m})$$

$$M_{DA}^{C}=\frac{1}{2}\times(-3.6)=-1.8(\text{kN}\cdot\text{m})$$

（3）计算各杆最后杆端弯矩。近端弯矩等于分配弯矩加固端弯矩，远端弯矩等于传递弯矩加固端弯矩。

$$M_{AB}=M_{AB}^{\mu}+M_{AB}^{F}=-3.6+60=+56.4(\text{kN}\cdot\text{m})$$

$$M_{AC}=M_{AC}^{\mu}+M_{AC}^{F}=-4.8(\text{kN}\cdot\text{m})$$

$$M_{AD}=M_{AD}^{\mu}+M_{AD}^{F}=-3.6-48=-51.6(\text{kN}\cdot\text{m})$$

$$M_{BA}=M_{BA}^{C}+M_{BA}^{F}=0$$

$$M_{DA}=M_{DA}^{C}+M_{DA}^{F}=-1.8+72=+70.2(\mathrm{kN\cdot m})$$

$$M_{CA}=M_{CA}^{C}+M_{CA}^{F}=-2.4(\mathrm{kN\cdot m})$$

根据各杆端最后弯矩和已知荷载作用情况，即可作出最后弯矩图，如图 13.20（b）所示。

在用力矩分配法解题时，为了方便起见，可列表进行计算，如表 13.4 所示。列表时，可将同一结点的各杆端列在一起，以便于进行分配计算。同时，同一杆件的两个杆端尽可能列在一起，以便于进行传递计算。

表 13.4　　　　杆端弯矩计算

结　点	B	A			D	C
杆端	BA	AB	AC	AD	DA	CA
分配系数	—	0.3	0.4	0.3	—	—
固端弯矩	0	60	0	−48	72	0
分配和传递弯矩	0	−3.6	−4.8	−3.6	−1.8	−2.4
最后弯矩	0	56.4	−4.8	−51.6	70.2	−2.4

【例 13.9】 如图 13.21（a）所示连续梁，用力矩分配法作弯矩图。

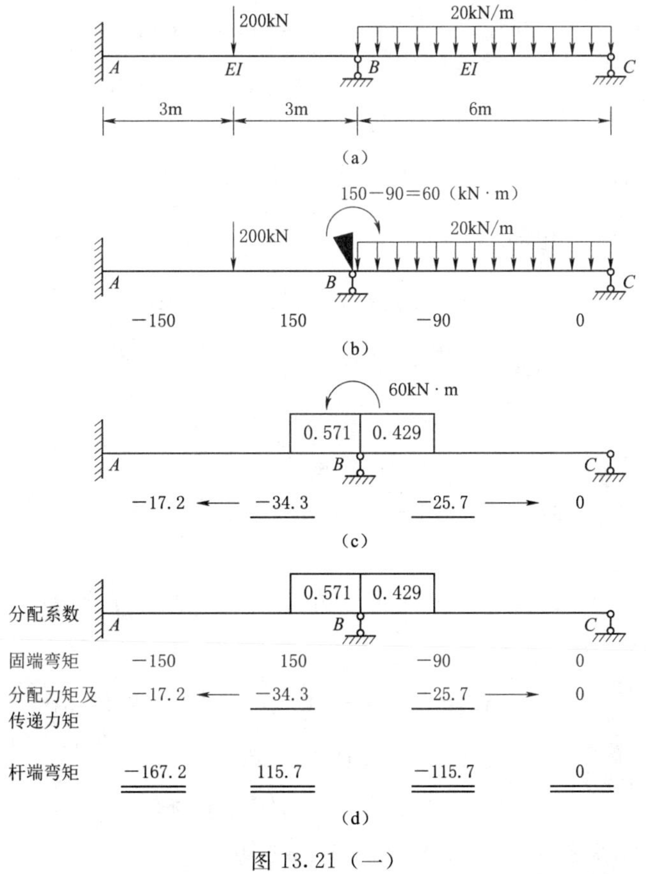

图 13.21（一）

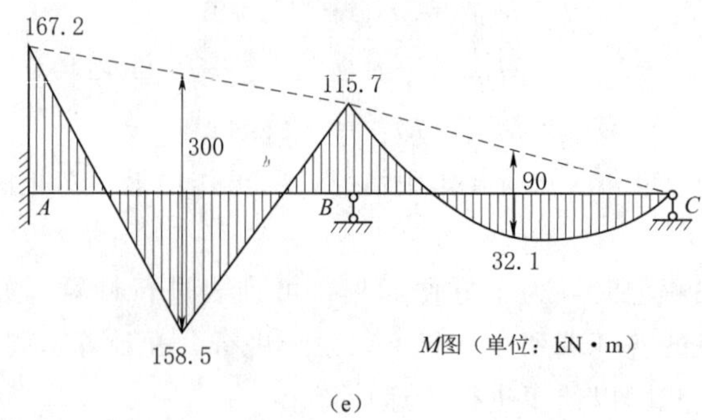

(e)

图 13.21（二）

解：由题意可知。

(1) 在结点 B 附加刚臂，如图 13.21（b）所示。查形常数表和载常数表，计算荷载作用下的固端弯矩，写在各杆端的下方。

$$M_{AB}^F=-\frac{Fl}{8}=-\frac{200\times 6}{8}=-150(\mathrm{kN\cdot m})$$

$$M_{BA}^F=\frac{Fl}{8}=\frac{200\times 6}{8}=150(\mathrm{kN\cdot m})$$

$$M_{BC}^F=\frac{Fl^2}{8}=\frac{20\times 6^2}{8}=90(\mathrm{kN\cdot m})$$

计算约束力矩

$$M_B=150-90=60(\mathrm{kN\cdot m})$$

(2) 在结点 B 上加 $-M_B$，如图 13.21（c）所示。计算分配弯矩和传递弯矩。

杆 AB 和 BC 的线刚度相等：　$i=\frac{EI}{6}$

转动刚度：　$S_{BA}=4i\quad S_{BC}=3i\quad \sum_B S=4i+3i=7i$

分配系数：　$\mu_{BA}=\frac{4i}{7i}=0.571\quad \mu_{BC}=\frac{3i}{7i}=0.429$

校核：　$\mu_{BA}+\mu_{BC}=0.571+0.429=1$

分配系数写在结点 B 处各杆杆端上面的方框内。

分配弯矩：　$M'_{BA}=0.571\times(-60)=-34.3(\mathrm{kN\cdot m})$

$M'_{BC}=0.429\times(-60)=-25.7(\mathrm{kN\cdot m})$

分配力矩写在各杆杆端处并在下面画一横线，表示已进行分配，横线以上的力矩平衡。

传递弯矩：　$M'_{AB}=\frac{1}{2}M'_B=\frac{1}{2}\times(-34.3)=-17.2(\mathrm{kN\cdot m})$

$$M'_{CB}=0$$

将结果按图 13.21（d）写出，并用箭头表示力矩传递的方向。

(3) 将以上结果叠加，即得到最后的杆端弯矩。

13.3.3.2 多结点的力矩分配

（1）固定。

固定结构的刚结点，将每一杆改造为单跨梁，形成固定状态，求出固定状态下的杆端弯矩与附加刚臂上的约束力矩。

（2）放松。

为了使受力状态与实际相同，必须消除附加刚臂上的约束力矩。每次放松一个结点（其余结点仍固定）进行力矩分配与传递。对每个结点轮流放松，经多次循环，直至各结点约束力矩趋近零时，即可停止分配和传递。实际计算一般进行 2～3 个循环就可获得足够精度。

（3）叠加。

把各杆端固端弯矩和各轮的分配弯矩与传递弯矩叠加，即得到最后杆端弯矩。

【例 13.10】 如图 13.22 所示刚架，已知各杆 E 为常数，试用力矩分配法作内力图。

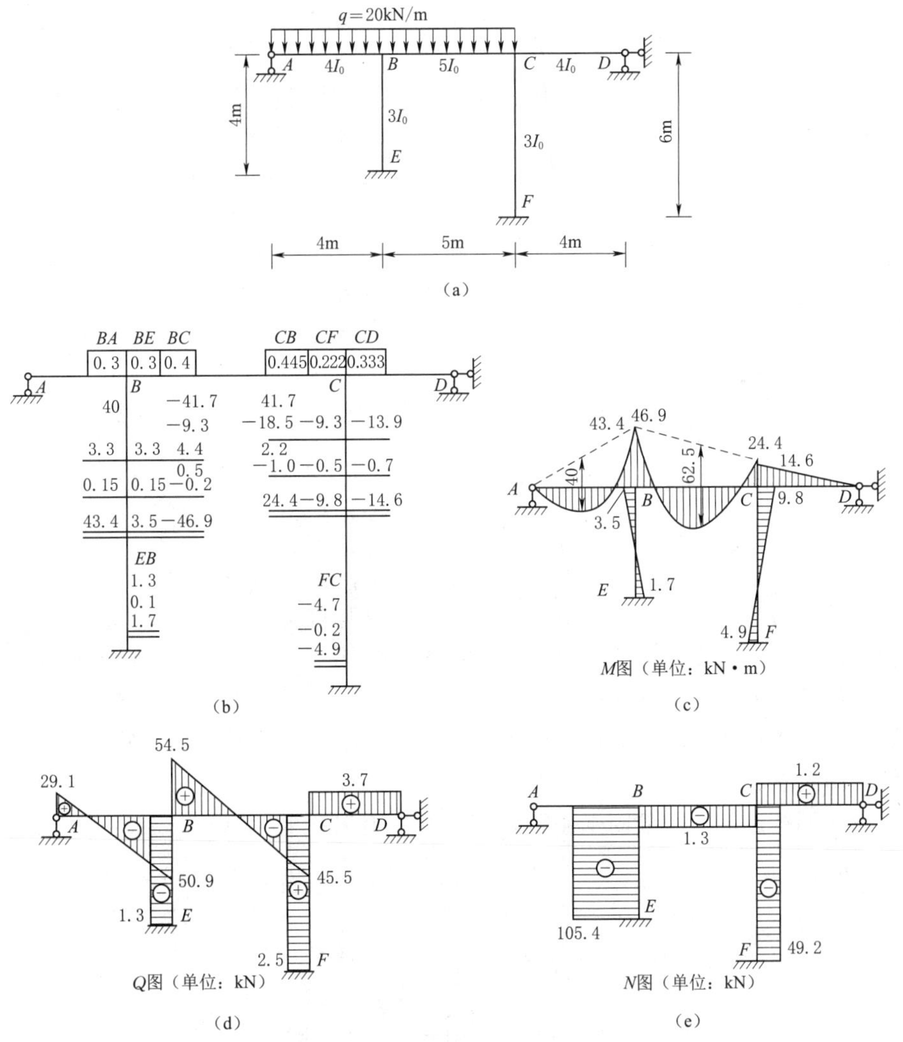

图 13.22

解：由题意可知：

（1）固端弯矩。

$$M_{BA}^{F}=\frac{ql^{2}}{8}=\frac{20\times 4^{2}}{8}=40(\text{kN}\cdot\text{m})$$

$$M_{BC}^{F}=-\frac{ql^{2}}{12}=-\frac{20\times 5^{2}}{12}=-41.7(\text{kN}\cdot\text{m})$$

$$M_{CB}^{F}=\frac{ql^{2}}{12}=\frac{20\times 5^{2}}{12}=41.7(\text{kN}\cdot\text{m})$$

（2）分配系数。设 $EI_0=1$，各杆线刚度及杆端转动刚度为

$$i_{AB}=\frac{4EI_0}{4}=1 \quad S_{BA}=3i_{BA}=3$$

$$i_{BC}=\frac{5EI_0}{5}=1 \quad S_{CB}=S_{BC}=4i_{BC}=4$$

$$i_{BE}=\frac{3EI_0}{4}=\frac{3}{4} \quad S_{BE}=4i_{BE}=3$$

$$i_{CD}=\frac{4EI_0}{4}=1 \quad S_{CD}=3i_{CD}=3$$

$$i_{CF}=\frac{3EI_0}{6}=\frac{1}{2} \quad S_{CF}=4i_{BA}=2$$

结点 B

$$\sum_{B}S=S_{BA}+S_{CB}+S_{BE}=3+4+3=10$$

分配系数

$$\mu_{BA}=0.3 \quad \mu_{BC}=0.4 \quad \mu_{BE}=0.3$$

结点 C

$$\sum_{C}S=S_{CB}+S_{CD}+S_{CF}=4+3+2=9$$

分配系数

$$\mu_{CB}=0.445, \ \mu_{CD}=0.333, \ \mu_{CF}=0.222$$

（3）分配与传递。按 C、B 顺序分配两轮，计算过程如图 13.22（b）所示。

（4）内力图。根据杆端弯矩可作出 M 图，Q 图与 N 图的绘制与前面位移法相同。该刚架的内力图，如图 13.22（c）、图 13.22（d）、图 13.22（e）所示。

【例 13.11】 如图 13.23（a）所示连续梁，试用力矩分配法作弯矩图。

解：由题意可知：

（1）在刚结点 B、C 处附加刚臂，计算各杆固端弯矩，如图 13.23（b）所示。

$$M_{AB}^{F}=-\frac{ql^{2}}{12}=-\frac{20\times 6^{2}}{12}=-60(\text{kN}\cdot\text{m})$$

$$M_{BA}^{F}=\frac{ql^{2}}{12}=-\frac{20\times 6^{2}}{12}=60(\text{kN}\cdot\text{m})$$

$$M_{BC}^{F}=-\frac{Fl}{8}=-\frac{100\times 8}{8}=-100(\text{kN}\cdot\text{m})$$

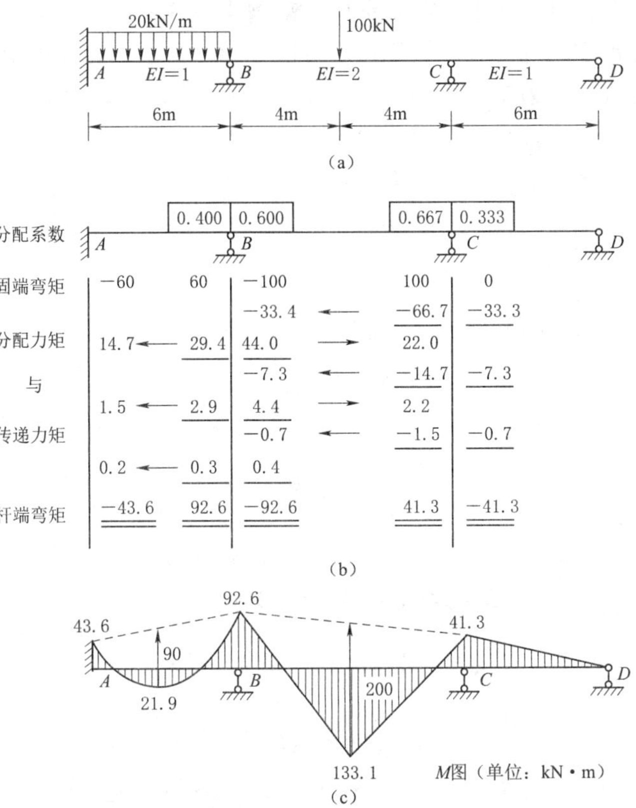

图 13.23

$$M_{CB}^{F}=\frac{Fl}{8}=\frac{100\times 8}{8}=100(\text{kN}\cdot\text{m})$$

DC 杆上无荷载，其固端弯矩为零，如图 13.23（b）所示。

（2）计算各杆杆端分配系数。将汇交于每一结点的各杆视为一个单结点的结构，分别计算各杆杆端的分配系数。

结点 B

$$S_{BA}=4i_{BA}=4\times\frac{1}{6}=0.667\quad S_{BC}=4i_{BC}=4\times\frac{2}{8}=1$$

所以

$$\mu_{BA}=\frac{0.667}{0.667+1}=0.4\quad \mu_{BC}=\frac{1}{0.667+1}=0.6$$

结点 C

$$S_{CB}=4i_{CB}=4\times\frac{2}{8}=1\quad S_{CD}=3i_{CD}=3\times\frac{1}{6}=0.5$$

所以

$$\mu_{CB}=\frac{1}{1+0.5}=0.667\quad \mu_{CD}=\frac{0.5}{1+0.5}=0.333$$

分配系数写在各自杆端上面的方框内，如图 13.23（b）所示。

（3）逐次对各结点进行分配和传递。每次分配一个结点，分配结点的先后顺序可以任取，一般先从约束力矩较大的结点开始。本题先从 C 结点开始，在此点施加一反向的约束力矩，其他结点固定不动。

结点 C 的约束力矩 $\quad M_C=M_{CB}^F+M_{CD}^F=100\text{kN}\cdot\text{m}$

结点 C 近端的分配弯矩 $\quad M'_{CB}=0.667\times(-100)=-66.7(\text{kN}\cdot\text{m})$

$$M'_{CD}=0.333\times(-100)=-33.3(\text{kN}\cdot\text{m})$$

远端的传递弯矩 $\quad M'_{BC}=\dfrac{1}{2}M'_{BC}=\dfrac{1}{2}\times(-66.7)=-33.4(\text{kN}\cdot\text{m})$

$$M'_{CD}=0\times M'_{CD}=0$$

经过分配和传递，结点 C 已经平衡，可在分配弯矩的下面画一横线，表示横线以上的结点矩总和已等于零。

结点 B 的约束力矩 $\quad M_B=60-100-33.4=-73.4(\text{kN}\cdot\text{m})$

结点 B 近端的分配弯矩 $\quad M'_{BA}=0.4\times73.4=29.4(\text{kN}\cdot\text{m})$

$$M'_{BC}=0.6\times73.4=44(\text{kN}\cdot\text{m})$$

远端的传递弯矩 $\quad M'_{AB}=\dfrac{1}{2}M'_{BA}=\dfrac{1}{2}\times29.4=14.7(\text{kN}\cdot\text{m})$

$$M'_{CB}=\frac{1}{2}M'_{CB}=\frac{1}{2}\times44.0=22(\text{kN}\cdot\text{m})$$

此时，结点 B 已经平衡。以上完成了力矩分配法的第一轮循环。但由于力矩的传递，结点 C 又出现了新的约束力矩 $M_C=22\text{kN}\cdot\text{m}$，不过已比最初的约束力矩小了许多。按照完全相同的步骤，继续进行第二轮循环后，C 点的约束力矩已为 $M_C=2.2\text{kN}\cdot\text{m}$，进行第三轮循环后，$M_C$ 已经非常小，可略去不计。将每一轮计算结果均记录在图 13.23（b）中，可以看出，结点约束力矩的衰减进程是很快的。如此经过若干轮循环后，到约束力矩小到可以略去不计时，便可停止循环。此时，结构已接近恢复到原来状况。一般进行二到三轮后，即可达到精度要求。

（4）叠加计算杆端弯矩。将各杆端固端弯矩、历次的分配弯矩或传递弯矩叠加，即得到该杆端实际的杆端弯矩。

（5）根据杆端弯矩，可画出 M 图，如图 13.23（c）所示。

思 考 题

1. 超静定结构与静定结构在几何组成上有何区别？解法上有什么不同？
2. 力法中超静定结构的次数是如何确定的？
3. 力法方程及方程中各系数和自由项的物理意义是什么？
4. 举例说明用力法解超静定结构的步骤。
5. 力法方程中为什么主系数必为正值，而副系数可为正值、负值或为零？
6. 如何判定结构是否为对称结构？在分析对称结构时，应如何简化计算？

7. 力法求解超静定结构的思路是什么？

8. 力法中的基本体系与基本结构有无区别？对基本结构有何要求？

9. 力法典型方程的物理意义是什么？系数、自由项的含义是什么？

10. 为什么主系数一定大于零，而副系数及自由项介于正负数值之间？

11. 超静定结构的内力解答在什么情况下只与各杆刚度的相对值大小有关？什么情况下与各杆刚度的绝对值大小有关？

12. 应用力法时，对超静定结构作了什么假定？

13. 何谓对称结构？何谓正对称与反对称的位移？对称性利用的目的是什么？

14. 超静定结构发生支座移动时，选择不同的基本体系力法方程有何不同？

15. 支座移动产生的内力与温度变化产生的内力如何校核？

16. 位移法中对杆端角位移、杆端相对线位移、杆端弯矩和杆端剪力的正负号规定是怎样的？

17. 位移法的基本未知量有哪些？

18. 结点角位移的数目怎样确定？

19. 独立结点线位移的数目怎样确定？确定的基本假设是什么？

20. 用位移法计算超静定结构时，怎样得到基本结构？

21. 位移法的基本结构和基本体系有什么不同？它们各自在位移法的计算过程中起什么作用？

22. 位移法能否用于求解静定结构，为什么？

23. 位移法方程的物理意义是什么？

24. 怎样由位移法所得的杆端弯矩画出弯矩图？

25. 结构对称但荷载不对称时，可否取一半结构计算？

26. 什么是转动刚度？转动刚度与哪些因素有关？

27. 什么是传递系数？传递系数与哪些因素有关？

28. 什么是分配系数？为什么每一结点处各杆端的分配系数之和等于1？

29. 什么是结点不平衡力矩？如何计算结点不平衡力矩？为什么要将它反号后才能进行分配？

30. 什么是分配弯矩和传递弯矩？它们是如何得到的？

31. 力矩分配法的适用条件是什么？它的基本运算有哪些步骤？每一步的物理意义是什么？

32. 在多结点力矩分配时，为什么每次只放松一个结点？可以同时放松多个结点吗？在什么条件下可以同时放松多个结点？

33. 为什么力矩分配法的计算过程是收敛的？

34. 支座移动时，可以用力矩分配法计算吗？什么情况下可以？什么情况下不可以？

35. 力矩分配法只适用于无结点线位移的结构，当这类结构发生已知支座移动时结点是有线位移的，为什么还可以用力矩分配法计算？

练 习 题

1. 如习题 13.1 图所示超静定梁，试用力法绘制内力图。

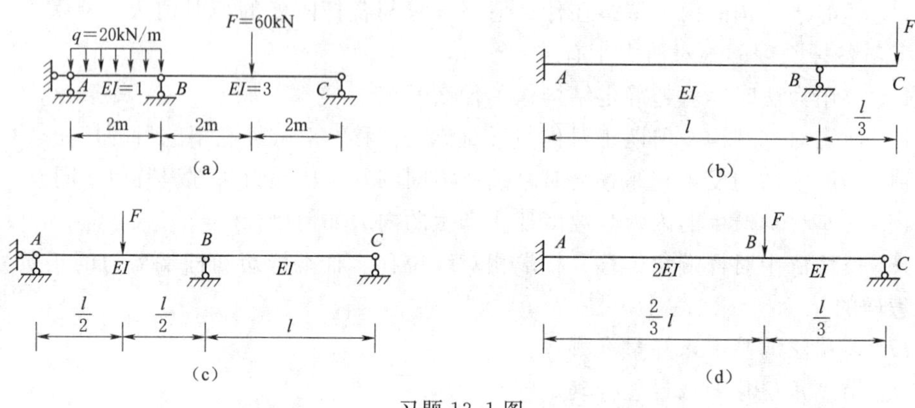

习题 13.1 图

2. 如习题 13.2 图所示超静定刚架，试用力法绘制内力图。

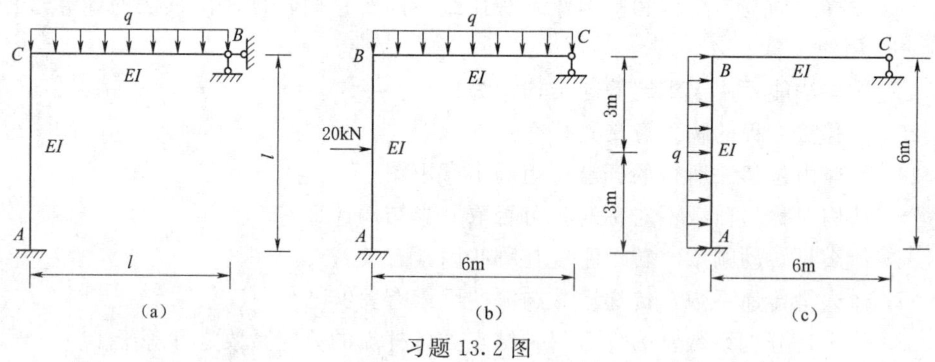

习题 13.2 图

3. 如习题 13.3 图所示超静定刚架，试用力法绘制内力图。

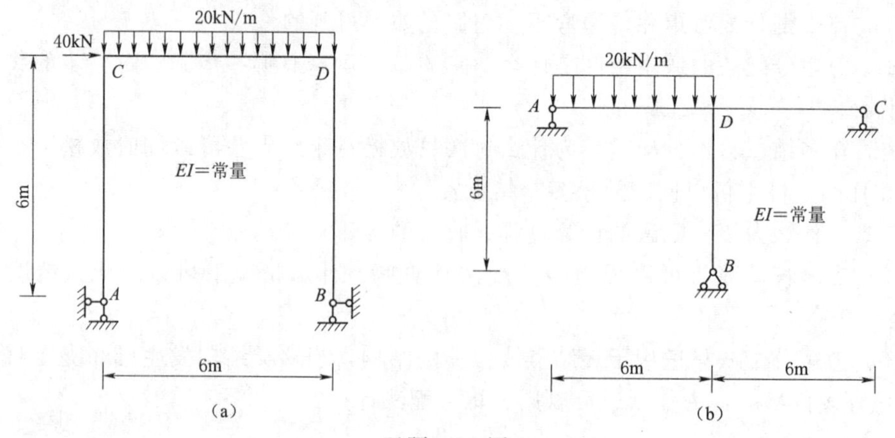

习题 13.3 图

4. 如习题 13.4 图所示桁架，试用力法计算各杆内力。

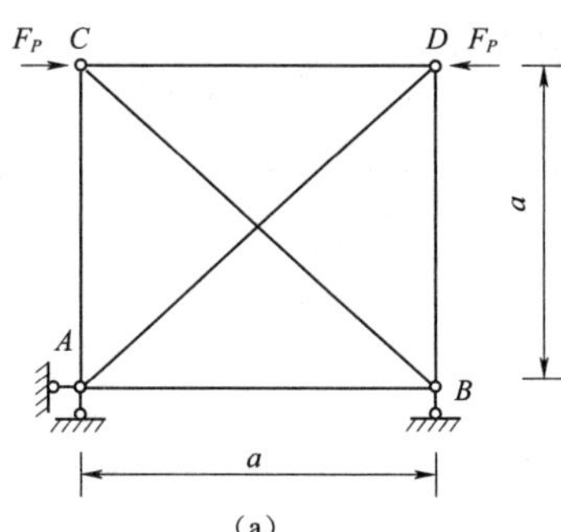

(a)

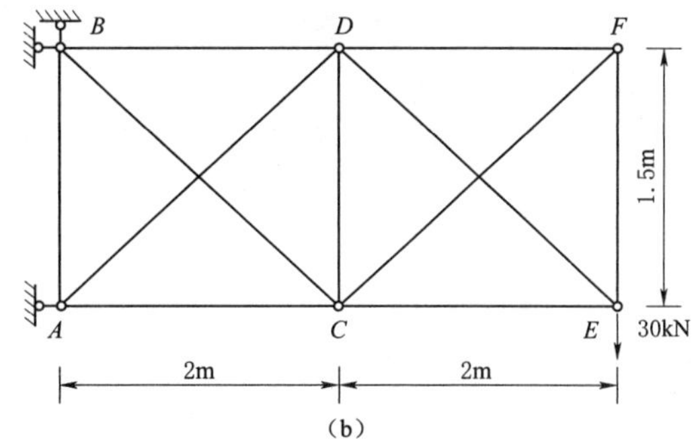

(b)

习题 13.4 图

5. 如习题 13.5 图所示组合结构，试用力法绘制弯矩图。

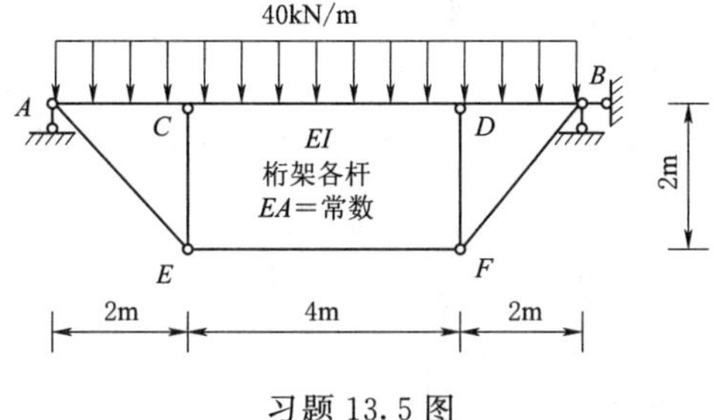

习题 13.5 图

6. 如习题 13.6 图所示超静定刚架，试用对称性绘制内力图。

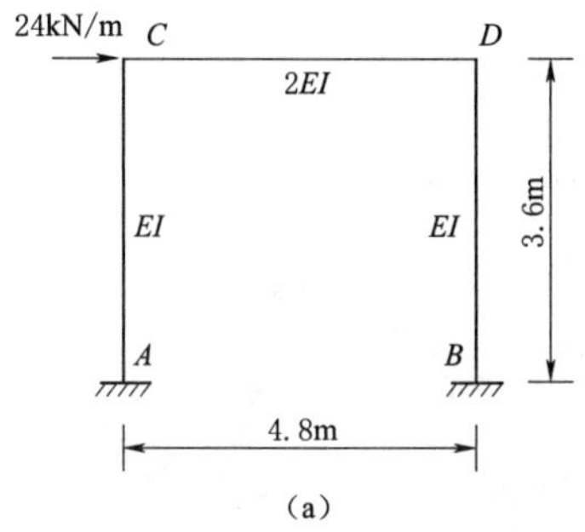

(a)

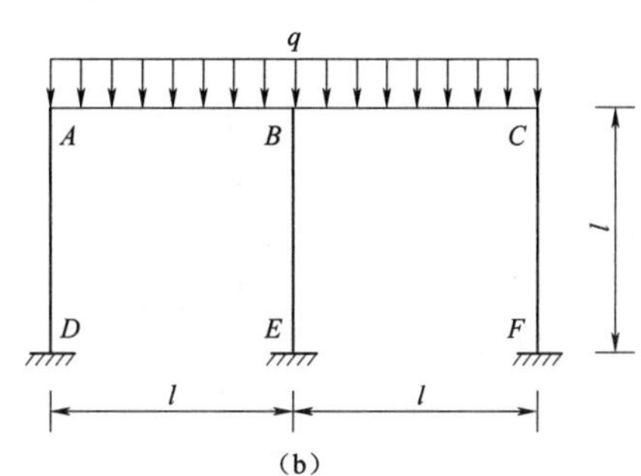

(b)

习题 13.6 图

7. 如习题 13.7 图所示超静定梁，试用位移法绘制内力图。

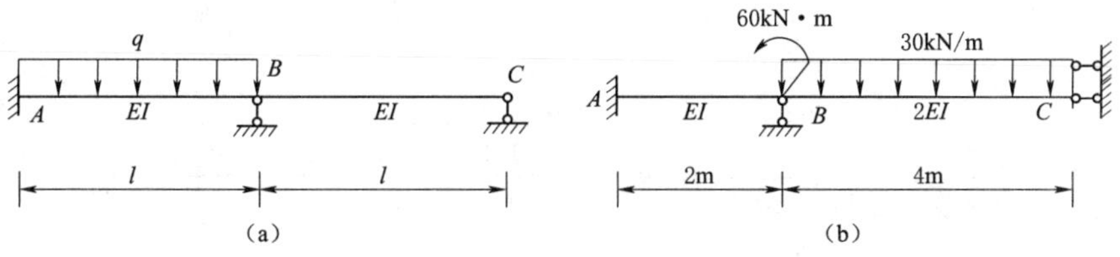

(a) (b)

习题 13.7 图

8. 如习题 13.8 图所示超静定刚架，试用位移法绘制内力图。

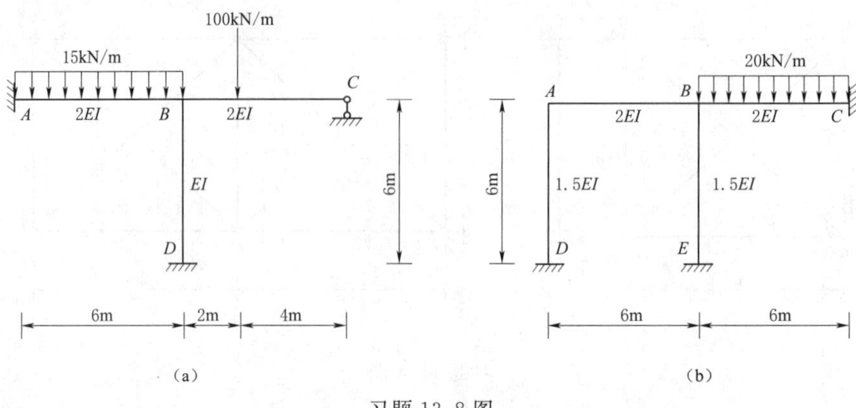

(a) (b)

习题 13.8 图

9. 如习题 13.9 图所示超静定刚架，试用位移法绘制弯矩图。

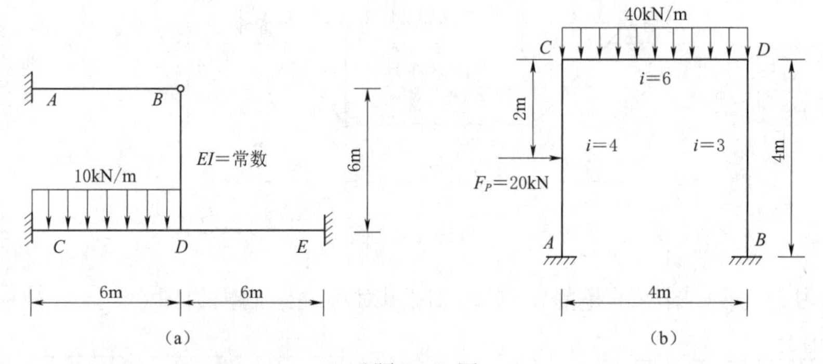

(a) (b)

习题 13.9 图

10. 如习题 13.10 图所示超静定梁，试用力矩分配法绘制弯矩图。

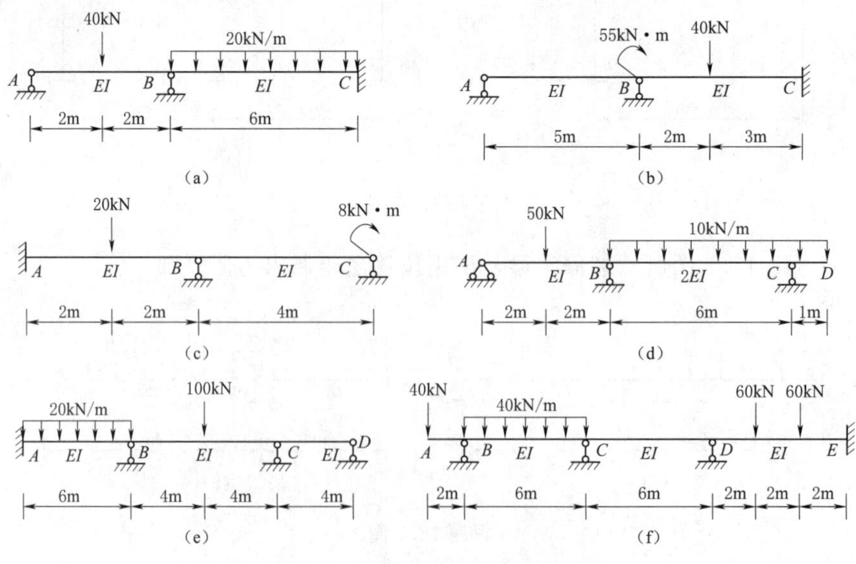

(a) (b) (c) (d) (e) (f)

习题 13.10 图

11. 如习题 13.11 图所示超静定刚架，试用力矩分配法绘制弯矩图。

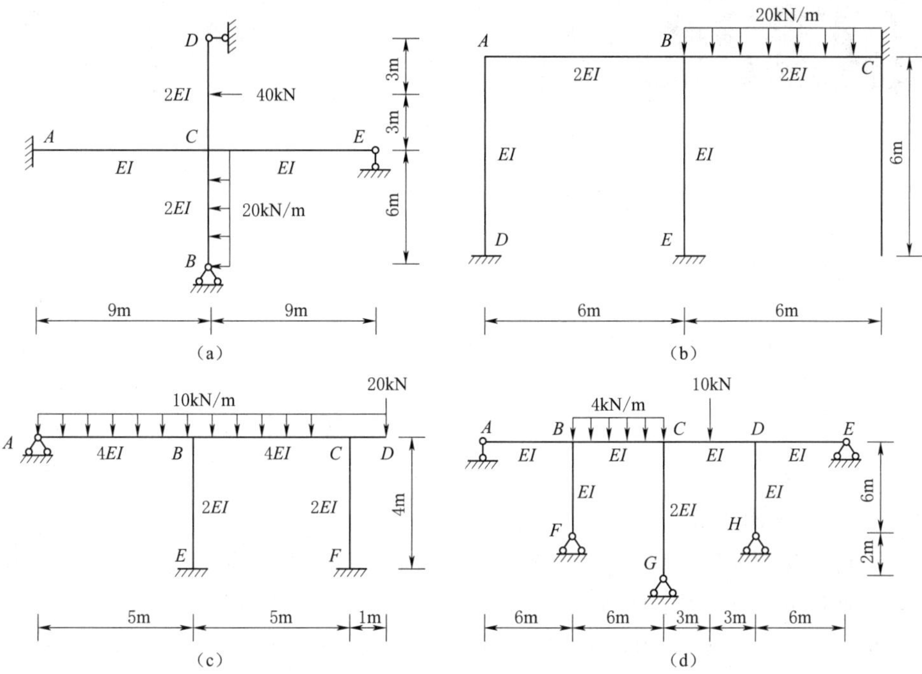

习题 13.11 图

12. 如习题 13.12 图所示超静定排架，试联合应用位移法和力矩分配法绘制弯矩图。

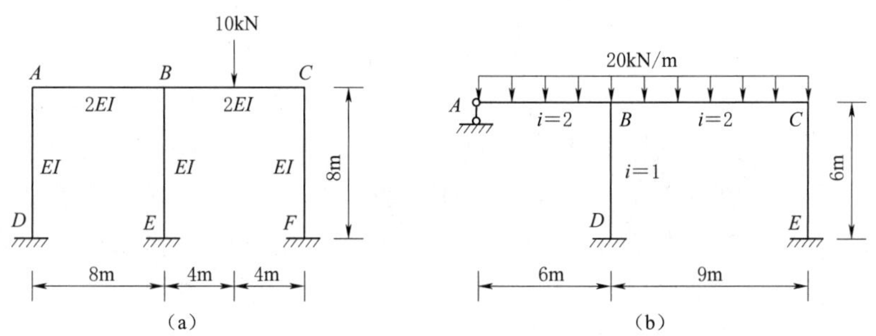

习题 13.12 图

第 14 章

影响线和包络图

影响线和包络图

14.1 影　响　线

14.1.1 影响线的概念

当结构承受恒载时，结构的反力和各个截面的内力应是定值。当结构承受活载时，也就是说荷载在结构上移动，此时结构上的反力和内力也会发生变化。例如，桥梁上行驶的汽车，轨道上行驶的火车、吊梁上移动的吊车等，这些荷载的作用点在结构上不断移动，因而结构的反力和内力也将随荷载移动而变化，为此需要研究结构的内力变化的范围和规律，以便深入了解活载对结构的影响。

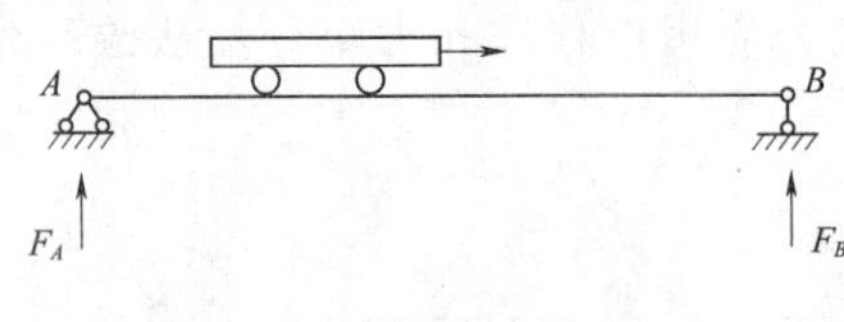

图 14.1

如图 14.1 所示简支梁，梁上小车由左向右行驶，反力 F_A 将逐渐减小，而反力 F_B 却逐渐增大。因此，在研究移动荷载对结构的影响时，一次只宜对一个截面的某一量值进行讨论。显然，想要求出某处的某一量值的最大值，必须先确定产生这种最大值的荷载位置，这一荷载位置称为该量值的最不利荷载位置。在工程实际中，由于结构所受荷载分布较为复杂，荷载类型较为多样，因此，我们研究一个集中力 $F_P=1$ 在结构上移动时对某一量值的影响。

如图 14.2 所示简支梁，当荷载 $F_P=1$ 分别移动到 A、1、2、3、B（各点等分）时，反力 F_A 的数值分别是 1、3/4、1/2、1/4、0。如果以横坐标表示荷载 $F_P=1$ 的位置，以纵坐标表示 F_A 的数值，则可将 F_A 的数值在水平的基线上用竖标绘出，用曲线将竖标各个顶点连接形成封闭图形，这个图形就表示 $F_P=1$ 在梁上移动时 F_A 的变化规律，此图也称为 F_A 的影响线。

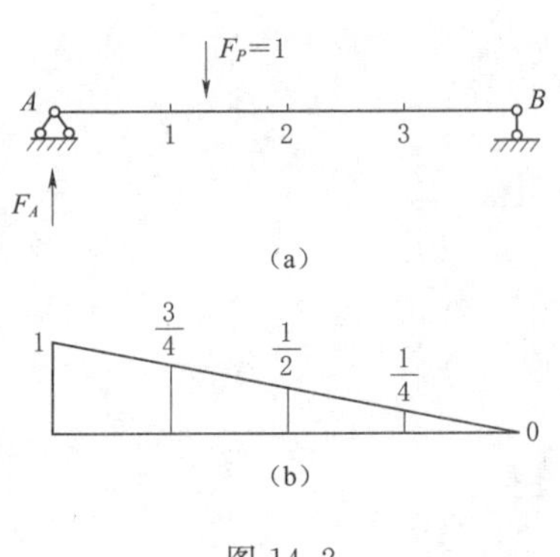

图 14.2

因此，影响线是指当方向不变的集中荷载沿结构移动时，对结构某一处的某一量值（反力、内力、位移等）的影响，而形成反映量值变化规律的图形。研究此目的是找出影响结构某一截面的最不利荷载的位置。例如，对于单跨简支梁而言，最不利截面位于中部，那么影响线的研究就能够解决简支梁最不利截面的最不利荷载的位置，从而提出科学的改进措施。

14.1.2 影响线的绘制

14.1.2.1 用静力法作影响线

静力法就是以单位移动荷载 $F=1$ 的作用位置 x 为自变量，利用静力平衡条件求出某量值与 x 的函数关系式，再据此作出影响线的方法。

（1）简支梁的影响线。

1）反力影响线。

如图 14.3（a）所示简支梁，作支座反力 F_{Ay}、F_{By} 的影响线。选取 A 点为坐标原点，以梁轴线为 x 轴，设 $F=1$ 作用位置为 x，显然 $x\in[0,\ l]$。设支座反力向上为正，由梁整体的平衡条件

$$\sum M_B=0 \quad 得 \quad F_{Ay}=\frac{l-x}{l}$$

$$\sum M_A=0 \quad 得 \quad F_{By}=\frac{l-x}{l}$$

上两式分别为反力 F_{Ay}、F_{By} 的影响线方程。由方程可绘出 F_{Ay}、F_{By} 的影响线，如图 14.3（d）、图 14.3（e）所示。作影响线时，通常规定正值画在基线的上方，负值画在基线的下方，并标出正负号。

2）弯矩影响线。

作简支梁截面 K 的弯矩影响线，弯矩规定以下侧纤维受拉为正。由于单位移动荷载 $F=1$ 在 K 截面左边和右边时，M_K 的表达式不同，故应分别考虑，分段列出影响线方程。

当 $F=1$ 在 AK 段移动时，取 K 截面右边为隔离体，如图 14.3（b）所示。由 $\sum M_K=0$ 得 M_K 影响线方程

$$M_K=F_{By}\cdot b=\frac{x}{l}\cdot b \quad (0\leqslant x\leqslant a)$$

当 $F=1$ 在 KB 段移动时，取 K 截面左边即 AK 段为隔离体，可得 M_K 影响线方程

$$M_K=F_{Ay}\cdot a=\frac{x}{l}\cdot a \quad (a\leqslant x\leqslant l)$$

作 M_K 影响线，如图 14.3（f）所示。由图可见，M_K 影响线由左、右两段直线组成，并形成一个三角形。当 $F=1$ 移动到 K 截面时，弯矩 M_K 为极大值$\frac{ab}{l}$。

3）剪力影响线。

作简支梁截面 K 的剪力影响线，剪力正负号规定同前面的弯矩影响线一样，需分段列出剪力影响线方程。

当 $F=1$ 在 AK 段移动时，取 KB 段为隔离体，如图 14.3（b）所示。由 $\sum F_y=$

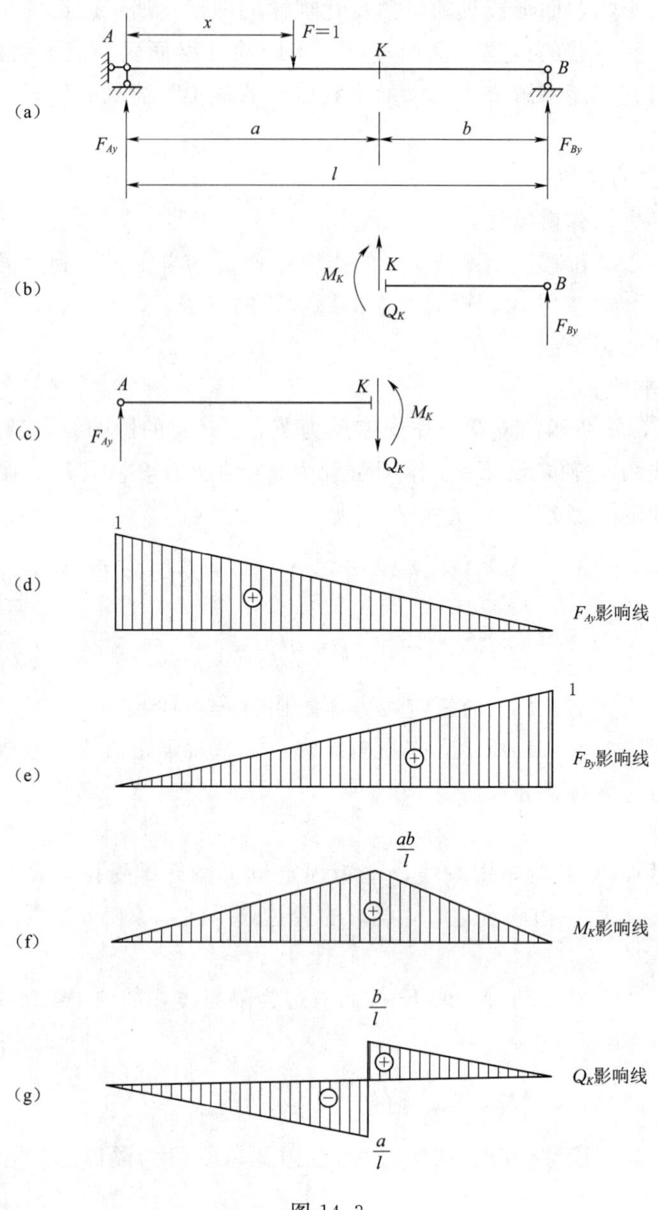

图 14.3

0，得 Q_K 的影响线方程

$$Q_K=-F_{By}=-\frac{x}{l}\quad (0\leqslant x\leqslant a)$$

当 $F=1$ 在 KB 段移动时，取 AK 段为隔离体，如图 14.3（c）所示。由 $\sum F_y=0$，得 Q_K 的影响线方程

$$Q_K=-F_{Ay}=\frac{x-x}{l}\quad (a\leqslant x\leqslant l)$$

Q_K 影响线由左、右两段互相平行的直线段组成，绘出影响线如图 14.3（g）所示。

影响线在 K 点处有突变，表明 $F=1$ 由 K 截面的左侧移动到右侧时，Q_K 发生了突变，突变值等于1。而当 $F=1$ 正好作用于 K 点时，Q_K 的值是不确定的。

(2) 外伸梁影响线。

1) 反力影响线。

要作如图14.4 (a) 所示外伸梁支座反力的影响线，仍选 A 为坐标原点，由平衡条件 $\sum M_B=0$ 和 $\sum M_A=0$ 得两支座反力 F_{Ay}、F_{By} 的影响线方程为

$$F_{Ay}=\frac{l-x}{l} \quad F_{By}=\frac{x}{l}$$

可见方程与相应简支梁的反力影响线方程完全相同，反力影响线如图14.4 (b) 和图14.4 (c) 所示。很明显，简支梁的反力影响线向外伸部分延长，即得到外伸梁的反力影响线。

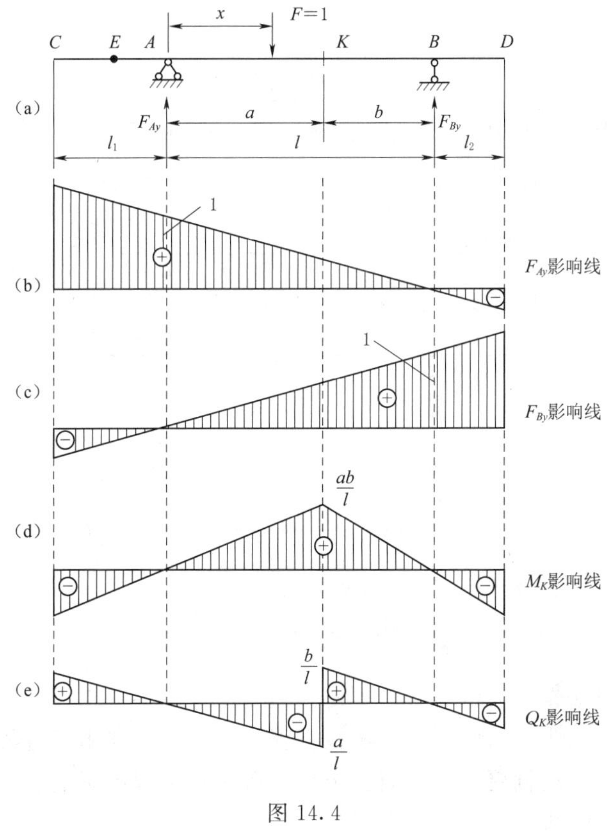

图14.4

2) 跨间各截面内力影响线。

如图14.4 (a) 所示，K 截面在 AB 段内，现讨论 M_K、Q_K 的影响线。

按简支梁求弯矩和剪力影响线方程同样的方法可求出

$$\begin{cases} M_K=\dfrac{b}{l}\cdot x & (-l_1\leqslant x\leqslant a) \\ M_K=\dfrac{l-x}{l}\cdot a & (a\leqslant x<l+l_2) \end{cases}$$

$$\begin{cases} Q_K = -\dfrac{X}{l} & (-l_1 \leqslant x \leqslant a) \\ Q_K = \dfrac{l-x}{l} & (a \leqslant x < l + l_2) \end{cases}$$

外伸梁影响线方程与简支梁的方程形式完全相同，影响线如图 14.4（d）和图 14.4（e）所示。与图 14.3 比较发现，简支梁的弯矩和剪力影响线向外伸部分延长即得外伸梁的影响线。

3）外伸部分内力影响线。

现作外伸部分 CA 段上 E 截面的 M_E、Q_E 影响线。以 E 截面为坐标原点，$F=1$ 作用点到 E 的距离为 x，如图 14.5（a）所示。

当 $F=1$ 在 CE 段上时，有

$$M_E = -x \quad Q_E = -1$$

当 F_{By} 在 ED 段上时，有

$$M_E = 0 \quad Q_E = 0$$

由此可作出 M_E、Q_E 的影响线，如图 14.5（b）和图 14.5（c）所示。

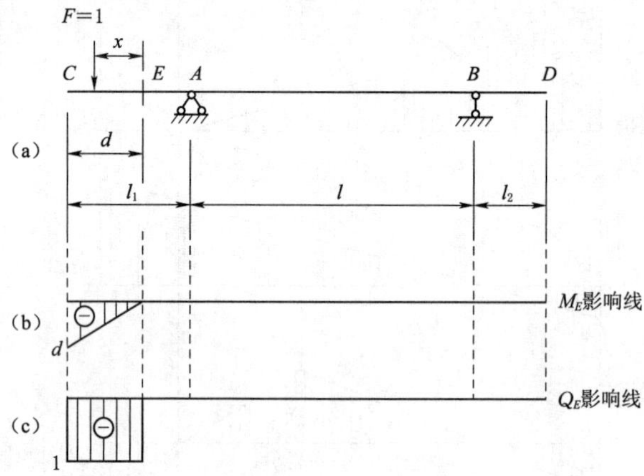

图 14.5

14.1.2.2 用机动法作影响线

用静力法作影响线，需要先求影响线方程，而后才能作出相应的图形。特别是当结构较复杂时，静力法就更烦琐，而且工程上有时只需画出影响线的轮廓即可，此时常采用机动法作影响线。

机动法就是依据虚功原理，把作影响线的静力问题转化为作位移图的几何问题。下面以简支梁和多跨多跨静定梁为例简要介绍绘制影响线的机动法。

（1）简支梁。

1）反力影响线。

简支梁如图 14.6（a）所示，绘制 F_{By} 的影响线。先解除 B 点约束，代以约束反力 F_{By}，如图 14.6（b）所示。其次，令梁 B 端沿反力正方向产生一个微小的单位虚位移 $\delta=1$，$F=1$ 作用点相应的虚位移为 δ_P，如图 14.6（c）所示。根据刚体的虚功

原理，得

$$F_{By} \cdot \delta + (-F \cdot \delta_P) = 0$$

于是

$$F_{By} = \frac{F\delta_P}{\delta} = \delta_P = \frac{x}{l}$$

可见，令 B 点的虚位移等于 1 时的位移图就是 F_{By} 的影响线。

2）弯矩影响线。

要作 M_C 影响线，首先解除 C 截面处与弯矩相应的约束，即在 C 截面处视为铰接，并在铰两边加上正弯矩 M_C，如图 14.7（b）所示。让铰两侧截面沿 M_C 正向做相对微小转动，当相对转角 $\theta = \alpha + \beta = 1$ 时，由虚功原理，得

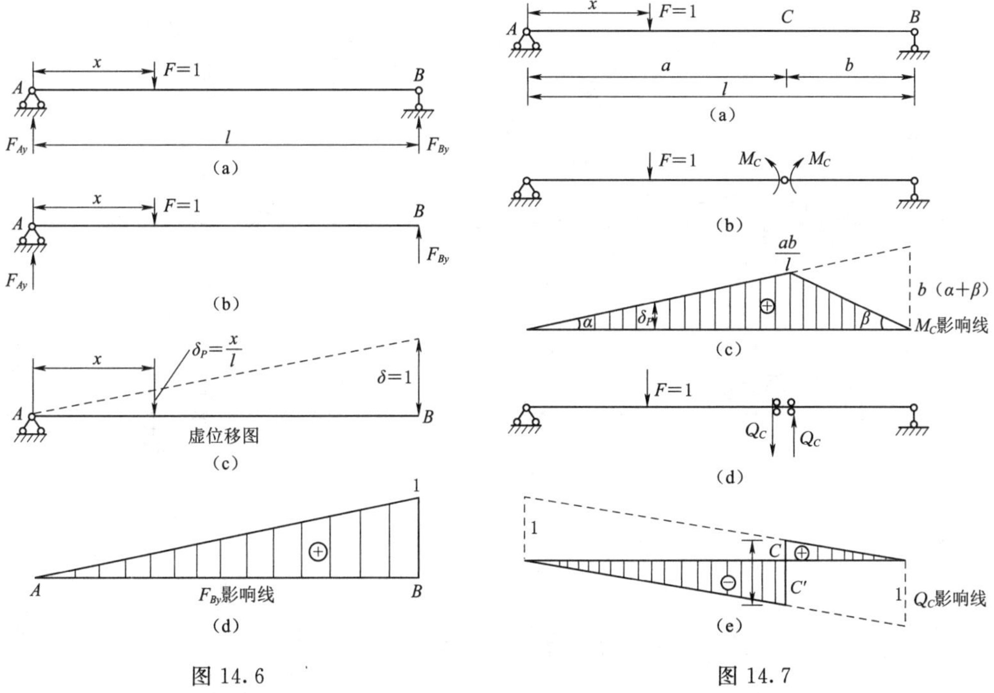

图 14.6　　图 14.7

$$M_C(\alpha + \beta) + (F\delta_P) = 0$$

所以

$$M_C = \delta_P$$

由此得到位移图并标上纵标和正负号，这就是 M_C 影响线，如图 14.7（c）所示。

3）剪力影响线。

要作 Q_C 影响线，首先解除 C 截面处与剪力相应的约束，即将截面 C 切开，在切口处用两个与梁轴平行且等长的链杆相连，并加上一对正剪力 Q_C，如图 14.7（d）所示。当 C 截面两侧的相对位移 $\Delta = 1$ 时，这时梁的位移图就是 Q_C 的影响线，如图 14.7（e）所示。

（2）多跨静定梁。

作如图 14.8（a）所示多跨静定梁 F_{By} 的影响线，先解除 B 支座并代以反力 F_{By}，令 B 点沿 F_{By} 正向产生单位位移 $\delta = 1$，因解除一个约束使多跨静定梁变成具有

一个自由度的几何可变体系，故可得到如图 14.8（b）所示的位移图，标上纵标和正负号，即为 F_{By} 的影响线。M_1 与 Q_1 影响线的做法与简支梁的基本相同，如图 14.8（d）和图 14.8（c）所示。

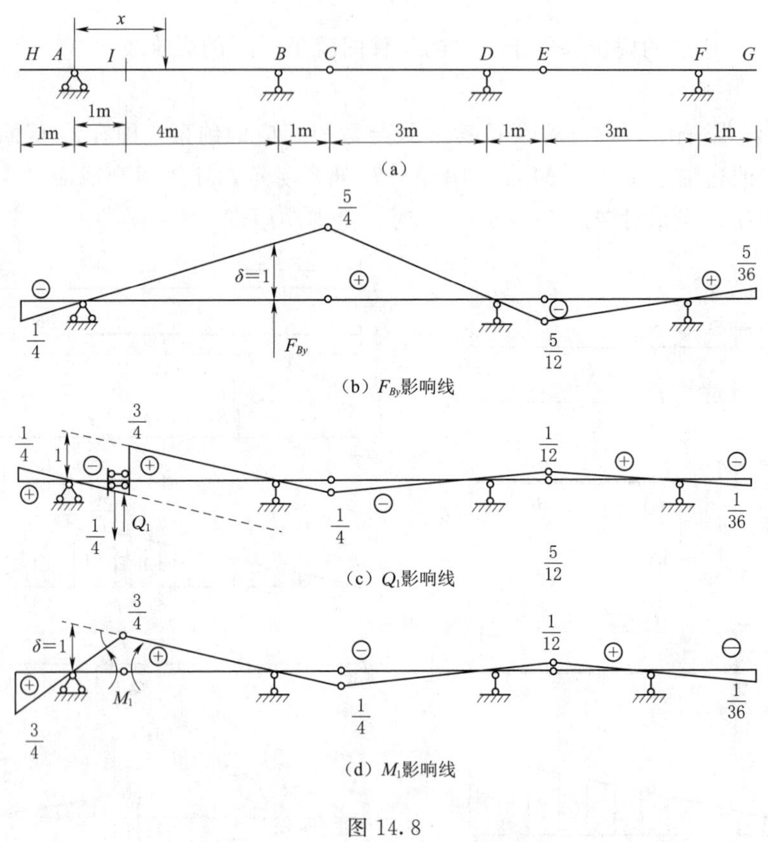

图 14.8

14.2 包　络　图

14.2.1 包络图的概念

在设计承受移动荷载的结构时，必须求出各截面上内力的最大值。用确定最不利荷载位置进而求某量值最大值的方法，可以求出简支梁任一截面的最大内力值。如果把梁上各截面内力的最大值按同一比例标在图上，并连成曲线，这一曲线即称为内力包络图。显然，梁的内力包络图有两种：弯矩包络图和剪力包络图。包络图表示各截面内力变化的极限，它是结构设计中的主要依据，在吊车梁、桥梁等工程的设计中应用很多。

14.2.2 包络图的绘制

14.2.2.1 简支梁的内力包络图

绘制梁的弯矩包络图时，一般将梁分成若干等分，对每一等分点所在截面利用影响线求出其最大弯矩，用竖标标出，连成曲线，就得到该梁的弯矩包络图。

【例 14.1】 一跨度为12m的简支梁AB，其上作用有吊车荷载，如图14.9（a）所示。两台吊车传来的最大轮压为280kN，轮距为4.8m，两台吊车并行的最小间距为1.44m。试绘制梁的弯矩包络图和剪力包络图。

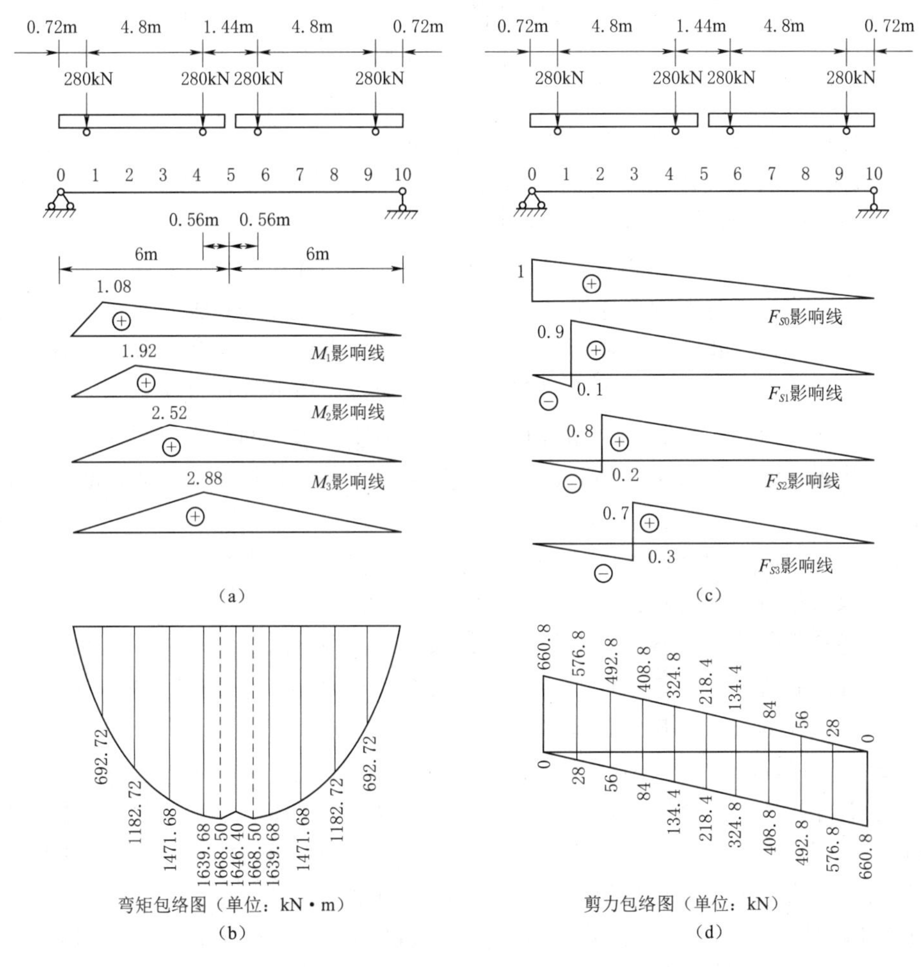

图 14.9

解：将梁分成10等分，计算各等分点截面的最大弯矩和剪力。为此，先绘出各个截面的弯矩和剪力影响线，如图14.9（a）和图14.9（c）所示。由于对称，可取半跨计算。

$$M_1=280\times(1.080+0.938+0.456)=692.72\text{kN}\cdot\text{m}$$

$$M_2=280\times(1.920+1.632+0.672)=1182.72\text{kN}\cdot\text{m}$$

$$M_3=280\times(2.520+2.088+0.648)=1471.68\text{kN}\cdot\text{m}$$

$$M_4=280\times(2.016+2.880+0.960)=1639.68\text{kN}\cdot\text{m}$$

将以上结果用曲线相连，即得弯矩包络图，如图14.9（b）所示。

同理，还可求出剪力包络图，如图14.9（d）所示。

包络图表示各个截面内力变化的极值，在设计中十分重要。弯矩包络图中最高的竖标称为绝对最大弯矩，例如图 14.9（b）中的 1668.50kN·m，它表示在移动荷载作用下梁内可能出现的最大弯矩。

14.2.2.2 连续梁的内力包络图

工程中的板、次梁和主梁，一般都按连续梁进行计算。这些连续梁受到恒载和活载的共同作用，故设计时必须考虑两者的共同影响。把连续梁上各截面的最大内力和最小内力用图形表示出来，就得到连续梁的内力包络图。

在计算连续梁各截面内力时，常将恒载和活载的影响分别考虑，然后再叠加。由于恒载所产生的内力是固定不变的，而活载所引起的内力则随活载分布的不同而改变。因此，求梁各截面最大内力和最小内力的关键在于确定活载的影响。

连续梁承受均布活载作用时，其各截面弯矩的最不利荷载位置是在若干跨内布满荷载。因此，连续梁各截面弯矩的最大值或最小值可由某几跨单独布满活载时的弯矩叠加得到。即将每一跨单独布满活载的情况逐一作出弯矩图，然后对任一截面，将所有弯矩图中对应的正弯矩值相加，得到该截面在活载作用下的最大正弯矩；若将所有弯矩图中对应的负弯矩值相加，则得到该截面在活载作用下的最大负弯矩。

综上分析，绘制连续梁在恒载及可任意布置的均布活载作用下的弯矩包络图的步骤为：

（1）作出恒载作用下的弯矩图。

（2）依次作每一跨上单独布满活载时的弯矩图。

（3）将各跨分为若干等分，对每一等分截面处，将恒载弯矩图中该截面的纵坐标值和所有各活载弯矩图中该截面所对应的正的纵坐标值（或负的纵坐标值）相叠加，便可得到该截面的最大弯矩值（或最小弯矩值）。

（4）将上述各最大、最小弯矩值在图中标出并连成曲线，便得到所求的弯矩包络图。

按绘制连续弯矩包络图相同的方法，可作出剪力包络图。但由于设计时主要用到支座附近截面上的剪力值，故通常是将靠近支座处截面上的最大、最小剪力值求出，而在每跨中以直线相连，近似地作为所求的剪力包络图。

【例 14.2】 如图 14.10（a）所示三跨等截面连续梁，已知梁承受的恒载为 $q=20\text{kN/m}$，活载为 $p=37.5\text{kN/m}$。试作梁的弯矩包络图和剪力包络图。

解： 由题意可知。

（1）作弯矩包络图

1）用力矩分配法作出恒载作用下的弯矩图，如图 14.10（b）所示。

2）每跨分别承受活载时的弯矩图，如图 14.10（c）、图 14.10（d）、图 14.10（e）所示。

3）将梁的每一跨四等分，求出各弯矩图中等分点的纵坐标值。然后，将图 14.10（b）中的纵坐标值和图 14.10（c）、图 14.10（d）、图 14.10（e）中对应的正（负）纵坐标值相加得到最大（最小）弯矩值。

例如，在支座 1 处

$$M_{1\max}=(-32.0)+10.0=-22.0\text{kN/m}$$

$$M_{1\min}=(-32.0)+(-40.0)+(-30.0)=-102.0\text{kN/m}$$

对 01 跨中间截面 A 处

$$M_{Amax}=24.0+55.0+5.0=84.0\text{kN/m}$$

$$M_{Amin}=24.0+(-15.0)=9.0\text{kN/m}$$

4）把各个最大、最小弯矩值分别用曲线相连，即为弯矩包络图，如图 14.10（f）所示。

（2）作剪力包络图

1）作恒载作用下的剪力图，如图 14.11（a）所示。

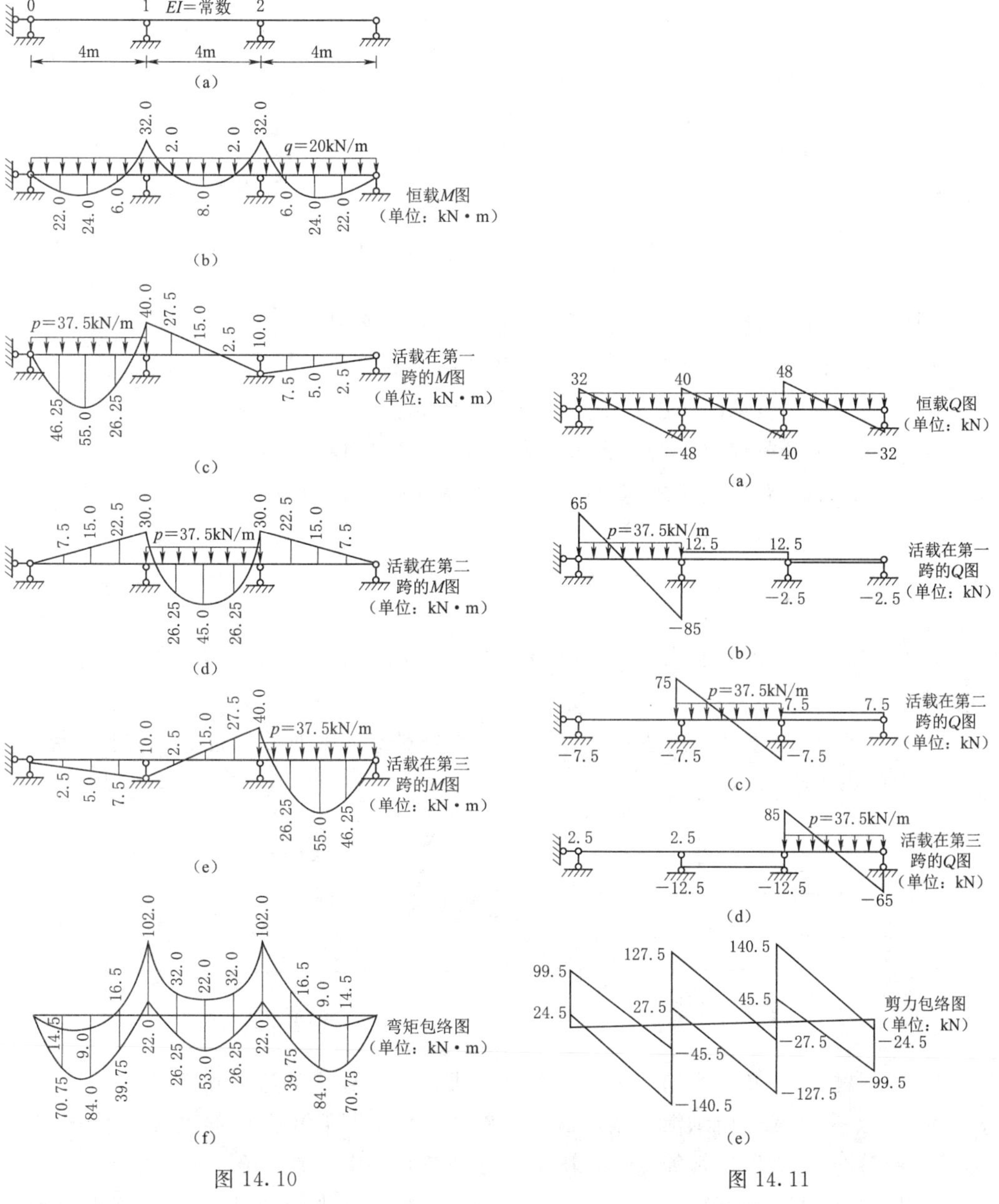

图 14.10　　　　图 14.11

2）分别作出各跨单独布满活载时的剪力图，如图 14.11（b）、图 14.11（c）、图 14.11（d）所示。

3）将图 14.11（a）恒载作用下各支座左、右两边截面处的剪力纵坐标值，分别与图 14.11（b）、图 14.11（c）、图 14.11（d）中对应的正（负）纵坐标值相加，便得到最大（最小）剪力值。例如，在支座 2 左侧截面上

$$Q_{2\max}^{左}=-40+12.5=-27.5\text{kN}$$

$$Q_{2\min}^{左}=(-40.0)+(-75.0)+(12.5)=-127.5\text{kN}$$

4）工程中把各支座两边截面上的最大剪力值和最小剪力值分别连以直线，得到近似的剪力包络图，如图 14.11（e）所示。

思考题

1. 什么是影响线？它的横坐标和纵坐标各代表什么物理意义？各有什么样的单位？

2. 内力图和内力影响线有什么区别？它们各有什么用处？

3. 试述如何用静力法作静定梁上某面的弯矩影响线？

4. 试述如何用机动法作静定梁某量值的影响线？

5. 何谓最不利荷载位置？什么叫临界荷载和临界位置？

6. 简支梁的绝对最大弯矩与跨中截面的最大弯矩是否相等？

练习题

1. 如习题 14.1 图所示悬臂梁，试用静力法分别绘制 A 点、C 点的弯矩和剪力的影响线。

2. 如习题 14.2 图所示简支梁，试用机动法分别绘制 A 处支座反力、截面 C 的弯矩和剪力的影响线。

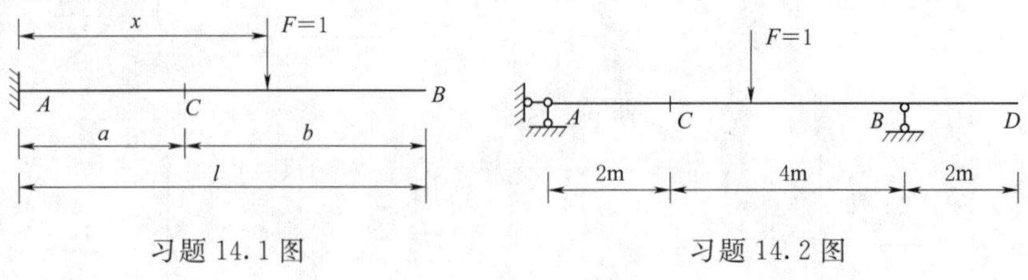

习题 14.1 图　　　　习题 14.2 图

3. 如习题 14.3 图所示简支梁，试用影响线计算截面 C 的弯矩和剪力。

4. 如习题 14.4 图所示简支梁，试求在移动荷载作用下截面 C 的最大弯矩。

5. 如习题 14.5 图所示简支梁，试求在移动荷载作用下梁的绝对最大弯矩。

6. 如习题 14.6 图所示连续梁，已知各跨承受均布恒载 $q=10\text{kN/m}$，EI 为常数。试绘制弯矩包络图和剪力包络图。

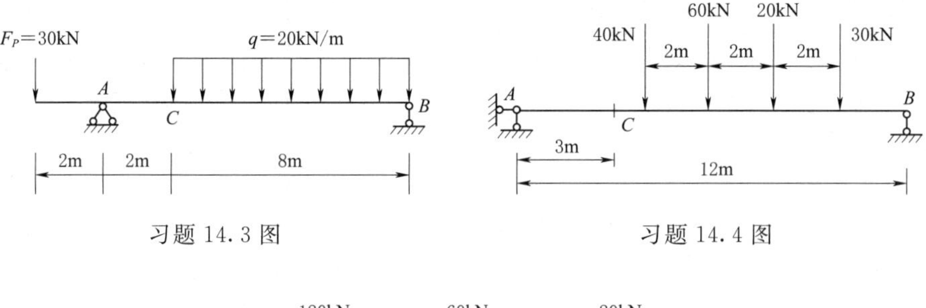

习题 14.3 图　　　　习题 14.4 图

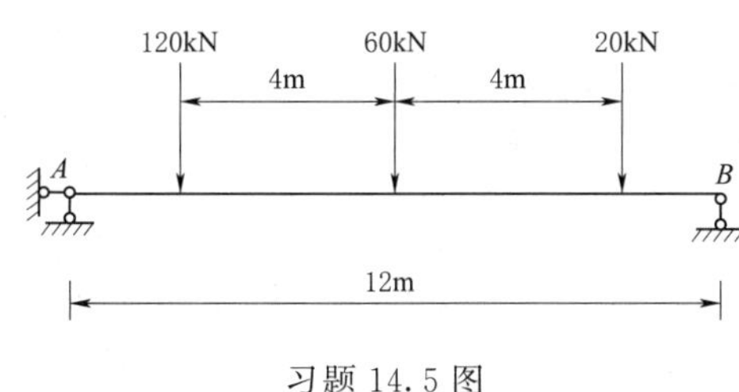

习题 14.5 图

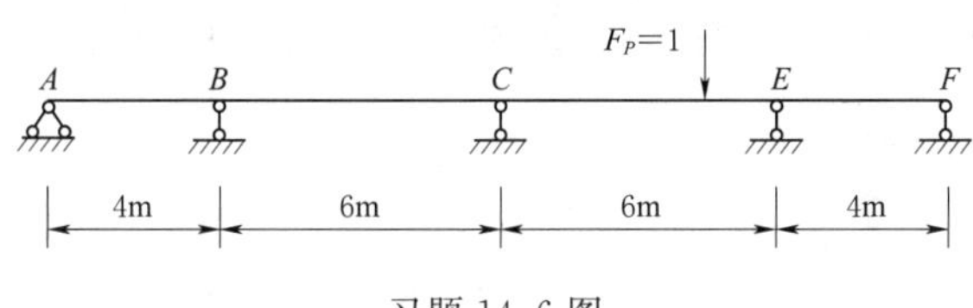

习题 14.6 图

附录 型钢表

附表 1

热轧等边角钢（GB/T 9787—1988）

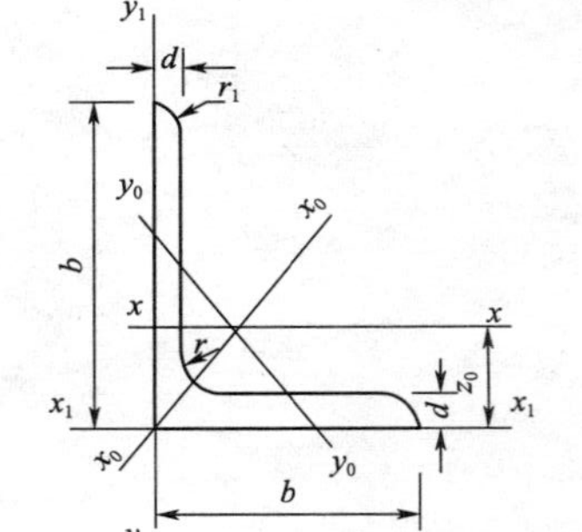

符号意义：b——边宽度；　　I——惯性矩；

d——边厚度；　　i——惯性半径；

r——内圆弧半径；　　W——截面系数；

r_1——边端内圆弧半径；　　z_0——重心距离。

角钢号数	尺寸/mm			截面面积/cm²	理论重量/(kg/m)	外表面积/(m²/m)	参考数值										z_0/cm
							$x-x$			x_0-x_0			y_0-y_0			x_1-x_1	
	b	d	r				I_x/cm⁴	i_x/cm	W_x/cm³	I_{x_0}/cm⁴	i_{x_0}/cm	W_{x_0}/cm³	I_{y_0}/cm⁴	I_{y_0}/cm	W_{y_0}/cm³	I_{x_1}/cm⁴	
2	20	3	3.5	1.132	0.889	0.078	0.40	0.59	0.29	0.63	0.75	0.45	0.17	0.39	0.20	0.81	0.60
		4		1.459	1.145	0.077	0.50	0.58	0.36	0.78	0.73	0.55	0.22	0.38	0.24	1.09	0.64
2.5	25	3		1.432	1.124	0.098	0.82	1.76	0.46	1.29	0.95	0.73	0.34	0.49	0.33	1.57	0.73
		4		1.859	1.459	0.097	1.03	0.74	0.59	1.62	0.93	0.92	0.43	0.48	0.40	2.11	0.76

续表

角钢号数	尺寸/mm			截面面积/cm^2	理论重量/(kg/m)	外表面积/(m^2/m)	参考数值										z_0/cm
							$x-x$			x_0-x_0			y_0-y_0			x_1-x_1	
	b	d	r				I_x/cm^4	i_x/cm	W_x/cm^3	I_{x_0}/cm^4	i_{x_0}/cm	W_{x_0}/cm^3	I_{y_0}/cm^4	i_{y_0}/cm	W_{y_0}/cm^3	I_{x_1}/cm^4	
3.0	30	3	4.5	1.749	1.373	0.117	1.46	0.91	0.68	2.31	1.15	1.09	0.61	0.59	0.51	2.71	0.85
		4		2.276	1.786	0.117	1.84	0.90	0.87	2.92	1.13	1.37	0.77	0.58	0.62	3.63	0.89
3.6	36	3		2.109	1.656	0.141	2.58	1.11	0.99	4.09	1.39	1.61	1.07	0.71	0.76	4.68	1.00
		4		2.756	2.163	0.141	3.29	1.09	1.28	5.22	1.38	2.05	1.37	0.70	0.93	6.25	1.04
		5		3.382	2.654	0.141	3.95	1.08	1.56	6.24	1.36	2.45	1.65	0.70	1.09	7.84	1.07
4.0	40	3	5	2.359	1.852	0.157	3.59	1.23	1.23	5.69	1.55	2.01	1.49	0.79	0.96	6.41	1.09
		4		3.086	2.422	0.157	4.60	1.22	1.60	7.29	1.54	2.58	1.91	0.79	1.19	8.56	1.13
		5		3.791	2.976	0.156	5.53	1.21	1.96	8.76	1.52	3.10	2.30	0.78	1.39	10.74	1.17
4.5	45	3		2.659	2.088	0.177	5.17	1.40	1.58	8.20	1.76	2.58	2.14	0.89	1.24	9.12	1.22
		4		3.486	2.736	0.177	6.65	1.38	2.05	10.56	1.74	3.32	2.75	0.89	1.54	12.18	1.26
		5		4.292	3.369	0.176	8.04	1.37	2.51	12.74	1.72	4.00	3.33	0.88	1.81	15.25	1.30
		6		5.076	3.985	0.176	9.33	1.36	2.95	14.76	1.70	4.64	3.89	0.88	2.06	18.36	1.33
5	50	3	5.5	2.971	2.332	0.197	7.18	1.55	1.96	11.37	1.96	3.22	2.98	1.00	1.57	12.50	1.34
		4		3.897	3.059	0.197	9.26	1.54	2.56	14.70	1.94	4.16	3.82	0.99	1.96	16.69	1.38
		5		4.803	3.770	0.196	11.21	1.53	3.13	17.79	1.92	5.03	4.64	0.98	2.31	20.90	1.42
		6		5.688	4.465	0.196	13.05	1.52	3.68	20.68	1.91	5.85	5.42	0.98	2.63	25.14	1.46
5.6	56	3	6	3.343	2.624	0.221	10.19	1.75	2.48	16.14	2.20	4.08	4.24	1.13	2.02	17.56	1.48
		4		4.390	3.446	0.220	13.18	1.73	3.24	20.92	2.18	5.28	5.46	1.11	2.52	23.43	1.53
		5		5.415	4.251	0.220	16.02	1.72	3.97	25.42	2.17	6.42	6.61	1.10	2.98	29.33	1.57
		8		8.367	6.568	0.219	23.63	1.68	6.03	37.37	2.11	9.44	9.89	1.09	4.16	47.24	1.68

续表

角钢号数	尺寸/mm			截面面积/cm^2	理论重量/(kg/m)	外表面积/(m^2/m)	参考数值										z_0/cm
							$x-x$			x_0-x_0			y_0-y_0			x_1-x_1	
	b	d	r				I_x/cm^4	i_x/cm	W_x/cm^3	I_{x_0}/cm^4	i_{x_0}/cm	W_{x_0}/cm^3	I_{y_0}/cm^4	i_{y_0}/cm	W_{y_0}/cm^3	I_{x_1}/cm^4	
6.3	63	4	7	4.978	3.907	0.248	19.03	1.96	4.13	30.17	2.46	6.78	7.89	1.26	3.29	33.35	1.70
		5		6.143	4.822	0.248	23.17	1.94	5.08	36.77	2.45	8.25	9.57	1.25	3.90	41.73	1.74
		6		7.288	5.721	0.247	27.12	1.93	6.00	43.03	2.43	9.66	11.20	1.24	4.46	50.14	1.78
		8		9.515	7.469	0.247	34.46	1.90	7.75	54.56	2.40	12.25	14.33	1.23	5.47	67.11	1.85
		10		11.657	9.151	0.246	41.09	1.88	9.39	64.85	2.36	14.56	17.33	1.22	6.36	84.31	1.93
7	70	4	8	5.570	4.372	0.275	26.39	2.18	5.14	41.80	2.74	8.44	10.99	1.40	4.17	45.74	1.86
		5		6.875	5.397	0.275	32.21	2.16	6.32	51.08	2.73	10.32	13.34	1.39	4.95	57.21	1.91
		6		8.160	6.406	0.275	37.77	2.15	7.48	59.93	2.71	12.11	15.61	1.38	5.67	68.73	1.95
		7		9.424	7.398	0.275	43.09	2.14	8.59	68.35	2.69	13.81	17.82	1.38	6.34	80.29	1.99
		8		10.667	8.373	0.274	48.17	2.12	9.68	76.37	2.68	15.43	19.98	1.37	6.98	91.92	2.03
7.5	75	5	9	7.412	5.818	0.295	39.97	2.33	7.32	63.30	2.92	11.94	16.63	1.50	5.77	70.56	2.04
		6		8.797	6.905	0.294	46.95	2.31	8.64	74.38	2.90	14.02	19.51	1.49	6.67	84.55	2.07
		7		10.160	7.976	0.294	53.57	2.30	9.93	84.96	2.89	16.02	22.18	1.48	7.44	98.71	2.11
		8		11.503	9.030	0.294	59.96	2.28	11.20	95.07	2.88	17.93	24.86	1.47	8.19	112.97	2.15
		10		14.126	11.089	0.293	71.98	2.26	13.64	113.92	2.84	21.48	30.05	1.46	9.56	141.71	2.22
8	80	5	9	7.912	6.211	0.315	48.79	2.48	8.34	77.33	3.13	13.67	20.25	1.60	6.66	85.36	2.15
		6		9.397	7.376	0.314	57.35	2.47	9.87	90.98	3.11	16.08	23.72	1.59	7.65	102.50	2.19
		7		10.860	8.525	0.314	65.58	2.46	11.37	104.07	3.10	18.40	27.09	1.58	8.58	119.70	2.23
		8		12.303	9.658	0.314	73.49	2.44	12.83	116.60	3.08	20.61	30.39	1.57	9.46	136.97	2.27
		10		15.126	11.874	0.313	88.43	2.42	15.64	140.09	3.04	24.76	36.77	1.56	11.08	171.74	2.35

续表

角钢号数	尺寸/mm			截面面积/cm^2	理论重量/(kg/m)	外表面积/(m^2/m)	参考数值										z_0/cm
							$x-x$			x_0-x_0			y_0-y_0			x_1-x_1	
	b	d	r				I_x/cm^4	i_x/cm	W_x/cm^3	I_{x_0}/cm^4	i_{x_0}/cm	W_{x_0}/cm^3	I_{y_0}/cm^4	i_{y_0}/cm	W_{y_0}/cm^3	I_{x_1}/cm^4	
9	90	6	10	10.637	8.350	0.354	82.77	2.79	12.61	131.26	3.51	20.63	34.28	1.80	9.95	145.87	2.44
		7		12.301	9.656	0.354	94.83	2.78	14.54	150.47	3.50	23.64	39.18	1.78	11.19	170.30	2.48
		8		13.944	10.946	0.353	106.47	2.76	16.42	168.97	3.48	26.55	43.97	1.78	12.35	194.80	2.52
		10		17.167	13.476	0.353	128.58	2.74	20.07	203.90	3.45	32.04	53.26	1.76	14.52	244.07	2.59
		12		20.306	15.940	0.352	149.22	2.71	23.57	236.21	3.41	37.12	62.22	1.75	16.49	293.76	2.67
10	100	6	12	11.932	9.366	0.393	114.95	3.01	15.68	181.98	3.90	25.74	47.92	2.00	12.69	200.07	2.67
		7		13.796	10.830	0.393	131.86	3.09	18.10	208.97	3.89	29.55	54.74	1.99	14.26	233.54	2.71
		8		15.638	12.276	0.393	148.24	3.08	20.47	235.07	3.88	33.24	61.41	1.98	15.75	267.09	2.76
		10		19.261	15.120	0.392	179.51	3.05	25.06	284.68	3.84	40.26	74.35	1.96	18.54	334.48	2.84
		12		22.800	17.898	0.391	208.90	3.03	29.48	330.95	3.81	46.80	86.84	1.95	21.08	402.34	2.91
		14		26.256	20.611	0.391	236.53	3.00	33.73	374.06	3.77	52.90	99.00	1.94	23.44	470.75	2.99
		16		29.627	23.257	0.390	262.53	2.98	37.82	414.16	3.74	58.57	110.89	1.94	25.63	539.80	3.06
11	110	7	12	15.196	11.928	0.433	177.16	3.41	22.05	280.94	4.30	36.12	73.38	2.20	17.51	310.64	2.96
		8		17.238	13.532	0.433	199.46	3.40	24.95	316.49	4.28	40.69	82.42	2.19	19.39	355.20	3.01
		10		21.261	16.690	0.432	242.19	3.38	30.60	384.39	4.25	49.42	99.98	2.17	22.91	444.65	3.09
		12		25.200	19.782	0.431	282.55	3.35	36.05	448.17	4.22	57.62	116.93	2.15	26.15	534.60	3.16
		14		29.056	22.809	0.431	320.71	3.32	41.31	508.01	4.18	65.31	133.40	2.14	29.14	625.16	3.24

续表

角钢号数	尺寸/mm			截面面积/cm^2	理论重量/(kg/m)	外表面积/(m^2/m)	参考数值										z_0/cm
							$x-x$			x_0-x_0			y_0-y_0			x_1-x_1	
	b	d	r				I_x/cm^4	i_x/cm	W_x/cm^3	I_{x_0}/cm^4	i_{x_0}/cm	W_{x_0}/cm^3	I_{y_0}/cm^4	I_{y_0}/cm	W_{y_0}/cm^3	I_{x_1}/cm^4	
12.5	125	8	14	19.750	15.504	0.492	297.03	3.88	32.52	470.89	4.88	53.28	123.16	2.50	25.86	521.01	3.37
		10		24.373	19.133	0.491	361.67	3.85	39.97	573.89	4.85	64.93	149.46	2.48	30.62	651.93	3.45
		12		28.912	22.696	0.491	423.16	3.83	41.17	671.44	4.82	75.96	174.88	2.46	35.03	783.42	3.53
		14		33.367	26.193	0.490	481.65	3.80	54.16	763.73	4.78	86.41	199.57	2.45	39.13	915.61	3.61
14	140	10		27.373	21.488	0.551	514.65	4.34	50.58	817.27	5.46	82.56	212.04	2.78	39.20	915.11	3.82
		12		32.512	25.522	0.551	603.68	4.31	59.80	958.79	5.43	96.85	248.57	2.76	45.02	1099.28	3.90
		14		37.567	29.490	0.550	688.81	4.28	68.75	1093.56	5.40	110.47	284.06	2.75	50.45	1284.22	3.98
		16		42.539	33.393	0.549	770.24	4.26	77.46	1221.81	5.36	123.42	318.67	2.74	55.55	1470.07	4.06
16	160	10	16	31.502	24.729	0.630	779.53	4.98	66.70	1237.30	6.27	109.36	321.76	3.20	52.76	1365.33	4.31
		12		37.441	29.391	0.630	916.58	4.95	78.98	1455.68	6.24	128.67	377.49	3.18	60.74	1639.57	4.39
		14		43.296	33.987	0.629	1048.36	4.92	90.95	1665.02	6.02	147.17	431.70	3.16	68.24	1914.68	4.47
		16		49.067	38.518	0.629	1175.08	4.89	102.63	1865.57	6.17	164.89	484.59	3.14	75.31	2190.82	4.55
18	180	12		42.241	33.159	0.710	1321.35	5.59	100.82	2100.10	7.05	165.00	542.61	3.58	78.41	2332.80	4.89
		14		48.896	38.383	0.709	1514.48	5.56	116.25	2407.42	7.02	189.14	625.53	3.56	88.38	2723.48	4.97
		16		55.467	43.542	0.709	1700.99	5.54	131.13	2703.37	6.98	212.40	698.60	3.55	97.83	3115.29	5.05
		18		61.955	48.634	0.708	1875.12	5.50	145.64	2988.24	6.94	234.78	762.01	3.51	105.14	3502.43	5.13
20	200	14	18	54.642	42.894	0.788	2103.55	6.20	144.70	3343.26	7.82	236.40	863.83	3.98	111.82	3734.10	5.46
		16		62.013	48.680	0.788	2366.15	6.18	163.65	3760.89	7.79	265.93	971.41	3.96	123.96	4270.39	5.54
		18		69.301	54.401	0.787	2620.64	6.15	182.22	4164.54	7.75	294.48	1076.74	3.94	135.52	4808.13	5.62
		20		76.505	60.056	0.787	2867.30	6.12	200.42	4554.55	7.72	322.06	1180.04	3.93	146.55	5347.51	5.69
		24		90.661	71.168	0.785	3338.25	6.07	236.17	5294.97	7.64	374.41	1381.53	3.90	166.65	6457.16	5.87

注 截面图中的 $r_1=1/3d$ 及表中 r 值的数据用于孔型设计，不做交货条件。

附表 2

热轧不等边角钢（GB/T 9788—1988）

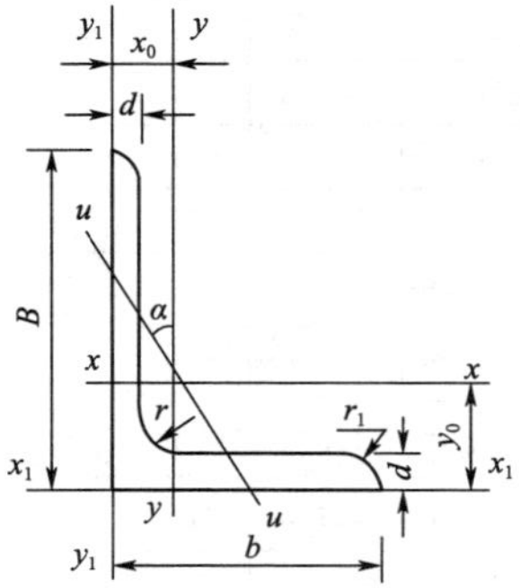

符号意义：B——长边宽度； b——短边宽度；
d——边厚度； r——内圆弧半径；
r_1——边端内圆弧半径； I——惯性矩；
i——惯性半径； W——截面系数；
x_0——重心距离； y_0——重心距离。

角钢号数	尺寸/mm				截面面积/cm^2	理论重量/(kg/m)	外表面积/(m^2/m)	参考数值															
								$x-x$			$y-y$			x_1-x_1		y_1-y_1		$u-u$			
	B	b	d	r				I_x/cm^4	i_x/cm	W_x/cm^3	I_y/cm^4	i_y/cm	W_y/cm^3	I_{x_1}/cm^4	y_0/cm	I_{y_1}/cm^4	x_0/cm	I_M/cm^4	i_m/cm	W_u/cm^3	tan α
2.5/1.6	25	16	3	3.5	1.162	0.912	0.080	0.70	0.78	0.43	0.22	0.44	0.19	1.56	0.86	0.43	0.42	0.14	0.34	0.16	0.392
			4		1.499	1.176	0.079	0.88	0.77	0.55	0.27	0.43	0.24	2.09	0.90	0.59	0.46	0.17	0.34	0.20	0.381
3.2/2	32	20	3		1.492	1.171	0.102	1.53	1.01	0.72	0.46	0.55	0.30	3.27	1.08	0.82	0.49	0.28	0.43	0.25	0.382
			4		1.939	1.522	0.101	1.93	1.00	0.93	0.57	0.54	0.39	4.37	1.12	1.12	0.53	0.35	0.42	0.32	0.374
4/2.5	40	25	3	4	1.890	1.484	0.127	3.08	1.28	1.15	0.93	0.70	0.49	5.39	1.32	1.59	0.59	0.56	0.54	0.40	0.385
			4		2.467	1.936	0.127	3.93	1.26	1.49	1.18	0.69	0.63	8.53	1.37	2.14	0.63	0.71	0.54	0.52	0.381
4.5/2.8	45	28	3	5	2.149	1.687	0.143	4.45	1.44	1.47	1.34	0.79	0.62	9.10	1.47	2.23	0.64	0.80	0.61	0.51	0.383
			4		2.806	2.203	0.143	5.69	1.42	1.91	1.70	0.78	0.80	12.13	1.51	3.00	0.68	1.02	0.60	0.66	0.380

续表

角钢号数	尺寸/mm				截面面积 /cm^2	理论重量 /(kg/m)	外表面积 /(m^2/m)	参考数值													
								$x-x$			$y-y$			x_1-x_1		y_1-y_1		$u-u$			
	B	b	d	r				I_x/cm^4	i_x/cm	W_x/cm^3	I_y/cm^4	i_y/cm	W_y/cm^3	I_{x_1}/cm^4	y_0/cm	I_{y_1}/cm^4	x_0/cm	I_M/cm^4	i_m/cm	W_u/cm^3	tan α
5/3.2	50	32	3	5.5	2.431	1.908	0.161	6.24	1.60	1.84	2.02	0.91	0.82	12.49	1.60	3.31	0.73	1.20	0.70	0.68	0.404
			4		3.177	2.494	0.160	8.02	1.59	2.39	2.58	0.90	1.06	16.65	1.65	4.45	0.77	1.53	0.69	0.87	0.402
5.6/3.6	56	36	3	6	2.743	2.153	0.181	8.88	1.80	2.32	2.92	1.03	1.05	17.54	1.78	4.70	0.80	1.73	0.79	0.87	0.408
			4		3.590	2.818	0.180	11.45	1.79	3.03	3.76	1.02	1.37	23.39	1.82	6.33	0.85	2.23	0.79	1.13	0.408
			5		4.415	3.466	0.180	13.86	1.77	3.71	4.49	1.01	1.65	29.25	1.87	7.94	0.88	2.67	0.78	1.36	0.404
6.3/4	63	40	4	7	4.058	3.185	0.202	16.49	2.02	3.87	5.23	1.14	1.70	33.30	2.04	8.63	0.92	3.12	0.88	1.40	0.398
			5		4.993	3.920	0.202	20.02	2.00	4.74	6.31	1.12	2.71	41.63	2.08	10.86	0.95	3.76	0.87	1.71	0.396
			6		5.908	4.638	0.201	23.36	1.96	5.59	7.29	1.11	2.43	49.98	2.12	13.12	0.99	4.34	0.86	1.99	0.393
			7		6.802	5.339	0.201	26.53	1.98	6.40	8.24	1.10	2.78	58.07	2.15	15.47	1.03	4.97	0.86	2.29	0.389
7/4.5	70	45	4	7.5	4.547	3.570	0.226	23.17	2.26	4.86	7.55	1.29	2.17	45.92	2.24	12.26	1.02	4.40	0.98	1.77	0.410
			5		5.609	4.403	0.225	27.95	2.23	5.92	9.13	1.28	2.65	57.10	2.28	15.39	1.06	5.40	0.98	2.19	0.407
			6		6.647	5.218	0.225	32.54	2.21	6.95	10.62	1.26	3.12	68.35	2.32	18.58	1.09	6.35	0.98	2.59	0.404
			7		7.657	6.011	0.225	37.22	2.20	8.03	12.01	1.25	3.57	79.99	2.36	21.84	1.13	7.16	0.97	2.94	0.402
(7.5/5)	75	50	5	8	6.125	4.808	0.245	34.86	2.39	6.83	12.61	1.44	3.30	70.00	2.40	21.04	1.17	7.41	1.10	2.74	0.435
			6		7.260	5.699	0.245	41.12	2.38	8.12	14.70	1.42	3.88	84.30	2.44	25.37	1.21	8.54	1.08	3.19	0.435
			8		9.467	7.431	0.244	52.39	2.35	10.52	18.53	1.40	4.99	112.50	2.52	34.23	1.29	10.87	1.07	4.10	0.429
			10		11.590	9.098	0.244	62.71	2.33	12.79	21.96	1.38	6.04	140.80	2.60	43.43	1.36	13.10	1.06	4.99	0.423
8/5	80	50	5		6.375	5.005	0.255	41.96	2.56	7.78	12.82	1.42	3.32	85.21	2.60	21.06	1.14	7.66	1.10	2.74	0.388
			6		7.560	5.935	0.255	49.49	2.56	9.25	14.95	1.41	3.91	102.53	2.65	25.41	1.18	8.85	1.08	3.20	0.387
			7		8.724	6.848	0.255	56.16	2.54	10.58	16.96	1.39	4.48	119.33	2.69	29.82	1.21	10.18	1.08	3.70	0.384
			8		9.867	7.745	0.254	62.83	2.52	11.92	18.85	1.38	5.03	136.41	2.73	34.32	1.25	11.38	1.07	4.16	0.381

续表

角钢号数	尺寸/mm				截面面积/cm^2	理论重量/(kg/m)	外表面积/(m^2/m)	参考数值															
								$x-x$			$y-y$			x_1-x_1		y_1-y_1		$u-u$			
	B	b	d	r				I_x/cm^4	i_x/cm	W_x/cm^3	I_y/cm^4	i_y/cm	W_y/cm^3	I_{x_1}/cm^4	y_0/cm	I_{y_1}/cm^4	x_0/cm	I_M/cm^4	i_m/cm	W_u/cm^3	tan α
9/5.6	90	56	5	9	7.212	5.661	0.287	60.45	2.90	9.92	18.32	1.59	4.21	121.32	2.91	29.53	1.25	10.98	1.23	3.49	0.385
			6		8.557	6.717	0.286	71.03	2.88	11.74	21.42	1.58	4.96	145.59	2.95	35.58	1.29	12.90	1.23	4.13	0.384
			7		9.880	7.756	0.286	81.01	2.86	13.49	24.36	1.57	5.70	169.60	3.00	41.71	1.33	14.67	1.22	4.72	0.382
			8		11.183	8.779	0.286	91.03	2.85	15.27	27.15	1.56	6.41	194.17	3.04	47.93	1.36	16.34	1.21	5.29	0.380
10/6.3	100	63	6	10	9.617	7.550	0.320	99.06	3.21	14.64	30.94	1.79	6.35	199.71	3.24	50.50	1.43	18.42	1.38	5.25	0.394
			7		11.111	8.722	0.320	113.45	3.20	16.88	35.26	1.78	7.29	233.00	3.28	59.14	1.47	21.00	1.38	6.02	0.394
			8		12.584	9.878	0.319	127.37	3.18	19.08	39.39	1.77	8.21	266.32	3.32	67.88	1.50	23.50	1.37	6.78	0.391
			10		15.467	12.142	0.319	153.81	3.15	23.32	47.12	1.74	9.98	333.06	3.40	85.73	1.58	28.33	1.35	8.24	0.387
10/8	100	80	6		10.637	8.350	0.354	107.04	3.17	15.19	61.24	2.40	10.16	199.83	2.95	102.68	1.97	31.65	1.72	8.37	0.627
			7		12.301	9.656	0.354	122.73	3.16	17.52	70.08	2.39	11.71	233.20	3.00	119.98	2.01	36.17	1.72	9.60	0.626
			8		13.944	10.946	0.353	137.92	3.14	19.81	78.58	2.37	13.21	266.61	3.04	137.37	2.05	40.58	1.71	10.80	0.625
			10		17.167	13.476	0.353	166.87	3.12	24.24	94.65	2.35	16.12	33.63	3.12	172.48	2.13	49.10	1.69	13.12	0.622
11/7	110	70	6		10.637	8.350	0.354	133.37	3.54	17.85	42.92	2.01	7.90	265.78	3.53	69.08	1.57	25.36	1.54	6.53	0.403
			7		12.301	9.656	0.354	153.00	3.53	20.60	49.01	2.00	9.09	310.07	3.57	80.82	1.61	28.95	1.53	7.50	0.402
			8		13.944	10.946	0.353	172.04	3.51	23.30	54.87	1.98	10.25	354.39	3.62	92.70	1.65	32.45	1.53	8.45	0.401
			10		17.167	13.476	0.353	208.39	3.48	28.54	65.88	1.96	12.48	443.13	3.70	116.83	1.72	39.20	1.51	10.29	0.397
12.5/8	125	80	7	11	14.096	11.066	0.403	227.98	4.02	26.86	74.42	2.30	12.01	454.99	4.01	120.32	1.80	43.81	1.76	9.92	0.408
			8		15.989	12.551	0.403	256.77	4.01	30.41	83.49	2.28	13.56	519.99	4.06	137.85	1.84	49.15	1.75	11.18	0.407
			10		19.712	15.474	0.402	312.04	3.98	37.33	100.67	2.26	16.56	650.09	4.14	173.40	1.92	59.45	1.74	13.64	0.404
			12		23.351	18.330	0.402	364.41	3.95	44.01	116.67	2.24	19.43	780.39	4.22	209.67	2.00	69.35	1.72	16.01	0.400

续表

角钢号数	尺寸/mm				截面面积 /cm^2	理论重量 /(kg/m)	外表面积 /(m^2/m)	参考数值													
								$x-x$			$y-y$			x_1-x_1		y_1-y_1		$u-u$			
	B	b	d	r				I_x/ cm^4	i_x/ cm	W_x/ cm^3	I_y/ cm^4	i_y/ cm	W_y/ cm^3	I_{x_1}/ cm^4	y_0/ cm	I_{y_1}/ cm^4	x_0/ cm	I_M/ cm^4	i_m/ cm	W_u/ cm^3	tan α
14/9	140	90	8	12	18.038	14.160	0.453	365.64	4.50	38.48	120.69	2.59	17.34	730.53	4.50	195.79	2.04	70.83	1.98	14.31	0.411
			10		22.261	17.475	0.452	445.50	4.47	47.31	140.03	2.56	21.22	913.20	4.58	245.92	2.12	85.82	1.96	17.48	0.409
			12		26.400	20.724	0.451	521.59	4.44	55.87	169.79	2.54	24.95	1096.09	4.66	296.89	2.19	100.21	1.95	20.54	0.406
			14		30.456	23.908	0.451	594.10	4.42	64.18	192.10	2.51	28.54	1279.26	4.74	348.82	2.27	114.13	1.94	23.52	0.403
16/10	160	100	10	13	25.315	19.872	0.512	668.69	5.14	62.13	205.03	2.85	26.56	1362.89	5.24	336.59	2.28	121.74	2.19	21.92	0.390
			12		30.054	23.592	0.511	784.91	5.11	73.49	239.06	2.82	31.28	1635.56	5.32	405.94	2.36	142.33	2.17	25.79	0.388
			14		34.709	27.247	0.510	896.30	5.08	84.56	271.20	2.80	35.83	1908.50	5.40	476.42	2.43	162.23	2.16	29.56	0.385
			16		39.281	30.835	0.510	1003.04	5.05	95.33	301.60	2.77	40.24	2181.79	5.48	548.22	2.51	182.57	2.16	33.44	0.382
18/11	180	110	10	14	28.373	22.273	0.571	956.25	5.80	78.96	278.11	3.13	32.49	1940.40	5.89	447.22	2.44	166.50	2.42	26.88	0.376
			12		33.712	26.464	0.571	1124.72	5.78	93.53	325.03	3.10	38.32	2328.38	5.98	538.94	2.52	194.87	2.40	31.66	0.374
			14		38.967	30.589	0.570	1286.91	5.75	107.76	369.55	3.08	43.97	2716.60	6.06	631.95	2.59	222.30	2.39	36.32	0.372
			16		44.139	34.649	0.569	1443.06	5.72	121.64	411.85	3.06	49.44	3105.15	6.14	726.46	2.67	248.94	2.38	40.87	0.369
20/12.5	200	125	12		37.912	29.761	0.641	1570.90	6.44	116.73	483.16	3.57	49.99	3193.85	6.54	787.74	2.83	285.79	2.74	41.23	0.392
			14		43.867	34.436	0.640	1800.97	6.41	134.65	550.83	3.54	57.44	3726.17	6.02	922.47	2.91	326.58	2.73	47.34	0.390
			16		49.739	39.045	0.639	2023.35	6.38	152.18	615.44	3.52	64.69	4258.86	6.70	1058.86	2.99	366.21	2.71	53.32	0.388
			18		55.526	43.588	0.639	2238.30	6.35	169.33	677.19	3.49	71.74	4792.00	6.78	1197.13	3.06	404.83	2.70	59.18	0.385

注 1. 括号内型号不推荐使用。

2. 截面图中的 $r_1=1/3d$ 及表中 r 的数据用于孔型设计，不做交货条件。

附表 3

热轧工字钢（GB/T 706—1988）

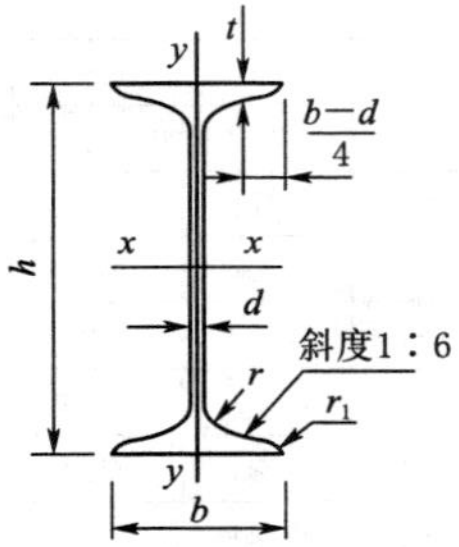

符号意义：h——高度；
b——腿宽度；
d——腰厚度；
t——平均腿厚度；
r——内圆弧半径；
r_1——腿端圆弧半径；
I——惯性矩；
W——截面系数；
i——惯性半径；
S——半截面的静矩。

型号	尺寸/mm						截面面积/cm²	理论重量/(kg/m)	参考数值						
									$x-x$				$y-y$		
	h	b	d	t	r	r_1			I_x/cm⁴	W_x/cm³	i_x/cm	$I_x:S_x$/cm	I_y/cm⁴	W_y/cm³	i_y/cm
10	100	68	4.5	7.6	6.5	3.3	14.345	11.261	245	49.0	4.14	8.59	33.0	9.72	1.52
12.6	126	74	5.0	8.4	7.0	3.5	18.118	14.223	488	77.5	5.20	10.8	46.9	12.7	1.61
14	140	80	5.5	9.1	7.5	3.8	21.516	16.890	712	102	5.76	12.0	64.4	16.1	1.73
16	160	88	6.0	9.9	8.0	4.0	26.131	20.513	1130	141	6.58	13.8	93.1	21.2	1.89
18	180	94	6.5	10.7	8.5	4.3	30.756	24.143	1660	185	7.36	15.4	122	26.0	2.00
20a	200	100	7.0	11.4	9.0	4.5	35.578	27.929	2370	237	8.15	17.2	158	31.5	2.12
20b	200	102	9.0	11.4	9.0	4.5	39.578	31.069	2500	250	7.96	16.9	169	33.1	2.06
22a	220	110	7.5	12.3	9.5	4.8	42.128	33.070	3400	309	8.99	18.9	225	40.9	2.31
22b	220	112	9.5	12.3	9.5	4.8	46.528	36.524	3570	325	8.78	18.7	239	42.7	2.27
25a	250	116	8.0	13.0	10.0	5.0	48.541	38.105	5020	402	10.2	21.6	280	48.3	2.40
25b	250	118	10.0	13.0	10.0	5.0	53.541	42.030	5280	423	9.94	21.3	309	52.4	2.40

续表

型号	尺寸/mm						截面面积/cm^2	理论重量/(kg/m)	参考数值						
									$x-x$				$y-y$		
	h	b	d	t	r	r_1			I_x/cm^4	W_x/cm^3	i_x/cm	$I_x:S_x$/cm	I_y/cm^4	W_y/cm^3	i_y/cm
28a	280	122	8.5	13.7	10.5	5.3	55.404	43.492	7110	508	11.3	24.6	345	56.6	2.50
28b	280	124	10.5	13.7	10.5	5.3	61.004	47.888	7480	534	11.1	24.2	379	61.2	2.49
32a	320	130	9.5	15.0	11.5	5.8	67.156	52.717	11100	692	12.8	27.5	460	70.8	2.62
32b	320	132	11.5	15.0	11.5	5.8	73.556	57.741	11600	726	12.6	27.1	502	76.0	2.61
32c	320	134	13.5	15.0	11.5	5.8	79.956	62.765	12200	760	12.3	26.8	544	81.2	2.61
36a	360	136	10.0	15.8	12.0	6.0	76.480	60.037	15800	875	14.4	30.7	552	81.2	2.69
36b	360	138	12.0	15.8	12.0	6.0	83.680	65.689	16500	919	14.1	30.3	582	84.3	2.64
36c	360	140	14.0	15.8	12.0	6.0	90.880	71.341	17300	962	13.8	29.9	612	87.4	2.60
40a	400	142	10.5	16.5	12.5	6.3	86.112	67.598	21700	1090	15.9	34.1	660	93.2	2.77
40b	400	144	12.5	16.5	12.5	6.3	94.112	73.878	22800	1140	15.6	33.6	692	96.2	2.71
40c	400	146	14.5	16.5	12.5	6.3	102.112	80.158	23900	1190	15.2	33.2	727	99.6	2.65
45a	450	150	11.5	18.0	13.5	6.8	102.446	80.420	32200	1430	17.7	38.6	855	114	2.89
45b	450	152	13.5	18.0	13.5	6.8	111.446	87.485	33800	1500	17.4	38.0	894	118	2.84
45c	450	154	15.5	18.0	13.5	6.8	120.446	94.550	35300	1570	17.1	37.6	938	122	2.79
50a	500	158	12.0	20.0	14.0	7.0	119.304	93.654	46500	1860	19.7	42.8	1120	142	3.07
50b	500	160	14.0	20.0	14.0	7.0	129.304	101.504	48600	1940	19.4	42.4	1170	146	3.01
50c	500	162	16.0	20.0	14.0	7.0	139.304	109.354	50600	2080	19.0	41.8	1220	151	2.96
56a	560	166	12.5	21.0	14.5	7.3	135.435	106.316	65600	2340	22.0	47.7	1370	165	3.18
56b	560	168	14.5	21.0	14.5	7.3	146.635	115.108	68500	2450	21.6	47.2	1490	174	3.16
56c	560	170	16.5	21.0	14.5	7.3	157.835	123.900	71400	2550	21.3	46.7	1560	183	3.16
63a	630	176	13.0	22.0	15.0	7.5	154.658	121.407	93900	2980	24.5	54.2	1700	193	3.31
63b	630	178	15.0	22.0	15.0	7.5	167.258	131.298	98100	3160	24.2	53.5	1810	204	3.29
63c	630	180	17.0	22.0	15.0	7.5	179.858	141.189	102000	3300	23.8	52.9	1920	214	3.27

注　截面图和表中标注的圆弧半径 r、r_1 的数据用于孔型设计，不做交货条件。

附表 4

热轧槽钢（GB/T 707—1988）

符号意义：h——高度；
b——腿宽度；
d——腰厚度；
t——平均腿厚度；
r——内圆弧半径；
r_1——腿端圆弧半径；
I——惯性矩；
W——截面系数；
i——惯性半径；
z_0——$y-y$ 轴与 y_1-y_1 轴间距。

型号	尺寸/mm						截面面积/cm^2	理论重量/(kg/m)	参考数值							
									$x-x$			$y-y$			y_1-y_2	z_0/cm
	h	b	d	t	r	r_1			W_x/cm^3	I_x/cm^4	i_x/cm	W_y/cm^3	I_y/cm^4	i_y/cm	I_{y1}/cm^4	
5	50	37	4.5	7	7.0	3.5	6.928	5.438	10.4	26.0	1.94	3.55	8.30	1.10	20.9	1.35
6.3	63	40	4.8	7.5	7.5	3.8	8.451	6.634	16.1	50.8	2.45	4.50	11.9	1.19	28.4	1.36
8	80	43	5.0	8	8.0	4.0	10.248	8.045	25.3	101	3.15	5.79	16.6	1.27	37.4	1.43
10	100	48	5.3	8.5	8.5	4.2	12.748	10.007	39.7	198	3.95	7.8	25.6	1.41	54.9	1.52
12.6	126	53	5.5	9	9.0	4.5	15.692	12.318	62.1	391	4.95	10.2	38.0	1.57	77.1	1.59
14a	140	58	6.0	9.5	9.5	4.8	18.516	14.535	80.5	564	5.52	13.0	53.2	1.70	107	1.71
14b	140	60	8.0	9.5	9.5	4.8	21.316	16.733	87.1	609	5.35	14.1	61.1	1.69	121	1.67
16a	160	63	6.5	10	10.0	5.0	21.962	17.240	108	866	6.28	16.3	73.3	1.83	144	1.80
16b	160	65	8.5	10	10.0	5.0	25.162	19.752	117	935	6.10	17.6	83.4	1.82	161	1.75

续表

型号	尺寸/mm						截面面积/cm^2	理论重量/(kg/m)	参考数值							
									$x-x$			$y-y$			y_1-y_2	
	h	b	d	t	r	r_1			W_x/cm^3	I_x/cm^4	i_x/cm	W_y/cm^3	I_y/cm^4	i_y/cm	I_{y1}/cm^4	z_0/cm
18a	180	68	7.0	10.5	10.5	5.2	25.699	20.174	141	1270	7.04	20.0	98.6	1.96	190	1.88
18b	180	70	9.0	10.5	10.5	5.2	29.299	23.000	152	1370	6.84	21.5	111	1.95	210	1.84
20a	200	73	7.0	11	11.0	5.5	28.837	22.637	178	1780	7.86	24.2	128	2.11	244	2.01
20b	200	75	9.0	11	11.0	5.5	32.837	25.777	191	1910	7.46	25.9	144	2.09	268	1.95
22a	220	77	7.0	11.5	11.5	5.8	31.846	24.999	218	2390	8.67	28.2	158	2.23	298	2.10
22b	220	79	9.0	11.5	11.5	5.8	36.246	28.453	234	2570	8.42	30.1	176	2.21	326	2.03
25a	250	78	7.0	12	12.0	6.0	34.917	27.410	270	3370	9.82	30.6	176	2.24	322	2.07
25b	250	80	9.0	12	12.0	6.0	39.917	31.335	282	3530	9.41	32.7	196	2.22	353	1.98
25c	250	82	11.0	12	12.0	6.0	44.917	35.260	295	3690	9.07	35.9	218	2.21	384	1.92
28a	280	82	7.5	12.5	12.5	6.2	40.034	31.427	340	4760	10.9	35.7	218	2.33	388	2.10
28b	280	84	9.5	12.5	12.5	6.2	45.634	35.823	366	5130	10.6	37.9	242	2.30	428	2.02
28c	280	86	11.5	12.5	12.5	6.2	51.234	40.219	393	5500	10.4	40.3	268	2.29	463	1.95
32a	320	88	8.0	14	14.0	7.0	48.513	38.083	475	7600	12.5	46.5	305	2.50	552	2.24
32b	320	90	10.0	14	14.0	7.0	54.913	43.107	509	8140	12.2	49.2	336	2.47	593	2.16
32c	320	92	12.0	14	14.0	7.0	61.313	48.131	543	8690	11.9	52.6	374	2.47	643	2.09
36a	360	96	9.0	16	16.0	8.0	60.910	47.814	660	11900	14.0	63.5	455	2.73	818	2.44
36b	360	98	11.0	16	16.0	8.0	68.110	53.466	703	12700	13.6	66.9	497	2.70	880	2.37
36c	360	100	13.0	16	16.0	8.0	75.310	59.118	746	13400	13.4	70.0	536	2.67	948	2.34
40a	400	100	10.5	18	18.0	9.0	75.068	58.928	879	17600	15.3	78.8	592	2.81	1070	2.49
40b	400	102	12.5	18	18.0	9.0	83.068	65.208	932	18600	15.0	82.5	640	2.78	1140	2.44
40c	400	104	14.5	18	18.0	9.0	91.068	71.488	986	19700	14.7	86.2	688	2.75	1220	2.42

注 截面图和表中标注的圆弧半径 r、r_1 的数据用于孔型设计，不做交货条件。

参考文献

[1] 郑九华，邹春霞．工程力学［M］．北京：中国水利水电出版社，2012.

[2] 郭松年．结构力学［M］．北京：中国水利水电出版社，2012.

[3] 冯旭，叶建海．工程力学［M］．北京：中国水利水电出版社，2016.

[4] 黄绍平．建筑力学［M］．北京：中国水利水电出版社，2012.

[5] 赵毅力．建筑力学［M］．北京：中国水利水电出版社，2014.

[6] 张光伟．工程力学［M］．北京：机械工业出版社，2015.

[7] 刘鸿文．材料力学［M］．北京：高等教育出版社，2004.

[8] 许本安，李秀治．材料力学［M］．上海：上海交通大学出版社，1988.

[9] 朱熙然，陶琳．工程力学［M］．上海：上海交通大学出版社，1999.

[10] 韦林．理论力学［M］．北京：中国建筑工业出版社，2011.

[11] 叶建海，赵毅力，韩永胜，等．工程力学［M］．郑州：黄河水利出版社，2017.

[12] 龙驭球，包世华．结构力学［M］．北京：高等教育出版社，2008.